# 技術士第二次試験

# 「建設部門」過去問題

## 〈論文試験たっぷり100問〉の要点と万全対策

福田 遵［監著］

羽原啓司［著］

新制度
対応

日刊工業新聞社

# は じ め に

　技術士第二次試験は定期的に出題形式を変える試験で、最近の改正だけを挙げても、平成19年度試験、平成25年度試験、令和元年度試験で大きな変更を行っています。現在の試験制度では、すべての試験科目で記述式の問題が出題されており、技術士試験が始まった最初の形式に戻ったといえます。また、「技術士に求められる資質能力（コンピテンシー）」が公表され、この評価項目に基づいて解答した内容が判定されるようになりました。

　記述式問題というと、指定された文字数を書き上げれば合格点に達するのではないかという、安易な考えで筆記試験に臨む受験者も中にはいますが、技術士第二次試験はそんなに生易しい試験ではありません。技術士第二次試験は、最近注目されている社会情勢や技術動向を理解して、技術者としてしっかりした意見を持っていなければ高い評価が得られない試験です。そういった内容を漠然と探したとしても、効率的な勉強はできません。効率的にポイントとなる事項を理解して、集中的にその内容を吸収していく勉強法が求められます。それを実現するのが問題研究です。

　本著では、各選択科目を受験する読者に、過去問題と練習問題を合わせて100問余を提供しています。これらの問題に対して、ただ単に、「こういった問題が出題されたのか」という感想を持つだけでなく、次のようなポイントを理解して、自分で調べたり、実際に書いてみると、効果的な勉強ができると考えます。

① どういった内容が出題されるか
② どういった事項を問うているのか
③ どういった解答プロセスを身につけなければならないか
④ 評価項目と小設問の関係について
⑤ 問題文に隠れた意図をどう探るか
⑥ 課題とは何か
⑦ 普段からどういった視点（観点）を持たなければならないか

　本著を生かして勉強するためには、100問余の問題すべてに対して、記述すべき項目を書き出してみる「項目立て」をしてみてください。単に問題文だけを読むのでは、出題の意図を見つけ出すことはできません。監著者は、30年

近くにわたって複数の技術部門の数百名の受験者を指導してきました。その多くは、当初、問題文の本質を理解しないままに解答を書き出してしまう受験者でした。それでは何年受験しても合格は勝ち取れません。試験問題の項目立てをしてもらうと、出題意図を理解しているかどうかはすぐにわかります。そういった指導を続けていくと、多くの受講者は、問題文の読み方や技術士として求められている本質が何かをつかんできます。そうすると、解答内容が大きく変化していきます。そうなった受講者は、必ず合格を勝ち取ります。

こういった指導を、監著者は、「試験問題100本ノック方式」として多くの受講者に実践してもらいました。それを書籍で実現しようというのが本著のねらいです。読者は、その目的を理解して、「項目立て」をしながら、内容的に理解できない事項を自分で調べ、調べた内容を1つのファイルに項目別に整理する方式で、自分独自の「技術士試験サブノート」を作ってみてください。このサブノートがファイル1冊程度になってくると、知識の面でも充実していき、問題文を解析する能力もついてきますので、合格可能性はずっと高まっていきます。こういった勉強は、技術士に求められている継続研さんの基礎となります。このように、合格できる条件が、継続する力だという認識を持ってもらいたいと考えます。過去の技術士第二次試験は、運と実力が共に必要であった試験でしたが、現在の技術士第二次試験は、技術者が本来持つべき能力があれば、誰でも合格できる試験になっています。そのため、「本来、技術者に求められていることは何か？」という原点に立ち返って勉強してもらえれば、技術士への道は開けます。

最後に、本著の企画を提案していただいた日刊工業新聞社出版局の鈴木徹氏、および本著と共に、機械部門と電気電子部門とのシリーズ化に賛同していただいた、建設部門の羽原啓司氏と機械部門の大原良友氏に対しこの場を借りてお礼を申し上げます。

2019年12月

福田　遵

# 目　次

# 第1章

# 技術士第二次試験について

　技術士第二次試験は、昭和33年に試験制度が創設されて以来、記述式問題が評価の中心となる試験です。平成12年度試験までの解答文字数は12,000字でしたが、その後の3回の改正で徐々に解答文字数が削減され、平成25年度の試験改正では4,200字まで削減されました。それが、令和元年度の改正で必須科目（Ⅰ）の択一式問題が記述式問題に変更されたため、5,400字と増加しています。また、過去の出題では思いがけないテーマが出題されていた時期もありましたが、そういった出題はなくなり、納得のいくテーマが選定されるようになりました。そのため、問題の当たりはずれによる不合格がなくなり、日頃、社会情勢や技術動向に興味を持って勉強してさえいれば、答案が作成できる内容になってきています。そういった点で、技術士になれる機会は高まっていると考えられますが、問題の要点をつかんでいない受験者は、このチャンスを生かせません。要点をつかむ方法として、過去に出題された問題を研究し、そこで求められている内容や、解答のプロセスを理解する方法があります。そういった勉強法を実現するために、本著を活用してもらえればと考えます。

# 1. 技術士とは

　技術士第二次試験は、受験者が技術士となるのにふさわしい人物であるかどうかを選別するために行われる試験ですので、まず目標となる技術士とは何かを知っていなければなりませんし、技術士制度についても十分理解をしておく必要があります。

　技術士法は昭和32年に制定されましたが、技術士制度を制定した理由としては、「学会に博士という最高の称号があるのに対して、実業界でもそれに匹敵する最高の資格を設けるべきである。」という実業界からの要請でした。この技術士制度を、公益社団法人日本技術士会で発行している『技術士試験受験のすすめ』という資料の冒頭で、次のように示しています。

> 技術士制度とは
> 　技術士制度は、「科学技術に関する技術的専門知識と高等の専門的応用能力及び豊富な実務経験を有し、公益を確保するため、高い技術者倫理を備えた、優れた技術者の育成」を図るための国による技術者の資格認定制度です。

　次に、技術士制度の目的を知っていなければなりませんので、それを技術士法の中に示された内容で見ると、第1条に次のように明記されています。

> 技術士法の目的
> 　「この法律は、技術士等の資格を定め、その業務の適正を図り、もって科学技術の向上と国民経済の発展に資することを目的とする。」

　昭和58年になって技術士補の資格を制定する技術士法の改正が行われ、昭和59年からは技術士第一次試験が実施されるようになったため、技術士試験は技術士第二次試験と改称されました。しかし、当初は技術士第一次試験に合格しなくても技術士第二次試験の受験ができましたので、技術士第一次試験の受験者が非常に少ない時代が長く続いていました。それが、平成12年度試験制度改正によって、平成13年度試験からは技術士第一次試験の合格が第二次試験の

受験資格となりました。その後は二段階選抜が定着して、多くの若手技術者が早い時期に技術士第一次試験に挑戦するという慣習が広がってきています。

　次に、技術士とはどういった資格なのかについて説明します。その内容については、技術士法第2条に次のように定められています。

> 技術士とは
> 　「技術士とは、登録を受け、技術士の名称を用いて、科学技術（人文科学のみに係るものを除く。）に関する高等の専門的応用能力を必要とする事項についての計画、研究、設計、分析、試験、評価又はこれらに関する指導の業務（他の法律においてその業務を行うことが制限されている業務を除く。）を行う者をいう。」

技術士になると建設業登録に不可欠な専任技術者となるだけではなく、各種国家試験の免除などの特典もあり、価値の高い資格となっています。具体的に、建設部門の技術士に与えられる特典には、次のようなものがあります。
　　①建設業の専任技術者
　　②建設業の監理技術者
　　③建設コンサルタントの技術管理者
　　④鉄道の設計管理者
　　⑤地質調査業者としての技術管理者
　　⑥国土交通省の設計者の資格

　その他に、他の国家試験の一部免除があります。
　　①弁理士
　　②土木施工管理技士
　　③電気工事施工管理技士
　　④造園施工管理技士
　　⑤土地区画整理士
　　⑥地すべり防止工事士
　　⑦推進工事技士

　また、技術士には名刺に資格名称を入れることが許されており、ステータスとしても高い価値を持っています。技術士の英文名称はProfessional Engineer, Japan（PEJ）であり、アメリカやシンガポールなどのPE（Professional Engineer）資格と同じ名称になっていますが、これらの国のように業務上での強い

権限はまだ与えられていません。しかし、実業界においては、技術士は高い評価を得ていますし、資格の国際化の面でも、APECエンジニアという資格の相互認証制度の日本側資格として、一級建築士とともに技術士が対象となっています。

# 2. 技術士試験制度について

## （1）受験資格

技術士第二次試験の受験資格としては、技術士第一次試験の合格が必須条件となっています。ただし、認定された教育機関（文部科学大臣が指定した大学等）を修了している場合は、第一次試験の合格と同様に扱われます。文部科学大臣が指定した大学等については毎年変化がありますので、公益社団法人日本技術士会ホームページ（http://www.engineer.or.jp）で確認してください。技術士試験制度を図示すると、図表1.1のようになります。本著では、建設部門の受験者を対象としているため、総合技術監理部門についての受験資格は示しませんので、総合技術監理部門の受験者は受験資格を別途確認してください。

【技術士試験の仕組み】

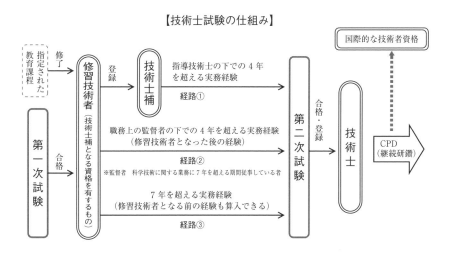

図表1.1　技術士試験の全容

　受験資格としては、修習技術者であることが必須の条件となります。それに加えて、次の3条件のうちの1つが当てはまれば受験は可能となります。

①　技術士補として登録をして、指導技術士の下で4年を超える実務経験を経ていること。

②　修習技術者となって、職務上の監督者の下で4年を超える実務経験を経ていること。

（注）職務上の監督者には、企業などの上司である先輩技術者で指導を行っていれば問題なくなれます。その際には、監督者要件証明書が必要となりますので、受験申込み案内を熟読して書類を作成してください。

③　技術士第一次試験合格前も含めて、7年を超える実務経験を経ていること。

　技術士第二次試験を受験する人の多くは、技術士第一次試験に合格し、経験年数7年で技術士第二次試験を受験するという③のルートです。このルートの場合には、経験年数の7年は、技術士第一次試験に合格する以前の経験年数も算入できますし、その中には大学院の課程での経験も2年間までは含められますので、技術士第一次試験合格の翌年にも受験が可能となる人が多いからです。

## （2）技術部門

　技術士には、図表1.2に示す21の技術部門があり、それぞれの技術部門で複数の選択科目が定められています。技術士第二次試験は、その選択科目ごとに試験が実施されます。選択科目は、令和元年度から図表1.2に示すように多くの技術部門で減少しています。

図表1.2　技術士の技術部門と選択科目

| No. | 技術部門 | 選択科目数 | 減少数 |
|---|---|---|---|
| 1 | 機械 | 6 | ▲4 |
| 2 | 船舶・海洋 | 1 | ▲2 |
| 3 | 航空・宇宙 | 1 | ▲2 |
| 4 | 電気電子 | 5 | 0 |
| 5 | 化学 | 4 | ▲1 |
| 6 | 繊維 | 2 | ▲2 |
| 7 | 金属 | 3 | ▲2 |
| 8 | 資源工学 | 2 | ▲1 |
| 9 | 建設 | 11 | 0 |
| 10 | 上下水道 | 2 | ▲1 |
| 11 | 衛生工学 | 3 | ▲2 |
| 12 | 農業 | 5 | ▲2 |
| 13 | 森林 | 3 | ▲1 |
| 14 | 水産 | 3 | ▲1 |
| 15 | 経営工学 | 2 | ▲3 |
| 16 | 情報工学 | 4 | 0 |
| 17 | 応用理学 | 3 | 0 |
| 18 | 生物工学 | 2 | ▲1 |
| 19 | 環境 | 4 | 0 |
| 20 | 原子力・放射線 | 3 | ▲2 |
| 21 | 総合技術監理 | 69 | ▲27 |

　この中で、21番目の技術部門である総合技術監理部門では、その他20の技術部門の選択科目に対応した69の選択科目が設定されており、実質上、各技術部門の技術士の中でさらに経験を積んで、総合的な視点で監理ができる技術士という位置づけになっています。受験資格でも、他の技術部門よりも長い経験年数が設定されていますし、国土交通省関連の照査技術者は、総合技術監理部門以外の技術部門合格者ではなれなくなりました。そのため、技術士になった人の多くは、最終的に総合技術監理部門の試験を受験しています。

## （3）建設部門の選択科目

　建設部門の選択科目は11科目あり、その内容は令和元年度試験より図表1.3のように改正されました。

図表1.3　建設部門の選択科目

| 選択科目 | 選択科目の内容 |
|---|---|
| 土質及び基礎 | 土質調査並びに地盤、土構造、基礎及び山留めの計画、設計、施工及び維持管理に関する事項 |
| 鋼構造及びコンクリート | 鋼構造、コンクリート構造及び複合構造の計画、設計、施工及び維持管理並びに鋼、コンクリートその他の建設材料に関する事項 |
| 都市及び地方計画 | 国土計画、都市計画（土地利用、都市交通施設、公園緑地及び市街地整備を含む。）、地域計画その他の都市及び地方計画に関する事項 |
| 河川、砂防及び海岸・海洋 | 治水・利水計画、治水・利水施設及び河川構造物の調査、設計、施工及び維持管理、河川情報、砂防その他の河川に関する事項<br>地すべり防止に関する事項<br>海岸保全計画、海岸施設・海岸及び海洋構造物の調査、設計、施工及び維持管理その他の海岸・海洋に関する事項<br>総合的な土砂管理に関する事項 |
| 港湾及び空港 | 港湾計画、港湾施設・港湾構造物の調査、設計、施工及び維持管理その他の港湾に関する事項<br>空港計画、空港施設・空港構造物の調査、設計、施工及び維持管理その他の空港に関する事項 |
| 電力土木 | 電源開発計画、電源開発施設、取放水及び水路構造物その他の電力土木に関する事項 |
| 道路 | 道路計画、道路施設・道路構造物の調査、設計、施工及び維持管理・更新、道路情報その他の道路に関する事項 |
| 鉄道 | 新幹線鉄道、普通鉄道、特殊鉄道等における計画、施設、構造物その他の鉄道に関する事項 |
| トンネル | トンネル、トンネル施設及び地中構造物の計画、調査、設計、施工及び維持管理・更新、トンネル工法その他のトンネルに関する事項 |
| 施工計画、施工設備及び積算 | 施工計画、施工管理、維持管理・更新、施工設備・機械・建設ICTその他の施工に関する事項<br>積算及び建設マネジメントに関する事項 |
| 建設環境 | 建設事業における自然環境及び生活環境の保全及び創出並びに環境影響評価に関する事項 |

## （4）合格率

　受験者にとって心配な合格率の現状について示しますが、建設部門の場合には、令和元年度試験改正では選択科目の変更はなく、選択科目の内容が一部変更になった程度の修正でしたので、それを前提に下記の図表を見てください。技術士第二次試験の場合には、途中で棄権した人も欠席者扱いになりますので、合格率は「対受験者数比」（図表1.4）と「対申込者数比」（図表1.5）で示します。「対受験者数比」の数字を見ても厳しい試験と感じますが、「対申込者数比」を見ると、さらにその厳しさがわかると思います。

　なお、この表で「技術士全技術部門平均」の欄は総合技術監理部門以外の技術部門の平均を示しています。総合技術監理部門の受験者は、技術士資格をすでに持っている人がほとんどですので、これよりも高い合格率になっています。しかし、技術士が受験者のほとんどとはいっても、合格率は少し高い程度でしかありません。

図表1.4　対受験者数比合格率

| 選択科目 | 平成30年度 | 平成29年度 | 平成28年度 | 平成27年度 | 平成26年度 |
|---|---|---|---|---|---|
| 土質及び基礎 | 3.6% | 15.5% | 12.8% | 12.6% | 11.1% |
| 鋼構造及びコンクリート | 4.0% | 8.2% | 11.3% | 10.3% | 12.4% |
| 都市及び地方計画 | 10.4% | 15.2% | 14.4% | 14.2% | 14.1% |
| 河川、砂防及び海岸・海洋 | 9.4% | 12.8% | 9.6% | 11.6% | 11.9% |
| 港湾及び空港 | 9.1% | 12.8% | 13.7% | 13.6% | 13.8% |
| 電力土木 | 5.9% | 15.0% | 23.7% | 12.5% | 10.7% |
| 道路 | 6.9% | 17.3% | 17.2% | 9.1% | 8.3% |
| 鉄道 | 7.5% | 12.2% | 11.5% | 11.0% | 11.3% |
| トンネル | 6.2% | 14.8% | 16.6% | 14.7% | 16.5% |
| 施工計画、施工設備及び積算 | 4.6% | 10.2% | 12.3% | 14.8% | 17.0% |
| 建設環境 | 4.7% | 13.8% | 13.0% | 13.4% | 15.7% |
| 建設部門全体 | 6.3% | 12.8% | 13.1% | 11.9% | 12.6% |
| 技術士全技術部門平均 | 9.5% | 13.9% | 14.5% | 13.8% | 14.7% |

図表1.5　対申込者数比合格率

| 選択科目 | 平成 30 年度 | 平成 29 年度 | 平成 28 年度 | 平成 27 年度 | 平成 26 年度 |
|---|---|---|---|---|---|
| 土質及び基礎 | 2.6% | 12.0% | 10.0% | 10.2% | 8.3% |
| 鋼構造及びコンクリート | 3.2% | 6.4% | 8.9% | 8.2% | 9.2% |
| 都市及び地方計画 | 8.3% | 12.1% | 10.9% | 11.4% | 10.7% |
| 河川、砂防及び海岸・海洋 | 7.4% | 10.4% | 7.7% | 9.5% | 9.1% |
| 港湾及び空港 | 7.3% | 10.0% | 10.3% | 10.7% | 10.3% |
| 電力土木 | 4.7% | 11.5% | 18.9% | 9.8% | 8.6% |
| 道路 | 5.3% | 13.4% | 13.6% | 7.2% | 6.3% |
| 鉄道 | 5.8% | 9.6% | 8.6% | 8.5% | 8.1% |
| トンネル | 4.7% | 11.0% | 12.6% | 11.4% | 11.2% |
| 施工計画、施工設備及び積算 | 3.5% | 8.0% | 9.4% | 11.8% | 12.1% |
| 建設環境 | 3.8% | 10.9% | 10.0% | 10.5% | 11.6% |
| 建設部門全体 | 4.8% | 10.0% | 10.2% | 9.5% | 9.3% |
| 技術士全技術部門平均 | 7.5% | 11.0% | 11.5% | 11.2% | 11.2% |

　このように、同じ建設部門とはいっても、選択科目によって合格率に差がありますので、自分が受験する選択科目の合格率を参考にして勉強をしてください。建設部門は、総合技術監理部門の受験者を除いて、技術士第二次試験全体の受験者数の60％程度を占めますので、建設部門の合格率の平均が全体の合格率の平均に近くはなります。しかし、最近では建設部門の合格率は全体合格率よりも低い数字にとどまっています。

　建設部門以外の技術部門は、どの選択科目で合格しても、合格後の扱いは技術部門全体を対象としていますので、選択科目はあくまで自分が合格しやすいものを選択すればよいのですが、建設部門の場合には、国土交通省で指定された選択科目が必要となりますので、その選択科目をどうしても受験しなければなりません。そのために、一度合格した受験者が、他の選択科目で受験するというケースも決して稀ではありません。そういった人は、自分が取らなくてはならない選択科目の問題に合わせて勉強をしていく気構えが必要になります。なお、選択科目によって選択科目（Ⅱ）と選択科目（Ⅲ）の問題が違いますので、試験年度によって選択科目別の合格率には大きな変動があります。

# 3. 技術士第二次試験の内容

　これまでの技術士第二次試験の改正は、受験者の負担を減らそうという目的で、筆記試験で記述させる文字数を減らす方向に進んできていました。令和元年度試験からは択一式問題がなくなり、必須科目（I）でも記述式問題が出題されるようになったため、記述しなければならない文字数は増加しています。また、口頭試験に関しては、口頭試験の中で厳しい評価をしていた時期もありましたが、現在の口頭試験では主に受験者の適格性を判断する判定にとどめようとしています。

　それでは、個々の試験項目別に現在の試験制度を確認しておきましょう。

## （1）筆記試験の内容

　技術士試験では科目合格制を採用していますので、1つの科目で不合格となると、そこで不合格が確定してしまいます。具体的には、筆記試験の最初の科目である必須科目（I）で合格点が取れないと、そこで不合格が確定してしまいますので、午前中の試験のでき具合が精神的に大きな影響を与えます。なお、午後の試験は、選択科目（II）と選択科目（III）に分けて問題が出題されますが、試験時間は両方を合わせて配分されていますし、選択科目の評価は、選択科目（II）と選択科目（III）の合計点でなされますので、2つの試験科目の合計点が合格ラインを上回ることを目標として試験に臨んでください。

### （a）技術士に求められる資質能力（コンピテンシー）

　令和元年度試験からは、各試験科目の評価項目が公表されていますが、その内容をコンピテンシーとして説明していますので、各試験科目で出題される内容を説明する前に、図表1.6の内容を確認しておいてください。

図表1.6　技術士に求められる資質能力（コンピテンシー）

| 専門的学識 | ・技術士が専門とする技術分野（技術部門）の業務に必要な、技術部門全般にわたる専門知識及び選択科目に関する専門知識を理解し応用すること。<br>・技術士の業務に必要な、我が国固有の法令等の制度及び社会・自然条件等に関する専門知識を理解し応用すること。 |
|---|---|
| 問題解決 | ・業務遂行上直面する複合的な問題に対して、これらの内容を明確にし、調査し、これらの背景に潜在する問題発生要因や制約要因を抽出し分析すること。<br>・複合的な問題に関して、相反する要求事項（必要性、機能性、技術的実現性、安全性、経済性等）、それらによって及ぼされる影響の重要度を考慮した上で、複数の選択肢を提起し、これらを踏まえた解決策を合理的に提案し、又は改善すること。 |
| マネジメント | ・業務の計画・実行・検証・是正（変更）等の過程において、品質、コスト、納期及び生産性とリスク対応に関する要求事項、又は成果物（製品、システム、施設、プロジェクト、サービス等）に係る要求事項の特性（必要性、機能性、技術的実現性、安全性、経済性等）を満たすことを目的として、人員・設備・金銭・情報等の資源を配分すること。 |
| 評価 | ・業務遂行上の各段階における結果、最終的に得られる成果やその波及効果を評価し、次段階や別の業務の改善に資すること。 |
| コミュニケーション | ・業務履行上、口頭や文書等の方法を通じて、雇用者、上司や同僚、クライアントやユーザー等多様な関係者との間で、明確かつ効果的な意思疎通を行うこと。<br>・海外における業務に携わる際は、一定の語学力による業務上必要な意思疎通に加え、現地の社会的文化的多様性を理解し関係者との間で可能な限り協調すること。 |
| リーダーシップ | ・業務遂行にあたり、明確なデザインと現場感覚を持ち、多様な関係者の利害等を調整し取りまとめることに努めること。<br>・海外における業務に携わる際は、多様な価値観や能力を有する現地関係者とともに、プロジェクト等の事業や業務の遂行に努めること。 |
| 技術者倫理 | ・業務遂行にあたり、公衆の安全、健康及び福利を最優先に考慮した上で、社会、文化及び環境に対する影響を予見し、地球環境の保全等、次世代にわたる社会の持続性の確保に努め、技術士としての使命、社会的地位及び職責を自覚し、倫理的に行動すること。<br>・業務履行上、関係法令等の制度が求めている事項を遵守すること。<br>・業務履行上行う決定に際して、自らの業務及び責任の範囲を明確にし、これらの責任を負うこと。 |
| 継続研さん | ・業務履行上必要な知見を深め、技術を修得し資質向上を図るように、十分な継続研さん（CPD）を行うこと。 |

(b) 必須科目（I）

　令和元年度試験からは、必須科目（I）では、『「技術部門」全般にわたる専門知識、応用能力、問題解決能力及び課題遂行能力』を試す問題が記述式問題として出題されるようになりました。解答文字数は、600字詰用紙3枚ですので、1,800字の解答量になります。なお、試験時間は2時間です。問題の概念および出題内容と評価項目について**図表1.7**にまとめましたので、内容を確認してください。

図表1.7　必須科目（I）の出題内容等

| | |
|---|---|
| 概　念 | **専門知識**<br>専門の技術分野の業務に必要で幅広く適用される原理等に関わる汎用的な専門知識 |
| | **応用能力**<br>これまでに習得した知識や経験に基づき、与えられた条件に合わせて、問題や課題を正しく認識し、必要な分析を行い、業務遂行手順や業務上留意すべき点、工夫を要する点等について説明できる能力 |
| | **問題解決能力及び課題遂行能力**<br>社会的なニーズや技術の進歩に伴い、社会や技術における様々な状況から、複合的な問題や課題を把握し、社会的利益や技術的優位性などの多様な視点からの調査・分析を経て、問題解決のための課題とその遂行について論理的かつ合理的に説明できる能力 |
| 出題内容 | 現代社会が抱えている様々な問題について、「技術部門」全般に関わる基礎的なエンジニアリング問題としての観点から、多面的に課題を抽出して、その解決方法を提示し遂行していくための提案を問う。 |
| 評価項目 | 技術士に求められる資質能力（コンピテンシー）のうち、専門的学識、問題解決、評価、技術者倫理、コミュニケーションの各項目 |

　出題問題数は2問で、そのうちの1問を選択して解答します。

(c) 選択科目（II）

　選択科目（II）は、次に説明する選択科目（III）と合わせて3時間30分の試験時間で行われます。休憩時間なしで試験が実施されますが、トイレ等に行きたい場合には、手を挙げて行くことができます。選択科目（II）の解答文字数は、600字詰用紙3枚ですので、1,800字の解答量になります。

　選択科目（II）の出題内容は『「選択科目」についての専門知識及び応用能力』を試す問題となっていますが、問題は、専門知識問題と応用能力問題に分けて出題されます。

（ⅰ）選択科目（Ⅱ－1）

　専門知識問題は、選択科目（Ⅱ－1）として出題されます。出題内容や評価項目は**図表1.8**のようになっています。

図表1.8　専門知識問題の出題内容等

| 概　念 | 「選択科目」における専門の技術分野の業務に必要で幅広く適用される原理等に関わる汎用的な専門知識 |
| --- | --- |
| 出題内容 | 「選択科目」における重要なキーワードや新技術等に対する専門知識を問う。 |
| 評価項目 | 技術士に求められる資質能力（コンピテンシー）のうち、専門的学識、コミュニケーションの各項目 |

　専門知識問題は、1枚（600字）解答問題を1問解答する形式になっており、出題問題数は4問です。出題されるのは、「選択科目」に関わる「重要なキーワード」か「新技術等」になります。解答枚数が1枚という点から、深い知識を身につける必要はありませんので、広く浅く勉強していく姿勢を持ってもらえればと思います。

（ⅱ）選択科目（Ⅱ－2）

　応用能力問題は、選択科目（Ⅱ－2）として出題されます。出題内容や評価項目は**図表1.9**のようになっています。

図表1.9　応用能力問題の出題内容等

| 概　念 | これまでに習得した知識や経験に基づき、与えられた条件に合わせて、問題や課題を正しく認識し、必要な分析を行い、業務遂行手順や業務上留意すべき点、工夫を要する点等について説明できる能力 |
| --- | --- |
| 出題内容 | 「選択科目」に関係する業務に関し、与えられた条件に合わせて、専門知識や実務経験に基づいて業務遂行手順が説明でき、業務上で留意すべき点や工夫を要する点等についての認識があるかどうかを問う。 |
| 評価項目 | 技術士に求められる資質能力（コンピテンシー）のうち、専門的学識、マネジメント、コミュニケーション、リーダーシップの各項目 |

　応用能力問題の解答枚数は600字詰解答用紙2枚で、出題問題数は2問となります。形式上は、2問出題された中から1問を選択する形式とはなっていますが、多くの受験者は、受験者の業務経験に近いほうの問題を選択せざるを得ないというのが実情です。そういった点では、さまざまな経験をしているベテラン技術者に有利な問題といえます。

　この問題は、先達が成功した手法をそのまま真似るマニュアル技術者には手がつけられない問題となりますが、技術者が踏むべき手順を理解して業務を的確に実施してきた技術者であれば、問題に取り上げられたテーマに関係なく、本質的な業務手順を説明するだけで得点が取れる問題といえます。そのため、あえて技術士第二次試験の受験勉強をするというよりは、技術者本来の仕事のあり方をしっかり理解していれば合格点がとれる内容の試験科目です。

## (d) 選択科目（Ⅲ）

　選択科目（Ⅲ）は、先に説明したとおり、選択科目（Ⅱ）と合わせて3時間30分の試験時間で行われます。選択科目（Ⅲ）の出題内容は、『「選択科目」についての問題解決能力及び課題遂行能力』を試す問題とされており、出題内容や評価項目は図表1.10のようになっています。

図表1.10　選択科目（Ⅲ）の出題内容等

| 概　念 | 社会的なニーズや技術の進歩に伴い、社会や技術における様々な状況から、複合的な問題や課題を把握し、社会的利益や技術的優位性などの多様な視点からの調査・分析を経て、問題解決のための課題とその遂行について論理的かつ合理的に説明できる能力 |
|---|---|
| 出題内容 | 社会的なニーズや技術の進歩に伴う様々な状況において生じているエンジニアリング問題を対象として、「選択科目」に関わる観点から課題の抽出を行い、多様な視点からの分析によって問題解決のための手法を提示して、その遂行方策について提示できるかを問う。 |
| 評価項目 | 技術士に求められる資質能力（コンピテンシー）のうち、専門的学識、問題解決、評価、コミュニケーションの各項目 |

　選択科目（Ⅲ）の解答文字数は、600字詰解答用紙3枚ですので1,800字になります。2問出題された中から1問を選択して解答する問題形式です。選択科目（Ⅲ）では、技術における最新の状況に興味を持って雑誌や新聞等に目を通していれば、想定していた範囲の問題が出題されると考えます。

## (2) 口頭試験の内容

　令和元年度からの口頭試験は、図表1.11に示したとおりとなりました。特徴的なのは、図表1.6の「技術士に求められる資質能力（コンピテンシー）」に示された内容から、「専門的学識」と「問題解決」を除いた項目が試問事項とされている点です。なお、技術士試験の合否判定は、すべての試験で科目合格制が採用されていますので、4つの事項で合格レベルの解答をする必要があります。

図表1.11　口頭試験内容（総合技術監理部門以外）

| 大項目 | 試問事項 | 配点 | 試問時間 |
|---|---|---|---|
| Ⅰ　技術士としての実務能力 | ① コミュニケーション、リーダーシップ | 30点 | 20分 + 10分 程度の 延長可 |
| | ② 評価、マネジメント | 30点 | |
| Ⅱ　技術士としての適格性 | ③ 技術者倫理 | 20点 | |
| | ④ 継続研さん | 20点 | |

　技術士第二次試験では、受験申込書に記載した「業務内容の詳細」に関する試問がありますが、それは第Ⅰ項の「技術士としての実務能力」で試問がなされます。

　一方、第Ⅱ項は「技術士としての適格性」で、「技術者倫理」と「継続研さん」に関する試問がなされます。

　口頭試験で重要な要素となるのは「業務内容の詳細」です。ただし、この「業務内容の詳細」に関してはいくつか問題点があります。その第一は、かつて口頭試験前に提出していた「技術的体験論文」が3,600字以内で説明する論文であったのに対し、「業務内容の詳細」は720字以内と大幅に削減されている点です。少なくなったのであるからよいではないかという意見もあると思いますが、書いてみると、この文字数は内容を相手に伝えるには少なすぎるのです。「業務内容の詳細」は、口頭試験で最も重要視される資料ですので720字以内の文章で評価される内容を記述するためには、それなりのテクニックが必要である点は理解しておいてください。

　しかも、「業務内容の詳細」は、受験者全員が受験申込書提出時に記載して提出するものとなっていますので、筆記試験前に合格への執念を持って書くことが難しいのが実態です。実際に多くの「業務内容の詳細」は、筆記試験で不合格になると誰にも読まれずに終わってしまいます。さらに、記述する時期がとても早いために、まだ十分に技術士第二次試験のポイントをつかめないままに申込書を作成している受験者も少なくはありません。

　注意しなければならない点として、「技術部門」や「選択科目」の選定ミスという判断がなされる場合があります。実際に、建設部門の受験者の中で、提出した「技術的体験論文」の内容が上下水道部門の内容であると判断された受験者が過去にはあったようですし、電気電子部門で電気設備の受験者が書いた「技術的体験論文」の内容が、発送配変電（現：電力・エネルギーシステム）の選択科目であると判断されたものもあったようです。そういった場合には、

当然合格はできません。「業務内容の詳細」は受験申込書の提出時点で記述しますので、こういったミスマッチが今後も発生すると考えられます。特に令和元年度試験改正で選択科目の廃止・統合や内容の変更が行われていますので、「業務内容の詳細」と「選択科目の内容」を十分に検証する必要があります。万が一ミスマッチになると、せっかく筆記試験に合格しても技術士にはなれませんので、早期に技術士第二次試験の目的を理解して、「業務内容の詳細」の記述に取りかかってください。

### (3) 受験申込書の『業務内容の詳細』について

　受験申込書の業務経歴の部分では、まず受験資格を得るために、「科学技術に関する専門的応用能力を必要とする事項についての<u>計画、研究、設計、分析、試験、評価又はこれらに関する指導の業務</u>」を、規定された年数以上業務経歴の欄に記載しなければなりません。その際には、下線で示した単語（計画、研究、設計、分析、試験、評価）のどれかを業務名称の最後に示しておく必要があります。記述できる項目数も、現在の試験制度では5項目となっていますので、少ない項目数で受験資格年数以上の経歴にするために、業務内容の記述方法に工夫が必要となります。しかも、その中から『業務内容の詳細』に示す業務経歴を選択して、『業務内容の詳細』に記述する内容と連携するように、業務内容のタイトルを決定する必要があります。『業務内容の詳細』を読む前に、このタイトルが大きな印象を試験委員に与えるからです。

　『業務内容の詳細』は、基本的に自由記載の形式になっており、記述する内容は「当該業務での立場、役割、成果等」とされています。しかし、『成果等』というところがポイントで、実際に記述すべき内容としては、過去の技術的体験論文で求められていた内容から想定すると、次のような項目になると考えられます。

　　① 業務の概要
　　② あなたの立場と役割
　　③ 業務上の課題
　　④ 技術的な提案
　　⑤ 技術的成果

　もちろん、取り上げる業務によって記述内容の構成は変わってきますが、700字程度という少ない文字数を考慮すると、例として次のような記述構成が考えられます。しかし、これまでの技術的体験論文のように、①～⑤のようなタイトル行を設けるスペースはありませんので、いくつかの文章で各項目の内容を効率的に示す力が必要となります。

① 業務の概要（75字程度）
② あなたの立場と役割（75字程度）
③ 業務上の課題（200字程度）
④ 技術的な提案（200字程度）
⑤ 技術的成果（150字程度）

　この例を見ると、『業務内容の詳細』を記述するのはそんなに簡単ではないというのがわかります。自分が実務経験証明書に記述した業務経歴の中から1業務を選択して、『業務内容の詳細』を700字程度で示すというのは、結構大変な作業です。欲張ると書ききれませんし、業務の概要説明などが長くなると、高度な専門的応用能力を発揮したという技術的な提案や、技術的成果の部分が十分にアピールできなくなります。そういった点で、受験申込書の作成には時間がかかると考える必要があります。一度提出すると受験申込書の差し替えなどはできませんので、口頭試験で失敗しないためには、ここで細心の注意を払って対策をしておかなければなりません。

# 第2章

# 選択科目（Ⅱ－1）の要点と対策

　選択科目（Ⅱ－1）の出題概念は、平成元年度試験からは、『「選択科目」における専門の技術分野の業務に必要で幅広く適用される原理等に関わる汎用的な専門知識』となりました。一方、出題内容としては、平成30年度試験までと同様に、『「選択科目」における重要なキーワードや新技術等に対する専門知識を問う。』とされています。そのため、平成30年度試験までに出題されている問題は、選択科目（Ⅱ－1）を勉強する上で有効であると考えます。

　評価項目としては、『技術士に求められる資質能力（コンピテンシー）のうち、専門的学識、コミュニケーションの各項目』となっています。

　なお、本章で示す問題文末尾の（　）内に示した内容は、R1－1が令和元年度試験の問題の1番を示し、Hは平成を示しています。また、（練習）は著者が作成した練習問題を示します。

# 1. 土質及び基礎

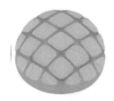

土質及び基礎の選択科目の内容は次のとおりです。

---

　土質調査並びに地盤、土構造、基礎及び山留めの計画、設計、施工及び
維持管理に関する事項

---

　土質及び基礎で出題されている問題は、土質調査・地盤、土構造、基礎工、
山留めに大別されます。なお、解答する答案用紙枚数は1枚（600字以内）です。

## （1）土質調査・地盤

○　堤防や盛土の浸透によるすべり破壊のメカニズムを概説せよ。また、堤体
　土の透水性の評価には室内透水試験が必要となるが、試験方法の概要、分類
　及び設計での適用に際しての留意点について説明せよ。　　　　（R1－1）

○　地盤の変形係数について、基礎の設計における主な利用目的を説明せよ。
　また、変形係数を求めるための調査・試験方法を3つ挙げ、それぞれの方法
　を概説するとともに得られた変形係数の利用上の留意点について説明せよ。

　　　　　　　　　　　　　　　　　　　　　　　　　　　　　（H30－2）

○　土の透水係数を定義するダルシーの法則とその適用上の留意点について説
　明せよ。また、地盤の飽和透水係数を求める試験について、原位置と室内で
　実施する試験をそれぞれ1つ挙げ、概要と留意点を説明せよ。ただし岩盤の
　透水係数を求める試験は対象外とする。　　　　　　　　　　　（H29－1）

○　砂質地盤における液状化発生メカニズムについて説明せよ。また、標準貫
　入試験及び室内土質試験により液状化の可能性を簡易に判定する方法につい
　て説明せよ。　　　　　　　　　　　　　　　　　　　　　　　（H29－2）

○　地盤の圧密現象について説明せよ。また、正規圧密粘土の沈下量及び沈下
　時間を予測するのに必要な地盤物性値や地層条件を挙げ、これらが予測結果
　に与える影響を述べよ。　　　　　　　　　　　　　　　　　　（H28－1）

○　水平方向地盤反力係数について、定義及び利用法並びに利用に当たっての
　留意点を説明せよ。また、室内試験及び原位置試験による推定方法をそれぞ
　れ1つずつ挙げ説明せよ。　　　　　　　　　　　　　　　　　（H28－2）

○ 圧密を伴う土の三軸圧縮試験には、圧密非排水試験（CU試験）と圧密排水試験（CD試験）がある。それぞれの試験の概要と得られる土の強度定数を説明するとともに、地盤の安定性検討に適用する場合の留意点について述べよ。 (H27－1)

○ 標準貫入試験、電気式コーン貫入試験、簡易動的コーン貫入試験、スウェーデン式サウンディング試験から調査方法を2つ選び、それぞれの概要、得られる地盤情報及び適用に当たっての留意点について述べよ。(H26－1)

○ 標準貫入試験の N 値から推定される地盤定数を3つ挙げ、それぞれの推定方法と留意点について説明せよ。 (H25－3)

○ 土全般を対象として工学的性質などを調査する地盤調査は、土質試験と原位置試験に大別されるが、それぞれの概要について説明し、原位置試験における動的貫入試験の結果から得られた情報の活用方法について説明せよ。 (練習)

○ 土質試験に用いる試料について、乱した土と乱さない土の定義を述べ、それぞれの試料を用いて土質試験を行った場合、調べられる具体的な土の性質を説明せよ。 (練習)

○ 沖積粘土層、高有機質の腐植土など、自然含水比が液性限界からその数倍の高含水比状態にある超軟弱地盤にて粘着力を求める試験方法とその概要を述べよ。また、このような地盤上に盛土を行う際の対策工法を検討する際の留意点を述べよ。 (練習)

○ クーロンの破壊基準と土の三軸圧縮試験から求められる粘着力 (c) 及びせん断抵抗角 (φ) との関係について説明せよ。 (練習)

　土質調査・地盤の項目は、土質及び基礎の基本中の基本となるものです。したがって、この項目の内容はしっかりと理解しておく必要があります。土質調査・地盤の内容は、主として、土質試験と原位置試験が中心となります。

　土質試験については、一般に、①土の物理的性質を求める試験（土粒子の密度、含水比、粒度、コンシステンシー、単位体積重量、間隙比等）、②土の力学的性質を求める試験（粘着力、せん断抵抗角、変形係数、圧縮指数、圧密係数等）、③土の化学的性質を調べる試験の3つに区分されます。

　一方、原位置試験は、一般に、①物理探査・検層、②ボーリング、③サンプリング、④サウンディング、⑤地下水調査、⑥載荷試験、⑦現場密度試験、⑧現地計測その他に区分されます。

　土質試験及び原位置試験ともに、それぞれの試験方法・調査方法及び求められるパラメーターをきちんと整理しておくことはもとより、得られたパラメー

ターが、土質や地盤に関する諸問題に対して、どのような役割を果たすことができるかを整理しておくことも必要です。最近の問題では、土質や地盤に係わる諸問題が提示され、それをもとに必要なパラメーター及び土質試験や原位置試験に関する内容を問う形式が出題される傾向にありますので、そういった点も考慮したうえで知識を習得・整理するようにしてください。

## （2）土構造

○　切土のり面の安定対策工として、地山補強土工、グラウンドアンカー工がある。各工法について、対策原理を踏まえた工法の概要を説明せよ。また、各工法を採用する際の切土のり面の規模や地山条件、工法の特徴に着目した留意点を工法ごとに3つ述べよ。　　　　　　　　　　　　　（R1－3）

○　地すべりの発生形態を岩盤地すべり、風化岩地すべり、崩積土地すべり、粘質土地すべりの4つの型に分類するとき、この分類の基本的考え方と使用法について説明せよ。また、このうち2つの型を選び、その特徴を説明せよ。　　　　　　　　　　　　　　　　　　　　　　　　　　　　（H30－4）

○　構造物の側面に作用する静止土圧、主働土圧、受働土圧について説明せよ。解答に当たっては、想定される構造物やその周辺地盤の動きを踏まえつつ、その土圧がどのような構造物の設計において用いられるかについても説明すること。　　　　　　　　　　　　　　　　　　　　　　　　　　　（H29－4）

○　盛土を施工する際の土の締固めの目的について説明せよ。締固めに関する施工管理方法を3つ挙げ、それぞれの概要と留意点について説明せよ。

（H28－3）

○　重力式擁壁の常時の安定性を照査する上で一般的に必要とされる3つの照査項目を挙げ、それぞれの項目について概要と照査に必要となる地盤物性値を説明せよ。　　　　　　　　　　　　　　　　　　　　　　　　　（H27－2）

○　抗土圧構造物に作用する3種類の土圧（主働土圧、受働土圧、静止土圧）について、その定義と構造物の設計においてどのように用いられるか述べよ。

（H26－2）

○　地すべり災害の素因と誘因を述べよ。また、地すべり対策は抑制工と抑止工に大別されるが、それぞれについて具体的な対策工を1つずつ挙げ、その概要や留意点について述べよ。　　　　　　　　　　　　　　　　　（H26－4）

○　傾斜地盤上の盛土では、豪雨・地震時にすべり崩壊が生じやすい場合があるが、その要因として考えられるものをいくつか挙げよ。また、傾斜地盤上に盛土を行う場合に、基礎地盤の処理について留意すべき点を述べよ。

（練習）

○　一般に、切土のり面の勾配は、土質調査や周辺の地形・地質条件などをもとに諸指針等で定められている標準のり面勾配を適用することができるが、長大のり面は崩壊した際に大災害となる場合があるため、現地の条件に応じたのり面勾配を設定する必要がある。長大のり面の勾配を検討する際に注意すべき事項を想定される条件ごとにそれぞれ述べよ。　　　　　　　（練習）

○　地すべりの対策工の選定は、各種調査結果等を鑑み、地すべり活動の状況やコスト等総合的な判断のもとに検討されるが、対策工法の選定について留意すべき事項を検討フロー順に説明せよ。　　　　　　　　　　（練習）

○　スレーキングの程度を評価するための室内試験方法について簡潔に説明し、堆積軟岩を盛土材料とした場合の締固めにおいて必要な管理方法を述べよ。
　　　　　　　　　　　　　　　　　　　　　　　　　　　　　　　（練習）

○　斜面の破壊メカニズムの解明に必要となる具体的なせん断強度パラメーターを2つ挙げ、それぞれのパラメーターを求めるための試験方法と概要を述べよ。　　　　　　　　　　　　　　　　　　　　　　　　　　　（練習）

　土構造の項目では、主として盛土、切土工、斜面安定工、土圧に関する内容が中心となります。それぞれの対策ポイントは次のとおりです。

　盛土の対策ポイントとしては、崩壊形態、のり面勾配、安定検討、安定計算（地震時含む）、締固め等施工時の留意点、維持管理などが挙げられます。

　切土工の対策ポイントとしては、発生形態とそれに対する対策工法、のり面勾配・形状の設計、切土施工時の留意点、構造物によるのり面対策工（プレキャスト枠工、グラウンドアンカー工、地山補強土工等）などが挙げられます。

　斜面安定工の対策ポイントとしては、斜面崩壊対策や土石流対策も含まれていますが、過去の出題傾向をみると、主として地すべり対策の分野から出題されていますので、まずはこの分野を押さえる必要があります。内容としては、地すべりの型分類及び主な要因と地すべり対策工（抑制工、抑止工）、地すべりの安定解析などが挙げられます。

　土圧の対策ポイントとしては、主働土圧、静止土圧、受働土圧、土圧理論（ランキン土圧、クーロン土圧）等が挙げられます。

## （3）基礎工

○　沿岸域の埋立てにより造成された宅地上の既設戸建て住宅の液状化被害を抑制・低減するハード対策の工法として、地下水位低下工法と格子状地中壁工法が挙げられる。それぞれの工法について対策原理及び設計・施工上の留意点を説明せよ。　　　　　　　　　　　　　　　　　　　　（R1−2）

○ 地盤調査の結果、上層に良質な地盤、下層に軟弱な地盤が存在することが分かっている。この地盤上で、直接基礎の支持力の検討を行う際に、下層地盤の影響について考慮が必要となる条件と支持力検討の方法及び設計上の留意点について説明せよ。 (H30−1)

○ 杭基礎に負の摩擦力が発生する原理と杭基礎への影響を説明せよ。また、負の摩擦力に対して検討する際の留意点を3つ挙げ、その概要を説明せよ。 (H30−3)

○ 杭基礎の周面摩擦力の算出方法について説明せよ。また、周面摩擦力を用いて極限支持力を求める場合に、留意すべき事項を複数挙げて説明せよ。 (H28−4)

○ 新設構造物基礎の液状化対策について、2種類の対策原理を挙げ、その概要を説明せよ。また、それらに基づく対策を適用する際の留意点を述べよ。 (H27−3)

○ 中間層に杭基礎を支持させる場合、設計において確認すべき事項を2つ挙げて説明せよ。そのために必要となる調査・試験項目について述べよ。 (H26−3)

○ 液状化の判定に用いられる FL（$= R / L$）における $R$ 並びに $L$ について、その意味と求め方を説明せよ。 (H25−1)

○ Terzaghi（テルツァーギ）の支持力公式における3つの支持力係数について説明せよ。また直接基礎の支持力を算定する際に考慮すべきことについて説明せよ。 (H25−2)

○ 直接基礎の支持力機構について概説せよ。また、直接基礎に必要となる支持地盤の条件を説明し、直接基礎の沈下原因と沈下予測手法について述べよ。 (練習)

○ 直接基礎の計画・設計において必要な土質定数を列挙し、それぞれを求めるために必要な調査・試験方法を概説せよ。 (練習)

○ 杭基礎の種類の概要を説明せよ。また、打込み杭の基礎形式を3つ挙げ、それぞれの構造と特徴を概説せよ。 (練習)

○ オープンケーソン工法にて、粘性土層の下部に被圧地下水を有する帯水層が存在する地盤を施工する場合に懸念される事象を説明し、その対策を述べよ。 (練習)

○ 地盤の液状化現象の発生メカニズムを概説し、液状化しやすい地盤の特徴を述べよ。また、ボーリング調査によって得られる地盤情報により、液状化の判定を行うことができるが、具体的な判定計算方法を1つ挙げて説明せよ。 (練習)

　基礎工の項目は、直接基礎、杭基礎、液状化対策などに関する内容が中心となります。液状化対策の分類は、捉え方によっては他の項目かもしれませんが、本著では、基礎工の項目に整理しています。それぞれの対策ポイントは次のとおりです。

　直接基礎の対策ポイントとしては、種類、荷重分担の考え方、地盤の許容支持力（許容鉛直支持力、許容水平支持力、許容せん断抵抗力）、地盤反力係数等が挙げられます。

　杭基礎の対策ポイントとしては、杭工法の種類及びそれぞれの特徴、杭基礎設計時の留意点、杭基礎の設計手順、荷重分担の考え方、杭の許容支持力と極限支持力、負の周辺摩擦力などが挙げられます。なお、ケーソン基礎、鋼管矢板基礎及び地中連続壁基礎は、近年の過去問題では出題されていませんが、今後出題される可能性もありますので、上記の項目と合わせてそれぞれの知識を習得しておいてください。

　液状化対策の対策ポイントとしては、液状化のメカニズム及び液状化の判定方法が重要となります。さらに、液状化対策工法を原理別に整理して、それぞれの概要及び特徴を習得してください。具体的には、密度の増大を目的とした締固め工法、固結を目的とした固化工法、粒度の改良を目的とした置換工法、飽和度の低下を目的とした地下水位低下工法、間隙水圧の抑制を目的とした間隙水圧消散工法、せん断変形の抑制を目的としたせん断変形抑制工法などがあります。

## （4）山留め

○　土留め（山留め）工事におけるヒービング、盤ぶくれ、ボイリングについて、発生原理を説明せよ。また、ボイリング対策として有効な地盤改良工法を2つ挙げ、各工法の対策原理及び施工上の留意点を述べよ。　　（R1－4）

○　土留め（山留め）掘削における盤ぶくれ発生メカニズムについて説明せよ。また、盤ぶくれ防止策を3つ挙げ、それぞれの概要と適用における留意点を説明せよ。　　　　　　　　　　　　　　　　　　　　　　　（H29－3）

○　土留め（山留め）掘削における底盤の安定検討の1項目であるボイリングについて、発生原理及び安定性の評価方法を述べよ。また、原理の異なる防止対策を2つ挙げて説明せよ。　　　　　　　　　　　　　　（H27－4）

○　山留め工事の掘削時に留意すべき地盤変状を3つ挙げ、それぞれの地盤変状の内容と起こりやすい条件を説明せよ。　　　　　　　　（H25－4）

○　山留め支保工において、側圧及び山留め壁の先端支持力を検討する際に必要となる地盤情報（パラメーター）をそれぞれ説明せよ。　　（練習）

○　山留め支保工において、止水工法や揚水量を検討する際に必要となる地盤情報（パラメーター）及び周辺地盤の沈下量を検討する際に必要となる地盤情報（パラメーター）をそれぞれ説明せよ。　　　　　　　　（練習）

○　土留め工における慣用計算法に用いる側圧及び弾塑性法に用いる側圧の考え方を説明し、設計時における留意点をそれぞれ述べよ。　　　　（練習）

○　開削工法による山留め・掘削に伴い、周辺構造物に影響を与える要因を3つ挙げ、それぞれについての概要を説明し、影響を抑制する対策工法について述べよ。　　　　　　　　　　　　　　　　　　　　　　　　（練習）

○　地下水の高い地盤において、山留め掘削工が計画されている。地下水低下を目的とした揚水を計画・実施する場合に必要な調査項目をいくつか挙げ、揚水実施上の留意点について述べよ。　　　　　　　　　　　　　（練習）

○土留め（山留め）掘削における問題事象の一つであるヒービングの発生メカニズムについて説明せよ。また、ヒービングが発生する地盤環境を具体的に述べ、発生防止対策の概要について述べよ。　　　　　　　　　　（練習）


　山留めの項目では、過去問題の出題傾向をみると、山留め施工時に発生する地盤変状に関する問題が数多く出題されています。そのため、この項目の対策としては、山留め工事に伴う諸々の問題事象ごとに専門知識を整理するのがよいと考えられます。

　具体的には、山留め壁の問題事象（山留め壁から漏水、変形等）、支保工の問題事象（支保工部材の座屈・変形、地盤アンカーや中間杭等の問題等）、掘削底面の問題事象（ヒービング、ボイリング、パイピング、盤ぶくれ等）、地下水に関する問題事象、周辺環境への問題事象（地下水低下、周辺地盤の変状等）が挙げられます。

　山留め工事では、問題事象に応じた対応がとられますが、主要な補助工法を次に示しますので、参考にしてください。

　　◇地下水位低下工法（ウェルポイント工法、ディープウェル工法）、◇生石灰杭工法、◇深層混合処理工法（機械撹拌工法、高圧噴射撹拌工法、機械撹拌高圧噴射撹拌併用工法）、◇薬液注入工法

# 2. 鋼構造及びコンクリート

鋼構造及びコンクリートの選択科目の内容は次のとおりです。

鋼構造、コンクリート構造及び複合構造の計画、設計、施工及び維持管理並びに鋼、コンクリートその他の建設材料に関する事項

　鋼構造で出題されている問題は、鋼構造の計画・設計、鋼構造の施工及び維持管理、鋼材料に大別されます。また、コンクリートで出題されている問題は、コンクリート構造物の計画・設計、コンクリート構造物の施工及び維持管理、コンクリート材料に大別されます。なお、解答する答案用紙枚数は1枚（600字以内）です。

## （1）鋼構造
### （a）鋼構造の計画・設計
○　鋼構造物の設計又は架設（建て方）計画において、座屈照査が重要となる部材を1つ挙げ、その部材に生じるおそれのある座屈現象を述べよ。また、その座屈に影響を及ぼす主要因子を複数挙げ、それぞれについて説明せよ。

（R1－1）

○　鋼構造又は複合・合成構造の耐震設計において弾塑性時刻歴応答解析法を用いる場合、対象とする具体的構造物を示し、構造物全体の解析モデルを1つ挙げ概説するとともに、そのモデル適用における留意点を2つ述べよ。

（H30－1）

○　近年、鋼とコンクリートを合理的に組合せる複合構造、合成構造及び混合構造が多用されている。これらの構造の中から具体例を2つ挙げ、それぞれに対して、特徴と設計上の留意点を述べよ。なお、単なる鉄筋コンクリート構造、プレストレストコンクリート構造は対象外とする。　（H30－2）

○　構造物の性能照査型設計法（性能設計）について概説するとともに、鋼構造物の設計に適用する場合の要求性能を2つ挙げ、それぞれの照査項目について述べよ。

（H29－3）

○　鋼構造物の鋼部材に損傷が危惧されるような大地震に対して、全体崩壊を

防ぐ耐震設計上の基本的な考え方を3つ述べよ。　　　　　　　　（H28－3）

○　鋼構造物の中小地震（レベル1地震動）と大地震（レベル2地震動）の耐
　　震設計法について各々を概説せよ。　　　　　　　　　　　　（H27－1）

○　構造物の耐震性を向上させるための基本的な考え方を3つ挙げ、それぞれ
　　について鋼構造物における適用事例を記述せよ。　　　　　　（H26－2）

○　鋼構造物の特徴（長所・短所）について、コンクリート構造物と比較して
　　概説せよ。また、概説した特徴の中から課題（短所）と思われるものを2つ
　　挙げ、それぞれについて設計又は施工上の対応策について述べよ。なお、特
　　徴、課題として腐食に関することは除く。　　　　　　　　　（H26－3）

○　鋼構造物の設計において新たな性能や機能が要求されるようになってきて
　　いる。このような要求性能を実現するための設計法の1つとしての限界状態
　　設計法について概説せよ。また、汎用されている許容応力度設計法と対比し、
　　その利点について述べよ。　　　　　　　　　　　　　　　　（H25－2）

○　鋼構造物の計画を立案する際には、経済性、安全性、施工性を含め、様々
　　な条件を考慮しなければならない。計画立案時に必要となる主たる調査項目
　　をいくつか挙げ、それぞれの内容及び目的を述べよ。　　　　（練習）

○　鋼構造物の設計において考慮すべき座屈の種類を3つ挙げてその概要を説
　　明せよ。また、座屈に対する設計時の留意点を述べよ。　　　（練習）

○　鋼構造物の設計に当たり、構造物の重量に起因する慣性力以外のもので、
　　考慮しなければならないものを3つ挙げ、技術的留意点を述べよ。（練習）

○　鋼構造物の設計における耐震性能の照査方法である「静的照査法」と「動
　　的照査法」について、それぞれ具体的な解析方法を1つ挙げ、それぞれの概
　　要と技術的特徴を述べよ。　　　　　　　　　　　　　　　　（練習）

○　鋼構造物の景観設計の基本的な考え方を概説し、鋼構造物の景観の構成要
　　素について述べよ。　　　　　　　　　　　　　　　　　　　（練習）


　鋼構造の計画・設計の項目は、過去の問題を整理してみると、鋼構造物の耐
震設計に関する内容が最も多く出題されており、その他に限界状態設計法、性
能照査型設計法、弾塑性時刻歴応答解析法、部材の座屈、複合構造物などに関
する内容が出題されています。

　対策のポイントとしては、耐震設計に関する内容の出題頻度が最も多いので、
必ず習得しておくべき分野と考えられます。耐震設計でも、特に、設計地震動、
耐震性能の照査（静的照査法、動的照査法等）はしっかり理解しておく必要が
あります。静的照査法としては、震度法、修正震度法、地震時保有水平耐力法、
プッシュオーバー解析法などが挙げられます。一方、動的照査法としては、応

答スペクトル解析法、時刻歴応答解析法などが挙げられます。

　その他に、座屈に関する事項をはじめとして、さまざまな繰り返し荷重が作用する構造物に関する疲労設計の知識も整理して習得しておく必要があります。また、複合構造物に関する問題も過去に出題されていますので、合成構造（合成はり、鋼板コンクリート合成版、SRC部材、コンクリート充填鋼管部材など）やコンクリート構造物と鋼構造物といった異種部材を接合した構造（いわゆる混合構造）に関する事項も合わせて押さえておきましょう。いままでに出題はされていませんが、計画・設計時に必要となる基本情報を収集することを目的とした調査に関する知識も整理しておいてください。

### (b) 鋼構造の施工及び維持管理

○　次に示す溶接方法から2つを選択し、それぞれの特徴、主な適用対象部位及び品質管理上の留意点を述べよ。なお、選択した溶接方法を明記すること。
(R1-2)

(1) 被覆アーク溶接（アーク手溶接）　(2) ガスシールドアーク溶接

(3) エレクトロガスアーク溶接　　　　(4) エレクトロスラグ溶接

(5) セルフシールドアーク溶接　　　　(6) サブマージアーク溶接

(7) TIG溶接　　　　　　　　　　　　(8) スタッド溶接

○　次に示す鋼構造物の腐食現象から2つを選択し、それぞれの腐食現象を説明せよ。また、それぞれの腐食が発生し易い部位・部材を挙げ、防食設計上の留意点を述べよ。なお、選択した腐食現象を明記すること。　(R1-3)

(1) 異種金属接触腐食　　(2) 孔食　　　　　(3) 隙間腐食

(4) 応力腐食割れ　　　　(5) 迷走電流腐食

○　鋼構造物の疲労き裂の発生状況を把握するための現地における調査又は試験方法を2つ挙げ、それぞれの概要と適用に当たっての留意点を述べよ。ただし、外観目視調査は除く。　(R1-4)

○　鋼構造物の現場溶接の施工管理について、次に示す管理項目から2つを選んで、それぞれに対し、管理項目の具体的内容と留意点を述べよ。なお、選んだ管理項目を明記すること。　(H30-3)

(1) 開先精度　　(2) 溶接条件　　　　(3) 溶接作業環境

(4) 溶接材料　　(5) 予熱・パス間温度　(6) 溶接前処理

○　鋼構造物の架設（建て方）計画を立案するに当たって、対象とする構造物と立地条件を示し、必要な調査項目を3つ挙げ、それぞれの調査方法について述べよ。　(H30-4)

○　鋼構造物の陸上輸送において、輸送計画時に必要な調査項目について述べ、

鋼部材（積載物）を含む車両の寸法・重量が一般的制限値（幅2.5 m、高さ 3.8 m、長さ12.0 m、総重量20トン）を超える場合の輸送事例を1つ挙げ、その場合の輸送上の留意点を述べよ。 (H29-2)

○ 道路や鉄道の上空又はそれに近接する工事において、クレーンや仮設備等を用いて鋼構造物を施工する場合、その工事期間中に第三者に影響を与える可能性のある事故を2つ示し、それぞれの第三者への影響と安全対策について述べよ。 (H29-4)

○ 鋼構造物に生じる振動障害を2つ挙げ、その発生原因と有効な対策について述べよ。ただし地震による発生原因を除く。 (H28-1)

○ 具体的な鋼構造物を1つ想定した上で、その鋼構造物に適用可能な架設工法（建て方）を2つ挙げ、それぞれの工法の特徴と留意点を述べよ。

(H28-2)

○ 鋼構造物の溶接部における外部（表面又は表層部）欠陥と内部欠陥の検出に適する非破壊検査法をそれぞれ1つ挙げ、それらの原理と適用に当たっての留意点を述べよ。ただし、外観目視検査は除く。 (H28-4)

○ 鋼構造物の工場製作や現場施工において、精度確保するための着目点を3つ挙げて説明し、それぞれの着目理由と対応策について述べよ。ただし、人為的過誤や図面誤記等の単純ミスは除く。 (H27-2)

○ 鋼構造物の高サイクル疲労と低サイクル疲労の特徴を説明し、各々の代表的な損傷を1例とそれを防止する対応策を記述せよ。 (H27-3)

○ 大きな地震発生後の鋼構造物の点検における着目部位を3つ挙げ、それぞれの代表的な損傷とそれに対する点検・調査方法について述べよ。ただし、コンクリート部材は除く。 (H27-4)

○ 長期間使用した鋼構造物に生じる損傷形態を2つ挙げ、それぞれについて点検・調査の着目部位とその部位に適した点検・調査手法について概説せよ。なお、コンクリート構造部分や衝突、落下、火災などの事故に起因する損傷は対象としない。 (H26-4)

○ 鋼構造物のボルトを用いた継手について、応力の伝達機構から分類される接合方式を3つ挙げ、それぞれについて概説せよ。 (H25-3)

○ 鋼構造物の防せい防食法を2つ挙げ、それぞれについて防せい防食の原理を概説せよ。また、それぞれを適用するに当たっての留意点を述べよ。

(H25-4)

○ 鋼構造物の製作においては、さまざまな鋼材を組み合わせることになるが、鋼材の接合法に関し、溶接方法を適用する場合、溶接の品質に影響を及ぼす項目を挙げよ。また、溶接欠陥をいくつか挙げ、それぞれの補修方法を述べ

　　よ。　　　　　　　　　　　　　　　　　　　　　　　　　　　（練習）

○　鋼構造物の工場製作における仮組立ての目的、部材精度及び仮組立精度について簡潔に説明し、仮組立工法の動向について述べよ。　　（練習）

○　溶接継手における代表的な非破壊検査方法を3つ挙げ、それぞれの検査を行う際の留意点について述べよ。　　　　　　　　　　　　（練習）

○　鋼構造物継手のうちで溶接接合と高力ボルト接合の特徴を示し、両者を併用した継手を用いた場合の施工上の留意点について述べよ。　（練習）

○　鋼構造物の一つである鋼橋梁の架設工法に関して、具体的な架設工法を3つ挙げ、それぞれの概要を述べ、品質管理上、架設時において各工法が共通して留意すべき事項を説明せよ。　　　　　　　　　　　　（練習）

○　鋼構造物の一つである鋼橋梁の架設工法を検討するうえで必要な要因を挙げ、それぞれの要因の具体的な検討項目を挙げよ。また、架設において構造上留意しなければならない点を説明せよ。　　　　　　　　　（練習）

○　既設鋼構造物の腐食に対する点検と診断、その後の対策における留意点を述べよ。　　　　　　　　　　　　　　　　　　　　　　　（練習）

○　既設鋼構造物の維持管理において、日常的な定期点検の目的と異常発生時における点検の目的を説明し、それぞれの点検時における留意点を述べよ。
　　　　　　　　　　　　　　　　　　　　　　　　　　　　　　（練習）

○　既設鋼構造物の耐久性の向上及びライフサイクル（LC）を最大限に伸ばす観点から、維持管理において重要な項目について説明せよ。　（練習）

○　既設鋼構造物の維持管理に関する予防保全と事後保全の考え方を概説し、安全度及び耐久性の向上を図るために留意すべき点を説明せよ。　（練習）


　鋼構造の施工及び維持管理の項目は、対象とする範囲が多岐にわたっており、鋼構造物の科目の中で最も出題数が多い項目となっています。

　まず、施工の分野ですが、この分野は範囲が広いため、大まかに分類すると、製作全般、接合・溶接、防せい・防食、輸送、架設といった内容となります。過去問題も概ねこの内容に分類することができます。一方、維持管理の分野では、鋼構造物の疲労、損傷などの観点から、点検・調査・試験方法などの内容を問う問題が出題されています。施工及び維持管理の分野の主要なポイントをそれぞれ以下に示します。

　構造物の製作全般としては、全体の流れとして、原寸・けがき、加工・組立、溶接、仮組立、塗装、輸送の流れをしっかりと整理しておくとともに、品質管理、コスト管理、安全管理等の観点から留意すべき事項を整理しておく必要があります。

　構造物の接合・溶接は、大きくは機械接合と溶接接合に分けられ、機械接合として高力ボルト接合、普通ボルト接合、リベット接合が挙げられます。高力ボルト接合は、摩擦接合、引張接合、支圧接合に分類されます。溶接接合の方法は数多くありますが、大きく分けると融接と圧接の2区分になります。なお、アーク溶接やガス溶接は融接に分類されます。

　防せい・防食に関しては、その対策方法の概要や特徴を整理しておきましょう。輸送に関しては、輸送計画を立案する場合の条件設定について整理しておき、陸上輸送及び海上輸送時について、それぞれ留意すべき事項をまとめておく必要があります。構造物の架設に関しては、架設工法の種類、架設工法の選定、架設用機材や安全設備、架設計画・設計及び施工時における留意点などがポイントとなります。

　維持管理に関しては、主要な鋼構造物の維持管理に関する技術基準やそれに準ずるものを把握することが重要です。また、点検及び調査方法についても構造物ごとに整理しておくとよいでしょう。一般的な調査項目は構造物の劣化、損耗、損傷、機能の低下などが挙げられます。さらに、維持管理面では耐久性の向上を図ることが求められますので、点検・調査の結果、問題が発生した場合の対策方法等の知識も習得しておいてください。


（c）鋼材料
○　次に示す高性能鋼から2つを選び、それぞれの特徴や利点を示し、鋼構造物における使用上の留意点について述べよ。（選択した鋼材を明記すること。）

　　　　　　　　　　　　　　　　　　　　　　　　　　　　（H29－1）

　　(1) 橋梁用高降伏点鋼（SBHS）　　　(2) 建築構造用圧延鋼材（SN）
　　(3) 建築構造用高強度鋼材（SA）　　(4) 耐候性鋼
　　(5) ステンレス鋼　　　　　　　　　(6) 耐火鋼
　　(7) 超高力ボルト　　　　　　　　　(8) クラッド鋼

○　鋼構造物に使用する鋼材のうち、機械的性質や化学成分などから高性能鋼と称される鋼材を3種類挙げ、それぞれについて鋼構造物における主な使用部位とその部位に使用する理由を述べよ。　　　　　　　（H26－1）

○　鋼の主成分は鉄（Fe）元素であるが、JIS G 3101（一般構造用圧延鋼材）など汎用的な鋼材には、Feの他にも主要5元素と呼ばれる元素が含まれている。これら5元素を列記せよ。また、5元素のうちから3元素を選び、それぞれについて、鋼の機械的性質や性能に及ぼす影響を説明せよ。　（H25－1）

○　鋼構造物に使用する鋼材のうち、強度の観点からみて高性能鋼といわれる鋼材を2種類挙げ、それぞれについての特徴を述べるとともに、鋼構造物に

使用する具体的なメリットを説明せよ。　　　　　　　　　　　（練習）
○　耐候性鋼材の特徴を述べ、耐候性鋼材のさびと普通鋼のさびの違いについて説明せよ。また、耐候性鋼材を適用する場合、計画時において、特に留意しなければならない点を挙げ、その対応策について述べよ。　（練習）
○　一般構造用圧延鋼材（SS材）、建築構造用圧延鋼材（SN材）及び溶接構造用耐候性熱間圧延鋼材（SMA材）の機械的性質について説明せよ。（練習）
○　鋼材中にはさまざまな元素が含まれているが、鋼材の強度を上げる効果を有している元素を3つ挙げ、それぞれの元素が有する負の効果を合わせて述べよ。また、鋼材の衝撃特性または焼入れ性を高める効果を有している元素を3つ挙げ、同様にそれぞれの元素が有する負の効果を述べよ。　（練習）
○　鋼構造物にて使用される高力ボルトの特徴を述べよ。また、従来の高力ボルトよりも耐力を有するいわゆる超高力ボルトを使用するメリットを、通常の高力ボルトと比較し、そのメリットについてコスト面を含めて説明せよ。
　　　　　　　　　　　　　　　　　　　　　　　　　　　　　　　（練習）


　鋼材料の項目では、過去問題の出題傾向として、高性能鋼に関する内容が中心に出題されています。出題数としては、他の項目より多くはありませんが、鋼構造の基本的な知識として身につけておくべき内容ですので、鋼材の一般的な種類と高性能鋼に関する基礎知識はしっかりと習得しておく必要があります。
　鋼材の一般的な種類としては、一般構造用圧延鋼材（SS材）、建築構造用圧延鋼材（SN材）、溶接構造用圧延鋼材（SM材）、溶接構造用耐候性熱間圧延鋼材（SMA材）などがあります。
　高性能鋼については、1）橋梁用、2）強度、3）じん性・溶接性、4）耐腐食性・その他といったカテゴリーに分類して、それぞれの種類を説明します。
　橋梁用の高性能鋼としては、橋梁用高性能鋼板（SBHS材）が挙げられます。強度に関する高性能鋼としては、高強度鋼、降伏点一定鋼、狭降伏点レンジ鋼、低降伏比鋼、低降伏点鋼、極厚鋼板などがあります。じん性・溶接性に関する高性能鋼としては、高じん性鋼、予熱低減鋼、大入熱溶接対策鋼、耐ラメラテア鋼などがあります。耐腐食性・その他に関する高性能鋼としては、耐候性鋼、亜鉛めっき用鋼、ステンレス鋼、クラッド鋼などがあります。これらをベースとして、鋼材に関する最新の動向を把握するようにしてください。また、今後、接合用鋼材の一つとして、高力ボルトに関する内容が出題される可能性もありますので、基本知識として整理しておきましょう。鋼構造物を構成する鋼材料には、上記以外に鋳鍛造品や線材・線材二次製品などもありますが、まずは、上記の鋼材料に関する知識を優先して習得してください。

## (2) コンクリート

### (a) コンクリート構造物の計画・設計

○　鋼とコンクリートの複合構造は、合成構造と混合構造に大別される。鋼部材とコンクリート部材を連結して1つの構造体とした混合構造について、以下の問いに答えよ。　　　　　　　　　　　　　　　　　　　　　　（R1−5）

(1) 混合構造を採用する目的について、構造形式を1つ挙げ説明せよ。

(2) (1) で挙げた構造形式について、設計及び施工の留意点を各々1つ以上述べよ。

○　鉄筋コンクリート部材の体積変化に伴う初期ひび割れを2つ挙げ、それぞれの発生メカニズムを説明せよ。また、それぞれのひび割れについて、異なる視点での制御方法を2つずつ記述せよ。　　　　　　　　　　（H30−6）

○　プレストレストコンクリート構造物特有の初期欠陥を1つ挙げ、その発生原因と構造物に与える影響及び設計・施工両面からの防止策を述べよ。
　　　　　　　　　　　　　　　　　　　　　　　　　　　　　　（H29−5）

○　コンクリート構造物を1つ想定し、その構造物に要求される性能を3つ挙げ、その概要を述べよ。また、それぞれの要求性能について、性能照査の考え方を説明せよ。　　　　　　　　　　　　　　　　　　　　　　　（H29−8）

○　鉄筋コンクリートはり部材の曲げ破壊とせん断破壊について、それぞれのメカニズムと特徴を示し、脆性的な破壊を防止するための設計上の留意点を述べよ。　　　　　　　　　　　　　　　　　　　　　　　　　（H28−7）

○　大地震に対する耐震設計が必要なコンクリート構造物の例を1つ挙げ、その耐震設計の手順を示し、耐震性能の照査方法を具体的に述べよ。また、耐震設計上の留意点について述べよ。ただし、耐震補強は除くものとする。
　　　　　　　　　　　　　　　　　　　　　　　　　　　　　　（H28−8）

○　コンクリート構造物の乾燥収縮ひび割れの発生メカニズムを説明せよ。また、その対策としてコンクリートを低収縮化するための材料又は配（調）合上の手法を2つ挙げ、その概要と留意点を述べよ。　　　　　（H26−7）

○　断面内において鋼とコンクリートが合成された複合構造の例を1つ挙げ、その力学的特徴を説明せよ。また、その複合構造における断面破壊に対する照査方法及びその照査の前提となる構造細目について述べよ。ただし、鉄筋コンクリート構造、プレストレストコンクリート構造は除くものとする。
　　　　　　　　　　　　　　　　　　　　　　　　　　　　　　（H26−8）

○　鉄筋コンクリート柱が正負交番繰返し水平力を受けた場合の代表的な破壊形態を2つ挙げ、それぞれの特徴を説明せよ。また、その特徴を踏まえて、耐震設計上の留意点を述べよ。　　　　　　　　　　　　　　（H25−6）

○　コンクリート構造物の耐久性に大きな影響を及ぼすものとして鋼材の腐食がある。この現象によって所定の要求性能が損なわれないかを確認するために必要な照査項目を挙げ、それぞれについて検討時の留意点を述べよ。

(練習)

○コンクリート構造物が設置される気象条件が、氷点下の気温となることがあり、凍結融解がしばしば繰り返される場合、気象条件に応じて設計時に検討しなければならない事項を挙げ、検討時における留意点を説明せよ。

(練習)

○複合構造物には、いくつかの構造形式があるが、橋梁構造物において鋼桁とコンクリート桁の混合構造を採用する場合の目的とメリットを述べ、設計時における留意点を述べよ。　　　　　　　　　　　　　　　　　(練習)

○　コンクリート構造物の耐震性確保に関し、構造物が保有すべき耐震性能を簡潔に述べ、耐震性に関する照査の基本的な考え方を説明し、照査検討時、特に留意すべき点を述べよ。　　　　　　　　　　　　　　　　(練習)

○　コンクリート構造物に発生する初期ひび割れの原因を2つ挙げ、それぞれについて構造物の所要の性能に影響しないことを確認するための照査方法の概要を説明せよ。　　　　　　　　　　　　　　　　　　(練習)

○　水密性の機能を必要とするコンクリート構造物を1つ挙げよ。水密性を確保するために行う水密性の照査概要を説明し、設計時に特に留意しなければならない事項を述べよ。　　　　　　　　　　　　　　　　(練習)

○　プレストレストコンクリートを構造体の観点から2つに分類し、それぞれの技術的特徴と使用性に関する照査の基本的な考え方について説明せよ。

(練習)


コンクリート構造物の計画・設計の項目では、過去の問題を整理してみると、複合構造物に関する内容、コンクリート構造物の耐震設計に関する内容がそれぞれ2問出題されています。その他に、初期ひび割れ、プレストレストコンクリートの初期欠陥、性能照査、RCはり部材の曲げ・せん断破壊、乾燥収縮ひび割れなどの内容が出題されています。

対策のポイントとしては、一般的な性能照査の考え方、耐久性、安全性、使用性、耐震性、初期ひび割れなどに関する内容が重要となります。一般的な性能照査の考え方は、構成部材を含むコンクリート構造物が、施工中及び設計時に設定されている供用期間中に限界状態に至らないことを確認するとされています。

プレストレストコンクリート構造物やプレキャスト構造物に関しては出題数

が少ないですが、基本的な内容は整理しておく必要があります。また、鉄筋コンクリートのかぶり、鉄筋の配置、鉄筋のあき、鉄筋の定着、継手などの構造細目やコンクリート構造物の部材（はり、柱、スラブ、フーチング、アーチなど）の構造細目及び打継目、目地（伸縮、ひび割れ誘発）などに関する基本知識は整理して習得しておきましょう。複合構造物に関する問題は過去にも出題されており、今後も出題される可能性がありますので、合成構造（合成はり、鋼板コンクリート合成版、SRC部材、コンクリート充填鋼管部材など）やコンクリート構造物と鋼構造物といった異種部材を接合した構造（いわゆる混合構造）に関する事項も、合わせて押さえておく必要があります。これまで出題はされていませんが、計画・設計時に必要となる基本情報を収集することを目的とした調査といった事項の知識も、一度整理しておいてください。

### (b) コンクリート構造物の施工及び維持管理

○　暑中コンクリートとして施工する場合に、材料・配合、運搬、打込み及び養生の観点のうち2項目について、品質を確保する上での留意すべき事項、並びにその留意すべき理由と対策を述べよ。　　　　　　　　　　　　(R1－7)

○　沿岸部に立地する鉄筋コンクリート構造物においては、塩害に対する対策が重要となる。塩害における4つのステージ（潜伏期、進展期、加速期、劣化期）の中で、潜伏期以外の2つを選び、その特徴を簡潔に述べよ。さらに、新規に鉄筋コンクリート構造物を設計・施工する際、鋼材を発錆させないための対策項目を3つ挙げよ。　　　　　　　　　　　　　　　　　(R1－8)

○　既設コンクリート構造物の調査・点検で利用する試験について、次のうちから2つの方法を取り上げ、原理、測定上の留意点、測定結果を活用する際の留意点について記述せよ。　　　　　　　　　　　　　　　　　(H30－5)

　(a) 反発度法によるテストハンマー強度の推定

　(b) 赤外線サーモグラフィ法（パッシブ法）による内部欠陥の推定

　(c) 電磁波レーダ法によるかぶり厚さの推定

　(d) 自然電位法によるコンクリート中鋼材の腐食状況の推定

○　鉄筋の継手には、重ね継手、圧接継手、溶接継手、機械式継手がある。このうち2つを選び、それぞれの原理、特徴、設計上及び施工上の留意点について記述せよ。　　　　　　　　　　　　　　　　　　　　　　　(H30－8)

○　コンクリート構造物又はコンクリート部材に短繊維を使用することによって得られる効果を2つ説明せよ。また、どちらか1つの効果について、その効果を得るために使用される短繊維の種類と特徴、並びにその短繊維を用いた繊維補強コンクリートの製造上の留意点を述べよ。　　　　(H29－6)

○ コンクリートのワーカビリティーの向上を目的に、スランプを設計図書に
　示される値よりも大きくする場合（ただし、スランプで管理する範囲とす
　る。）を想定し、コンクリートの配（調）合設計と製造・施工の観点から、
　それぞれの留意点について説明せよ。　　　　　　　　　　　（H29－7）

○ 鉄筋コンクリート構造物の主な劣化機構であるアルカリシリカ反応、塩害、
　中性化の中から2つを選び、それぞれについて劣化メカニズム及び新設構造
　物に施される対策を説明せよ。　　　　　　　　　　　　　　（H28－5）

○ 港湾構造物等で多く用いられている水中不分離性コンクリートについて、
　その特徴及び施工上の留意点を述べよ。　　　　　　　　　　（H28－6）

○ 壁状のコンクリート構造物を構築する際に、コンクリートの充填不良が生
　じる原因を2つ挙げ、それぞれについて、設計又は施工上取るべき具体的な
　防止対策を述べよ。　　　　　　　　　　　　　　　　　　　（H27－5）

○ コンクリート構造物では施工段階で発生する不具合により構造物の安全性
　や耐久性が損なわれる場合がある。施工段階で発生するプレストレストコン
　クリート構造物に特有の不具合を2つ挙げ、それぞれについて、原因と設計
　又は施工上の防止対策を述べよ。　　　　　　　　　　　　　（H27－6）

○ コンクリート構造物に発生するひび割れの1つにセメントの水和熱に起因
　する温度ひび割れがある。外部拘束が卓越する場合の温度ひび割れ発生のメ
　カニズムを説明し、そのひび割れを抑制する具体的な方法を2つ挙げ、それ
　ぞれについて留意点を述べよ。　　　　　　　　　　　　　　（H27－7）

○ コンクリート構造物の電気化学的補修工法の例を2つ挙げ、その概要を説
　明せよ。また、それぞれの工法について、劣化したコンクリート構造物に適
　用する際の設計又は施工上の留意点を述べよ。　　　　　　　（H27－8）

○ 塩害を受けたコンクリート構造物を断面修復工法で補修した後、既設コン
　クリートと断面修復材の境界面で発生する再劣化現象のメカニズムを説明せ
　よ。また、その発生メカニズムを踏まえて、再劣化を発生させないための技
　術的な留意点を述べよ。　　　　　　　　　　　　　　　　　（H26－5）

○ 寒中コンクリートとして、コンクリート構造物を場所打ちで構築する際に、
　品質を確保する上で打込み及び養生の観点から留意すべき事項を1つずつ挙
　げ、その留意すべき理由を説明せよ。また、それに対して取るべき対策につ
　いてそれぞれ述べよ。　　　　　　　　　　　　　　　　　　（H26－6）

○ アルカリシリカ反応に伴うコンクリート構造物の劣化のメカニズムを説明
　せよ。また、アルカリシリカ反応の抑制対策を1つ挙げ、その概要と技術的
　課題を述べよ。　　　　　　　　　　　　　　　　　　　　　（H25－7）

○ 設計基準強度50～100 N/mm$^2$クラスの高強度コンクリートについて、そ

のフレッシュ時及び硬化後の性質を説明せよ。また、その性質を踏まえて、製造又は施工を行う上での留意点を述べよ。　　　　　　　　　　（H25－8）

○　塩害環境下にあるコンクリート構造物に対して実施される以下の調査項目から1つ選択し、その調査目的を説明せよ。また、選択した項目の調査・試験方法を1つ挙げ、その概要と技術的留意点を述べよ。　　　　　（H25－5）

①　腐食ひび割れ　　　②　塩化物イオン含有量

③　浮き・剥離　　　　④　鋼材の腐食

○　コンクリート構造物を築造する際の型枠に関して、コンクリートの側圧を考慮して型枠を設計することになっているが、コンクリートの側圧を設定する基本的な考え方を述べよ。また、高流動コンクリートを使用する場合に留意すべき事項を説明せよ。　　　　　　　　　　　　　　　　（練習）

○　コンクリートの養生は、コンクリートの品質に大きな影響を及ぼすことが知られているが、温度を制御する目的から、マスコンクリート及び暑中コンクリートにおける養生の留意点をそれぞれ述べよ。　　　　　　　（練習）

○　材料・配合に起因する鉄筋コンクリート構造物のひび割れを1つ挙げ、その発生の原因を示し、経済性並びに耐久性に及ぼす影響をそれぞれ述べよ。
　　　　　　　　　　　　　　　　　　　　　　　　　　　　　　　　（練習）

○　既設コンクリート構造物における主たる劣化機構を3つ挙げるとともに、それぞれについて劣化要因、劣化現象及びその対策について述べよ。

　　　　　　　　　　　　　　　　　　　　　　　　　　　　　　　　（練習）

○　自己充てん性を有するコンクリートとして高流動コンクリートがあるが、通常のコンクリートと比較して大きく異なる特徴を一つ挙げ、製造時の練り混ぜにおいて留意すべき事項を述べよ。さらに、打設速度と打込み高さの点から打込み時における留意点を説明せよ。　　　　　　　　　　（練習）

○　コンクリート構造物の築造における鉄筋工について、鉄筋の継手方法の種類を3つ挙げよ。また、それぞれの継手の種類に関する試験・検査方法と頻度及び結果として不適合な場合の対処方法も含めて説明せよ。　　　（練習）

○　既設コンクリート構造物における初期点検の目的及び点検の方法を述べよ。また、初期点検結果により、変状が確認され、それが明らかに劣化である場合、とるべき方策について説明せよ。　　　　　　　　　　　　　（練習）

○　既設コンクリート構造物における定期点検（または臨時点検）の目的及び方法を示し、定期点検（または臨時点検）結果による評価及び判定を行う際の留意点について述べよ。　　　　　　　　　　　　　　　　　　（練習）

○　コンクリート構造物の点検のうち、非破壊検査機器を用いた試験方法を3つ挙げ、それぞれの試験目的と試験実施の際に留意すべき点について述べ

　よ。　　　　　　　　　　　　　　　　　　　　　　　　　　（練習）

　コンクリート構造物の施工及び維持管理の項目を大きく区分けすると、施工
（製造、運搬、打込み、締固め、仕上げ、養生、鉄筋工、型枠工など）、特殊コ
ンクリート、維持管理の3分野となります。過去の問題を3つの分野ごとに整
理してみると、施工に関する問題は、施工プロセス上の品質管理、鉄筋継手、
ワーカビリティー（スランプ増加）、コンクリートの充填不良、温度ひび割れ、
寒中コンクリートといった内容が出題されています。次に、特殊コンクリート
に関する問題は、水中不分離性コンクリート、プレストレストコンクリート、
高強度コンクリート、短繊維補強コンクリートといった内容が出題されていま
す。維持管理に関する問題では、塩害対策の出題が最も多く、そのほかに、既
設コンクリート構造物の調査・点検、劣化メカニズム、電気化学的補修工法、
アルカリシリカ反応に伴う劣化などの内容が出題されています。3つの分野の
対策ポイントを次に示します。

　施工の対策ポイントとしては、施工全体のフローを把握するとともに、施工
計画における検討事項を整理しておくことです。具体的には、現場の施工環境
条件や周辺環境の把握、コンクリートの配合・製造・運搬の計画、コンクリー
トの受入れ計画、現場内運搬計画、打込みの計画、締固めの計画、仕上げの
計画、養生計画、打継ぎの計画、鉄筋工の計画、型枠・支保工の計画、各種検
査・点検、安全衛生計画などの検討事項がありますので、それぞれの内容及び
留意すべき事項はしっかりと押さえておきましょう。また、施工時における品
質管理、コスト管理及び工程管理についても重要な管理項目となりますので、
フローごとにそれぞれの視点で留意すべき点も合わせて習得しておいてくださ
い。そのほかに、寒中コンクリート、暑中コンクリート、マスコンクリートに
関する内容は、過去にも出題されており、今後も出題されやすい内容となりま
すので、それぞれの特徴、対策、施工プロセスで留意すべき事項は少なくとも
知識として整理しておいてください。

　特殊コンクリートとは、一般に、使用材料、機能、施工方法、施工環境、構
造形式、製造方法などが特殊なコンクリートのことをいいますが、具体的には、
次に示すようなものが挙げられます。

　　　◇流動化コンクリート、◇高流動コンクリート、◇高強度コンクリート、
　　　◇膨張コンクリート、◇短繊維補強コンクリート、◇海洋コンクリート、
　　　◇水中コンクリート、◇吹付けコンクリート、◇プレストレストコンクリー
　　　ト、◇軽量骨材コンクリート　など

　これらは、特殊な施工環境下や特殊な要求性能を満たすために使用されるものですので、どのような条件で適用されるのか、施工時において留意すべき事項、品質・コスト管理面で検討しなければいけない事項、いままでの適用実績などの知識を整理して習得しておいてください。

　維持管理に関しては、全般的な事項として維持管理計画の策定についての知識を整理しておく必要があります。具体的には、診断、対策、実施時期・頻度、方法、人員体制、予算などを含めた総合的な計画です。計画に盛り込むべき事項と策定時における留意点などを中心に押さえておきましょう。次に、点検に関する事項として、点検の種類を整理しておき、それぞれの目的・内容及び点検における具体的な調査方法も合わせて習得してください。過去問題では、コンクリート構造物の具体的な劣化機構に関する内容も問われていますので、劣化機構別の視点からも知識を整理しておく必要があります。具体的な劣化機構としては、中性化、塩害、凍害、化学的侵食、アルカリシリカ反応、疲労、すりへりなどが挙げられます。


（c）コンクリート材料

○　JIS A 6204：2011に規定されているコンクリート用化学混和剤のうち、主たる目的が異なる2種類を挙げ、それぞれについて、使用の目的、作用機構、留意点について述べよ。なお、高性能化したことは主たる目的には含まれない。　　　　　　　　　　　　　　　　　　　　　　　　　　　　（R1－6）

○　環境負荷低減を図るために有効と考えられるコンクリート材料を、日本工業規格（JIS）において規定されるコンクリート用混和材から1つ、同じく日本工業規格（JIS）において規定されるコンクリート用骨材から1つ選び、それぞれについて、環境負荷を低減させる理由及びコンクリート構造物への適用を検討する際の留意点について記述せよ。　　　　　　（H30－7）

○　コンクリートの混和材として一般に知られているもので、ポゾラン作用の効果が期待できるものを2つ挙げ、それぞれの製造方法及び特徴を述べ、コンクリートの特徴にどのような作用を及ぼすのかを説明せよ。　　（練習）

○　幅広い種類のコンクリートに使用されている高性能AE減水剤について、その主成分を述べるとともに、高性能AE減水剤が有する分散機能とスランプ保持機能について説明せよ。　　　　　　　　　　　　　　　（練習）

○　高炉スラグ骨材と電気炉酸化スラグ骨材について概説し、それぞれをコンクリートの粗骨材及び細骨材に使用する場合の留意点を述べよ。　（練習）

○　マスコンクリートに一般に使用される混和材料について、混和剤及び混和材をそれぞれ一つ挙げ、使用する目的と効果を説明するとともに、コンク

リート打込み時の留意点について述べよ。　　　　　　　　（練習）

　コンクリート材料の項目は、過去問題での出題数は多くありませんが、施工及び維持管理の項目と関連性が強いので、おろそかにせず、基礎知識として整理しておく必要があります。過去問題では、混和材料（混和剤、混和材）及び骨材に関する内容が出題されています。コンクリート材料の項目における学習分野は、大きく分けて、セメント、骨材、混和材料（混和剤、混和材）の3つになります。それぞれのポイントを以下に示します。

　セメントに関しては、ポルトランドセメント、混合セメント、エコセメントの3つがあります。ポルトランドセメントは、普通、早強、超早強、中庸熱、低熱、耐硫酸塩の5種類があります。混合セメントは、高炉セメント、フライアッシュセメント、シリカセメントの3種類があります。JIS規定品以外のセメントとしては、膨張性セメント、低発熱セメント、アルミナセメントなどがありますが、まずは上述した知識を優先して習得してください。

　骨材に関しては、細骨材と粗骨材に区分されます。細骨材は、砂、砕砂、高炉スラグ細骨材、フェロニッケルスラグ細骨材、銅スラグ細骨材、電気炉酸化スラグ細骨材、再生細骨材Hなどがあります。粗骨材は、砂利、採石、高炉スラグ粗骨材、電気炉酸化スラグ粗骨材、再生粗骨材Hなどがあります。

　混和材料は、混和剤と混和材に区分されます。混和剤としては、AE剤、減水材、AE減水剤、高性能減水剤、高性能AE減水剤、硬化促進剤、水中不分離性混和剤などがあります。混和材としては、膨張材、高炉スラグ微粉末、フライアッシュ、シリカヒュームなどがあります。

　それぞれの機能と効果及び使用する際の留意点とその対応策について習得しておくとよいでしょう。種類が多いので、JIS規格の材料を優先するのがよいと考えられます。

# 3.　都市及び地方計画

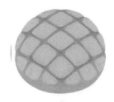

都市及び地方計画の選択科目の内容は次のとおりです。

> 国土計画、都市計画（土地利用、都市交通施設、公園緑地及び市街地整備を含む。）、地域計画その他の都市及び地方計画に関する事項

都市及び地方計画で出題されている問題は、国土計画、都市計画制度・土地利用・市街地整備等、都市交通施設、緑地と公園、まちづくりに大別されます。なお、解答する答案用紙枚数は1枚（600字以内）です。

## （1）国土計画

○　国土形成計画（広域地方計画）（平成28年3月29日国土交通大臣決定）における基本的な考え方を示し、全国8ブロックに共通する主な取り組みについて説明せよ。また、8ブロックの中から一つを選び、そのブロックの将来像を簡潔に述べよ。　　　　　　　　　　　　　　　　　　　　（練習）

○　「国土のグランドデザイン2050」（国土交通省　平成26年7月）では、目指すべき国土の姿が示されているが、そのうち「『対流促進型国土』の形成」及び「大都市圏域と地方圏域」の2点について概要を説明せよ。　（練習）

　国土計画の項目は、最近では単独テーマでは出題されていません。今後も出題される可能性は低いかもしれませんが、基本知識として習得しておくべき内容でもありますので、次に示す事項は少なくとも押さえておいてください。

　国土形成計画法、第二次国土形成計画（全国計画）（平成27年8月14日閣議決定）、国土形成計画（広域地方計画）（平成28年3月29日国土交通大臣決定）、国土のグランドデザイン2050（国土交通省　平成26年7月）の4つは最低限でも確認しておく必要があります。そのほか、関連知識として、国土利用計画法、第4次社会資本整備重点計画（平成27年9月18日閣議決定）も合わせて確認しておいてください。また、国土計画に関する変遷を整理することにより現在の国土計画制度の理解が深まると考えられます。

## (2) 都市計画制度・土地利用・市街地整備等

○ 土地区画整理事業における「換地照応の原則」について説明せよ。また、換地の特例制度である「市街地再開発事業区」、「高度利用推進区」又は「誘導施設整備区」のうち、いずれか1つを選択し、その概要（目的、区域設定の条件、申出条件等）について説明せよ。　　　　　　　　　　(R1－2)

○ 建築物の規制・誘導等を行う次の制度について、土地の高度利用、都市機能の増進を図る上での考え方の違いに留意しつつ、それぞれの特徴及び概要を述べよ。　　　　　　　　　　　　　　　　　　　　　　　(R1－3)

(1) 高度利用地区

(2) 再開発等促進区を定める地区計画（都市計画法第12条の5第3項、建築基準法第68条の3）

○ 都市計画法に規定されている市街化区域、市街化調整区域をそれぞれ説明し、都市計画に区域区分を定める目的を述べよ。また、都市計画に区域区分を定めた場合に生ずる法律上の効果を2つ挙げ、それぞれ概要を述べよ。

(H30－1)

○ 都市計画に住民参加が求められる背景と、住民参加による都市計画決定権者のメリットを述べよ。また、住民参加に関して都市計画法に規定されている制度を1つ挙げ、その概要を述べよ。　　　　　　　　　(H29－1)

○ 建築物の規制・誘導等を行う次の制度について、それぞれの概要を述べよ。

(H29－3)

(1) 景観地区

(2) 特定用途誘導地区

(3) 一団地の総合的設計制度（建築基準法第86条第1項に規定する制度）

○ 市街地再開発事業において、都市再開発法に基づき民間事業者の参画を促すための次の制度のそれぞれについて、概要とその制度の活用によって得られる事業関係者にとってのメリットを述べよ。　　　　　　(H28－3)

(1) 参加組合員　　　(2) 特定建築者　　　(3) 再開発会社

○ 都市計画法に基づく次の制度について、それぞれの概要を述べよ。

(H27－1)

(1) 都市計画の決定等の提案（都市計画の提案制度）

(2) 地区計画

○ 建築物を規制・誘導する次の仕組みについて、それぞれの概要を述べよ。

(H26－2)

1) 建築協定　　2) 都市再生特別地区　　3) 総合設計制度

○ 密集市街地の整備改善に当たり、市街地特性からみた課題について、主な

ものを2つ挙げ、それぞれの課題を解決するための取組みを述べよ。また、密集市街地の居住者特性を踏まえ、地区内における生活再建に関し公的賃貸住宅が果たす役割を述べよ。 (H25－2)

○ 都市計画法に関して、都市計画区域と準都市計画区域をそれぞれ説明し、都市計画区域が二以上の都道府県の区域にわたる場合の指定手続きの概要について述べよ。 (練習)

○ 都市計画法第8条（地域地区）で定める地域の一つとして、田園住居地域が新たに創設されたが、その背景を説明し、同地域内における建築等の規制について述べよ。 (練習)

○ 都市計画は、都道府県と市町村の二者が策定主体となっていると考えられるが、都市計画策定におけるそれぞれの役割及び都道府県と市町村の二層構造となっているメリットを述べ、次に示す都市施設について決定主体を都道府県と市町村別に分類・整理して示せ。 (練習)

(1) 一般国道　　　　(2) 都道府県道
(3) 自動車専用道路　(4) 駐車場
(5) 流域下水道　　　(6) ごみ焼却場
(7) 産業廃棄物処理場 (8) 大学
(9) 病院　　　　　　(10) 保育所

○ 都市計画法において定められている「特別用途地区」及び「特定用途制限地域」の概要をそれぞれ述べよ。また、特定用途制限地域内の建築規制について説明せよ。 (練習)

○ 建築物の規制・誘導等を行う次の制度について、それぞれの概要を述べよ。 (練習)

(1) 特定街区
(2) 特例容積率適用地区
(3) 被災市街地復興推進地域

○ 都市計画法では開発行為に関する内容が示されているが、同法における開発行為及び都市計画事業の定義を説明せよ。また、都市計画区域又は準都市計画区域内において開発行為をしようとする者は、あらかじめ、国土交通省令で定めるところにより、都道府県知事等の許可を受けなければならないが、規制対象となる規模を、以下に示す区域別に述べよ。 (練習)

(1) 市街化調整区域
(2) 準都市計画区域

都市計画制度は、①土地利用関係、②都市施設関係、③市街地開発事業関係

の3つに大きく分類することができます。都市計画制度の基本法は都市計画法
となります。

　土地利用関係では、土地利用に関する規制等の内容を中心に知識を習得して
ください。具体的には、地域地区が挙げられます。地域地区は都市計画法第8
条で規定されていますが、わかりやすいように、類型別にまとめると次のよう
になります。

　　◇用途の類型：用途地域（準住居地域、田園住居地域、商業地域など13種類
　　　あります）、特別用途地区、特定用途制限地域、特定用途誘導地区、居住
　　　調整地域

　　◇防火の類型：防火地域、準防火地域、特定防災街区整備地区

　　◇形態の類型：高度地区、高度利用地区、特定街区、高層住居誘導地区、特
　　　例容積率適用地区、都市再生特別地区

　　◇景観の類型：景観地区、伝統的建造物群保存地区、風致地区、歴史的風土
　　　特別保存地区、第一種歴史的風土保存地区、第二種歴史的風土保存地区

　　◇緑化・緑地の類型：緑地保全地域、特別緑地保全地区、緑化地域、生産緑
　　　地地区

　　◇特定機能の類型：駐車場整備地区、臨港地区、流通業務地区、航空機騒音
　　　障害防止地区、航空機騒音障害防止特別地区


　それぞれの地域地区における特徴や建築規制、開発規制等を確認しておいて
ください。また、都市計画法では、地域地区については、都市計画に、同法第
8条に基づく、1）種類、位置及び区域、2）地域地区ごとに法で定める事項を
定めるとともに、3）面積その他の政令で定める事項を定めるよう努めること
となっています。具体的な制限内容は、建築基準法等で規定されていますので、
建築基準法の内容も合わせて確認しておく必要があります。過去には、建築協
定、都市再生特別地区、総合設計制度など、建築基準法に関連した問題が出題
されています。

　次に都市施設関係については、都市計画法第11条で具体的な都市施設が定
められています。具体的には、道路、公園、学校、図書館、河川などといった
施設が挙げられます。

　市街地開発事業関係ですが、都市計画法第12条では、都市計画区域における
市街地開発事業が明記されています。具体的には、同法第12条に基づく土地
区画整理事業、新住宅市街地開発事業、工業団地造成事業、市街地再開発事業、
新都市基盤整備事業、住宅街区整備事業、防災街区整備事業が挙げられます。
学習のポイントとしては、それぞれの事業について、目的、仕組み、事業の

種類、施行者、事業の施行要件等の特徴的な内容について整理しておく必要があります。

　また、重要な事項として、地区計画と開発許可制度が挙げられます。地区計画は、地区レベルでの都市計画であり、市町村などが主体となって、地区の特性に応じて良好な都市環境の形成を図るために必要な事項を定めることができるようになっています。地区計画は、過去の問題でも出題されており、今後も出題される可能性がありますので、詳しく押さえておく必要があります。開発許可制度は、都市計画法で開発行為について定義されており、都市計画区域、準都市計画区域、それ以外の区域ごとに規制対象規模が決まっています。開発許可権者、開発許可基準などを中心に概要を整理しておきましょう。

## （3）都市交通施設

○　近年、各都市で導入又は検討が進められている次の都市交通施策について、それぞれの施策の概要を述べよ。 (H30 − 2)
　(1) LRT
　(2) コミュニティサイクル
　(3) トランジットモール

○　都市再生特別措置法では、まちのにぎわいの創出のため、「広告塔又は看板」、「食事施設、購買施設その他これらに類する施設」、「自転車駐車器具で自転車を賃貸する事業の用に供するもの」について、一定の条件下で道路占用許可基準を緩和することができる。この基準緩和を適用して道路空間にこれらの施設を設置することにより得られる効果と、その際に留意すべき事項を述べよ。 (H29 − 2)

○　駐車場法第20条の規定に基づき設置される自動車の駐車のための施設（附置義務駐車施設）を建築物の敷地外のいわゆる「隔地」に設けるなどして、中心市街地内の附置義務駐車場を計画的に配置することにより期待される効果を述べよ。また、附置義務駐車施設を隔地に設けることを可能とする法律に基づく制度を1つ挙げ、その概要を述べよ。 (H28 − 2)

○　近年、各都市で導入が進められている次の都市交通に関する手法について、導入の目的及び特徴を述べよ。 (H27 − 3)
　(1) デマンド交通　　(2) BRT　　(3) TDM

○　商業・業務集積がある駅周辺地域における自転車利用の目的を3つ挙げ、それぞれに応じた自転車等駐車場の整備やその利用促進への対応の考え方を述べよ。 (H26 − 3)

○　大都市都心部の鉄道駅に隣接又は近接する拠点的な複合開発に関する交通

計画を立案する際に考慮すべき事項とそれに対する具体的な対応方策を、以下の視点ごとに説明せよ。 (H25−3)

視点① 周辺道路交通への影響の回避

視点② 歩行者環境の安全性・快適性の確保

○ 都市交通に関連する調査方法として、「パーソントリップ調査」及び「物資流動調査」があるが、それぞれの概要を述べるとともに、調査結果がどのような場面で活用されているかを説明せよ。 (練習)

○ 公共交通ネットワークの観点から、交通モード間の接続（モーダルコネクト）の重要性を説明し、次に示す都市交通に関する手法について、それぞれ・の概要を述べよ。 (練習)

(1) カーシェアリング

(2) シェアサイクル

　都市交通施設の項目に関する過去の問題を見ると、都市交通施策・手法、道路占用許可基準の緩和、附置義務駐車施設、駅周辺地域の自転車利用、大都市都心部の鉄道駅隣接の複合開発の交通計画などの内容が出題されています。

　都市交通施設では、都市計画における主要な交通施設に関する内容が出題されており、具体的には、道路、鉄道、新交通システムやモノレールなどが挙げられます。場合によっては、河川や空港等を利用した交通施設も考えられますが、都市及び地方計画の選択科目では、道路や鉄道といった内容がメインになると考えられます。この項目では、まず、都市交通施設に関する基本用語や動向を押さえるとともに、都市交通施設に関連する法令等の改正情報を把握しておきましょう。基本用語の一例としては、LRT（Light Rail Transit：一般に、次世代型路面電車）、BRT（Bus Rapid Transit：バス高速輸送システム）、MRT（Mass Rapid Transit：大量高速輸送システム）、TDM（Transportation Demand Management：交通需要マネジメント）、トランジットモール、コミュニティサイクル、PTPS（Public Transportation Priority System：公共車両優先システム）、DMV（Dual Mode Vehicle：道路とレールの両方が走行可能）、ロードプライシングなどが挙げられます。その他にも都市交通施設に関する最新の動向や関連法令の改正情報を調べておくことが重要です。平成28年度の過去問題では、駐車場法の特例制度として、立地適正化計画に関する駐車場配置適正化区域に関する内容が出題されています。これは、都市再生特別措置法の第81条に関連したものですが、今後、類似問題が出題される可能性もありますので、関連した内容も含めて確認しておいてください。また、パーソントリップ調査や物資流動調査などの都市交通調査の主要な手法等も押さえておき

ましょう。

### （4）緑地と公園

○ 都市における公園緑地の多面的な機能を4つに区分して説明せよ。

(R1-4)

○ 都市緑地法に基づく次の制度について、それぞれの概要を述べよ。

(H30-4)

(1) 緑地協定

(2) 緑化地域

(3) 認定市民緑地

○ 官民連携に資する次の手法それぞれについて、その概要と、都市公園に適用することによって得られる公園管理者のメリットを述べよ。 (H29-4)

(1) 地方自治法に基づく指定管理者制度

(2) 都市公園法に基づく公園施設の設置管理許可制度

(3) 民間資金等の活用による公共施設等の整備等の促進に関する法律（PFI法）に基づく公共施設等の整備・運営等

○ 大規模な地震が発生した際に、都市公園が果たす役割について、①発災後の緊急段階、②復旧・復興の段階の各段階に応じて述べよ。また、③平常時に大規模な地震に対して、防災に資する都市公園の役割を述べよ。

(H28-4)

○ 都市の低炭素化を促進するに当たり、都市の公園緑地や緑化に期待される役割を異なる視点から3つ挙げ、それぞれについて、どのように低炭素化に資するのか説明せよ。 (H27-4)

○ 良好な都市環境の形成を図るための仕組みとして、都市緑地法に定められた制度を3つ挙げ、それぞれの概要を述べよ。 (H26-4)

○ 都市における緑の保全・再生・創出の推進に当たり、生物多様性を確保する上で留意すべき事項を異なる視点から3つ挙げて説明せよ。 (H25-4)

○ 都市緑地法第4条に規定されている緑地の保全及び緑化の推進に関する基本計画、いわゆる「緑の基本計画」について、同計画において定める事項を述べよ。また、同計画において、あらかじめ都道府県知事と協議し、その同意を得なければならない事項について説明せよ。 (練習)

○ 都市緑地法第12条で規定されている特別緑地保全地区について、特別緑地保全地区の指定要件を述べよ。また、同法第14条で規定されている同地区における行為の制限について説明せよ。 (練習)

○ 都市緑地法第34条では、都市計画に緑化地域を定めることができると示さ

れている。これは、いわゆる緑化地域制度といわれているものであるが、この制度の概要について、指定要件及び指定主体を含めて述べよ。また、同地域内における緑化率の考え方について説明せよ。　　　　　　　　　（練習）

○　我が国の都市公園整備状況を概説し、平成29年5月に公布された「都市緑地法等の一部を改正する法律」に関して、都市公園の再生、活性化を推進するために改正された事項について説明せよ。　　　　　　　　（練習）

　緑地と公園の項目は、大きく分けると「緑地の保全・緑化の推進」と「公園の整備」の2つになります。まず、「緑地の保全・緑化の推進」の分野については、最も重要な法律が都市緑地法となりますので、この法律については、内容を含めて確実に理解しておく必要があります。国の施策としては、「緑の政策大綱」などが挙げられます。地方公共団体の施策としては、都道府県が主体となり作成するものとして、「都道府県広域緑地計画」がありますが、残念ながら現状はすべての都道府県が策定・公表しているわけではありません。次に、市町村が主体となり作成するものとして「緑の基本計画」があります。この計画は、市町村が、緑地の保全や緑化の推進に関して、その将来像、目標、施策などを定めたものです。さらに、緑地の保全・緑化の推進に関する制度として、「緑地保全地域制度」、「特別緑地保全地区制度」、「市民緑地契約制度」、「緑化地域制度」、「市民緑地認定制度」、「緑地協定制度」などがあります。

　次に「公園の整備」の分野ですが、法律で大きく区分すれば、都市公園法と自然公園法があります。都市及び地方計画の選択科目の内容や過去の出題内容を鑑みれば明らかだと思いますが、学習すべき対象は都市公園法で規定されている公園ですので、都市公園を中心に学習を進めるべきと考えます。この分野の最も重要な法律は都市公園法となりますので、内容を含めてしっかり理解しておいてください。都市公園の役割は多岐にわたりますが、一般的には、良好な都市環境の創出、都市の安全性の向上、市民の活動・憩いの場、地域活性化に貢献などといったことが挙げられます。

　なお、都市緑地法等の一部を改正する法律（平成29年法律第26号）により、都市緑地法、都市公園法、生産緑地法、都市計画法などの一部が改正されました。緑地と公園の項目のみならず、都市及び地方計画に共通した内容でもありますので、必ず確認しておいてください。

　関連事項として、生物多様性についても過去にも出題されていますので、少なくとも「生物多様性に配慮した緑の基本計画策定の手引き」（平成30年4月国土交通省都市局公園緑地・景観課）については、内容を確認しておくべきでしょう。さらに、民有地を中心として、屋上緑化や壁面緑化が進められていま

すので、現状の取り組み事例や動向等を把握しておくことをお勧めします。また、地球環境問題としてのヒートアイランド対策や$CO_2$吸収源対策などのテーマも出題される可能性がありますので、都市の低炭素化の促進に関する法律、地球温暖化対策の推進に関する法律も押さえておく必要があります。

## （5）まちづくり

○　我が国において、エリアマネジメント（地域における良好な環境や地域の価値を維持・向上させるための、住民・事業主・地権者等による主体的な取組）の展開が期待されるようになった背景を述べよ。また、エリアマネジメントの推進に資する都市再生特別措置法に基づく制度のうち、都市再生整備計画の計画事項に位置付けることによって効果を発揮する制度、又は都市再生整備計画を提案できる主体に関する制度について、1つを挙げ、その概要（目的、要件等）及び制度活用のメリットを述べよ。　　　　（R1－1）

○　良好な景観形成に資する建築物の規制・誘導手法としての次の3つの制度について、それぞれの概要を述べよ。　　　　　　　　　　　　　（H30－3）
(1) 景観計画
(2) 地区計画
(3) 建築協定

○　都市再生特別措置法に基づくエリアマネジメントの推進に資する次の制度について、それぞれの概要を述べよ。　　　　　　　　　　　　　（H28－1）
(1) 都市再生推進法人制度
(2) 都市利便増進協定制度
(3) 道路占用許可の特例制度

○　良好な景観の形成に資する制度のうち、法律に基づき建築物の規制・誘導を行うものを3つ挙げ、それぞれの特徴を説明せよ。　　　　　（H27－2）

○　様々なエリアマネジメントの活動が行われているが、多くの活動に共通する効果を3つ述べよ。　　　　　　　　　　　　　　　　　　　（H26－1）

○　良好な景観の形成に資する制度のうち、①法律に基づく「計画」、②法律に基づく「規制・誘導措置」、③事業・活動に対する支援措置に該当するものを1つずつ（計3つ）挙げ、それぞれの特徴を説明せよ。　　　（H25－1）

○　景観法第8条に規定されている景観計画について、計画に定める事項を、①必ず定めなければならないもの、②良好な景観の形成のために必要な場合に定めるもの、③定めるよう努めるもの、3つに区分して説明せよ。

（練習）

○　景観法第61条に規定されている景観地区について、この地区の特徴を説明

し、同法第62条で定められている「建築物の形態意匠の制限」に違反した
建築物がある場合の措置について述べよ。　　　　　　　　　　（練習）

○　景観法では、景観重要建造物等について定められているが、次に示すもの
について、それぞれの概要を述べよ。　　　　　　　　　　　　（練習）

(1) 景観重要建造物

(2) 景観重要樹木

(3) 景観重要公共施設

○　地域における歴史的風致の維持及び向上に関する法律で定義されている
「歴史的風致」について説明し、次に示すものについて、それぞれの概要を
述べよ。　　　　　　　　　　　　　　　　　　　　　　　　　（練習）

(1) 歴史的風致維持向上地区計画

(2) 歴史的風致形成建造物

○　屋外広告物法で定められている屋外広告物等の制限の概要について説明し、
昨今発生している屋外看板等の落下事故等を踏まえ、「屋外広告物条例ガイ
ドライン」（昭和39年3月27日建設都総発第7号都市総務課長通達）が平成
28年4月28日に改正されているが、その改正ポイントを述べよ。　（練習）

○　文化財保護法において定められている次のものについて、それぞれの概要
を述べよ。　　　　　　　　　　　　　　　　　　　　　　　　（練習）

(1) 伝統的建造物群

(2) 伝統的建造物群保存地区

(3) 重要伝統的建造物群保存地区

(4) 重要文化的景観


　まちづくりの項目に関しては、大きく分けると、景観、歴史まちづくり、屋
外広告物、エリアマネジメント・コンパクトシティ等の4つの分野となります。
過去の出題内容をみてみると、景観に関連した内容が3問、エリアマネジメン
トが3問出題されていますので、まずはこの2分野を中心に学習を進めてくだ
さい。次に、歴史まちづくりや屋外広告物に関しても、今後、出題される可能
性はありますので、上記の2分野と合わせて専門知識を習得するようにしてく
ださい。それぞれの分野の主たるポイントは次のとおりです。

　景観に関する基本法は景観法になります。重要項目としては、景観計画、景
観地区、景観重要建造物、景観重要樹木、景観重要公共施設、景観協定などが
挙げられます。歴史まちづくりの基本法は、地域における歴史的風致の維持及
び向上に関する法律になります。重要事項としては、歴史的風致、歴史的風致
形成建造物、法令上の特例措置、歴史的風致維持向上地区計画などが挙げられ

ます。屋外広告物の基本法は、屋外広告物法となります。重要事項は、屋外広告物法の目的、規制主体、屋外広告物等の制限、表示方法等の基準（屋外広告物法の規定）などが挙げられます。一方、プロジェクションマッピング規制に関しては、弾力的に活用を推進するといった取り組みも行われています。その他に、関連法令としては、古都における歴史的風土の保存に関する特別措置法や文化財保護法などがありますが、都市計画と関連性のある内容について把握しておき、その他は参考情報として確認しておけばよいと考えられます。

　エリアマネジメントについては、エリアマネジメントの基本的な考え方や特徴をはじめとして、関連する法令の改正情報、現在の取り組み事例及び活動事例等を把握しておいてください。エリアマネジメントの関連法の一つとして、都市再生特別措置法が挙げられます。令和元年度試験では、都市再生特別措置法に基づくエリアマネジメントに関する内容が出題されています。

　また、平成23年度以降、河川敷地占用許可準則の一部が改正され、河川敷地占用許可準則の特例として、河川空間のオープン化が正式に導入され、現在では民間主体も占用主体として認められています。コンパクトシティの観点からは、都市再生特別措置法の「第6章　立地適正化計画に係る特別の措置」、地域公共交通の活性化及び再生に関する法律の「第3章第1節　地域公共交通網形成計画の作成」などが重要なポイントと考えられます。

# 4. 河川、砂防及び海岸・海洋

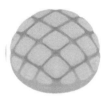

河川、砂防及び海岸・海洋の選択科目の内容は次のとおりです。

> 治水・利水計画、治水・利水施設及び河川構造物の調査、設計、施工及び維持管理、河川情報、砂防その他の河川に関する事項
>
> 地すべり防止に関する事項
>
> 海岸保全計画、海岸施設・海岸及び海洋構造物の調査、設計、施工及び維持管理その他の海岸・海洋に関する事項
>
> 総合的な土砂管理に関する事項

河川、砂防及び海岸・海洋で出題されている問題は、治水・利水計画、治水・利水施設及び河川構造物等、砂防・地すべり対策等、海岸・海洋に大別されます。なお、解答する答案用紙枚数は1枚（600字以内）です。

## (1) 治水・利水計画

○ 平成30年3月30日に河川砂防技術基準（計画編）の一部が改定されたところであるが、検討すべき事項を4つ以上挙げた上で、河道計画策定の基本的な流れを概説するとともに、その中から2つ検討すべき事項を選定し、治水の観点から配慮すべき事項について述べよ。　　　　　　　　（H30-1）

○ 地方部の中小河川において、近年発生している水害被害の特徴や課題を3点挙げたうえで、その特徴や課題を踏まえた中小河川における水害対策についてハード対策・ソフト対策の両面から述べよ。なお、中小河川とは、都道府県が管理する河川を指すものとする。　　　　　　　　　　（H29-1）

○ 河川法の目的に照らし、一級河川の河川整備計画の策定に当たり、当該河川の総合的な管理を確保する観点から配慮すべき事項を3つ挙げ、それぞれについて留意点を述べよ。なお、当該河川においては、洪水調節施設はないものとする。　　　　　　　　　　　　　　　　　　　　（H28-1）

○ 近年の水害の特徴について述べるとともに、都市部の河川における水害対策についてハード・ソフト両面から述べよ。　　　　　　　　（H26-1）

○ 一級河川の河川整備計画の策定に関して、河川法の目的に照らして、計画

内容として配慮すべき事項について述べよ。なお、当該河川においては、河川整備基本方針で洪水調節施設は位置づけられていないものとする。

（H25−1）

○　平成31年3月29日に河川砂防技術基準（計画編）の一部が改定されたところであるが、砂防基本計画の概要を述べ、火山砂防地域における土砂災害対策計画及び深層崩壊・天然ダム等異常土砂災害対策における土砂処理計画をそれぞれ説明せよ。　　　　　　　　　　　　　　　　　　　　（練習）

○　治水施設の整備は、計画から実施までに長期間の歳月が必要となる場合が多い。整備途中において洪水などの被害が発生した。被害を最小限に抑制するには、どのような取り組みが必要となるか、ソフト面、ハード面の両面から述べよ。　　　　　　　　　　　　　　　　　　　　　　　　　（練習）

○　河川法第16条で規定されている河川整備基本方針及び同法第16条の2で規定されている河川整備計画について、それぞれにおいて定める事項を述べ、策定時における留意事項を述べよ。　　　　　　　　　　　　　　　　（練習）

○　洪水防御計画に関する基本的事項として、洪水防御計画の原則と呼ばれている考え方を述べ、計画基準点ごとに定められる基本高水について説明せよ。また、洪水防御計画と河道計画の関連性について述べよ。　　　　（練習）

○　国土交通省が開催した「水災害に関する防災・減災対策本部（第4回）」の壊滅的被害回避ワーキンググループが平成27年1月に公表した「新たなステージに対応した防災・減災のあり方」では、「少なくとも命を守り、社会経済に対して壊滅的な被害が発生しない」ことを目標とした考えが示されたが、これを踏まえ、壊滅的な水害による社会的被害を低減するため、河川管理者及び住民が抱えている現状の課題を説明し、危機管理の観点から取り組む対策について述べよ。　　　　　　　　　　　　　　　　　　（練習）


　治水・利水計画の項目では、河道計画策定の基本的な流れと治水上配慮すべき事項、中小河川における水害対策、河川整備計画策定時の配慮事項、水害被害の特徴と都市部河川の水害対策といった内容の問題が過去に出題されています。我が国は水害リスクの高い国として知られていますが、実際に毎年のように水害被害が各地で発生しています。それらの被害状況を把握しておくことがまずは重要です。どのような場所で、どのような被害が発生したのか、また、その被害ではどのような対策が採られたのか、さらにはその結果として、法令、指針、ガイドライン等の見直しが行われたのかといった情報を一元的に整理しておくことが、試験対策としては大変有効です。

　この項目における重要な法律は、河川法、水防法、特定都市河川浸水被害

対策法、災害対策基本法などが挙げられます。これらの法律の改正情報は必ず
ウォッチしておいてください。技術士第二次試験では、法律の改正事項に関す
る内容は、過去問題を見るとわかりますが、出題されやすい内容ですので、
優先的に改正内容を把握するようにしてください。また、「河川砂防技術基準
調査編」や「河川砂防技術基準　計画編」をはじめとして、関連した基準や
指針なども重要な対策ツールです。平成30年度試験でも「河川砂防技術基準
計画編」の内容が出題されています。これらの基準類は、業務でも活用してい
ると思いますが、解説を付した形で、「建設省河川砂防技術基準（案）同解説・
調査編」（建設省河川局監修、（社）日本河川協会編）や「国土交通省河川砂防
技術基準　同解説・計画編」（国土交通省河川局監修、（社）日本河川協会編）
として市販されています。国土交通省のホームページにも関連した指針やガイ
ドライン等が掲載されていますので、必要に応じて活用してください。

## （2）治水・利水施設及び河川構造物等

○　河川堤防（土堤）について、維持管理の観点からの施設の特徴と維持すべ
　き機能をそれぞれ2つ以上述べよ。また、その特徴と機能を踏まえ、河川堤
　防（土堤）の維持管理に当たっての技術的留意点を述べよ。　　　（R1−1）

○　重力式コンクリートダム本体、アーチ式コンクリートダム本体、フィルダ
　ム本体から1つを選び、大規模地震に対するダム本体の耐震性能を照査する
　際の流れを概説するとともに、照査における技術的な留意点を2つ以上述べ
　よ。　　　　　　　　　　　　　　　　　　　　　　　　　　　　（R1−2）

○　既設ダムの洪水調節機能を増強させる具体的な方策を2つ挙げ、それぞれ
　について実施する際の留意点を述べよ。　　　　　　　　　　　　（H30−2）

○　ダム貯水池の堆砂について、ダム下流河川への土砂の還元が可能な対策を
　計画する際の留意点を述べよ。また、ダム下流河川への土砂の還元が可能な
　対策の事例を2つ挙げ、それぞれについて特徴と留意点を述べよ。

　　　　　　　　　　　　　　　　　　　　　　　　　　　　　　　（H29−2）

○　洪水調節専用の流水型ダムについて、貯留型ダムと比較した場合の特徴を
　簡潔に述べた上で、設計する際の留意点を説明せよ。　　　　　　（H28−2）

○　河川堤防は土堤を原則としている。河川管理施設等構造令等を踏まえ、土
　堤である一般的な河川堤防の構造並びに強化対策について述べよ。なお、計
　画の規模を上回る洪水は考慮しないものとする。　　　　　　　　（H27−1）

○　供用中のダム施設を対象とする各種点検・検査を挙げた上で、それらのう
　ち特に供用開始から長期間経過しているダムに求められるものについて、実
　施目的、実施内容及び結果の活用の考え方を含めて説明せよ。　（H27−2）

○　洪水調節機能の強化を目的とした既存ダム施設を有効活用する具体的な方策を2つ挙げ、その技術的な特徴を述べよ。　　　　　　　　（H26－2）

○　近年、着目されている新技術である「台形CSGダム」について、重力式コンクリートダムと比較して、その技術的な特徴を述べよ。　　（H25－2）

○　令和元年7月5日に河川砂防技術基準（設計編）の一部が改定されたところであるが、堤防の設計に関して、土堤の安全性能の照査の概要について説明し、土堤の強化対策のうち、地震に対する強化について述べよ。　（練習）

○　我が国におけるダム貯留池の堆砂のメカニズムを説明し、堆砂が及ぼす影響を述べるとともに、ダム構造物の長寿命化の観点からダム貯留池の堆砂対策について述べよ。　　　　　　　　　　　　　　　　　　（練習）

○　堤防の基本構造において、①耐侵食機能、②耐浸透機能、③耐震機能の3つについて説明せよ。　　　　　　　　　　　　　　　　　（練習）

○　近年の堤防被害の実例を挙げ、その被害のメカニズムを説明せよ。ただし、地震時による堤防被害は除くものとする。また、浸透に対する堤防の構造検討時に留意すべき事項を述べよ。　　　　　　　　　　　　（練習）

○　ダムの基礎地盤処理の目的を示し、具体的な基礎地盤処理工法を数例挙げてその概要を示すとともに、基礎地盤処理の実施に必要な調査項目及び留意すべき事項を述べよ。　　　　　　　　　　　　　　　　　（練習）

　治水・利水施設及び河川構造物の項目は、選択科目の内容で示されたように、調査、設計、施工及び維持管理の分野に分かれていますが、平成25年度から令和元年度までの7年間の過去問題を見ると、出題内容に特徴があるのがわかります。構造物で分類すると、ダムに関する問題は7問、河川堤防が2問となっていますので、ダムが中心の問題となっているのがわかります。また、業務区分で分類すると、維持管理関連に関する問題が5問、設計関連が4問となっています。これらの傾向も対策するうえで大きなポイントになりますので、ダムや河川堤防といった構造物を対象物として、設計や維持管理に関する知識を優先的に習得するようにしてください。この項目では、構造物が対象となりますので、法令よりも技術基準や指針等といったものが重要な資料になると考えられます。ダムや河川堤防に関する設計指針や技術指針をもとに知識を整理してください。代表的なものとしては、「河川管理施設等構造令」、「河川砂防技術基準　設計編」、「河川砂防技術基準　維持管理編（河川編）」、「河川砂防技術基準　維持管理編（ダム編）」などがあります。これらの基準は、業務でも活用していると思いますが、解説を付した形で、「改定　解説・河川管理施設等構造令」（国土技術研究センター編）や「国土交通省河川砂防技術基準（案）同

解説　設計編」（国土交通省河川局監修、（社）日本河川協会編）などとして市販されています。

　「河川砂防技術基準　設計編」は、令和元年7月5日に部分改正されていますので、そういった内容は、今後出題される可能性がありますので、しっかりと改正内容を把握しておいてください。また、関連資料として、既設ダムを有効活用する「ダム再生」を加速する方策が示されている「ダム再生ビジョン」（平成29年6月　国土交通省　水管理・国土保全局）が公表されていますので、合わせて確認してください。

## （3）砂防・地すべり対策等

○　河道閉塞（天然ダムの形成）、火山噴火による降灰、地すべりの活動のいずれか1つを選び、これに起因する土砂災害の特徴と、二次被害の防止・軽減に資する調査、監視等、緊急的なソフト対策について述べよ。（R1－3）

○　全国に数多くある土砂災害危険箇所について、（1）対象とする土砂災害の種類と特性及び、その被害を未然に防止・軽減するための警戒避難体制を整備するに当たって留意する事項について述べるとともに、（2）要配慮者利用施設の管理者等が土砂災害から利用者を避難させるための計画を作成する際、記載すべき事項を2つ以上挙げて、具体的に説明せよ。　　　　　（H30－3）

○　近年の大規模地震によって発生した土砂災害の形態を2つ挙げ、周辺地域に及ぼす影響、及び被害を防止・軽減するために砂防分野において震後に行うソフト対策・ハード対策についてそれぞれ述べよ。　　　　　（H29－3）

○　火山噴火に伴う土砂災害による被害を軽減するために、対策計画を策定する際の留意点、及び、想定される平常時、緊急時の対策について説明せよ。
　　　　　　　　　　　　　　　　　　　　　　　　　　　　　（H28－3）

○　毎年頻繁に発生する土砂災害の特徴を述べるとともに、警戒避難に用いられている土砂災害発生を予測する手法の内容・特徴について説明せよ。
　　　　　　　　　　　　　　　　　　　　　　　　　　　　　（H27－3）

○　河道閉塞（天然ダムの形成）、火山噴火による降灰、地すべりの活動のいずれか1つを選び、これに起因する更なる被害を防止・軽減するためのソフト、ハードそれぞれの対策について述べよ。　　　　　　（H26－3）

○　土砂災害対策を検討する上で考慮すべき災害の特徴を、近年の土砂災害の実態を踏まえて2つ述べるとともに、それぞれの特徴に対応するためのハード・ソフト両面の対策について留意点を述べよ。　　　　　（H25－3）

○　土砂災害警戒区域等における土砂災害防止対策の推進に関する法律の第7条で規定されている「土砂災害警戒区域」について説明せよ。また、同法第

8条では「警戒避難体制の整備等」が明記されているが、それに関連して同法第8条の2で規定されている「要配慮者利用施設の利用者の避難の確保のための措置に関する計画の作成等」の内容について述べよ。　　　　（練習）

○　根幹的な土砂災害対策の推進を進めるために、①災害そのものに起因する課題、②情報提供・伝達にかかわる課題、③警戒避難にかかわる課題の3つの中から一つを選び、現状の取り組みをハード面・ソフト面から説明し、今後取り組むべき方策を述べよ。　　　　（練習）

○　平成19年4月に策定された「土砂災害警戒避難ガイドライン」（国土交通省砂防部）が平成27年4月改訂されたが、改訂された背景を説明し、主な改訂内容及び住民に幅広く活用してもらうためのソフト的な方策を述べよ。

（練習）

○　土砂災害の一つである深層崩壊のメカニズムを説明し、国内または海外で発生した深層崩壊の事例概要を述べ、今後、深層崩壊の被害を防止・軽減するためのハード・ソフト両面の対策について留意点を述べよ。　　　　（練習）

○　我が国は、活発な火山活動に伴う火山泥流や土石流の土砂災害リスクを抱えており、各地で砂防堰堤などの整備を進めている。火山の噴火活動と連続した降雨による土石流の発生リスクを列挙し、火山噴火時の土砂災害による被害を最大限に軽減するために必要な取り組みを述べよ。　　　　（練習）

　この項目では、砂防・地すべり対策等の内容をとりまとめていますが、過去の問題を見るとわかるように、土砂災害に関して、ハード面・ソフト面からの対策を問われる例が多く出題されています。今後も同様な視点で出題されるかは確約できませんが、学習する際にはそういった視点で知識等を整理し、習得するようにしてください。技術的な内容だけでなく、法令等に基づく制度や施策等の内容も習得しなければ、満足がいく解答内容が記述できませんので、その点は十分に注意して学習を進めるようにしてください。この項目における関連法は、砂防法、地すべり等防止法、急傾斜地の崩壊による災害の防止に関する法律、土砂災害警戒区域等における土砂災害防止対策の推進に関する法律などが挙げられます。これらの法律は頻繁に改正されますので、改正された内容だけでなく、その背景も含めてしっかり把握するようにしてください。一例を示すと、水防法等の一部を改正する法律（平成29年法律第31号）の施行により、土砂災害警戒区域等における土砂災害防止対策の推進に関する法律が平成29年6月19日に改正されました。この改正により、土砂災害警戒区域内の要配慮者利用施設の所有者又は管理者は、避難確保計画の作成及び避難訓練の実施が義務となり、施設利用者の円滑かつ迅速な避難の確保を図ることになりまし

た。このように改正された内容は、今後も出題される可能性がありますので、優先的に把握するようにしてください。また、法令の改正に伴い、その法令で作成が規定されている指針など、この場合は土砂災害防止対策基本方針になりますが、同方針も変更されることがありますので、合わせて確認しておく必要があります。砂防に関する指針・マニュアル・ガイドラインは、国土交通省のホームページにとりまとめて掲載されていますので、有効に活用してください。

## （4）海岸・海洋

○ 水防法に基づく高潮浸水想定区域図の作成について、想定する台風の条件設定（規模、経路）の方法を述べよ。また、想定する台風による高潮推算（海域のみ。河川域及び陸域は除く。）の方法及び留意点をそれぞれ1つずつ述べよ。　　　　　　　　　　　　　　　　　　　　　　（R1－4）

○ 人工リーフについて、「設置の目的」を2つ、「離岸堤と比較した場合の特徴」を1つ、それぞれ述べよ。　　　　　　　　　　　　　　（H30－4）
　　また、波浪の作用に対して人工リーフの構造の安全性を確保するための「設計」及び「点検」の際の留意点をそれぞれ1つずつ述べよ。

○ 海岸堤防の設計波（津波を除く。）の設定方法について、「沖波」と「海岸堤防に作用する波」に分けて述べよ。また、設計波に対する海岸堤防の必要高の算定方法を2つ挙げ、それぞれの留意点を述べよ。　　　　（H29－4）

○ 海岸保全施設における設計津波の水位の設定方法と設定の際に留意する点を述べよ。また、設計津波を生じさせる地震がレベル1地震動を超える強度の場合の海岸保全施設に要求される耐震性能を述べよ。　　　（H28－4）

○ 設計高潮位の設定方法と設定する際に留意する点を述べよ。また、設計高潮位と海岸保全施設の設計に用いる潮位とでとり方が異なる例を述べよ。
　　　　　　　　　　　　　　　　　　　　　　　　　　　　　　（H27－4）

○ 砂浜海岸における侵食機構を述べた上で、その侵食対策として海岸保全施設計画を検討する際の留意点を述べよ。　　　　　　　　　　（H26－4）

○ 大規模な津波が来襲し、天端を越流した場合でも海岸堤防の効果が粘り強く発揮できるよう、海岸堤防の構造上の工夫について述べよ。　（H25－4）

○ 「海岸保全施設の技術上の基準・同解説」（平成30年8月）によると、海岸保全施設の設計に当たっての基本的な考え方として、海岸の機能の多様性への配慮、環境保全、周辺景観との調和、経済性、維持管理の容易性、施工性、公衆の利用等を総合的に考慮して適切に定めることが示されている。考慮すべき項目のうち、環境保全、経済性、維持管理の3項目の観点から、設計時に配慮すべき点をそれぞれ述べよ。　　　　　　　　　　　　　　（練習）

○　海岸法第2条の3で規定されている海岸保全基本計画に関して、「海岸の保全に関する基本的な事項」及び「海岸保全施設の整備に関する基本的な事項」において定めるものについて説明し、海岸保全基本計画を作成する上で留意すべき重要事項を述べよ。　　　　　　　　　　　　　　　　　（練習）

○　海岸保全施設の耐震性能照査の一般的な流れを説明せよ。また、海岸保全施設の耐震設計における設計震度及び液状化の影響に対する考え方を述べよ。　　　　　　　　　　　　　　　　　　　　　　　　　　　　　　　（練習）

○　海岸保全施設の一つである津波防波堤に関して、その目的と機能について説明せよ。また、津波防波堤の安全性能の照査において留意すべき点を述べよ。　　　　　　　　　　　　　　　　　　　　　　　　　　　　　　　（練習）

○　海岸保全施設維持管理マニュアル（平成30年5月　国土交通省　水管理・国土保全局海岸室ほか）によれば、海岸保全施設に関する維持管理を予防保全型に転換することが重要と示されているが、その理由を述べよ。また、予防保全型維持管理が従来の管理と異なる具体的な例を示し、その内容を説明せよ。　　　　　　　　　　　　　　　　　　　　　　　　　　　　　　（練習）

　海岸・海洋の項目では、海岸保全計画、海岸施設・海岸及び海洋構造物の調査、設計、施工及び維持管理その他の海岸・海洋に関する事項が出題範囲となっていますが、範囲としては相当多岐にわたっています。過去の問題を見ると、高潮シミュレーションの台風の条件設定と推定方法、人工リーフの目的・特徴及び設計・点検の留意点、海岸堤防設計波の設定方法と必要高の算定方法、海岸保全施設の設計津波水位の設定方法と耐震性能、設計高潮位の設定方法及び海岸保全施設設計時潮位、砂浜海岸の侵食機構及び海岸保全施設計画、大規模な津波に対する海岸堤防の構造上の工夫、といった内容で、そのほとんどが、計画または設計に関するものとなっています。したがって、今後も同様な傾向が続くものと想定すれば、調査・計画、設計を中心として、維持管理に関することを加えた内容を優先的に押さえることが賢明と考えられます。

　この項目に関する一般的な業務を整理してみると、調査（分析、検討等）→計画→設計（基本設計、詳細設計）→施工→維持管理、という流れになると思います。過去の出題傾向を鑑みると、施工に関する内容は優先順位が低くなると思います。調査に関しては、海岸概況調査、気象調査、海面変動調査、波浪調査、流れの調査、漂砂調査、海岸測量、海岸環境調査、海岸利用調査など、計画に必要な海岸や海洋等の状況を把握して分析するといった業務概要になると思います。計画に関しては、個別の海岸保全施設計画もありますが、俯瞰的にみれば、主要な事項として海岸保全基本計画が挙げられます。その基本計画

をもとに海岸保全施設等の計画や検討が行われ、要求される所定の機能が十分に得られるよう、かつ、外力に対して安全性が確保できるような設計が実施されるといった流れになります。設計完了後は、施工プロセスを経て、施設完成後、点検・診断等の業務を含めた維持管理業務に移行する、というのが、この海岸・海洋の一般的な業務サイクルになります。対策ポイントは、業務サイクルの中でも、調査・計画、設計、維持管理が重要で、特に参照すべきものは、業務で使用しているものと思いますが、「海岸保全施設の技術上の基準・同解説」（平成30年8月、沿岸技術研究センター著、（公社）日本港湾協会）、「港湾の施設の技術上の基準・同解説」（平成30年5月、（公社）日本港湾協会）、「海岸保全区域等に係る海岸の保全に関する基本的な方針」、「海岸保全施設維持管理マニュアル」（平成30年5月　国土交通省　水管理・国土保全局海岸室ほか）などが挙げられます。調査＋設計、計画＋維持管理といった複合的な出題も考えられますので、それぞれの分野を関連づけながら知識を習得しておくことが重要です。

　また、海岸・海洋における現状の課題は、海域の水質、海岸線付近の状況変化、海岸侵食対策、沿岸域の利用と保全、ゴミや油の漂着、海域環境の保全、気候変動への対応（高潮、海面上昇等）、地震及び津波対策などの項目が挙げられます。学習上の一つの視点として参考にしてください。

# 5. 港湾及び空港

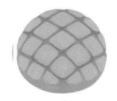

港湾及び空港の選択科目の内容は次のとおりです。

> 　港湾計画、港湾施設・港湾構造物の調査、設計、施工及び維持管理その他の港湾に関する事項
> 　空港計画、空港施設・空港構造物の調査、設計、施工及び維持管理その他の空港に関する事項

　港湾及び空港で出題されている問題は、調査・計画、設計、施工・維持管理に大別されます。なお、解答する答案用紙枚数は1枚（600字以内）です。

## （1）調査・計画

○　港湾における複合一貫輸送ターミナルの整備事業又は空港における滑走路の増設事業のいずれかを選択し、その事業の費用対効果分析を行う場合に定量的に把握できる便益を3つ以上挙げた上で、そのうちの1つについて算定手法を説明せよ。　　　　　　　　　　　　　　　　　　　（R1－3）

○　埋立てによる港湾整備事業又は陸上における滑走路の増設事業のいずれかを選択し、その環境影響評価における施設の存在及び供用による影響評価項目を3つ以上挙げ、そのうち定量的な予測・評価が可能なもの1つについて予測・評価手法を説明せよ。　　　　　　　　　　　　　　　　（R1－4）

○　港湾又は空港の施設計画に関する（1）、（2）の問いのうち1つを選び答えよ。　　　　　　　　　　　　　　　　　　　　　　　　　　　　（H30－2）

（1）港湾のコンテナターミナルのマーシャリングエリアにおける代表的な荷役方式を3つ挙げ、それぞれの概要と特徴について説明せよ。

（2）空港のターミナルコンセプト（エプロンと旅客ターミナルビルの配置、形状の計画）の代表的なものを3つ挙げ、それぞれの概要と特徴について説明せよ。

○　岸壁又は滑走路に関する次の（1）、（2）の問いのうち1つを選び解答せよ。
　　　　　　　　　　　　　　　　　　　　　　　　　　　　　　　　（H29－1）

（1）タグボートを用いて離着岸する対象船型3万DWT級の一般貨物船用公

共岸壁の前面の泊地及び航路の平面形状及び水深について備えるべき条件を述べよ。なお、泊地及び航路は十分な静穏度が確保されており、この岸壁に通じる航路は1本とする。解答に当たっては、図を用いてもよい。

(2) 計器着陸装置を有する延長2,500 mの滑走路1本を有する空港の制限表面について、その種類ごとに形状及び設定の目的を述べよ。解答に当たっては、図を用いてもよい。

○ 海域環境の保全に関する次の問いに答えよ。　　　　　　　　　(H29－2)

(1) 公共用水域の水質汚濁に係る環境基準に関して、人の健康の保護に関する環境基準として基準値が定められている項目（物質名）のうち4つを、また、生活環境の保全に関する環境基準として海域において基準値として定められている項目（物質名等）のうち6つを挙げよ。

(2) 三大湾等の閉鎖性海域においては、種々の海域環境改善のための施策が講じられている。代表的な施策を2つ挙げ、その内容と効果を説明せよ。

○ 社会インフラのストック効果は、一般的に、移動時間の短縮、輸送費の低下、貨物取扱量の増加等によって経済活動の生産性を向上させ、経済成長をもたらす生産力効果と、衛生環境の改善、災害安全性の向上、アメニティの向上等を含めた生活水準の向上に寄与し、経済厚生を高める厚生効果に分類される。

港湾空港分野における社会インフラのストック効果に係る近年の具体的な事例を3つ挙げ、その内容について簡潔に説明せよ。なお、生産力効果と厚生効果に係る事例を少なくとも1つずつ含めること。　　　　　(H28－1)

○ 海面埋立又は飛行場建設のいずれかを選び、環境影響評価法の対象となる事業規模について説明せよ。さらに、環境影響評価法に基づく各手続きの内容について、手続きの手順に従い説明せよ。　　　　　　　　　(H28－2)

○ 国際コンテナターミナル新設事業又は滑走路新設事業のいずれかについて、事業採択の際の費用便益分析の方法を説明せよ。　　　　　　(H27－1)

○ 個別の港湾における公共貨物取扱量又は個別の空港における国内線旅客数のいずれかを選び、その将来値の推計手法について述べよ。　　(H26－1)

○ 港湾の水域における水質又は空港の騒音のいずれかを選び、その評価方法について述べよ。　　　　　　　　　　　　　　　　　　　(H26－2)

○ 港湾又は空港のいずれかを選び、港湾については岸壁前面泊地の静穏度、空港についてはウィンドカバレッジを説明し、その検討手法を述べよ。

(H25－1)

○ 港湾又は空港のいずれかを選び、これを建設する場合の環境影響評価において、環境影響評価項目を選定する際の基本的考え方を説明するとともに、

選定を行うに当たっての留意点について述べよ。 （H25－2）

○ 次に示す（1）または（2）の設問をどちらかを選び解答せよ。 （練習）

　(1) 我が国の港湾は、港湾法に基づき、大きく「国際戦略港湾」「国際拠点港湾」「重要港湾」「地方港湾」の4つに分けられるが、それぞれの目的・役割を述べよ。

　(2) 空港法第4条第1項各号に掲げる空港、いわゆる拠点空港は、大きく「会社管理空港」「国管理空港」「特定地方管理空港」の3つに分けられるが、それぞれの目的・役割を述べよ。

○ 次に示す（1）または（2）のどちらかを選び解答せよ。 （練習）

　(1) 港湾法に基づく「港湾計画」の方針にて定める事項について説明し、また、港湾計画の目標年次及び港湾の能力設定について基本的な考え方を述べよ。

　(2) 空港法に基づく「空港の設置及び管理に関する基本方針」に関して、空港の整備に関する基本的な事項のうち、空港の耐震化等の推進による安全・安心の確保、既存ストックを活用した空港機能の高質化の2点について説明せよ。

○ 我が国において、以下に示す規模の港湾又は空港の計画がある。どちらかを選び、港湾計画又は空港計画が決定するまでに行うべき環境影響評価の手続きについて説明せよ。 （練習）

　(1) 埋立てを含む区域及び土地を掘り込んで水面とする区域の面積の合計が500 haの港湾計画

　(2) 滑走路3,500 mを有する陸上における空港計画

○ 港湾計画又は空港計画のどちらかを選び、新規事業採択時評価の費用対効果分析（空港計画の場合は費用対便益分析）の基本的な考え方を述べよ。また、再評価の費用対効果分析（空港計画の場合は費用対便益分析）について、新規事業採択時評価と異なる点を説明せよ。 （練習）

○ 次に示す（1）または（2）のどちらかを選び解答せよ。 （練習）

　(1) 旅客対応ターミナル整備事業における需要推計の基本的な考え方及び推計時の留意点について述べよ。

　(2) 空港新設事業における需要予測について、費用便益分析の利用者便益の基本的な計測方法について説明せよ。また、基本的な計測方法の適用が困難となるケースを述べよ。

○ 津波を伴う大規模な地震が発生した場合、港湾施設又は空港施設を災害復旧の拠点として利用するため、施設の被災調査を実施する必要がある。発災当日から数日間の期間で実施する初期調査について、港湾施設又は空港施設

のどちらかを選び、被災状況の概略を把握するための調査と施設の利用可否
を判断する調査を実施する上での留意点を述べよ。　　　　　　　（練習）

○　我が国における港湾計画又は空港計画の策定に当たり、船舶又は航空機の
安全運航に必要不可欠な整備施設及び保安施設について概説し、それぞれに
ついて施設計画上の留意点について述べよ。　　　　　　　　　　（練習）

○　我が国の港湾施設又は空港施設を計画段階から海外に展開する際に留意す
べき事項を列挙し、その対策について述べよ。対象とするステージは計画時
とし、対象地域は先進国を除くものとする。　　　　　　　　　　（練習）


　調査・設計の項目では、調査、設計の他に環境保全対策も含めた内容をとり
まとめてあります。港湾と空港は、航空機と船舶と対象物が異なるものの、類
似性が極めて高い部分も多々あります。そのため、調査・設計の項目のみなら
ず、港湾・空港の選択科目の特徴として、これまでは同一の設問で港湾または
空港の内容が問われるスタイルが主流となっています。鋼構造及びコンクリー
トの選択科目のように、鋼構造とコンクリートが区分された問題形式とはなっ
ていません。

　調査・計画の業務の一つとして、港湾計画または空港計画の策定が考えられ
ます。具体的には、港湾または空港の施設計画を含め、規模や位置を検討して
決定し、その検討過程において、計画している港湾または空港の環境影響評価、
将来推計や需要予測等に基づき費用対効果分析等を実施し、計画に対する適正
性の検証も実施するといった内容になると思います。過去の問題もそれに即し
た内容が出題されています。したがって、対策のポイントとしては、港湾計
画・空港計画、費用と効果の分析、環境影響評価、デマンド予測、施設計画、
計画に必要となる各種調査、最近の動向に関連したテーマに絞られます。これ
らの視点で学習を進めてください。

　港湾の参考文献等は、港湾計画の基本的な事項に関する基準を定める省令、
港湾の開発、利用及び保全並びに開発保全航路の開発に関する基本方針（国土
交通省　港湾局）、港湾整備事業の費用対効果分析マニュアル（国土交通省
港湾局）、港湾分野の環境影響評価に関する計画段階環境配慮書作成等ガイド
ライン（国土交通省　港湾局）などがあります。空港の参考文献等は、空港の
設置及び管理に関する基本方針、空港整備事業の費用対効果分析マニュアル、
陸上空港の施設の設置基準と解説（国土交通省　航空局）などがあります。設
計など技術的な内容を掲載している参考文献等は、次の「(2) 設計」にて紹介
しています。計画時にも参照すべきものもいくつか含まれていますので、合わ
せて参考にしてください。

## （2）設　計

○　地盤の液状化についてそのメカニズムを説明せよ。また、港湾や空港において行われている3段階の液状化判定手順を挙げ、それぞれの段階の判定方法について説明せよ。　　　　　　　　　　　　　　　　　　　　　（R1－1）

○　港湾及び空港における物流に関する用語について以下の問いに答えよ。

　　　　　　　　　　　　　　　　　　　　　　　　　　　　　（H30－1）

（1）以下の2つの用語について説明せよ。

　　①貨物純流動　　　　　　　②フォワーダー

（2）以下に示す用語の中から3つを選び説明せよ。

　　③リーファーコンテナ　　　④ULD　　　　　　⑤フレートトン

　　⑥NACCS　　　　　　　　⑦ベルトローダー　　⑧B／L

　　⑨FCL　　　　　　　　　⑩マニフェスト　　　⑪インタクト輸送

○　耐震強化岸壁又は耐震強化を行う滑走路において、その耐震設計に用いる地震動（レベル1及びレベル2地震動）の設定方法について説明せよ。

　　　　　　　　　　　　　　　　　　　　　　　　　　　　　（H29－3）

○　近年、港湾及び空港における構造物の安全性と機能性に関する設計照査に信頼性設計法が導入されている。信頼性設計法の一般的な概念について説明するとともに、信頼性設計法において考慮される限界状態を3つ挙げ、それぞれについてその内容を簡潔に述べよ。　　　　　　　　　　　（H28－3）

○　固い砂地盤上のケーソン式混成堤又は地盤上の空港アスファルト舗装のいずれかについて、構成を図示し、構成要素それぞれの機能を説明せよ。

　　　　　　　　　　　　　　　　　　　　　　　　　　　　　（H27－3）

○　水深5ｍ程度の緩い砂地盤上に一般の埋立護岸を建設する場合に、適切と考えられる構造形式を1つ挙げ、それを選定した理由と、当該構造形式固有の設計上の留意点を3つ述べよ。　　　　　　　　　　　　　（H26－3）

○　性能設計に関する次の（1）、（2）の問いのうち1つを選び、解答せよ。

　　　　　　　　　　　　　　　　　　　　　　　　　　　　　（H25－3）

（1）混成堤の設計について、主たる作用と主たる作用ごとの照査項目を説明し、設計上の留意点を3つ述べよ。

（2）空港舗装の構造設計について、要求性能と要求性能ごとの照査項目を説明し、設計上の留意点を3つ述べよ。

○　港湾又は空港施設に関する次の（1）、（2）の問いのうち1つを選び、解答せよ。　　　　　　　　　　　　　　　　　　　　　　　　　（練習）

（1）防潮堤の津波対策について、胸壁の防護機能及び設計外力とする設計津波について説明し、胸壁の耐津波設計の基本的な考え方を述べよ。

(2) 空港施設のうち、護岸の配置に関する基本的な考えを説明し、構造形式を検討する際に留意すべき事項を述べよ。

○ 港湾又は空港施設に関する次の (1)、(2) の問いのうち1つを選び、解答せよ。 (練習)

(1) レベル1地震動を想定した胸壁の全体安定性に関する検証手順を簡潔に説明し、性能照査における留意点を述べよ。

(2) 盛土地盤に旅客ターミナル等の集客施設を設置する場合に、盛土地盤の性能照査の考え方について説明せよ。

○ 港湾又は空港施設に関する次の (1)、(2) の問いのうち1つを選び、解答せよ。 (練習)

(1) 港湾施設の一つである防波堤の設計手順を概説し、考慮すべき設計条件を列挙し、設計時に最も重要となるものを1つ挙げ、その決定手順を述べよ。

(2) 空港施設の一つである空港舗装に関して、アスファルト舗装とコンクリート舗装の舗装構成を説明し、舗装設計に先立ち明らかにすべき設計条件について述べよ。

○ 港湾及び空港における設計に関して、下記の (1)、(2) のどちらかを選び、護岸の構造形式を検討する場合の留意点を挙げ、設計時における検討事項を述べよ。 (練習)

(1) 護岸が必要となる港湾施設を建設する場合

(2) 護岸の配置が必要な海岸に面した埋立地に新しい空港を建設する場合

○ 港湾又は空港における構造物の設計を行う場合、不均質な地盤の沈下に起因した地表面の不陸の発生、いわゆる不同沈下を考慮しなければならないケースがある。港湾構造物又は空港構造物のどちらかを選び、不同沈下が構造物に及ぼす影響と発生原因を説明し、不同沈下の対策について述べよ。 (練習)


設計の項目では、港湾施設や空港施設などについての具体的な設計業務の内容をとりまとめてあります。過去の問題を整理してみると、地盤の液状化判定方法、物流関連用語、耐震設計の地震動設定、信頼性設計法、ケーソン式混成堤／アスファルト舗装、埋立護岸の構造形式、性能設計の照査項目、といった内容となっています。設計の場合は、基準や手法等が明確に定められていますので、それをしっかり理解しておけば、設問には適切に解答できると考えられます。ただし、対象とする施設などが数多くあることなどから、範囲が広いので、自分の得意な分野と不得意な分野を把握しながら、学習の優先順位をつけて、計画的に知識の習得を図るようにしてください。

　技術基準に関しては、港湾、空港ともにその多くが法令等によって規定されています。港湾の場合は、港湾法などに基づき技術基準が規定されています。具体的には、「港湾の施設の技術上の基準を定める省令」や「港湾の施設の技術上の基準の細目を定める告示」などに基づくものです。実務的な文献としては、設計業務でも使用していると思いますが、「港湾の施設の技術上の基準・同解説」（平成30年5月、（公社）日本港湾協会）などが市販されています。関係法令をはじめとして、港湾の施設を建設、改良、維持する際に適用する基準が解説とともにまとめられています。また、ガイドラインとしては、国土交通省　港湾局がまとめた「防波堤の耐津波設計ガイドライン」「港湾における防潮堤（胸壁）の耐津波設計ガイドライン」などが挙げられます。

　空港も同様で、国際民間航空条約と航空法に基づき、基準類が規定されています。具体的には、空港土木施設設計要領と呼ばれるもので、平成31年4月に従来の要領書が全面的に見直されています。この設計要領は、平成31年4月に国土交通省航空局がとりまとめたもので、施設設計編、舗装設計編、構造設計編、耐震設計編の4編構成になっています。

　港湾及び空港ともに、上述した基準書、要領書、ガイドラインを中心に活用しながら、専門的な知識を体系的に整理していくことが対策の基本となると考えられます。


## (3) 施工・維持管理

○　港湾や海上空港における鉄筋コンクリート構造物の劣化の主な原因となる塩害について、劣化のメカニズムを説明せよ。また、塩害への基本的な対策工法を複数挙げた上で、そのうちの2つの工法について概要を説明せよ。

（R1－2）

○　港湾施設又は空港舗装のいずれかを選び、それを適切に維持管理するために、それぞれ4種類ある点検診断（空港舗装の場合は点検）の目的と方法を種類ごとに説明せよ。

（H30－3）

○　港湾又は空港において使用されている主要な地盤改良工法について、改良原理が大きく異なるものを3つ挙げて、それぞれの改良原理と施工方法を説明せよ。

（H30－4）

○　近年、GPSの測位精度向上などによりその活用分野も広がっている。

（H29－4）

(1) 港湾及び空港の海上工事（埋立地での陸上工事を含む。）に用いる高精度GPSの測位のしくみを説明せよ。

(2) 上記GPSの海上工事（埋立地での陸上工事を含む。）での実際の活用事例を1つ挙げて、活用の内容及び効果について簡潔に説明せよ。

○ 港湾又は空港で行われる以下の工事のいずれかを選択し、その工事に必要となる作業船（アを選択した場合）又は建設機械（イを選択した場合）を異なる4つの用途ごとに1種類ずつ挙げ、それぞれの概要とあなたが想定した工事内容を説明せよ。　　　　　　　　　　　　　　　　　　　　　（H28－4）

　　ア）海面を埋め立ててコンテナ埠頭を整備する。

　　イ）空港を拡張して滑走路を整備する。

なお、以下は採点対象外とする。

作業船：交通船、押船、引船、土運船、ガット船

建設機械：ダンプカー、バックホウ、移動式クレーン

○ 桟橋構造の係留施設の上部工（鉄筋コンクリート）又は滑走路（アスファルト舗装）のいずれかについて、健全度評価の方法を説明せよ。（H27－2）

○ 港湾・空港分野における情報化施工の事例を3つ挙げ、それぞれの概要を説明せよ。　　　　　　　　　　　　　　　　　　　　　　　　　（H27－4）

○ 港湾又は空港において軟弱粘性土地盤を改良する場合に、基本原理の異なる地盤改良工法を3種類簡潔に説明するとともに、それぞれについて施工上の留意点を述べよ。　　　　　　　　　　　　　　　　　　　（H26－4）

○ 地盤の液状化対策工法に関する次の（1）、（2）の問いのうち1つを選び、解答せよ。　　　　　　　　　　　　　　　　　　　　　　　　　（H25－4）

（1）港湾における代表的な液状化対策工法を3種類簡潔に説明するとともに、供用中の岸壁の液状化対策工事を実施する場合に適切な工法を1つ挙げ、その理由と施工上の留意点を述べよ。

（2）空港における代表的な液状化対策工法を3種類簡潔に説明するとともに、供用中の滑走路の液状化対策工事を実施する場合に適切な工法を1つ挙げ、その理由と施工上の留意点を述べよ。

○ 海上に隣接した港湾又は空港施設について、施工時におけるアルカリ骨材反応抑制対策について述べよ。　　　　　　　　　　　　　　　（練習）

○ 海上に隣接した港湾又は空港施設の建設に当たり、環境保全として対策を講じる必要がある項目を3つ挙げ、それぞれの対策について述べよ。（練習）

○ すでに供用中の港湾又は空港施設に隣接した場所に、新たな港湾又は空港施設を建設する場合、第三者を含めた安全管理の観点から、施工時に特に留意すべき事項を挙げ、その対策について述べよ。　　　　　　　（練習）

○ 液状化が想定される軟弱地盤に、港湾又は空港施設を新設する計画がある。港湾もしくは空港施設のどちらかを選定し、液状化対策工法として、適切な工法をいくつか列挙し、その中から1つの工法を選び、施工不良を生じさせない管理といった観点から、施工時に留意すべき点を述べよ。　　　（練習）

○　港湾又は空港施設の維持管理に関する次の（1）、（2）のうち1つを選び、解答せよ。　　　　　　　　　　　　　　　　　　　　　　　　　（練習）

（1）構造物を対象とした劣化予測の一つであるマルコフ連鎖モデルについて、劣化予測により得らえる情報を概説し、同モデル予測における留意点を述べよ。

（2）空港舗装に関して、「すべり摩擦係数測定調査」または「路面性状調査」のどちらかを選び、その概要及び調査結果の評価について述べよ。

○　予防保全及び事後保全について概説し、港湾または空港施設のどちらかを選び、これからの維持管理において、予防保全型の管理を導入すべき理由とその効果について説明せよ。　　　　　　　　　　　　　　　　　（練習）

○　港湾または空港施設の維持管理業務について、点検診断または点検の種類及びその概要を述べ、点検診断または点検の実施フローについて説明せよ。

（練習）

　施工・維持管理の項目では、港湾施設や空港施設などについての具体的な施工業務及び維持管理業務の内容をとりまとめてあります。過去の問題を整理してみると、施工関連の問題では、コンクリート構造物の塩害対策、地盤改良工法、工事でのGPS測位の活用、建設設備・機械、情報化施工、液状化対策の内容が出題されています。一方、維持管理関連の問題では、施設・舗装の点検診断、施設・舗装の健全度評価の内容が出題されています。どちらも、基本的な知識を問う問題ですので、日常の施工または維持管理業務と関連付けて知識の整理をしておけば、設問には適切に解答できると考えられます。ただし、港湾・空港特有の条件や基準等がありますので、その点を学習の重要なポイントとして知識の習得を図るようにしてください。

　参考文献としては、日常業務で使用しているものも含めて多数あると思いますが、主要なものを港湾、空港、それぞれについて次に示します。港湾については、「港湾工事共通仕様書」（国土交通省　港湾局監修、（公社）日本港湾協会）、「港湾工事施工ハンドブック」（（一財）港湾空港総合技術センター）、「港湾施設の点検・補修技術ガイドブック（2019年版）」（（一財）港湾空港総合技術センター）、「港湾の施設の点検診断ガイドライン」（国土交通省　港湾局）、「港湾の施設の維持管理計画策定ガイドライン」（国土交通省　港湾局）などが挙げられます。空港については、「空港土木工事共通仕様書」（国土交通省航空局監修、（一財）港湾空港総合技術センター）、「制限区域内工事実施指針」（国土交通省安全部空港安全・保安対策課長）、「空港内の施設の維持管理指針」（国土交通省安全部空港安全・保安対策課長）、「空港舗装維持管理マニュアル（案）（平成29年8月）」（国土交通省　航空局）などが挙げられます。

# 6. 電 力 土 木

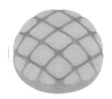

電力土木の選択科目の内容は次のとおりです。

---

電源開発計画、電源開発施設、取放水及び水路構造物その他の電力土木
に関する事項

---

電力土木で出題されている問題は、計画・調査・設計、施工・維持管理・
運用、再生可能エネルギー・気候変動対策等に大別されます。なお、解答する
答案用紙枚数は1枚（600字以内）です。

## （1）計画・調査・設計
○ 水力発電所の水車・発電機が、機器故障等により急停止した状況を設計に
　反映すべき電力土木施設を2つ挙げ、それぞれの機能と急停止した状況を含
　めた設計上の留意点を述べよ。　　　　　　　　　　　　　　　　（R1－2）
○ 火力発電所の燃料受け入れ桟橋について、燃料運搬船の操船に係る配置計
　画上の留意点を述べよ。また、桟橋の構造設計上の留意点を述べよ。

　　　　　　　　　　　　　　　　　　　　　　　　　　　　　　　（R1－3）
○ 原子力発電所の基準津波の策定方法について、検討の流れを踏まえて述べ
　よ。　　　　　　　　　　　　　　　　　　　　　　　　　　　　（R1－4）
○ 原子力発電所の耐震設計上考慮する敷地周辺陸域の活断層（活褶曲等を含
　む）については、調査範囲を段階的に絞りながら机上調査や現地調査を実施
　する必要があるが、その具体的な調査の目的及び方法を段階ごとに概説せよ。

　　　　　　　　　　　　　　　　　　　　　　　　　　　　　　　（H30－2）
○ 地盤の液状化現象の概要とそれが発生するメカニズムを述べよ。また、発
　電及び送変電等に係る電力土木施設の名称を1つ明記し、その施設に用いら
　れる液状化対策の概要と留意点を述べよ。　　　　　　　　　　　（H30－3）
○ 電力土木施設に用いられる鋼製構造物を、関連する施設の名称とともに
　2つ挙げ、それぞれ設計上の留意点を述べよ。　　　　　　　　　（H29－2）
○ 火力・原子力発電所の取放水設備に関連する管路や、水力発電所の水圧管
　路等に係る計画・設計において、損失水頭が過大にならないよう抑制するた

めの具体的な方策を2つ挙げ、それぞれその概要と留意点を述べよ。

（H29－3）

○　電力土木施設に係る基礎の構造形式を、それが用いられる施設の名称とともに2つ挙げ、それぞれ設計上の留意点を述べよ。　　　　　　（H28－1）

○　津波について、風によって生じる波浪と比較した場合の特徴を述べよ。また、電力土木施設に関連する防波堤を設計する際の津波に対する留意点を述べよ。

（H28－4）

○　ライフサイクルコストの概念を説明せよ。また、電力土木施設に関してライフサイクルコストを算定する際、所要の信頼性を確保するために留意すべき点を2つ挙げ、それぞれ概説せよ。　　　　　　　　　　　（H27－1）

○　「限界状態設計法」を概説し、電力土木施設の設計に適用する場合の留意点を述べよ。　　　　　　　　　　　　　　　　　　　　　　（H26－1）

○　電力土木施設に係る基礎地盤の調査手法を1つ挙げ、その概要及び調査結果に基づき設計用物性値等を設定する上での留意点を述べよ。　（H26－2）

○　電気設備防災対策検討会報告（平成7年11月）における「耐震性区分Ⅰ」と「耐震性区分Ⅱ」のそれぞれについて、確保すべき耐震性及び該当する電気設備について概説せよ。　　　　　　　　　　　　　　　　（H25－4）

○　水力発電設備のうち、ダムまたは地下発電所を計画する際の重要な調査項目を列挙し、それぞれの留意点について述べよ。　　　　　　　（練習）

○　水力発電設備のうち、ダムの付属設備である洪水吐きを含む放流設備の設計上の留意点について述べよ。　　　　　　　　　　　　　　　（練習）

○　水力発電設備のうち、ダムの水路構造物である取水口及び導水路の設計上の留意点について述べよ。　　　　　　　　　　　　　　　　　（練習）

○　火力発電施設の計画において、立地地点及び設備配置計画の検討において留意すべき点について述べよ。　　　　　　　　　　　　　　　（練習）

○　火力発電設備のうち、燃料設備を計画・設計する際に留意すべき点を述べよ。　　　　　　　　　　　　　　　　　　　　　　　　　　　（練習）

○　原子力発電施設の計画において、立地地点及び設備配置計画の検討において留意すべき点について述べよ。　　　　　　　　　　　　　　（練習）

○　原子力発電設備のうち、港湾設備を設計する際の技術的な留意点について述べよ。　　　　　　　　　　　　　　　　　　　　　　　　　（練習）

○　電力土木施設のなかから一つを選び、地震時における液状化対策または津波対策のどちらかを選び、計画・設計時における留意点について述べよ。

（練習）

○　架空送電設備のうち、送電鉄塔基礎の基礎形式選定における計画・設計上

72

の留意点について述べよ。 　　　　　　　　　　　　　　　　（練習）

○ 地中送電設備の概要を説明し、ルート選定時における調査・計画上で留意
すべき点について述べよ。 　　　　　　　　　　　　　　　　（練習）

　この項目では、主として電源開発計画、電源開発施設、取放水及び水路構造
物等の計画・調査・設計に関する内容をとりまとめています。計画、調査、設
計のそれぞれのプロセスにおいて、基本的な知識を整理しておくことが重要で
す。また、一般の土木構造物と比較して、電力土木施設が有する特徴を確認し、
そのことが計画、調査、設計でどのように考慮されなければならないか、と
いった点が一つのポイントとなります。特に、水力発電所、火力発電所、原子
力発電所は、過去に出題された問題でも具体的な構造物として取り上げられて
いますので、具体的な調査内容や設計方法等は把握しておく必要があります。
また、地震対策や津波対策といった、重大な災害につながる事象に対する技術
的な対策事項も必ず押さえておきましょう。また、計画・設計時における環境
保全対策に関する内容や、架空送電用鉄塔や地中送電用管路などの電力流通設
備に関する内容が出題される可能性もありますので、上記のポイントと合わせ
て知識を習得しておいてください。

## （2）施工・維持管理・運用

○ 水力発電所では、様々な要因により、計画時に比べて、実際の発電電力量
が可能発電電力量より小さくなることが一般的である。発電電力量の減少が
生じる電力土木施設の運用上の要因を多面的に3つ挙げ、それぞれについて
発電電力量を可能発電電力量に近づけるための技術的方策と留意点を述べよ。
　　　　　　　　　　　　　　　　　　　　　　　　　　　　（H30－1）

○ 発電及び送変電等に係る電力土木施設の建設及び維持管理・運用において、
発生が懸念される周辺自然環境への影響を3つ挙げ、それぞれに対応するた
めの技術的方策と留意点を述べよ。 　　　　　　　　　　　　（H30－4）

○ フライアッシュを用いたコンクリートについて、通常のコンクリートと比
較した場合の特徴を述べよ。また、電力土木施設に係る工作物の名称を1つ
明記の上、それに使用するときの留意点を述べよ。 　　　　　（H29－1）

○ 発電所（水力発電所に係るダムを含む。）からの放流水に関して、環境へ
影響を及ぼす恐れのある事象2つについて説明し、それぞれに係る代表的な
対応策を述べよ。 　　　　　　　　　　　　　　　　　　　　（H28－3）

○ 電力土木施設の建設や運用において用いられるリモートセンシング技術を
2つ挙げ、それぞれの技術的特徴を概説せよ。 　　　　　　　（H27－2）

○　電力土木施設の建設や改修工事において用いられる地盤改良技術を2つ挙げ、それぞれの概要と施工上の留意点を述べよ。　　　　　　　　（H27−3）

○　電力土木施設の建設・施工及び保守・点検業務に関して、開発・実用化が図られつつある検査技術を1つ挙げ、開発目的、技術的特徴及び実用化に向けて克服すべき課題を述べよ。　　　　　　　　　　　　　　　（H26−3）

○　貯水池若しくは調整池の堆砂が惹起する問題を3つ挙げよ。また、流入土砂の通過を促すか、堆積土砂を下流に排除することによる対策技術を1つ挙げ、その概要を述べよ。　　　　　　　　　　　　　　　　　（H25−2）

○　電力土木施設の保守・点検業務に関して、デジタル画像解析、GPS、レーザー計測等の要素技術を応用して開発・実用化が図られつつある技術を1つ挙げ、技術的特徴及び克服すべき課題を述べよ。　　　　　　　（H25−3）

○　ダム建設に当たり、自然環境に大きく影響を及ぼすことが懸念される項目を数例挙げ、その影響を提言させるための土木技術上の方策について述べよ。　　　　　　　　　　　　　　　　　　　　　　　　　　　（練習）

○　電力土木施設を1つ挙げ、劣化診断の点検及び評価について、現状の技術動向を概説し、技術的な課題とその対応策について述べよ。　　（練習）

○　水力発電所または火力発電所のどちらかを選び、定期的なメンテナンスにおける留意点と異常発生時の対処法について留意すべき点を述べよ。　　　　　　　　　　　　　　　　　　　　　　　　　　　　　（練習）

○　発電所の運転管理における効率化・生産性向上を図るため、ICT、ロボット、自動化、AIなどを活用した事例をいくつか挙げ、今後の課題とその対応策について述べよ。　　　　　　　　　　　　　　　　　　（練習）

○　電力発電設備に関し、安全度の向上及び経済性の観点から、設備の予防保全対策について、その有効性と効果について説明せよ。　　　　（練習）

○　電力施設の維持管理・運用の段階において発生する廃棄物またはそれに準ずるもの（以下、廃棄物等）を一つ挙げ、その廃棄物等に関する現状を説明し、有効利用または減量化に向けた方策について述べよ。　　　（練習）

　この項目では、主として電源開発計画、電源開発施設、取放水及び水路構造物等の施工・維持管理・運用に関する内容をとりまとめています。施工、維持管理、運用のそれぞれのプロセスにおいて、基本的な知識を整理しておくことが重要です。過去に出題された問題では、水力発電所の発電電力、維持管理・運用時の自然環境保全、フライアッシュを使用したコンクリート、発電所放流水が環境に及ぼす影響、リモートセンシング技術、地盤改良技術、検査技術の最新動向、調整池などの堆砂が惹起する問題、保守・点検業務の最新技術動向

などのテーマが出題されています。主要な電力土木施設特有の施工技術に関する事項や、維持管理・運用に関して現在大きな課題となっている事項が、学習ポイントの一つになると思います。維持管理・運用に関しては、運用や管理の効率化やコスト縮減といった課題を、ICT、機械・ロボット等による自動化や、AI技術によって改善していくといった視点が重要だと考えられます。点検・診断・検査などに関する最新の技術開発動向や実用事例等は、専門知識の一つとして常に確認しておく必要があるでしょう。また、それらと合わせて、施工時や維持管理・運用時における自然環境への配慮等も忘れてはならない事項ですので、自然環境に関する基本的な知識も合わせて習得しておきましょう。

### (3) 再生可能エネルギー・気候変動対策等

○ 東日本大震災以降、我が国が直面しているエネルギーの課題を踏まえて、電源のエネルギーミックスを検討する際に考慮すべき4つの項目を挙げよ。また、発電方法の名称を2つ挙げ、それぞれの特徴とエネルギーミックスにおける役割を述べよ。　　　　　　　　　　　　　　　　　　　(R1−1)

○ 洋上風力発電について、陸上に設置される風力発電と比較した場合の特徴を2つ挙げよ。また、洋上風力発電を進める際に克服すべき技術的課題を2つ挙げ、それぞれ簡潔に説明せよ。　　　　　　　　　　　　(H29−4)

○ 地球温暖化に関連して指摘されている気候変動が、電力土木施設へ及ぼす影響を2つ挙げ、そのうちの1つにつき対応策を述べよ。　　　(H28−2)

○ 水力エネルギーについて、従来にも増して有効利用を図るための技術的方策を2つ挙げ、それぞれの概要と課題を述べよ。　　　　　　　　(H27−4)

○ 再生可能エネルギーを利用した発電システムについて、発電コストを低減するための主な方策を2つ挙げ、それぞれの概要と技術的課題を述べよ。

(H26−4)

○ 発電計画に関する経済性評価手法のうち、再生可能エネルギーを利用した計画に適した手法を2つ挙げ、それぞれの概要と適用上の留意点を述べよ。

(H25−1)

○ 我が国の再生可能エネルギーに関して、その特徴を述べるとともに、全般的に問題として認識されている事項を列挙し、今後取り組むべき方策について述べよ。　　　　　　　　　　　　　　　　　　　　　　(練習)

○ 陸上に設置される風力発電設備の建設及び運転により、自然環境に大きく影響を及ぼすことが懸念される項目を数例挙げ、その影響を低減させるための土木技術上の方策について述べよ。　　　　　　　　　　　(練習)

○ 我が国の再生可能エネルギーに関して、「発電コスト」、「事業継続性」、「電

力系統制約」の3つの観点から問題を整理し、それらに対して現在取り組ま
れている方策等を説明せよ。　　　　　　　　　　　　　　　　　（練習）
○　中小水力発電の概要と特徴を説明し、初期投資コストを低減するための方
策を挙げ、それぞれの概要または技術的課題を述べよ。　　　　　（練習）

　この項目では、主として再生可能エネルギーや気候変動対策等に関する内容
をとりまとめています。過去に出題された問題では、電源のエネルギーミック
ス、洋上風力発電、地球温暖化による気候変動からの電力土木施設への影響、
水力エネルギーの有効利用技術、再生可能エネルギーの発電システムのコスト
低減、発電計画の経済性評価手法などの内容が出題されています。

　再生可能エネルギーは、政府の基本方針として、国民負担を抑制しつつ、最
大限の導入を進めていくことになっています。また、長期エネルギー需要見通
し（2015年7月　経済産業省）では、2030年度の総発電電力量の再生可能エネ
ルギー比率を22～24％と見通しています。このような再生可能エネルギーに
関する最近の動向をはじめとして、現在抱えている諸問題をテーマとした内容
の出題が予想されます。したがって、そういった観点から情報を収集しながら、
例えば、大規模太陽光発電、バイオマス発電設備、洋上風力発電、地熱発電な
ど、項目を細分化し、専門知識を整理していくことが重要と考えられます。

　また、気候変動に関する事象が、電力土木施設等にどのような影響を及ぼす
かといった内容の問題が、今後も出題される可能性がありますので、上記の内
容と合わせて、最新の動向やそれに関連した専門知識も習得しておきましょう。

# 7. 道　　路

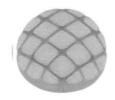

道路の選択科目の内容は次のとおりです。

道路計画、道路施設・道路構造物の調査、設計、施工及び維持管理・更新、道路情報その他の道路に関する事項

道路で出題されている問題は、道路計画及び道路施設・道路構造物、道路土工構造物、舗装関連に大別されます。なお、解答する答案用紙枚数は1枚（600字以内）です。

## (1) 道路計画及び道路施設・道路構造物

○　車道の曲線部においては、当該道路の設計速度に応じた最小曲線半径が道路構造令にて定められているが、その算定の考え方及び適用に当たっての留意点を述べよ。　　　　　　　　　　　　　　　　　　　　　（R1－1）

○　平成30年3月の道路法改正により創設された、重要物流道路制度の目的を説明せよ。また、重要物流道路制度の概要について述べよ。　　（R1－2）

○　地震を原因とした支承部の破壊により、上部構造が落下する可能性が相対的に高い道路橋の特徴及び想定される被災メカニズムについて、例を3つ挙げ、説明せよ。また、上部構造の落下に対して安全性を高める落橋防止システムについて、その内容を説明せよ。　　　　　　　　　　　（H30－1）

○　平成28年に自転車活用推進法が成立した社会的背景を説明せよ。また、自転車の活用を推進する上で、道路に係わる施策について多面的に説明せよ。
　　　　　　　　　　　　　　　　　　　　　　　　　　　　　　（H30－2）

○　高速道路のインターチェンジのランプターミナル付近における本線の線形設計において、一般部より厳しい値の線形要素を適用する理由について、線形要素ごと（平面曲線半径、縦断勾配、縦断曲線半径）に説明せよ。　（H29－1）

○　我が国で導入された高速道路ナンバリングについて、その導入の背景を述べよ。また、高速道路ナンバリングルールを説明せよ。　　　　（H29－2）

○　道路の線形設計において重要な要素である視距について、その定義とそれを確保する目的を説明せよ。また、視距の確保について、線形設計上の留意

点を述べよ。 (H28－1)

○ 道路空間や地域の価値向上に資する道路緑化の役割について説明せよ。また、道路緑化の計画及び設計段階における留意点を述べよ。 (H28－2)

○ 道路の維持・修繕に関する具体的な技術基準等が、道路法及び政省令等により整備された。これらに基づく定期点検の対象施設を列挙せよ。また、これらに基づき道路管理者が実施する維持管理の業務サイクル（メンテナンスサイクル）の各段階について説明せよ。 (H27－1)

○ 円形の平面交差点形式の1つであるラウンドアバウトの長所を多面的に説明せよ。また、我が国においてラウンドアバウトを導入する上での留意点を2つ述べよ。 (H27－2)

○ 道路の種級区分の体系に関し、種・級の各々について、区分を決定づける要素を用いて説明せよ。また、級別の区分をやむを得ず1級下の級に下げて適用することがあるが、その場合の留意点を述べよ。 (H26－1)

○ 高速道路におけるスマートインターチェンジの特徴を述べよ。また、スマートインターチェンジを導入する際の留意点を2つ述べよ。 (H26－2)

○ 道路が有する空間機能を3つ挙げ、各々の機能の概要を述べよ。また、そのうち1つの機能について、道路を計画・設計する際の留意点を述べよ。 (H25－1)

○ 道路事業の費用便益分析で基本となる3便益を挙げ、それぞれの定義と算定方法を述べよ。 (H25－2)

○ 「道路法等の一部を改正する法律」（平成30年3月30日成立）により、道路法の第37条（道路の占用の禁止又は制限区域等）の内容が改正されたが、その内容と改正された背景を述べよ。 (練習)

○ 「道路法等の一部を改正する法律」（平成30年3月30日成立）により、道路法の第44条（沿道区域における土地等の管理者の損害予防義務）の内容が改正されたが、その内容と改正された背景を述べよ。 (練習)

○ 平成31年4月16日に閣議決定された「道路構造令の一部を改正する政令」により、自転車を安全かつ円滑に通行させるために設けられる帯状の車道の部分として「自転車通行帯」が新たに規定されたが、その概要と新設された背景について述べよ。 (練習)

○ 「道路トンネル非常用施設設置基準」が平成31年3月29日に改定されたが、その改定内容の概要について述べよ。 (練習)

○ 道路緑化の一般的な技術的基準として「道路緑化技術基準」が挙げられるが、当該基準に基づき、道路緑化の設計において留意すべき事項について述べよ。 (練習)

○　円形の平面交差部の一種であるラウンドアバウトについて、適用できる交通量を述べるとともに、幾何構造について留意すべき事項を述べよ。

（練習）

○　平成元年に創設された「立体道路制度」の概要を説明せよ。また、立体道路制度が適用できる道路について述べよ。　　　　　　　　　（練習）

○　平成28年3月31日に踏切道改良促進法の一部が改正されたが、その改正された内容を説明せよ。また、依然として踏切道での重大災害が発生する理由を述べよ。

（練習）


　この項目では、主として道路計画及び道路施設・道路構造物に関する内容をとりまとめています。なお、舗装関連に関する内容は、別途「（3）舗装関連」にとりまとめてあります。

　計画、調査、設計、施工及び維持管理・更新のそれぞれのプロセスにおける基本的な知識を整理しておくことが重要です。過去に出題された問題では、設計速度に応じた最小曲線半径、重要物流道路制度、地震時の上部構造落下に対する安全性、自転車活用推進法、高速道路ナンバリング、インターチェンジのランプターミナル付近の本線の線形設計、線形設計における視距、道路緑化の役割、定期点検及び維持管理の業務サイクル、ラウンドアバウト、種級区分の決定要素、スマートインターチェンジ、道路が有する空間機能、費用便益分析の基本3便益などのテーマが出題されています。

　道路構造令に関する基本知識は当然のことながら習得しておかなければなりませんが、道路橋示方書の内容も出題される可能性がありますので、合わせて確認しておく必要があります。また、専門的な知識のみならず、道路に関するトピックス的な内容も出題されていますので、それに関する動向情報も収集しておかなければなりません。道路に関しては、法令に基づく基準、要綱及び指針などが多数ありますので、自分の専門分野以外の専門知識をすべて習得するためには相当な時間が必要になるかもしれませんが、最近改正された法令や基準等は出題される可能性が高いので、その内容を優先して学習するようにしてください。例えば、「道路法等の一部を改正する法律」（平成30年3月30日成立）による道路法等の改正、「道路構造令の一部を改正する政令」（平成31年4月16日閣議決定）による「自転車通行帯」の新設、「道路トンネル非常用施設設置基準」の改定（平成31年3月29日）、道路橋示方書の改定（平成29年）などが挙げられます。法律、政令、省令及びそれに伴う基準や指針等の改正情報について常に注目しておいてください。

## (2) 道路土工構造物

○ 道路土工構造物の点検において、切土のり面の崩壊に繋がる変状事例を
1つ挙げて、点検時の着目ポイントを2つ述べよ。また、当該変状が切土の
り面の崩壊に至るメカニズムについて述べよ。　　　　　　　　(R1-4)

○ 平成27年に道路土工構造物技術基準が制定された背景を説明せよ。また、
この技術基準のポイントを2つ挙げ、具体的に説明せよ。　　　(H30-4)

○ 軟弱地盤対策工には圧密・排水工法、締固め工法、固結工法などがあるが、
このうち圧密・排水工法に分類される具体的な工法を2つ挙げ、それぞれの
原理及び設計の考え方を説明せよ。　　　　　　　　　　　　　(H29-4)

○ 地すべり対策工には大別して抑制工と抑止工がある。抑制工と抑止工につ
いて対策工法を各々1つずつ挙げ、それぞれの概要及び計画・設計上の留意
点を述べよ。　　　　　　　　　　　　　　　　　　　　　　　(H28-4)

○ 盛土部の排水処理を設計する上で、地下排水工の設置が必要となる盛土の
部位を列挙し、そのうち2つの部位について具体的な対策工と留意点を述べ
よ。　　　　　　　　　　　　　　　　　　　　　　　　　　　(H27-4)

○ 植物によるのり面保護工と構造物によるのり面保護工について、各々の概
要を述べよ。また、のり面保護工の選定に当たって考慮すべき事項を述べよ。
　　　　　　　　　　　　　　　　　　　　　　　　　　　　　(H26-4)

○ 軟弱地盤対策工における振動締固め工法のうち、主な工法を2つ挙げ、
各々の概要及び特徴を述べよ。また、そのうち1つの工法について、施工上
の留意点を述べよ。　　　　　　　　　　　　　　　　　　　　(H25-4)

○ 切土・斜面安定施設や盛土などの道路土工構造物の新設又は改築に当たり、
設計時に考慮すべき項目を列挙するとともに、調査及び計画時に考慮すべき
点について説明せよ。　　　　　　　　　　　　　　　　　　　(練習)

○ 盛土の設計に当たり、想定する作用としては「常時の作用」、「降雨の作用」、
「地震動の作用」などがある。地震動の作用に関する盛土の安定性の照査に
おける基本的な考え方及び留意すべき点について述べよ。　　　(練習)

○ 切土のり面における排水について、その目的、役割を説明せよ。また、切
土のり面の崩壊原因となる表流水及び地下水等の排水の対応について留意す
べき点を述べよ。　　　　　　　　　　　　　　　　　　　　　(練習)

○ 高有機質土やゆるい砂質土などの軟弱地盤の上に新設する道路のために盛
土施工をする場合、設計・施工上で留意すべき点について述べよ。(練習)

○ 斜面における崩壊対策には、大別して予防施設と防護施設がある。予防施
設と防護施設の目的を説明し、防護施設の設計荷重の考え方及び設計時にお
ける留意点を述べよ。　　　　　　　　　　　　　　　　　　　(練習)

○　切土・斜面安定施設や盛土などの道路土工構造物の設計に当たっては、そ
の施工条件を定めるとともに、維持管理方法を考慮する必要があるが、その
理由について述べよ。　　　　　　　　　　　　　　　　　　　　（練習）

　この項目では、主として道路土工構造物に関する内容をとりまとめています。
道路土工構造物としては、主に、切土・斜面安定施設、盛土及びカルバートな
どが挙げられます。
　上記の主たる道路土工構造物に関する基本的な知識を整理しておくことが重
要です。過去に出題された問題では、切土のり面の崩壊、道路土工構造物技術
基準、軟弱地盤対策工（圧密・排水工法）、地すべり対策工（抑制工及び抑止
工）、盛土部の排水処理設計、のり面保護工、軟弱地盤対策工（振動締固め工
法）などのテーマが出題されています。平成27年3月に制定された道路土工構
造物技術基準をはじめとして、関連する各種指針等が多数ありますが、効率良
く専門知識を習得してください。過去に出題された問題では、施工を中心とし
た内容の出題が多くありますが、施工のみの知識に偏らず、設計や点検を含め
た維持管理に関する知識に関しても習得するようにしてください。

## (3) 舗装関連

○　連続鉄筋コンクリート舗装と転圧コンクリート舗装の構造の概要について
説明せよ。また、普通コンクリート舗装と比較して、それぞれの舗装の特徴
を述べよ。　　　　　　　　　　　　　　　　　　　　　　　　　（R1-3）

○　既設舗装を現位置で再生する路上再生工法の1つに、路上路盤再生工法が
ある。この路上路盤再生工法について、工法の概要、特徴及び適用に関する
留意点を説明せよ。　　　　　　　　　　　　　　　　　　　　　（H30-3）

○　平成28年10月の「舗装点検要領」においては、道路管理者は管内の道路
を各分類に区分することと舗装種別に応じて点検等を実施することが規定さ
れている。これら2つの規定に関し、その概要と考え方を説明せよ。

　　　　　　　　　　　　　　　　　　　　　　　　　　　　　　　（H29-3）

○　アスファルト舗装の破損の調査には、路面調査と構造調査がある。このう
ち、構造調査の手法を2つ挙げ、その内容について説明せよ。　（H28-3）

○　遮熱性舗装と保水性舗装について、それぞれの路面温度上昇抑制のメカニ
ズムを説明せよ。また、路面温度上昇抑制機能の評価方法を説明せよ。

　　　　　　　　　　　　　　　　　　　　　　　　　　　　　　　（H27-3）

○　車道及び側帯の舗装の必須の性能指標の1つである塑性変形輪数について
説明せよ。また、その評価法として近年追加された簡便法について、概要と

　　適用に当たっての留意点を述べよ。　　　　　　　　　　　　　（H26－3）

○　普通コンクリート舗装の構造の概要について説明せよ。また、密粒度アスファルト舗装と比較して、その長所及び短所を述べよ。　　　　　　（H25－3）

○　コンクリート舗装とアスファルト舗装についてそれぞれの構造を説明し、ライフサイクルコストの観点から比較するとともに、コンクリート舗装が適している場所について述べよ。　　　　　　　　　　　　　　　　　（練習）

○　コンポジット舗装の概要を述べ、その舗装構造について説明せよ。また、コンポジット舗装を適用する際の留意点について述べよ。　　　　　（練習）

○　コンクリート舗装、アスファルト舗装のどちらかを選び、舗装の構造的な補修工法を選定する方法を簡潔に説明し、具体的な補修工法を一つ挙げ、施工上の留意点について述べよ。　　　　　　　　　　　　　　　　　（練習）

○　舗装全体の長寿命化を図るための方策として、道路の路盤の強化と耐久性を高めるために路盤の材料にセメント等を混合する方法があるが、その概要を述べるとともに、施工上の留意点について述べよ。　　　　　　　　（練習）

○　「舗装点検要領」（平成28年10月　国土交通省　道路局）に基づくコンクリート舗装の点検方法と健全性の診断について説明せよ。　　　　（練習）

○　アスファルト舗装におけるひび割れ及びコンクリート舗装における目地部の損傷が、路盤以下の層にどのような影響を及ぼすか、それぞれについて説明せよ。　　　　　　　　　　　　　　　　　　　　　　　　　　　（練習）

　この項目では、主として道路の舗装に関する内容をとりまとめていますが、道路舗装に関する基本的な知識を整理しておくことが、まずは重要なポイントとなります。過去に出題された問題では、連続鉄筋コンクリート舗装と転圧コンクリート舗装、路上路盤再生工法、舗装点検要領、アスファルト舗装の構造調査、遮熱性舗装・保水性舗装の路面温度上昇抑制のメカニズム等、塑性変形輪数、普通コンクリート舗装の構造などのテーマが出題されています。過去に出題された問題を見ると、この項目に関しては例年1問しか出題されていませんが、逆に捉えれば、1問は必ず出題されるということです。舗装に関する基本的な事項を習得しておくことも重要ですが、過去に出題された問題の傾向を鑑みると、最近のトレンドや新しい技術、改善・改良された技術や材料などの内容も合わせて押さえておく必要があります。

　舗装に関しても、他のインフラと同様に、メンテナンスサイクルを確立し、ライフサイクルコストの縮減や長寿命化などを目指すことになっています。そのため、平成28年10月に「舗装点検要領」（国土交通省　道路局）が制定されています。本要領の冒頭には、「本要領は、舗装の長寿命化・ライフサイクル

コスト（LCC）の削減など効率的な修繕の実施に当たり、道路法施行令第35条の2第1項第二号の規定に基づいて行う点検に関する基本的な事項を示し、もって、道路特性に応じた走行性、快適性の向上に資することを目的としています。」といった内容が記載されています。この要領は、50ページ程度の分量ですので、必ず内容を確認しておいてください。また、耐久性の向上の観点から、コンクリート舗装、コンポジット舗装、路盤の強化などに関する内容も出題される可能性がありますので、それらの特徴やメリットを整理しておくとともに、新材料や新工法の技術開発動向に関する情報も収集するようにしてください。

# 8. 鉄　　道

鉄道の選択科目の内容は次のとおりです。

新幹線鉄道、普通鉄道、特殊鉄道等における計画、施設、構造物その他の鉄道に関する事項

鉄道で出題されている問題は、鉄道計画、鉄道施設、鉄道構造物・その他に大別されます。なお、解答する答案用紙枚数は1枚 (600字以内) です。

## (1) 鉄道計画

○　連続立体交差事業の整備効果を述べるとともに、主な課題を2つ挙げ、その対策について述べよ。　　　　　　　　　　　　　　　　　　　(H29-3)

○　踏切事故の現状と課題を簡潔に述べるとともに、事故防止のための方策を3つ挙げ、その内容を述べよ。　　　　　　　　　　　　　　　　　(H28-1)

○　広域的な幹線鉄道ネットワークにおける、新幹線と在来線との乗継ぎの課題を述べよ。また、既に実施された、或いは計画されている乗継ぎ解消や改善の方策を3つ挙げ、それぞれについて効果、最近の情勢及び課題を述べよ。　　　　　　　　　　　　　　　　　　　　　　　　　　　　　(H25-1)

○　整備新幹線について、整備方式を含めた概要を説明せよ。また、現在整備が進められている整備新幹線を列挙し、一般的に考えられている開業効果について述べよ。　　　　　　　　　　　　　　　　　　　　　　　　　　(練習)

○　駅ホームにおける利用者の安全性確保に関して、ハード面及びソフト面から実施されている対策について説明せよ。　　　　　　　　　　　　(練習)

○　我が国の貨物鉄道輸送の特性を3つ挙げて概説せよ。また、陸上貨物輸送と比べて貨物鉄道輸送が有している役割について述べよ。　　　　　(練習)

○　我が国においては、いまだに踏切事故が絶えない状況にあり、解決すべき大きな社会問題となっている。踏切事故が発生する原因を構造面も含めていくつか列挙して概説せよ。また、現在取り組まれている踏切事故防止対策について述べよ。　　　　　　　　　　　　　　　　　　　　　　　　　(練習)

○　「海外社会資本事業への我が国事業者の参入の促進に関する法律」の概要

を説明し、我が国が現在進めている鉄道システム・技術の海外展開の現況を
述べよ。 　　　　　　　　　　　　　　　　　　　　　　　　　　（練習）
○　鉄道プロジェクト評価に関して、新規事業採択時評価（事前評価）におけ
る評価項目を4つ挙げ、それぞれの項目における評価の視点を説明せよ。
　　　　　　　　　　　　　　　　　　　　　　　　　　　　　　（練習）

　この項目では、主として鉄道の計画及び鉄道全般に共通した内容をとりまと
めています。
　鉄道計画は、鉄道行政や施策に関連した内容や、鉄道事業全般において課題
とされているテーマなどを中心に、知識を整理しておくことが大切です。過去
に出題された問題では、連続立体交差事業の整備効果、踏切事故の現状と課題、
広域的な幹線鉄道ネットワークの乗継ぎの課題といったテーマが出題されてい
ます。過去に出題された問題数は少ないですが、鉄道に関する動向や共通した
課題を把握しておくことは、専門知識の習得といった目的だけでなく、選択科
目（Ⅱ－2）や選択科目（Ⅲ）の問題に対する知識としても必要です。主たる
施策としては、鉄道の安全確保、鉄道ネットワークの維持・強化、鉄道技術の
活用、鉄道サービスの向上、鉄道の海外展開などが挙げられます。各施策のポ
イントを以下に示します。
　鉄道の安全確保に関しては、鉄軌道輸送全般に関する安全対策、ホームの安
全対策、踏切の安全対策、無人で自動運転を行う鉄軌道の安全対策などがあり
ます。鉄道ネットワークの維持・強化に関しては、新幹線鉄道の整備、都市鉄
道の整備、地域鉄道対策、貨物鉄道輸送などがあります。
　鉄道技術の活用に関しては、軌間可変電車（フリーゲージトレイン）、超電導
磁気浮上方式鉄道（超電導リニア）、自動運転などの技術開発が進められていま
す。鉄道サービスの向上に関しては、鉄道施設を中心としたバリアフリー化の
推進などがあります。鉄道の海外展開に関しては、我が国のインフラシステム
の海外展開の重要施策として、鉄道システムの海外展開が推進されていますが、
特に、高速鉄道事業が重点的に展開されています。

## （2）鉄道施設
○　軌道変位の管理項目を5つ以上挙げて個々の管理の目的を述べ、管理値の
考え方を複数挙げて論述するとともに、軌道変位の測定方法について概説せ
よ。 　　　　　　　　　　　　　　　　　　　　　　　　　　　（R1－4）
○　可動式ホーム柵の整備に関する課題として、扉位置の統一化や停止位置の
精度向上など列車に関するもの、プラットホームへの据付工事など施工に関

するものなどが挙げられる。このうち、可動式ホーム柵の在来線プラット
ホームへの据付工事の実施に当たり、検討が必要となる技術的な事項を 3 つ
挙げ、その内容を述べよ。　　　　　　　　　　　　　　　　　（H30 − 1）

○　ロングレール化のための溶接方法を 2 つ挙げ、それぞれの概要、長所及び
短所、その溶接方法を用いるのに適したロングレール化のための溶接の段階
及びその理由を述べよ。　　　　　　　　　　　　　　　　　　（H30 − 4）

○　視覚障害者の線路内への転落を防止する鉄道駅のプラットホームにおける
安全性向上への取組について、ハード、ソフトの両面から対策を挙げ、その
内容を述べよ。　　　　　　　　　　　　　　　　　　　　　　（H29 − 1）

○　列車の走行によりレールの頭頂面部周辺で発生するレール傷のうち、レー
ル管理上特に留意すべきものを 2 つ挙げ、その特徴を述べよ。また傷を成長
させない対策としてのレール削正の考え方を述べよ。　　　　　（H29 − 4）

○　列車走行に伴う騒音の発生原因を 3 つ挙げ簡潔に述べよ。また、それぞれ
の発生原因に対する対策について述べよ。　　　　　　　　　　（H28 − 3）

○　ロングレールの管理に当たり、軌道の座屈を発生させないための管理上の
要件を 3 つ挙げ、その内容を簡潔に述べよ。また、そのうち 1 つについて、
具体的な留意点を述べよ。　　　　　　　　　　　　　　　　　（H28 − 4）

○　既設の鉄道駅ホームにホームドア（可動式ホーム柵を含む。）を整備する
に当たって、「高齢者、障害者等の移動等の円滑化の促進に関する法律」に
基づく「移動等円滑化の促進に関する基本方針」等で課題とされている事項
を 3 つ挙げ、その内容を簡潔に述べよ。また、課題に対応するため技術開発
が進められているホームドアの新たな方式を 1 つ挙げ、その特徴を述べよ。
　　　　　　　　　　　　　　　　　　　　　　　　　　　　　（H27 − 1）

○　既存の地平駅を橋上駅舎化するに当たり、バリアフリーの観点から基準に
適合することが求められている設備を 3 つ挙げ、その内容を簡潔に述べよ。
　　　　　　　　　　　　　　　　　　　　　　　　　　　　　（H26 − 1）

○　旅客輸送を行っている普通鉄道の急曲線部における低速走行時の乗り上が
り脱線に関し、脱線にいたるメカニズムについて説明するとともに脱線防止
対策を 3 点挙げ、その内容について述べよ。　　　　　　　　　（H27 − 4）

○　一般の定尺レールと比べた、ロングレールの優れた点を挙げた上で、ロン
グレール区間を管理する際の留意点を述べよ。　　　　　　　　（H26 − 4）

○　建築限界について、基本的な考え方、車両限界との関係及び曲線部におけ
る拡幅等に関する留意事項について述べよ。　　　　　　　　　（H25 − 3）

○　普通鉄道の線路において、緩和曲線の基本的な役割を述べた上で、この長
さを決める考え方を説明せよ。　　　　　　　　　　　　　　　（H25 − 4）

○　鉄道車両の安全な走行に支障しない曲線半径について、普通鉄道と新幹線に分けて説明せよ。　　　　　　　　　　　　　　　　　　　（練習）

○　鉄道線路に関して、円曲線に付けるカントを検討する場合の留意点を述べ、普通鉄道においてカントを設定する場合の数式を説明せよ。　　　（練習）

○　新幹線を除く普通鉄道の線路において、標準的な緩和曲線の設定方法及び最急こう配の設定方法について述べよ。　　　　　　　　　　　　（練習）

○　軌道中心間隔は、車両の走行及び旅客などの安全に支障を及ぼすおそれのないものとされているが、軌道中心間隔の考え方を、新幹線を除く普通鉄道と新幹線の2つに分けて説明せよ。　　　　　　　　　　　　　　　（練習）

○　鉄道の地下駅等における火災対策のため駅に備えるべきものとして、通報設備及び避難誘導設備が挙げられるが、それぞれの設備について具体的な内容を留意点を含めて述べよ。　　　　　　　　　　　　　　　　　　（練習）

○　鉄道のプラットホームに関して、普通鉄道の有効長と幅の標準的な設定の考え方を述べよ。また、一般旅客の安全上の観点から、プラットホームにおける安全対策措置について説明せよ。　　　　　　　　　　　　　　（練習）

○　踏切道を設置する場合に、留意しなければならない点を述べよ。また、列車が130〜160 km/hといった極めて速い速度にて通過する踏切道が有すべき設備を述べるとともに、その他に留意すべき事項を説明せよ。　　（練習）

○　列車走行時における騒音のうち、新幹線の線路には、沿線の状況に応じ、列車の走行に伴い発生する著しい騒音を軽減するための設備を設けなければならないことになっているが、配慮が必要な具体的な箇所を挙げるとともに、具体的な軽減対策を述べよ。　　　　　　　　　　　　　　　　（練習）

　この項目では、主として鉄道施設に関する内容をとりまとめています。具体的には、線路、停車場、踏切道、電気設備、運転保安設備などの施設となります。

　鉄道施設に関しては、鉄道事業法や鉄道営業法をはじめとした法令等によって基準等が細かく規定されていますので、技術基準や指針などを基にして専門知識を習得することになります。鉄道の最も基本となる部分ですので、自分の専門分野以外の部分も含めてしっかりと押さえておくべき項目となります。過去に出題された問題では、軌道変位の管理、可動式ホーム柵の整備、ロングレール化のための溶接方法、プラットホームにおける安全性向上、レール傷とレール削正、騒音の発生原因及び対策、ロングレールの管理、「移動等円滑化の促進に関する基本方針」とホームドアの整備、駅舎のバリアフリー化、脱線防止対策、ロングレール区間の管理、建築限界、普通鉄道の線路における緩和

曲線といったテーマが出題されています。鉄道の科目の中では、最も多くの問題数が出題されている項目となります。そのため、覚えるべき内容は広範囲となりますが、重要な項目ですので重点的に学習することが必要です。

　最低限押さえるべき内容として、線路に関しては、軌間、線路線形、曲率半径、カント、スラック、緩和曲線、勾配、縦曲線、建築限界、施工基面の幅及び軌道中心間隔、軌道、安全設備などが挙げられます。停車場に関しては、停車場の配線、駅の設備、プラットホーム、旅客用通路等、車庫などが挙げられ、道路との交差に関する内容として、踏切道が挙げられます。電気設備に関しては、電路設備や変電所等設備などが、運転保安設備に関しては、信号保安設備、保安通信設備、踏切保安設備などが挙げられます。これらの内容を中心として、関連する知識も含めて鉄道施設の専門知識を習得するようにしてください。

## （3）鉄道構造物・その他

○　鉄道構造物の設計に導入が進んでいる性能照査型設計について、性能照査の基本的な考え方とその具体的手法及び利点を述べよ。　　　（R1－1）

○　河川内の橋梁において、橋脚の洗掘災害の危険性を評価するための条件を3つ挙げ、それぞれの評価方法について説明せよ。　　　（R1－2）

○　営業線直下に土被りの小さい交差構造物を構築する場合、非開削工法を2つ挙げ、それぞれの概要及び施工時の線路への影響を考慮した施工上の留意点を述べよ。　　　（R1－3）

○　鉄道営業線に近接して橋脚の基礎杭を施工する場合、工法選定のための技術的留意点を2つ挙げ、その内容を述べよ。また、施工中の影響を把握するため、鉄道営業線施設に対する計測管理に関し、管理値の設定の考え方及び段階的な管理値区分について述べよ。　　　（H30－2）

○　耐震診断により所要の耐震性能を有さないとされた盛土・抗土圧構造物に対して、対策工法を選定する上での留意点を述べよ。また、盛土又は抗土圧構造物のどちらかを選択し、支持層が良好な場合に用いられる対策工法を1つ挙げ、どのような考え方で耐震性を高めるのか、並びに、その工法の長所及び短所を簡潔に述べよ。　　　（H30－3）

○　鉄筋コンクリートラーメン高架橋において、高密度配筋となる柱と梁の接合部の施工を行うに当たり、コンクリートの品質を確保するために必要な管理について3つ挙げ、それぞれの内容と留意点を述べよ。　　　（H29－2）

○　鉄道高架橋構造物において、大規模地震時に安全性に影響を与える構造物の損傷について、発生箇所を2つ挙げ簡潔に述べよ。また、それぞれの箇所における耐震対策について述べよ。　　　（H28－2）

○　鉄道構造物の耐震設計を行う場合の設計地震動、構造物の要求性能及び性能照査の方法について述べよ。　　　　　　　　　　　　　　（H27－2）

○　植生のみが施されている既設盛土において、降雨によるのり面の崩壊防止を目的とした補強の検討に際し、技術的な留意点について述べよ。また、補強工として有効なのり面工を2つ挙げ、それぞれ概要、長所及び短所を簡潔に述べよ。　　　　　　　　　　　　　　　　　　　　　　　　　（H27－3）

○　鉄道構造物等設計標準における性能照査型設計について、移行した背景とその利点を挙げた上で説明せよ。また、要求性能を2つ挙げ、その内容について具体的に述べよ。　　　　　　　　　　　　　　　　　　　　　　（H26－2）

○　鉄道構造物等維持管理標準に関して、構造物編又は軌道編のいずれかを選択し、それを明記した上で、以下について述べよ。　　　　　　（H26－3）

（1）検査の区分とそれぞれの概要

（2）維持管理の標準的な手順

○　鉄道構造物等設計標準について、その技術基準上の位置づけ及び最近の設計法の特徴について述べよ。　　　　　　　　　　　　　　　　（H25－2）

○　鉄道構造物全体の設計に用いる要求性能として、一般に「安全性」、「使用性」、「復旧性」が挙げられるが、特に「安全性」はすべての構造物で設定する必要がある。「安全性」に関する性能項目を列挙し、それぞれについて、考慮すべき点について説明せよ。　　　　　　　　　　　　　　　（練習）

○　鉄道構造物の一つである切土の性能照査に関して、円弧すべり法による性能照査法の概要を述べ、照査する際の留意点について述べよ。　　（練習）

○　軟弱な粘性土地盤において鉄道構造物として抗土圧構造物を設計する場合、考慮すべき項目をいくつか挙げ、設計時において留意すべき点を述べよ。　　　　　　　　　　　　　　　　　　　　　　　　　　　　　（練習）

○　鋼とコンクリートの複合構造物に関して、接合部の破壊に対する一般的な照査の流れを簡潔に説明せよ。また、コンクリート充填鋼管部材における埋込み式の接合部の設計限界値の設定について、基本的な考え方を述べよ。　　　　　　　　　　　　　　　　　　　　　　　　　　　　　　（練習）

○　大型トラックや重量物等を積載した自動車が、架道橋で橋梁下の道路を通過する際に、桁下空頭が不十分なために、鋼桁に直接衝突し、損傷するといった事故が少なからず発生している。このような自動車による衝突事故における鋼桁損傷の特徴を述べよ。また、事故発生時に行うべき現地調査項目及び調査方法を説明し、列車走行に特に支障のある損傷について述べよ。　　　　　　　　　　　　　　　　　　　　　　　　　　　　　　（練習）

○　列車運行時間内にて、営業線に近接して鉄道構造物の施工を行う場合の安

全管理体制について説明し、施工上留意すべき事項を述べよ。　　（練習）

　この項目では、主として鉄道構造物に関する内容をとりまとめています。具体的には、盛土や切土などの土構造物、橋梁、トンネル及びその他の構造物となります。鉄道構造物に関しても、鉄道施設と同様に、鉄道事業法や鉄道営業法をはじめとした法令等によって基準等が規定されていますので、技術基準などを基にして、専門知識を習得することになります。鉄道構造物の設計に関しては、鉄道構造物等設計標準に細かく基準が規定されています。維持管理に関しても同様で、鉄道構造物等維持管理標準が規定されています。これらの基準類は、業務でも活用していると思いますが、解説を付した形で、「鉄道構造物等設計標準・同解説」や「鉄道構造物等維持管理標準・同解説」（どちらも、国土交通省鉄道局監修、鉄道総合技術研究所編）として市販されています。それらを中心として設計や維持管理に関する内容の専門知識を習得することになります。

　施工に関しては、土工、掘削、トンネル、橋梁等の施工に関する専門知識を習得すればよいのですが、鉄道の場合は、その多くが鉄道施設等に近接した工事という特殊な条件となりますので、その点を踏まえて対策を進めてください。

　過去に出題された問題では、鉄道構造物の性能照査型設計、河川内橋梁の橋脚の洗掘災害、営業線直下に交差構造物を構築する場合の非開削工法、営業線近接工事における計測管理、盛土・抗土圧構造物の耐震性向上、鉄筋コンクリートラーメン高架橋におけるコンクリート品質管理、鉄道高架橋構造物の耐震対策、耐震設計の設計地震動・要求性能・性能照査、既設盛土の補強、性能照査型設計、維持管理における検査・維持管理の標準的な手順、鉄道構造物等設計標準の概要といったテーマが出題されています。過去に出題された問題を見ると、設計、施工、維持管理の3つの分野からそれぞれ出題されていますので、得意な分野のみならず、それぞれについての専門知識を習得するようにしてください。

# 9. トンネル

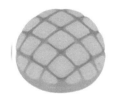

トンネルの選択科目の内容は次のとおりです。

> トンネル、トンネル施設及び地中構造物の計画、調査、設計、施工及び維持管理・更新、トンネル工法その他のトンネルに関する事項

　トンネルで出題されている問題は、山岳トンネル、シールドトンネル、開削トンネルに大別されます。なお、解答する答案用紙枚数は1枚（600字以内）です。

## （1）山岳トンネル

○　山岳工法トンネルでの吹付けコンクリートの使用目的は地山条件により異なる。地山条件を岩の硬軟、亀裂の有無、特殊地山等から分類し3つ以上挙げ、それぞれの地山条件に応じた吹付けコンクリートのおもな使用目的について述べよ。　　　　　　　　　　　　　　　　　　　　　　（R1－1）

○　山岳工法トンネルの覆工において、力学的な性能を付加させる場合はどのような場合か4つ以上挙げ、それぞれについて述べよ。　　　　（R1－2）

○　山岳工法トンネルのロックボルトについて、次の問いに答えよ。

　　　　　　　　　　　　　　　　　　　　　　　　　　　　　　　（H30－1）

　（1）ロックボルトの性能を2つ説明せよ。

　（2）ロックボルトの効果を4つ挙げて、それぞれについて説明せよ。

○　山岳工法トンネルのインバート（本インバート及び一次インバート）について、次の問いに答えよ。　　　　　　　　　　　　　　　　（H30－2）

　（1）インバートに求められる力学的な性能を2項目挙げて説明せよ。

　（2）インバートが必要な条件について説明せよ。

　（3）インバートの設置時期について説明せよ。

○　山岳トンネルの掘削工法を5つ挙げ、それぞれについて適用条件、長所及び短所を説明せよ。　　　　　　　　　　　　　　　　　　　　（H29－1）

○　山岳工法トンネルの覆工には、材料、環境、施工に起因するひび割れが発生しやすいが、ひび割れを低減するための対策を4つに分類し、それぞれに

ついて説明せよ。　　　　　　　　　　　　　　　　　　　　　　　　（H29－2）

○　山岳トンネルを建設する際に、計画段階において検討すべき周辺環境に及ぼす影響を4つ挙げるとともに、それらに対する対策について述べよ。

（H28－1）

○　山岳トンネルのずり運搬方式を3つ挙げるとともに、各方式の特徴について説明せよ。　　　　　　　　　　　　　　　　　　　　　　　　（H28－2）

○　山岳工法トンネルの鋼製支保工の効果を5つ挙げ、それぞれについて説明せよ。　　　　　　　　　　　　　　　　　　　　　　　　　　　（H27－1）

○　周辺構造物に近接する山岳工法トンネルを設計する際に留意すべき、山岳工法トンネルが周辺構造物に与える影響を3つ挙げ、対策について述べよ。

（H27－2）

○　山岳工法によりトンネルを建設する際に坑口部で予想される問題点を5つ挙げ、それぞれについて設計上の留意点を述べよ。　　　　（H26－1）

○　山岳工法により建設される排水型トンネルのシート防水工について、施工上の留意点を述べよ。　　　　　　　　　　　　　　　　　　（H26－2）

○　山岳トンネルの切羽観察項目を列挙し、それぞれの項目の評価区分について記述せよ。　　　　　　　　　　　　　　　　　　　　　　（H25－1）

○　山岳トンネルのインバートコンクリートの施工上の留意点について述べよ。

（H25－2）

○　山岳トンネルにおける調査の目的と具体的な調査項目を、①計画段階（路線選定時）、②設計段階（設計・施工計画時）、③施工段階（施工時）の3段階に分けて述べよ。　　　　　　　　　　　　　　　　　　　　（練習）

○　山岳トンネルにおける設計及び施工計画段階の地質調査に関し、特殊な地山条件を3つ挙げ、それぞれの調査を実施する場合の留意点を述べよ。

（練習）

○　山岳トンネルの覆工について以下の問いに答えよ。　　　　　（練習）

(1) 山岳トンネルの覆工の目的と効果を述べよ。

(2) 設計又は施工のどちらかを選び、実施時の留意点を述べよ。

○　山岳トンネルに関し、一般的な支保部材の「吹付けコンクリート」、「ロックボルト」、「鋼製支保工」の中から1つを選び、その作用効果について述べよ。　　　　　　　　　　　　　　　　　　　　　　　　　　　（練習）

○　山岳トンネル工法においてトンネルを築造する場合、周辺の環境に及ぼすおそれのある要因を挙げ、環境保全を図るための対策を述べよ。　（練習）

○　山岳トンネルにおける坑口部では様々な問題が予想されるが、そのうち、斜面崩壊・地すべり及び地表面沈下の2つの事象が発生する理由を説明し、

施工上の留意点を述べよ。　　　　　　　　　　　　　　　　（練習）

○　山岳トンネルでは、切羽安定のために補助工法を併用して施工する場合が
　　ある。切羽の天端付近の安定を目的とした具体的な補助工法を概説し、施工
　　上の留意点を述べよ。　　　　　　　　　　　　　　　　　　（練習）


　この項目では、山岳トンネルに関する内容をとりまとめていますが、山岳ト
ンネルにおける計画、調査、設計、施工及び維持管理・更新などを中心に知識
を整理しておくことが大切です。過去に出題された問題では、吹付けコンク
リートの使用目的、覆工の力学的な性能付加、ロックボルトの性能・効果、イ
ンバートの性能及び概要、掘削工法、覆工のひび割れ低減、計画段階で検討す
べき周辺環境への影響、ずり運搬方式の特徴、鋼製支保工の効果、構造物に近
接する山岳工法トンネルの設計時の留意点等、坑口部の設計上の留意点、シー
ト防水工の施工上の留意点、切羽観察項目と評価区分、インバートコンクリー
トの施工上の留意点といったテーマが出題されています。

　過去問題を見ると、設計、施工に関する内容が中心に出題されています。今
後もこの分野に関する内容を主体として出題されると考えられますが、調査・
計画または維持管理・更新に関する専門知識の出題も可能性としては考えられ
ますので、合わせて確認しておく必要があります。すでに出題されているテー
マであっても、設計上の留意点から施工上の留意点というように、視点を変え
て出題される可能性もありますので、偏りがないように知識を整理してくださ
い。山岳トンネルの専門知識に関しては、業務で活用している各種の技術基準
や標準示方書などが学習するうえでの主たる文献となりますので、それらを効
果的に利用してください。


## （2）シールドトンネル

○　シールドトンネルの覆工の役割について簡潔に述べるとともに、一次覆工
　　の種類を2つ挙げ、その構造上の特徴と留意点について説明せよ。

　　　　　　　　　　　　　　　　　　　　　　　　　　　　（R1－4）

○　都市トンネル工事ではルートの選定に先立ち、工事に直接支障となる地中
　　の諸物件について十分に調査しなければならない。本問で地中の支障物件を
　　下記の4項目に分類した。これより3項目を選定し、それぞれの調査すべき
　　内容とその手段及び留意点について述べよ。　　　　　　（H30－3）

　・地下構造物（地下街、地下駐車場、鉄道、道路等）

　・地下埋設物（ガス管、上下水道管、電力ケーブル、通信ケーブル等）

　・構造物や仮設工事の跡と残置物件（建物等の撤去跡、地下構造物や埋設物

の仮設工事跡等）

・将来計画（構造物や地下埋設物等）

○ 耐震性に配慮した都市トンネルの計画に当たって以下の問いに答えよ。

（H30－4）

（1）トンネル横断方向と縦断方向に分けた上で、耐震安全性に影響を及ぼす地盤あるいは構造条件の特徴を挙げて影響の内容を説明し、対応策について述べよ。

（2）トンネル周辺地盤の液状化に伴ってトンネルの安定性に大きな影響を及ぼす事象を2つ以上挙げて説明せよ。

○ 軟弱粘性土層（N値1から2）の小土被り区間（1.5D）において、シールド掘進に伴う地盤変位が下図に示すように発生した。これを踏まえて、以下の問いに答えよ。

（H29－4）

（1）計画段階で行う地盤変位の予測及び施工中の計測管理について述べよ。

（2）シールド通過前の①隆起、②通過時の沈下及び③通過後の隆起それぞれについて、発生原因と対策について述べよ。

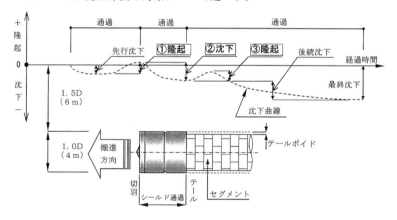

○ 地下30mにトンネル内径5m、曲率半径20mのシールド工法による急曲線施工を計画している。当該箇所の覆工には鋼製セグメントを用いるものとして、以下の問いに答えよ。

（H28－4）

（1）シールド機及びセグメントの計画に当たり、あなたが最も重要と考える検討項目を1つずつ挙げるとともに、その概要について述べよ。

（2）この急曲線を確実に施工するための留意点を1つ挙げるとともに、その対応策について述べよ。

○ 土圧式（土圧又は泥土圧）シールドと泥水式シールドについて、以下の問いに答えよ。

（H27－4）

(1) 各工法について、切羽の安定機構の観点から説明せよ。

(2) 各工法について、掘進・切羽の安定にかかる施工上の留意点を述べよ。

○ シールドトンネルのセグメントの構造計算について、以下の問いに答えよ。

(H26-4)

(1) 横断方向の断面力の計算法のうち、①慣用計算法、②はり-ばねモデルによる計算法についてそれぞれの特徴を述べよ。

(2) 縦断方向の断面力は必要に応じて計算するものとしているが、どのような場合があるか3つ挙げよ。

○ シールド工事における裏込め注入について以下の問いに答えよ。

(H25-3)

(1) 注入材に必要な性質を挙げよ。

(2) 裏込め注入工の施工管理方法を2つ挙げて、その概要と留意点について説明せよ。

○ シールドトンネルにおける調査の一つに、地形及び地盤調査がある。設計及び施工上で問題となる地盤の詳細調査を目的として、地下水、酸欠空気、有害ガスの有無の詳細調査を行う場合、具体的な調査項目と実施上の留意点を述べよ。 (練習)

○ シールドトンネルの覆工の設計に当たって考慮すべき荷重として、鉛直・水土圧、自重、上載荷重などが考えられるが、それ以外に、地山条件や完成後のトンネルの使用目的に応じて考慮しなければならない荷重について説明せよ。 (練習)

○ セグメントの基本的な継手構造を3つ挙げ、それぞれの構造の特徴及びセグメントの耐久性向上の観点から設計及び施工時の留意点を述べよ。

(練習)

○ シールドトンネル工法においてトンネルを築造する場合、周辺の環境に及ぼすおそれのある要因を挙げ、環境保全を図るための対策を述べよ。

(練習)

○ シールド機本体の掘削機構の選定において留意すべき点を述べよ。また、カッターヘッドの種類をいくつか挙げ、その特徴を説明するとともに、余掘り装置を装荷する場合の理由と検討時の留意点を述べよ。 (練習)

○ 土圧式シールドまたは泥水式シールドのどちらかを選び、シールド機本体の構造と切羽の安定機構について説明せよ。 (練習)

○ シールドトンネルの築造において、シールド機発進用の立坑を設置する必要がある。立坑の大きさと形状を決めるうえで留意すべき点を述べるとともに、シールド機発進時の留意点を述べよ。 (練習)

　この項目では、シールドトンネルに関する内容をとりまとめていますが、シールドトンネルにおける計画、調査、設計、施工及び維持管理・更新などを中心に、知識を整理しておくことが大切です。過去に出題された問題では、覆工の役割と特徴等、地中の支障物件調査、トンネルの耐震安全性等、軟弱地盤の小土被り区間の地盤変位対策、急曲線施工、土圧式シールドと泥水式シールド、セグメントの構造計算、裏込め注入といったテーマが出題されています。なお、平成30年度に出題された都市トンネルに関する問題は、開削トンネルにも共通した内容でもありますが、本著ではシールドトンネルの項目に整理してあります。

　過去に出題された問題を見ると、調査、計画、設計、施工といった範囲から満遍なく出題されています。今後もこのような形式で出題されるものと考えられますが、維持管理・更新に関する専門知識の出題も可能性としては考えられますので、合わせて確認しておく必要があります。すでに出題されているテーマであっても、設計上の留意点から施工上の留意点というように、視点を変えて出題されることもありますので、偏りがないように知識を整理してください。シールドトンネルの専門知識に関しては、業務で活用している各種の技術基準や標準示方書などが学習するうえでの主たる文献となりますので、それらを効果的に利用してください。

## （3）開削トンネル

○　開削工法で築造される地下構造物の供用中に生じる漏水の問題点について述べ、設計時及び施工時における漏水防止策の概要と留意点を説明せよ。

（R1−3）

○　海岸線に近く地下水位が高い軟弱な沖積層において土被りが少ない開削トンネルの建設を計画している。この開削トンネルの設計耐用期間中の性能照査を行うに当たり、以下の問いに答えよ。　　　　　　　　　　（H29−3）

（1）あなたが最も重要と考える外力あるいは環境等の作用を2つ挙げ、それぞれの留意点を述べよ。

（2）上記の2つの留意点に対する対応策を挙げて内容を説明せよ。

○　市街地の道路部直下に掘削幅20 m、深さ25 mの開削工法による地下トンネルを計画している。対象地盤が全てN値1〜2程度の極めて軟弱な不透水性の粘性土層であると仮定して、トンネルの掘削に伴う土留め壁の変形を抑制するための設計及び施工上の対策をそれぞれ2つずつ挙げ、その概要について説明せよ。　　　　　　　　　　　　　　　　　　　　　　　　　（H28−3）

○　開削工事において掘削底面で発生する盤ぶくれについて、以下の問いに答

えよ。 (H27-3)

(1) 盤ぶくれ現象とその原因について説明せよ。

(2) 盤ぶくれを防止する対策を2つ挙げて、その概要と留意点について説明せよ。

○ 開削トンネルの設計について、以下の問いに答えよ。 (H26-3)

(1) トンネル本体の設計に当たり施工時荷重を考慮する必要があるのはどのような場合か3つ挙げよ。

(2) トンネルに作用する荷重条件に大きな変化をもたらすため、その荷重を考慮する必要がある地盤変位の事象を3つ挙げよ。

(3) トンネル縦断方向の構造解析が必要となる場合がある。その理由について述べよ。

○ 図1に示す開削トンネルの耐震設計の一般的な手順のうち、(イ) ～ (ハ) に入る手順を挙げ、それぞれの内容について述べよ。 (H25-4)

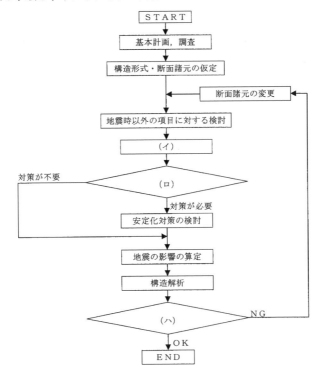

図1 耐震設計の手順

○ 都市部において開削工法にてトンネルを築造する場合、設計及び施工計画立案に必要となる支障物件の調査項目を列挙し、調査実施時における留意点をそれぞれの項目ごとに述べよ。 (練習)

○　開削工法によるトンネル築造に関して、開削トンネルの耐震設計の手順を説明せよ。また、開削トンネルの耐震設計における設計時地震動の考え方を述べよ。　　　　　　　　　　　　　　　　　　　　　　　　　（練習）

○　開削工法における土留め工の設計に当たり、掘削底面が次に示す条件の場合に検討しなければならない点をそれぞれ述べよ。　　　　　　　（練習）

①　やわらかい粘性土地盤の場合

②　被圧された砂質土地盤

③　難透水性地盤（粘性土）の下に被圧帯水層がある場合

○　開削工法でのトンネル築造に関して、開削工法における掘削で、地盤が不安定で地下水が多い場合、周辺構造物への影響を防止するため補助工法が適用される場合があるが、具体的に適用される補助工法を3つ挙げ、それぞれの目的と効果を述べよ。　　　　　　　　　　　　　　　　　　　（練習）

○　開削トンネル工法においてトンネルを築造する場合、周辺の環境に及ぼすおそれのある要因を挙げ、環境保全を図るための対策を述べよ。　（練習）

○　工事の安全性と経済性の確保の観点から、開削トンネルの施工に際しては、目視点検と計測を含めた計測管理を行う場合がある。目視点検と計測の目的及び役割をそれぞれ述べよ。また、主要な計測項目を列挙するとともに、その結果の施工への反映方法を説明せよ。　　　　　　　　　　　　　（練習）


　この項目では、開削トンネルに関する内容をとりまとめていますが、開削トンネルにおける計画、調査、設計、施工及び維持管理・更新などを中心に知識を整理しておくことが大切です。過去に出題された問題では、地下構造物の漏水対策、開削トンネルの性能照査、土留め壁の変形抑制、盤ぶくれ対策、トンネル本体の設計荷重、開削トンネルの耐震設計といったテーマが出題されています。なお、平成30年度に出題された都市トンネルに関する問題は、開削トンネルの内容でもありますが、本著ではシールドトンネルの項目に整理してあります。

　過去問題を見ると、設計、施工といった範囲から出題されています。今後もこのような形式で出題されるものと考えられますが、調査・計画または維持管理・更新に関する専門知識の出題も可能性としては考えられますので、合わせて確認しておく必要があります。すでに出題されているテーマであっても、条件を変えて出題されることもありますので、偏りがないように知識を整理してください。開削トンネルの専門知識に関しては、業務で活用している各種の技術基準や標準示方書などが学習するうえでの主たる文献となりますので、それらを効果的に利用してください。

# 10. 施工計画、施工設備及び積算

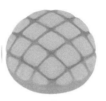

施工計画、施工設備及び積算の選択科目の内容は次のとおりです。

---

施工計画、施工管理、維持管理・更新、施工設備・機械・建設ICTその他の施工に関する事項
積算及び建設マネジメントに関する事項

---

施工計画、施工設備及び積算で出題されている問題は、施工計画・施工管理等、積算・建設マネジメント等に大別されます。なお、解答する答案用紙枚数は1枚（600字以内）です。

## （1）施工計画・施工管理等

○　地震動によって生じる地盤の液状化の仕組みを説明せよ。また、液状化の発生を抑制する原理を3つ挙げ、それぞれに関して対策工法を述べよ。

(R1−1)

○　建設現場における三大災害を挙げ、それぞれについて、その原因を含めて概説するとともに、具体的な労働災害防止対策を述べよ。　　(R1−3)

○　コンクリート構造物の検査・点検で用いる非破壊検査について、次のうちから3つを選び、それぞれについて、目的（得られる情報）、測定上の留意点を概説せよ。　　(R1−4)
① 反発度法
② 超音波法
③ 電磁波レーダ法
④ 自然電位法
⑤ 赤外線サーモグラフィ法
⑥ 電磁誘導法（鋼材の導電性及び磁性を利用する方法）

○　軟弱地盤上において、橋台の背面に盛土を計画する場合に留意すべき点を2つ挙げ、それぞれの対策工について概説せよ。　　(H30−1)

○　供用中の道路上空における橋梁新設工事において、考慮すべき公衆災害防止対策を3つ挙げ、それぞれについて概説せよ。　　(H30−3)

○　マスコンクリートの施工に当たって、特に留意すべき事項を述べよ。また、その留意事項について、製造・運搬、打設・養生等の各段階において講じなければならない対策について概説せよ。　　　　　　　　　　（H30－4）

○　土留め壁を設置する開削工事において、掘削底面の安定に影響を与える現象名を3つ挙げ、そのうちの2つについて、現象の概要と対策をそれぞれ述べよ。　　　　　　　　　　　　　　　　　　　　　　　　（H29－1）

○　コンクリートに要求される基本的品質を4つ挙げ、そのうちの2つについて、基本的品質を確保するために留意すべき事項を概説せよ。　（H29－4）

○　軟弱地盤に盛土する場合の軟弱地盤対策工を2つ挙げ、それぞれについて目的と施工上の留意点を述べよ。　　　　　　　　　　　　　（H28－1）

○　建設工事の施工計画を策定するに当たり、安全管理として留意すべき事項を3つ挙げ、それぞれについて述べよ。　　　　　　　　　　　（H28－3）

○　コンクリート構造物において、所定の耐久性能を損なうコンクリートの劣化機構の名称を4つ挙げよ。

　　また、そのうちの2つについて、劣化現象を概説するとともに、耐久性能の回復若しくは向上を目的とした補修に当たり考慮すべき点について述べよ。
　　　　　　　　　　　　　　　　　　　　　　　　　　　　　　（H28－4）

○　地下水位の高い地盤において、掘削深さが10mを超える大規模な土留め工事を施工する場合、土留め掘削に伴う周辺地盤の沈下・変位発生の原因を2つ挙げ、それぞれについて設計・施工上考慮すべき対策を述べよ。
　　　　　　　　　　　　　　　　　　　　　　　　　　　　　　（H27－1）

○　建設工事において足場を使用して高所作業を行う場合に、墜落・転落災害を防止するため、足場の設置計画、足場の組立て・解体作業、足場上での作業の各段階において留意すべき事項を挙げ、それぞれについて述べよ。
　　　　　　　　　　　　　　　　　　　　　　　　　　　　　　（H27－3）

○　日平均気温が4℃以下となることが予想される時期にコンクリートを施工する場合において、この施工環境下でのコンクリートの品質低下の要因について概説し、さらに施工計画上の留意点を3つ挙げ、それぞれについて述べよ。　　　　　　　　　　　　　　　　　　　　　　　　　（H27－4）

○　軟弱地盤上の盛土の施工において、施工管理上必要な動態観測の計測項目を2つ挙げ、それぞれについて動態観測結果の利用方法を述べよ。
　　　　　　　　　　　　　　　　　　　　　　　　　　　　　　（H26－1）

○　鉄筋コンクリート構造物の耐久性を阻害する要因を3つ挙げ、それぞれについて使用材料又はコンクリート配合設計での対策を述べよ。　（H26－2）

○　埋設物が存在する場所で土木工事を施工する場合、公衆災害防止のために

遵守しなければならない項目を3つ挙げ、それぞれについて概説せよ。

(H26-3)

○ 建設工事における工程管理の重要性について概説するとともに、工程管理手法の具体例を2つ挙げ、それぞれについて述べよ。　　　　(H25-1)

○ 日平均気温25℃を超える時期にコンクリートを施工する場合において、懸念されるコンクリートの品質低下について概説し、この施工環境下での施工計画上の留意点を3つ挙げ、それぞれについて述べよ。　　　(H25-2)

○ 市街地における掘削土留め工事において、施工計画上重要と思われる計測管理事項を3つ挙げ、それぞれについて述べよ。　　　　　　(H25-3)

○ 国土交通省が策定している土木工事共通仕様書によると、施工計画書に指定された15項目について記載しなければならないこととされているが、以下に示す項目について、施工計画書作成時における留意点を述べよ。(練習)
　①計画工程表　②施工方法　③施工管理計画　④安全管理　⑤交通管理

○ 建設工事における施工計画の目的を述べよ。また、一般的な建設工事における施工計画の立案手順とその概要を示し、施工計画作成上の留意点を述べよ。　　　　　　　　　　　　　　　　　　　　　　　　　　(練習)

○ 建設工事における施工管理に関して、工程管理と原価管理の目的を述べよ。また、工程管理のうち進捗管理を行う上での留意点及び原価管理の手順をそれぞれ述べよ。　　　　　　　　　　　　　　　　　　　　　　(練習)

○ 市街地の大規模掘削（深さ30m程度）工事を施工する場合に、設計・施工計画上から調査すべき項目を3つ挙げ、設計・施工上の留意点を述べよ。

(練習)

○ 開削工事において掘削対象内に地下埋設物があることが事前に判明している。事前の調査により、地下埋設物は都市ガス及び通信線であることがわかったが、次に示す段階ごとに、地下埋設物の防護・保安における留意点を述べよ。　　　　　　　　　　　　　　　　　　　　　　　　(練習)
　①工事着手前　②掘削中　③埋め戻し時

○ コンクリートの耐久性を損なう要因として、①塩害、②中性化、③アルカリ骨材反応、④凍害などが挙げられる。①から④までの項目から3つを選び、劣化の概要と原因を簡潔に述べ、一般的な対策について述べよ。　(練習)

○ コンクリートに要求される基本的品質について概説し、コンクリート工事における施工計画上の留意点を、①運搬、②打込み（締固め含む）、③養生、④型枠・支保工の4つの観点から述べよ。　　　　　　　　　　(練習)

○ 一般的なPC橋の架設工法を選定する際の検討項目を示し、代表的な架設工法を2例挙げて、それぞれの施工管理上の留意点を述べよ。　　(練習)

○ 場所打ち杭の特徴を概説し、代表的な場所打ち杭工法の種類を3つ挙げよ。その中から1つの工法を選び、都市部の住宅地に隣接した箇所にて工事を行う条件にて、施工計画上の留意点について述べよ。 （練習）

○ 新設する道路盛土工事に関して、盛土支持地盤に要求される条件を概説し、盛土材料及び盛土のり面勾配の観点から施工計画における留意点を述べよ。 （練習）

○ 建設業の労働災害の現状を説明せよ。また、労働安全衛生法の第78条に規定されている特別安全衛生改善計画について、制定された背景を含め、その概要について述べよ。 （練習）

○ 建設工事においては労働災害の防止が重要な取り組みの一つとなっているが、安全衛生管理活動におけるリスクアセスメントについて、その概要と効果を説明するとともに、リスクアセスメントを安全施工サイクルに取り入れる場合の留意点について述べよ。 （練習）

○ 建設工事における公衆災害防止対策に関して、発注者と施工者の責務をそれぞれ述べよ。また、無人航空機（いわゆるドローン等）を使用する場合、公衆災害防止の観点から留意すべき点を述べよ。 （練習）

○ 建設工事では、自然環境や生活環境に少なからず影響を及ぼす場合が多いため、関係法令を遵守しつつ、生活環境への影響低減や環境負荷の低減対策を講じる必要がある。騒音規制法または振動規制法で指定されている特定建設作業の種類をそれぞれ3つ挙げ、工事実施時における留意点を述べよ。 （練習）

○ 建設工事に係る資材の再資源化等に関する法律（いわゆる、建設リサイクル法）の目的と概要を説明せよ。また、建設工事における分別解体等及び再資源化等の実施に当たっての留意点を述べよ。 （練習）

　施工計画・施工管理等の項目では、施工計画、施工管理、維持管理・更新、施工設備・機械・建設ICTその他の施工に関する内容をとりまとめています。過去に出題された問題では、地盤の液状化対策、労働災害防止対策、非破壊検査、橋台の背面盛土、公衆災害防止対策、マスコンクリートの施工、掘削底面の安定、コンクリートに要求される基本的品質、軟弱地盤対策工、建設工事の安全管理、コンクリートの劣化機構、土留め掘削に伴う周辺地盤変状対策、墜落・転落災害対策、寒中コンクリート、盛土の動態観測、鉄筋コンクリート構造物の耐久性、埋設物と公衆災害防止、工程管理手法、暑中コンクリート、掘削土留め工事の計測管理といったテーマが出題されています。

　過去問を見ると、施工計画、施工管理、労働災害防止、公衆災害防止など

に関する内容が中心に出題されています。今後もこの分野に関する内容を主体として出題されるものと考えられますが、維持管理・更新や建設ICTに関する専門知識の出題も可能性としては考えられますので、合わせて確認しておく必要があります。すでに出題されているテーマであっても、条件を変えて出題されることもありますので、偏りがないように知識を整理してください。

　建設工事における施工計画及び施工管理に関する共通ポイントを以下に示します。

　　　◇施工計画の立案手順及び留意点、◇仮設工事計画、◇品質管理、◇工程管理、◇原価管理、◇調達管理、◇環境保全対策、◇公衆災害防止対策、◇国際標準、◇各種共通仕様書、◇各種標準仕様書　など

　土工、コンクリートなどの工事種別ごとの専門知識などについては、業務で活用している各種の技術基準、指針及びマニュアル類などが学習するうえでの主たる文献となりますので、それらを効果的に利用してください。また、この項目に関しては、「土質及び基礎」、「鋼構造及びコンクリート」、「道路」、「トンネル」などの選択科目の内容も参考になりますので、それらも合わせて確認するようにしてください。

## (2) 積算・建設マネジメント等

○　国土交通省が進める「多様な入札契約方式」について、以下の①〜④の各方式の中から2つ選び、それぞれの方式の概要、特徴・効果、並びに実施上の留意点を述べよ。　　　　　　　　　　　　　　　　　　　　　（R1−2）

①　CM方式

②　事業促進PPP方式

③　設計・施工一括発注方式

④　ECI方式

○　平成26年6月に改正された、いわゆる「担い手三法」について、法律の名称（略称可）を全て挙げ、これらが改正に至った背景を簡潔に説明せよ。また、このうち1つの法律について、主な改正点を2つ述べよ。　（H30−2）

○　建設工事における共同企業体（JV、ジョイントベンチャー）は、工事の規模や性格、結成目的などによって形態が分かれ、さらに甲型と乙型に区分される。共同企業体の形態について2つ挙げ、それぞれの名称（略称可）と概要を示せ。また、甲型と乙型について、それぞれ説明せよ。　（H29−2）

○　建設業労働安全衛生マネジメントシステム（COHSMS）に関して、その目的と導入のメリットを記述した上で、具体的に実施すべき事項について4つ

述べよ。　　　　　　　　　　　　　　　　　　　　　　（H29-3）

○　公共工事において、発注者が予定価格を算出する積算と、受注者が契約後に作成する実行予算の違いを3つ挙げ、それぞれについて述べよ。

（H28-2）

○　公共工事における設計・施工一括発注方式の導入の背景について説明せよ。また、この方式のメリット及びデメリットを挙げ、それぞれについて述べよ。

（H27-2）

○　国土交通省においては、総合評価落札方式を「施工能力評価型」と「技術提案評価型」に二極化することとしている。この二極化に基づく総合評価落札方式について概説せよ。　　　　　　　　　　　　　　　　（H26-4）

○　公共事業にPFI（Private Finance Initiative）を導入することによって期待される効果について述べよ。　　　　　　　　　　　　（H25-4）

○　令和元年6月に成立した、いわゆる「新・担い手三法」について、法律の名称（略称可）をすべて挙げ、これらが改正に至った背景を簡潔に説明せよ。また、「新・担い手三法」の主たる改正ポイントを5つ示せ。　（練習）

○　建設業法及び入札契約適正化法にて、建設業者は、その請け負った建設工事を、一括して他人に請け負わせてはならないといった、いわゆる一括下請負の禁止が規定されている。発注者から直接工事を請け負った元請と下請が果たすべきそれぞれの役割を、以下の業務ごとに説明せよ。　（練習）

①　施工計画の作成　②　品質管理　③　安全管理

○　WTO政府調達協定の概要を簡潔に述べ、同協定における適用基準額を含め、建設工事の調達に関する内容を説明せよ。　　　　　　（練習）

○　公共工事の入札・契約制度に関し、「経営事項審査」及び「競争参加資格審査」の目的と概要をそれぞれ説明せよ。　　　　　　　　（練習）

○　工事調達の入札契約に関して、契約方式を選定する際に考慮すべき点を次に示す項目ごとに述べよ。　　　　　　　　　　　　　　　（練習）

①　事業・工事の複雑度

②　施工の制約度

③　工事価格の確定度

④　発注者の体制・工事の性格等


積算・建設マネジメント等の項目では、項目名と同様ですが、積算及び建設マネジメントに関する内容をとりまとめています。過去に出題された問題では、多様な入札契約方式、「担い手三法：改正公共工事品質確保促進法（公共工事品確法）、改正公共工事入札契約適正化法（入契法）、改正建設業法」、共同企

業体の形態、建設業労働安全衛生マネジメントシステム（COHSMS）、積算と実行予算、設計・施工一括発注方式、総合評価落札方式、PFIといったテーマが出題されています。

　過去問題を見ると、建設業に関連した法令、建設マネジメントシステム、入札・契約制度などに関する内容が中心に出題されています。今後もこの分野に関する内容を主体として出題されるものと考えられますので、関連法令などの改正情報や新たな入札・契約制度に関する情報には注意しておく必要があります。すでに過去問題で出題されているテーマであっても、法改正が行われたり、新たな取り組みが行われている場合には、同様のテーマが繰り返し出題されることもありますので、偏りがないように知識を整理してください。過去には、「担い手三法」に関するテーマで出題されましたが、令和元年6月に「新・担い手三法」が成立しましたので、この改正内容等が出題される可能性は極めて高いと考えられますから、必ず押さえておく必要があります。「新・担い手三法」とは、建設業法、公共工事の入札及び契約の適正化の促進に関する法律（入札契約適正化法）、公共工事の品質確保の促進に関する法律（公共工事品質確保促進法）の3法律になります。

　その他、建設労働者の雇用問題、外国人労働者の受入れ、働き方改革、建設工事従事者の安全及び健康の確保の促進に関する法律などの情報も整理しておきましょう。建設マネジメントシステムに関しては、品質マネジメントシステム、環境マネジメントシステム、労働安全衛生マネジメントシステムに関する知識が重要となります。入札・契約制度に関しては、建設工事の請負契約として契約約款、建設工事の下請契約、公共工事の入札契約制度、WTO政府調達協定、経営事項審査、総合評価落札方式、ダンピング受注対策、工事成績評定、建設情報提供システムなどは押さえておくべきポイントとなります。入札契約方式は、CM方式、事業促進PPP方式、設計・施工一括発注方式、詳細設計付工事発注方式、ECI（Early Contractor Involvement）方式など、多数にわたります。これらの知識については、「公共工事の入札契約方式の適用に関するガイドライン【本編】」（平成27年5月　国土交通省）に詳しくまとめられていますので、確認するようにしてください。

# 11. 建 設 環 境

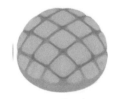

建設環境の選択科目の内容は次のとおりです。

> 　建設事業における自然環境及び生活環境の保全及び創出並びに環境影響評価に関する事項

　建設環境で出題されている問題は、自然環境の保全・創出、生活環境の保全・創出、環境影響評価・地球温暖化対策等に大別されます。なお、解答する答案用紙枚数は1枚（600字以内）です。

## （1）自然環境の保全・創出

○　平成18年に国土交通省によって定められた「多自然川づくり基本指針」における「多自然川づくり」の定義を説明せよ。また、「多自然川づくり基本指針」から約10年を経た現状における多自然川づくりの技術的な課題を2つ挙げ、それぞれ概要を説明せよ。　　　　　　　　　　　　　　　（R1－3）

○　建設事業（維持管理を含む）実施に当たり、外来種対策を行う場合に、対象種の定着段階に応じた対策を行う必要性について述べよ。また、未定着、定着後のそれぞれの段階において対策を行う際の留意点を述べよ。

　　　　　　　　　　　　　　　　　　　　　　　　　　　　　　　（H30－4）

○　我が国では、生物多様性条約第10回締結国会議で採択された愛知目標の達成に向けて行動計画を策定し、各主体がさまざまな施策や事業、行動等に外来種対策の観点を盛り込み、計画的に実施しているところである。この行動計画において、外来種対策を進めるに当たっての基本的な対策の考え方を2つ述べよ。また、1つの主体を挙げ、求められる役割を述べよ。

　　　　　　　　　　　　　　　　　　　　　　　　　　　　　　　（H29－1）

○　平成27年の「瀬戸内海環境保全特別措置法」の改正に当たっては、瀬戸内海を「豊かな海」とするための取組を推進することが定められた。このように閉鎖性水域における環境保全に係る施策を「豊かな海」を目指して推進する際の目標として考えられることを、幅広い観点から3つ示し概説せよ。また、それぞれの目標ごとに、目標達成のための具体的な施策を1つずつ挙

げよ。 (H29－2)

○ 湖沼やダム貯水池等の淡水域における水質の課題として富栄養化があるが、富栄養化が進行するメカニズムについて述べよ。また、近年、国内で採用されている富栄養化対策事例を2つ挙げ、各々の内容を概説せよ。

(H28－1)

○ 2006年以降、特に、生物多様性に果たす民間部門の役割が求められ、我が国における生物多様性に配慮した民間企業の取組が着実に進展している。この背景となっていることについて説明せよ。また、生物多様性の観点から民間企業に期待される取組について、建設分野における原材料調達の場面、及び保有地管理における場面で、それぞれ述べよ。 (H28－4)

○ 自然環境に係わる施策の評価や企業の環境への取組において近年、重要性を増している生態系サービスについて概説せよ。生態系サービスの向上に寄与する建設事業を1つ挙げ、その事業が向上に寄与する具体的な生態系サービス及びその寄与する理由を述べよ。 (H27－1)

○ 「生物多様性国家戦略2012-2020」において示されている生物多様性の4つの危機について、それぞれの危機を引き起こす要因と生物多様性への影響を説明せよ。また、4つの危機のうち建設分野に関係の深いものを1つ選び、先に示した危機を引き起こす要因を対象に、必要と思われる対策の概要を述べよ。 (H26－1)

○ 湖沼や閉鎖性内湾の環境を表す指標として、下層溶存酸素量（以下、「下層DO」という。）が重要であるとの認識が高まってきている。下層DOが環境を表す指標として重要となってきた理由について述べよ。対策の原理が異なる下層DO改善に係わる対策を2つ挙げ、それぞれの対策の原理を説明せよ。 (H26－4)

○ 環境再生等における順応的管理の基本的な考え方及びそのプロセスについて述べよ。また、順応的管理を実際の事業で適用する上での留意点を3つ挙げよ。 (H25－1)

○ 「生態系ネットワーク」の考え方を説明し、ネットワーク形成のための具体的対策を建設環境の技術士の立場から2つ挙げて留意点を述べよ。

(H25－4)

○ 近年、生態系の管理において「順応的生態系管理」の手法が適用されているが、その背景を説明せよ。また、自然再生事業において順応的な管理を適用する場合に留意すべき事項を述べよ。 (練習)

○ 第五次環境基本計画が平成30年4月に閣議決定されたが、本計画において示されている目指すべき社会の姿を述べよ。また、建設事業を実施する上で、

自然との共生を軸とした国土の多様性を維持するための具体的な施策をいくつか述べよ。 　　　　　　　　　　　　　　　　　　　　　　　　　（練習）

○ 「美しく豊かな自然を保護するための海岸における良好な景観及び環境並びに海洋環境の保全に係る海岸漂着物等の処理等の推進に関する法律」が制定された背景及び目的を説明せよ。また、同法にて規定されているマイクロプラスチック対策について概説せよ。 　　　　　　　　　　　　（練習）

○ 平成27年7月10日に閣議決定された水循環基本計画では、水循環に関する施策についての基本的な方針の一つである「流域における総合的かつ一体的な管理」の項目において、流域水循環協議会の設置を推進するよう努めることが示されているが、その背景を述べよ。また、地球温暖化への対応に関して水インフラが抱えている課題を挙げ、その対応策を説明せよ。（練習）

○ 平成18年10月に策定された「多自然川づくり基本方針」において、多自然川づくりの実施の基本とされている内容を述べよ。また、多自然川づくりが目指すべきものを簡潔に示し、多自然川づくりを実施する上での留意点を説明せよ。 　　　　　　　　　　　　　　　　　　　　　　　　　（練習）

○ 「外来種被害防止行動計画　～生物多様性条約・愛知目標の達成に向けて～（環境省、農林水産省、国土交通省）」（平成27年3月26日）で示されている「外来種対策を実施する上での基本認識」の概要を述べよ。また、外来種対策における建設事業者に求められる役割を説明し、建設事業を遂行する上で留意すべき事項を述べよ。 　　　　　　　　　　　　　　　　　（練習）

　自然環境の保全・創出の項目で過去に出題された問題を整理すると、多自然川づくり、外来種対策、閉鎖性水域の環境保全、富栄養化問題、生態系サービスやネットワークなどを含めた生物多様性の保全、環境再生等における順応的管理などに関する内容が問われています。ここでは、対策の主要分野を、生物多様性、自然環境に関する水環境、自然環境に関する海岸・沿岸環境の3つに区分します。

　生物多様性のポイントについては、生態系ネットワーク（エコロジカルネットワーク）の形成、自然環境保全地域、自然公園、鳥獣保護区、生息地等保護区、ラムサール条約湿地、生物圏保存地域（ユネスコエコパーク）、ジオパーク、自然再生法に基づく自然再生、里地里山の保全、都市における生物多様性の確保、生物多様性関連諸条約（いわゆる、ワシントン条約やラムサール条約等）、外来種対策などが挙げられます。また、次に示す法令やそれに類するものについては、内容を含め確認しておく必要があります。

　　◇生物多様性基本法、◇「生物多様性国家戦略2012-2020」（平成24年9月28日）、◇「緑の基本計画における生物多様性の確保に関する技術的

配慮事項」（平成23年10月　国土交通省都市局）、◇「都市における生物多様性指標（簡易版）」（平成28年11月　国土交通省都市局公園緑地・景観課）、◇「外来生物法」、◇「外来種被害防止行動計画　〜生物多様性条約・愛知目標の達成に向けて〜」（平成27年3月26日　環境省　農林水産省　国土交通省）、◇「河川における外来植物対策の手引き」（平成25年12月　国土交通省河川環境課）、◇自然環境保全法、◇自然公園法、◇自然再生推進法及び同法に基づく自然再生基本方針、◇鳥獣の保護及び管理並びに狩猟の適正化に関する法律、◇絶滅のおそれのある野生動植物の種の保存に関する法律

　自然環境に関する水環境のポイントについては、多自然川づくり、湖沼の富栄養化対策、湖辺の植生・水生生物の保全、ダム貯水池における水質保全対策などが挙げられます。また、湖沼水質保全特別措置法及び同法に基づく湖沼水質保全計画、「多自然川づくり基本指針」（平成18年10月）、「水循環基本計画」（平成27年7月10日閣議決定）については、内容を含め確認しておく必要があります。
　自然環境に関する海岸・沿岸環境のポイントについては、海洋ごみ（漂流・漂着・海底ごみ）対策、マイクロプラスチックによる海洋生態系への影響対策、問題、海岸環境の保全、自然海岸や藻場・干潟の保全・再生、などが挙げられます。また、次に示す法令やそれに類するものについては、内容を含め確認しておく必要があります。
　　◇海洋汚染等及び海上災害の防止に関する法律、◇「海洋基本計画」（2018年5月閣議決定）、◇美しく豊かな自然を保護するための海岸における良好な景観及び環境の保全に係る海岸漂着物等の処理等の推進に関する法律（海岸漂着物処理推進法）、◇「順応的管理による海辺の自然再生」（平成19年3月　国土交通省港湾局監修　海の自然再生ワーキンググループ）、◇サンゴ礁生態系保全行動計画2016-2020

　建設環境のすべての項目に共通することですが、自然環境の保全・創出に関する法令等に関連した問題が出題される可能性がありますので、関連法令等は必ず確認しておいてください。特に、法令や法令に基づき基本計画などの改正が行われた場合は、その背景と改正ポイントは専門知識として習得しておく必要があります。さらに、改正された内容が、建設事業にどのような影響が及ぶのかも合わせて確認しておくことが重要です。当然のことですが、建設環境全般の基礎知識として、環境基本法や「環境行動計画」（平成26年3月策定　平成29年3月一部改定　国土交通省）は知識として習得しておいてください。

## （2）生活環境の保全・創出

○　我が国の建設リサイクルの取組状況について説明し、さらに建設発生土について有効利用及び適正処理の促進の方策について述べよ。　　　　（R1－1）

○　道路・鉄道その他の建設事業の施工時又は供用時における騒音発生源とその対策を2つ挙げ、概説せよ。また、それぞれの対策の実施における技術的留意点について述べよ。　　　　　　　　　　　　　　　　　　（R1－2）

○　周波数100 Hz以下の低周波音（周波数20 Hz以下の超低周波音を含む）について、一般的な騒音対策との違いについて説明せよ。また、建設事業に係る低周波音の発生源を1つ挙げ、その発生原因と対策について述べよ。（H30－1）

○　水質汚濁に係る環境基準のうち、平成27年度に底層溶存酸素量が生活環境項目環境基準に追加された。この改正が行われた背景・目的について述べよ。また、底層溶存酸素量を改善するための対策手法のうち、内湾や湖沼等の水域内（岸辺や底質対策を含む）で実施される複数の対策手法と、それぞれの期待される改善メカニズムについて述べよ。　　　　　　　　　（H30－2）

○　土壌汚染対策法が想定している土壌汚染による特定有害汚染物質の摂取経路を2つ挙げ、土壌汚染対策法により指定される有害汚染物質に係る基準について摂取経路と関連づけて経路ごとに説明せよ。また、土壌汚染状況調査の結果、汚染状態が基準に適合しない場合における区域指定について、汚染除去等の措置の必要性と関連づけて説明せよ。　　　　　　　（H29－4）

○　建設発生土のリサイクルに関する課題について、幅広い視点から2つ挙げ、それぞれ概説するとともに、これらを踏まえてリサイクル推進のための対応策を2つ述べよ。　　　　　　　　　　　　　　　　　　　　　（H28－2）

○　建設作業騒音又は自動車交通騒音のいずれか一方について、当該騒音が法令に基づく基準に適合・達成するか否かの評価方法について述べよ。また、当該騒音の発生源対策及び伝搬対策それぞれについて概説せよ。（H28－3）

○　「景観法」に規定されている、景観重要公共施設制度について説明せよ。また景観重要公共施設制度によって期待される効果について、制度の説明を踏まえて述べよ。　　　　　　　　　　　　　　　　　　　　　（H27－3）

○　平成16年に「廃棄物の処理及び清掃に関する法律」が改正され、廃棄物最終処分場跡地等廃棄物が地中にある土地で行われる形質変更に関する制度が導入された。この制度が導入された目的及び制度の概要について述べよ。また、廃棄物最終処分場跡地における建設事業の施工計画を立案する際に本制度に基づいて検討が必要な項目を4つ挙げよ。　　　　　　　（H27－4）

○　ヒートアイランド現象の原因と考えられるものを3つに大別して、それらについて概説せよ。また、それぞれの原因を緩和するための建設分野における

具体的対策を述べよ。 (H26 - 2)

○ 平成12年に「循環型社会形成推進基本法」が公布され、社会資本整備の面からも循環型社会の構築が進められているところである。本法制定の背景を2つ述べよ。また、建設分野において、循環型社会の構築に重要と思われる施策とその概要を2つ述べよ。 (H26 - 3)

○ 建設リサイクルを取り巻く課題を3つに大別して、それぞれ、概要を説明せよ。また、課題を1つ取り上げ、課題解決に資する具体的な対応方法について述べよ。 (H25 - 3)

○ 「騒音規制法」及び「振動規制法」によれば、指定区域内で騒音・振動が発生する作業を行うものには、建設工事の内容の届出義務と規制基準の順守義務があるが、この場合の指定区域について説明せよ。また、「騒音規制法」または「振動規制法」のどちらかを選び、それぞれの法律で指定されている特定建設作業の概要及び騒音または振動の対策に関する基本的な考え方について述べよ。 (練習)

○ 「水質汚濁防止法」では、「特定施設」及び「指定施設」が定められているが、どちらか一方を選び、その概要を述べよ。また、建設工事において、工事排水を下水に排出する場合の留意点について説明せよ。 (練習)

○ 土壌汚染対策法の目的を簡潔に説明し、土壌汚染状況の調査を行わなければならない場合を3つ述べよ。また、汚染土壌を適正に処理する場合の留意点及び自然由来の汚染土壌を取り扱う場合の基本的な考え方について説明せよ。 (練習)

○ 建設廃棄物を大きく分けると、一般廃棄物、産業廃棄物及び特別産業廃棄物に区分されるが、そのうち、産業廃棄物及び特別産業廃棄物の概要を分類も含めて説明せよ。また、日本全国で排出された産業廃棄物のうち、建設業から排出された割合を示し、建設工事から排出される産業廃棄物の不法投棄を防止するための対策について述べよ。 (練習)

○ 循環型社会形成推進基本法の概要を簡潔に説明し、「排出者責任」及び「拡大生産者責任」の考え方をそれぞれ述べよ。また、循環型社会においては、循環資源の循環的な利用が求められているが、建設工事において、循環資源の循環的な利用を推進する上での基本的な考え方を述べよ。 (練習)

○ 建設リサイクル法の目的を簡潔に説明し、分別解体等及び再資源化等が義務付けられている建設工事の種類及び規模の基準を述べるとともに、特定建設資材として定められている品目を4項目列挙せよ。また、分別解体等及び再資源化等の実施プロセス上で、都道府県が有する役割について説明せよ。 (練習)

○　建設工事に伴い発生する建設汚泥に関し、最近の建設汚泥の再資源化・縮減率を示し、「建設汚泥の再生利用に関するガイドライン（国土交通省）」（平成18年6月）における建設汚泥の処理に当たっての基本方針を説明せよ。また、建設汚泥の適正な処理を実施する上での留意点を述べよ。　（練習）

○　平成30年6月に閣議決定された第四次循環型社会形成推進基本計画にて示されている資源生産性（GDP／天然資源等投入量）及び最終処分量の目標について概説せよ。また、資源生産性及び最終処分量の目標を達成するために建設工事にて留意すべき事項をそれぞれ述べよ。　（練習）

○　「ヒートアイランド対策大綱」（平成16年策定、平成25年改定　ヒートアイランド対策推進会議）では、ヒートアイランド対策として、①人工排熱の低減、②地表面被覆の改善、③都市形態の改善、④ライフスタイルの改善、⑤適応策の推進を対策の柱として位置付けている。ヒートアイランド現象の原因を述べ、⑤適応策の推進に関する具体的な施策を説明せよ。　（練習）

○　国土交通省が策定した「景観形成ガイドライン　都市整備に関する事業（平成23年6月改訂）」に関して、事業対象地等の景観に関する現況把握を行う上で留意すべき事項を述べよ。また、「都市公園事業」の調査・計画段階における検討項目と配慮事項について説明せよ。　（練習）

　生活環境の保全・創出の項目では、過去に出題された問題を整理すると、建設リサイクル、騒音対策、低周波音対策、内湾・湖沼の水質改善対策、土壌汚染対策、建設発生土のリサイクル、建設作業・自動車交通騒音対策、景観法、廃棄物処理、ヒートアイランド対策、循環型社会の構築、建設リサイクルの課題などに関する内容が問われています。ここでは、対策の主要分野を、循環型社会形成、生活環境に関する水・土壌・大気環境、その他の生活環境に関する事項の3つに区分して、以下に学習のポイントを示します。

　循環型社会形成のポイントについては、基本となる法令として、循環型社会形成推進基本法及び同法に基づく循環型社会形成推進基本計画、廃棄物の処理及び清掃に関する法律、建設工事に係る資材の再資源化等に関する法律などが挙げられます。その他に、「建設リサイクル推進計画2014」（平成26年9月　国土交通省）を確認するとともに、産業廃棄物の状況、建設副産物の状況、建設発生土の状況、不法投棄、有害廃棄物の国境を越える移動及びその処分の規制に関するバーゼル条約などについての知識を整理して習得しておく必要があります。

　生活環境に関する水・土壌・大気環境のポイントについては、基本となる法令として、大気汚染防止法、水質汚濁防止法、土壌汚染対策法、ダイオキシン類対策特別措置法、ポリ塩化ビフェニル廃棄物の適正な処理の推進に関する特

別措置法などが挙げられます。その他に、大気汚染に係る環境基準、公共用水域の水質汚濁防止に係る環境基準、地下水の水質汚濁に係る環境基準、土壌の汚染に係る環境基準などについての知識を整理して習得しておく必要があります。

その他の生活環境に関しては、振動・騒音対策、ヒートアイランド対策、景観といった項目となります。基本となる法令として、騒音規制法、振動規制法、幹線道路の沿道の整備に関する法律、景観法などが挙げられます。これらの法令と合わせて、騒音に係る環境基準、「ヒートアイランド対策大綱」（平成16年策定、平成25年改定　ヒートアイランド対策推進会議）、「景観形成ガイドライン　都市整備に関する事業」（平成23年6月改訂　国土交通省）の内容についての知識も整理して習得しておいてください。

## (3) 環境影響評価・地球温暖化対策等

○　環境影響評価法に基づく第一種事業の環境アセスメント手続きにおいて、計画立案段階から環境影響評価準備書の作成までの間に事業者が行うべき環境影響評価法上の主要な手続きについて、時系列順に説明せよ。（R1－4）

○　近年の我が国の再生可能エネルギーの導入状況について、我が国のエネルギー政策を踏まえて述べよ。また、再生可能エネルギーのうち、太陽光発電事業において留意すべき環境面における課題を2つ挙げ説明せよ。

（H30－3）

○　気候変動を考慮したインフラ整備の将来計画を立案するに当たり、「比較的発生頻度が高い＊外力に対する防災対策」及び「施設の能力を大幅に上回る外力に対する減災対策」について対策立案の基本的考え方をそれぞれ説明した上で、それらに応じた具体的取組について示せ。　　（H29－3）

　＊外力：災害の原因となる豪雨、高潮等の自然現象

○　平成23年に「電気事業者による再生可能エネルギー電気の調達に関する特別措置法」が公布される等、国内における再生可能エネルギーの利用が促進されているところである。再生可能エネルギーの導入が推進されている背景を概説するとともに、現在、国内で利用されている再生可能エネルギーを2つ挙げ、各々の環境面における得失を述べよ。　　（H27－2）

○　平成25年4月1日から施行された環境影響評価法の主な改正事項を2点挙げ、それぞれの改正の背景と内容を述べよ。　　（H25－2）

○　2015年9月に国連総会において「持続可能な開発のための2030アジェンダ」が採択されたが、その中で設定されている「持続可能な開発目標（SDGs：Sustainable Development Goals）の概要を説明せよ。また、「Society（ソサエティー）5.0」について、SDGsと関連付けてその概要を述べよ。（練習）

○　気候変動適応法が平成30年12月に施行されたが、この法律が策定された
背景及び概要を説明せよ。また、建設工事を進める上で気候変動への適応を
推進するために留意すべき事項を述べよ。

○　2015年12月に気候変動枠組条約第21回締約会議（COP21）で採択された
「パリ協定」の概要を説明せよ。また、低炭素まちづくりの推進に向け、建設
工事において取り組むべき施策及び留意すべき事項を述べよ。　　　（練習）

○　環境影響評価法に基づく環境影響評価を実施する場合には、事業実施に伴
う環境影響の回避、低減を優先し、それでも残る影響については「代償する
ための措置」（代償措置）を検討することになっているが、代償措置の方法
の1つである生物多様性オフセットの概要を説明せよ。また、代償措置の検
討を実施する上での留意点を述べ、生物多様性オフセットのメリットを述べ
よ。　　　　　　　　　　　　　　　　　　　　　　　　　　　　（練習）

　環境影響評価・地球温暖化対策等の項目では、過去に出題された問題を整理
すると、環境影響評価、再生可能エネルギー、気候変動対策などに関する内容
が問われています。ここでは、対策の主要分野を、環境影響評価、再生可能エ
ネルギー、気候変動対策の3つに区分して、以下に学習のポイントを示します。
　環境影響評価のポイントについては、基本となる法令等として、環境影響評
価法及び「環境影響評価法の規定による主務大臣が定めるべき指針等に関する
基本的事項」（平成9年環境庁告示第87号）が挙げられます。法令に基づく評
価の手続きや手順及びプロセスごとの留意点をしっかりと押さえておきましょう。
また、省令・政令を含む法令などが改正される場合があります。改正内容は出
題される可能性が高いので、その動向については常に確認しておいてください。
　再生可能エネルギーのポイントは、電気事業者による再生可能エネルギー電
気の調達に関する特別措置法、第5次エネルギー基本計画（平成30年7月　閣
議決定）、水素基本戦略（平成29年12月26日　再生可能エネルギー・水素等
関係閣僚会議）などの法令や基本計画をはじめとして、海洋再生可能エネル
ギー、小水力発電、下水道バイオマス等の活用、インフラを利用した太陽光発
電などに関する内容の知識を整理して習得しておきましょう。
　気候変動対策のポイントについては、基本となる条約や法令等として、気候
変動に関する国際連合枠組条約、京都議定書、パリ協定、地球温暖化対策の推
進に関する法律、気候変動適応法、都市の低炭素化の促進に関する法律などが
挙げられます。また、これらと合わせて、「地球温暖化対策計画」（平成28年5
月閣議決定）、「気候変動の影響への適応計画」（平成27年11月閣議決定）、「国
土交通省気候変動適応計画」（平成27年11月）に関する知識も習得しておいて
ください。

# 第3章

# 選択科目（Ⅱ－2）の要点と対策

　選択科目（Ⅱ－2）の出題概念は、令和元年度試験からは『これまで
に習得した知識や経験に基づき、与えられた条件に合わせて、問題や課
題を正しく認識し、必要な分析を行い、業務遂行手順や業務上留意すべ
き点、工夫を要する点等について説明できる能力』となりました。

　また、出題内容としては、平成30年度試験までとほぼ同様に、『「選択
科目」に関係する業務に関し、与えられた条件に合わせて、専門知識や
実務経験に基づいて業務遂行手順が説明でき、業務上で留意すべき点や
工夫を要する点等についての認識があるかどうかを問う。』とされてい
ます。そのため、平成25年度試験以降の過去問題は参考になると考え
ます。

　評価項目としては、『技術士に求められる資質能力（コンピテンシー）
のうち、専門的学識、マネジメント、コミュニケーション、リーダーシッ
プの各項目』となりました。専門知識問題と違っている点は、「マネジ
メント」と「リーダーシップ」が加えられている点です。ですから、解
答に当たっては、その業務の責任者として対応している点を意識して解
答を作成する必要があります。

　なお、本章で示す問題文末尾の（　）内に示した内容は、R1－1が
令和元年度試験の問題の1番を示し、Hは平成を示しています。また、
（練習）は著者が作成した練習問題を示します。

# 1. 土質及び基礎

　土質及び基礎で出題されている問題は、土構造物、基礎、山留めに大別されます。なお、解答する答案用紙枚数は2枚（1,200字以内）です。

## (1) 土構造物

○　模式図に示すように、軟弱な粘性土が分布する低平地において、供用中の道路盛土（幅員8 m、盛土高4 m）の幅員を倍にする拡幅工事の計画がある。この拡幅工事の設計及び対策工検討業務を進めるに当たり、以下の内容について記述せよ。　　　　　　　　　　　　　　　　　　　　　（R1−2）

(1) 調査、検討すべき事項とその内容について説明せよ。

(2) 業務を進める手順について、留意すべき点、工夫を要する点を含めて述べよ。

(3) 業務を効率的、効果的に進めるための関係者との調整方策について述べよ。

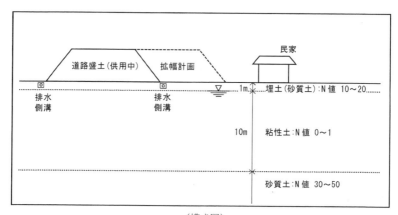

(模式図)

○　模式図に示す地下水位が高い軟弱地盤上に盛土による造成が計画されており、安定を確保しつつ圧密沈下を許容した施工を行うことを計画している。概略検討の結果、当地区においては無対策では盛土の安定を確保できないことが分かっており、軟弱地盤対策が必要である。この状況を踏まえ、以下の問いに答えよ。なお、解答の目安は各問いにつき1枚程度とする。

（H30−1）

(1) この盛土を設計するに当たり、圧密沈下及び安定の検討に必要な軟弱地盤の物性値とそれらを得るための試験を挙げ、圧密沈下及び安定に関する検討方法についてそれぞれ述べよ。

(2) 軟弱地盤対策として、載荷重工法とバーチカルドレーン工法を併用することとした。この併用工法の原理と期待される効果、及び、工期中に完成後の残留沈下量が許容値以下であることを確認するために必要な計測と沈下管理方法について述べよ。また、盛土施工中の法部分の安定性を判定するために必要な、施工中の調査と計測管理方法について説明せよ。

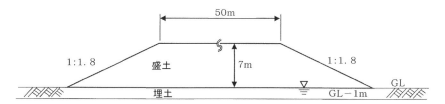

（模式図）

○ 工事が完成して間もない幹線道路に面する切土のり面において、豪雨後の点検により変状が発見された。幹線道路の路面から目視を行った点検者の情報から、模式図の点線で示す範囲に変状が確認され、のり面崩壊が懸念されている。

　道路管理者から地盤の専門知識を有する者として当該事象への協力を要請された。このような状況の中、以下の問いに答えよ。なお、解答の目安は (1) を1枚程度、(2)、(3) を1枚程度とする。　　　　　　　　　　　　(H29－2)

(1) 安全と交通機能の早期確保の観点から、緊急的に行うべき対応と留意点を説明せよ。

(2) 模式図から想定する崩壊の発生形態について、道路機能への影響が大きい崩壊形態を3つ挙げ、要因として考えられる地盤の条件を説明せよ。

(3) 恒久対策の立案に必要な地盤調査について提案し、得られる情報を説明せよ。

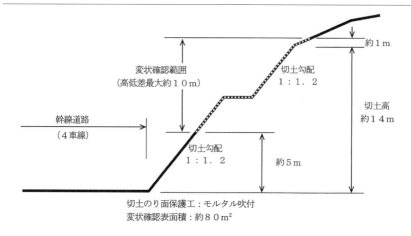

（模式図）

○ 模式図に示すように、軟弱地盤上に道路機能を有する堤防の嵩上げが計画
されている。この堤防に関して、図に示した土層構成等の情報が調査により
得られている。このような状況のもと、以下の問いに答えよ。なお、解答は
各問いにつき1枚程度を目安とする。　　　　　　　　　　　　　　（H28－2）

(1) 模式図に示す堤防が完成した後、大規模地震動が作用した際に想定され
る被災形態を複数挙げて説明せよ。また、耐震性照査に当たり、模式図に
示したほかに必要となる地盤物性値を列挙し説明せよ。

(2) (1) で列挙した被災形態のうち2つを選び、それぞれの被害を軽減する
ための対策工を挙げ、その原理と設計・施工上の留意点を述べよ。

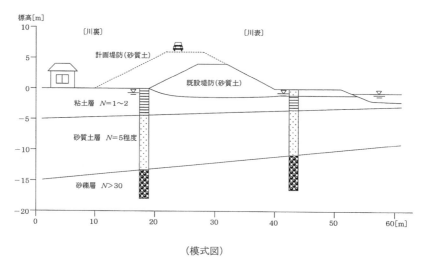

（模式図）

○　模式図に示す泥岩地盤に切土、盛土による道路が計画されており、事前調査結果として、模式図に示す土層構成などの情報が入手できている。盛土材料としては、切土材（風化泥岩、泥岩）を転用する計画であり、切土、盛土の勾配はそれぞれ標準勾配である。また、電力鉄塔は変位量に対しての管理が求められている。この切土、盛土の設計・施工について、以下の問いに答えよ。なお、解答は各問いにつき1枚程度を目安とする。　　　（H27－2）

(1)　この道路の切土を設計・施工するに当たり、重要と考えられる検討項目を2つ挙げ、その概要を説明せよ。また、各項目の検討方法、必要となる主な地盤物性値と、それを得るために必要となる調査・試験方法について述べよ。

(2)　同様な盛土材を用いて既に施工が終了した隣接工区では、盛土が沈下し、切盛境界上の舗装面で段差が生じている。この変状の原因と考えられる項目を2つ挙げて説明せよ。また、この経験を活かし、今回の盛土で変状を防止するため、それぞれの原因に対する対策工を1つずつ挙げ、その概要及び設計・施工上の留意点について説明せよ。

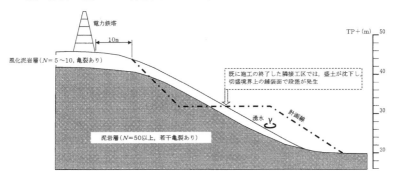

○　模式図に示す軟弱地盤上に、既設のマンションに隣接して道路盛土が計画されている。この道路は、緊急輸送道路に指定される予定の重要度の高い道路である。この状況を踏まえ、以下の問いに答えよ。なお、解答は各問いにつき1枚程度を目安とすること。　　　（H26－2）

(1)　この道路盛土を計画・設計するに当たり、沖積砂質土層、沖積粘性土層、マンション基礎のそれぞれに対し、重要と考えられる検討項目を1つずつ挙げ、その概要を述べよ。また、各項目を検討する際に必要となる地盤物性値と、それを得るために必要な調査・試験方法を挙げよ。

(2)　(1)の検討の結果、沖積砂質土層に対する対策が必要となった。このとき、その対策案として、対策原理の異なるものを3案挙げ、隣接する既設マンションへの影響等を考慮し、比較評価せよ。なお、対策は道路用地内

で計画するものとする。

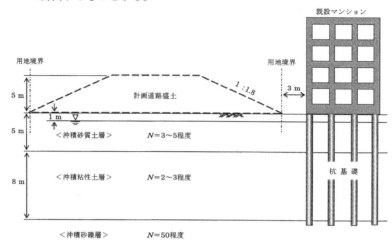

（模式図）

○　模式図に示す軟弱な粘性土地盤上に高さ7mの盛土を計画・設計する。盛土端部は敷地制約により擁壁構造とする。以下の問いに答えよ。

（H25-1）

(1) 常時の作用に対する盛土の安定性の照査項目、並びに留意すべき事項を説明せよ。

(2) 擁壁の基礎構造を杭基礎とする場合、盛土の施工が擁壁基礎に及ぼす影響、並びにその評価手法を説明せよ。

(3) 検討の結果、軟弱地盤対策が必要なことが判明した。工期的な余裕が無いものとして、あなたが最も適切と考える対策工を選定し、その概要と選定理由を説明せよ。

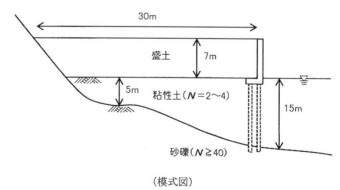

（模式図）

○　集中豪雨により、地方都市間を結ぶ主要幹線道路の切土のり面に変状が生
じた。現地を目視確認したところ、切土のり面の上部には新たなクラックが
複数生じており、道路の路面には隆起が生じていた。今回の変状は大規模な
地すべりに至る危険性が高いと判断された。この幹線道路は迂回道路が無い
ことから、通行機能を確保しながら復旧を進める必要がある。早期復旧に向
け、下記の内容について記述せよ。　　　　　　　　　　　　　（H25−2）

(1) 災害発生から本復旧までの各段階において実施すべき事項と目的

(2) (1) で示したそれぞれの段階で留意すべき事項

○　模式図に示すように、一部が盛土になっている敷地に1階建てのプレハブ
式仮設住宅が設置されている。この仮設住宅は最近設置されたばかりで、諸
事情により急遽設置する必要があったため、設置される敷地の地盤調査が実
施されていなく、地盤物性値等は不明である。この仮設住宅の基礎は、厚さ
5 cm 程度の無筋コンクリートのベタ基礎のみである。仮設住宅の近くにある
のり面は、表層部分が風化しており降雨時には部分的な崩壊が発生すること
がある。これから梅雨や台風上陸のシーズンとなるため、仮設住宅の安全性
を確保するための対策を検討することになった。この対策を検討するに当た
り、以下の内容について記述せよ。　　　　　　　　　　　　　（練習）

(1) 調査、検討すべき事項とその内容について説明せよ。

(2) 業務を進める手順について、留意すべき点、工夫を要する点を含めて述べよ。

(3) 業務を効率的、効果的に進めるための関係者との調整方策について述べよ。

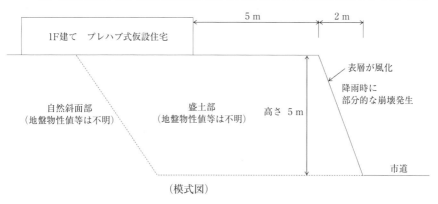

（模式図）

○　次の模式図のように、高さ14 mの切土の計画をしていたが、法肩から7 m
の小段まで掘削を実施したところ、小段を滑落崖として崩壊が発生した。あ
なたが、この崩壊原因を究明し、対策を検討する担当責任者として業務を進
めるに当たり、下記の内容について記述せよ。　　　　　　　　（練習）

(1) 調査、検討すべき事項とその内容について説明せよ。

(2) 業務を進める手順について、留意すべき点、工夫を要する点を含めて述べよ。

(3) 業務を効率的、効果的に進めるための関係者との調整方策について述べよ。

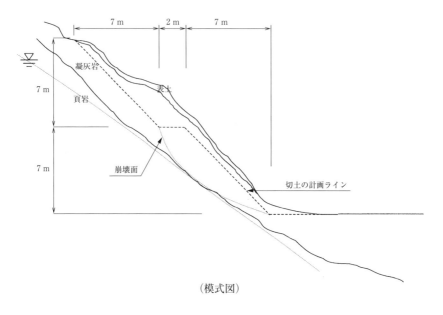

7 m　　2 m　　7 m

凝灰岩

真土

7 m

頁岩

7 m

崩壊面

切土の計画ライン

（模式図）

　土構造物でこれまでに出題された問題のテーマ及び解答事項等を整理して、図表3.1に示します。

図表3.1　土質及び基礎「土構造物」の過去問題

| テーマ | 解答事項等 | 出題年度 |
|---|---|---|
| 供用中の道路盛土拡幅工事の設計及び対策工検討 | 1) 調査、検討事項とその内容<br>2) 業務手順及び留意点、工夫点<br>3) 業務を効率的・効果的に進めるための関係者との調整方策 | 令和元年度 |
| 地下水位が高い軟弱地盤上の盛土造成計画の軟弱地盤対策 | 1) 圧密沈下及び安定の検討に必要な軟弱地盤の物性値とそれらを得る試験、圧密沈下及び安定に関する検討方法<br>2) 載荷重工法とバーチカルドレーン工法の併用工法の原理と効果、工期中に完成後の残留沈下量が許容値以下であることを確認するために必要な計測と沈下管理方法。盛土施工中の法部分の安定性判定に必要な施工中の調査と計測管理方法 | 平成30年度 |
| のり面崩壊が懸念されている幹線道路に面する切土のり面対策 | 1) 緊急時に行うべき対応と留意点<br>2) 道路機能への影響が大きい崩壊形態を3つ挙げ、要因として考えられる地盤条件<br>3) 恒久対策立案に必要な地盤調査の提案、得られる情報 | 平成29年度 |

図表3.1　土質及び基礎「土構造物」の過去問題（つづき）

| テーマ | 解答事項等 | 出題年度 |
|---|---|---|
| 軟弱地盤上の道路機能を有する堤防の嵩上げ計画 | 1) 堤防完成後、大規模地震動作用時に想定される被災形態を複数挙げる。耐震性照査時に必要となる地盤物性値を列挙説明<br>2) 1) のうち2つを選び、被害軽減の対策工を挙げ、その原理と設計・施工上の留意点 | 平成28年度 |
| 泥岩地盤の切土、盛土による道路計画の設計・施工 | 1) 切土の設計・施工の重要検討項目を2つ、その概要。各項目の検討方法、必要な地盤物性値と必要な調査・試験方法<br>2) 付与された状況の変状の原因項目を2つ挙げ説明。この経験を考慮して盛土変状防止のため各原因の対策工を1つ、その概要及び設計・施工上の留意点 | 平成27年度 |
| 既設マンションに隣接した軟弱地盤上の道路盛土計画 | 1) 沖積砂質土層、沖積粘性土層、マンション基礎のそれぞれに対し重要検討項目を1つ、その概要。各項目検討時に必要な地盤物性値と必要な調査・試験方法<br>2) 沖積砂質土層の対策案を3案挙げ、比較評価 | 平成26年度 |
| 軟弱な粘性土地盤上の盛土の計画・設計 | 1) 常時作用に対する盛土の安定性の照査項目、留意事項<br>2) 擁壁の基礎構造を杭基礎とする場合、盛土施工が擁壁基礎に及ぼす影響、評価手法<br>3) 工期的な余裕が無い場合の軟弱地盤対策工を選定、その概要と選定理由 | 平成25年度 |
| 大規模な地すべりに至る危険性が高いと判断された幹線道路の切土のり面の復旧対策 | 1) 災害発生から本復旧までの各段階の実施事項と目的<br>2) 1) で示したそれぞれの段階の留意事項 | 平成25年度 |

## （2）基　礎

○　模式図に示すように、丘陵地を横断する道路橋の建設工事において、基礎杭を打設して橋脚を施工したところ、数日して橋脚が傾いていることが判明した。あなたがこの橋脚の変状原因を究明し対策を検討する担当責任者として業務を進めるに当たり、下記の内容について記述せよ。　　　　（R1－1）

(1) 調査、検討すべき事項とその内容について説明せよ。

(2) 業務を進める手順について、留意すべき点、工夫を要する点を含めて述べよ。

(3) 業務を効率的、効果的に進めるための関係者との調整方策について述べよ。

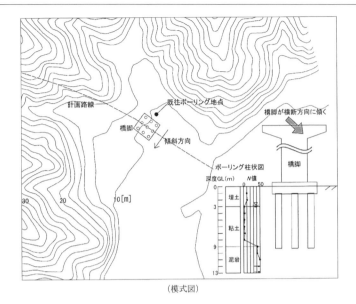

(模式図)

○ 模式図に示す杭基礎の新設道路橋が計画されている。現状、模式図に示す地盤条件が確認されている。このような状況のもと以下の問いに答えよ。なお、解答の目安は各問いにつき1枚程度とする。 (H29−1)

(1) 橋台及び周辺地盤に生じる可能性のある変状を複数挙げ、その照査方法を説明せよ。また、照査に必要となる地盤物性値及びそれらを得るための調査・試験方法について述べよ。

(2) (1)で挙げた変状のうち1つを選び、その対策工として原理の異なる工法を2種類挙げ、工法概要及び設計・施工上の得失について説明せよ。

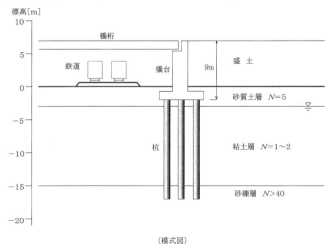

(模式図)

○ 模式図に示す平坦な敷地に平面規模150 m×100 m、地上14階、地下なしの構造物の建設が計画されている。事前調査の結果として、2点（調査1、調査2）のボーリング調査結果が入手できている。この構造物の基礎形式は、$N$値50程度の砂礫層を支持層とする杭基礎と考えている。なお、構造物の建設完了後に、模式図に示す位置に高さ2 mの盛土の施工が予定されている。この杭基礎の計画について、以下の問いに答えよ。なお、解答の目安は（1）及び（2）で1枚程度、（3）を1枚程度とする。　　　　　　　　（H27－1）

(1) 本条件下での杭基礎の計画において留意すべき課題を2つ挙げて説明せよ。

(2) （1）で挙げた課題を考慮して杭基礎を計画するために、模式図に示した以外に必要な地盤情報を複数挙げ、それらを得るための調査の内容を説明せよ。

(3) （1）で挙げた課題への対応策を説明するとともに、対応策の留意点を述べよ。

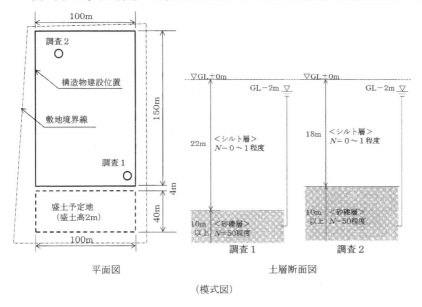

（模式図）

○ 模式図に示すように、一部が盛土になっている敷地に鉄筋コンクリート地上3階建ての医療施設を設置する計画がある。医療施設を設置する敷地及びその周辺地盤の詳細な物性値は、模式図に提示している以外は不明であるが、聞き取り調査によると盛土材は周辺の湿地地帯の森林を伐採したエリアの土が使われていることが判明している。医療施設は、高度な検査設備や手術を行う設備等が配置される予定になっている。この医療施設の基礎を検討するに当たり、以下の内容について記述せよ。　　　　　　　　　　（練習）

(1) 調査、検討すべき事項とその内容について説明せよ。

(2) 業務を進める手順について、留意すべき点、工夫を要する点を含めて述べよ。

(3) 業務を効率的、効果的に進めるための関係者との調整方策について述べよ。

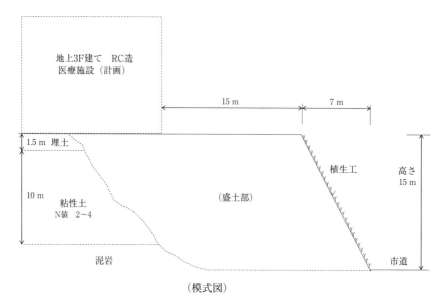

（模式図）

○　臨海部において、次の模式図に示すような幅100 m、長さ300 mの複合商業施設（地上3階、地下なし）を建設する計画がある。現在、施設の敷地3箇所（模式図参照）においてボーリング調査を実施して、模式図（断面）に示した柱状図が得られている。この複合商業施設の基礎を検討するに当たり、以下の内容について記述せよ。　　　　　　　　　　　　　　（練習）

(1) 調査、検討すべき事項とその内容について説明せよ。

(2) 業務を進める手順について、留意すべき点、工夫を要する点を含めて述べよ。

(3) 業務を効率的、効果的に進めるための関係者との調整方策について述べよ。

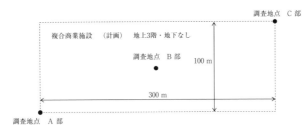

模式図（平面）

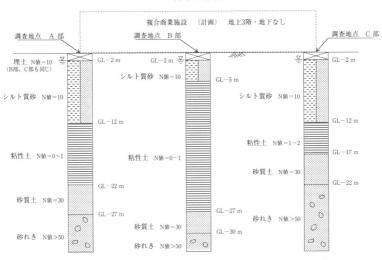

模式図（断面）

　基礎でこれまでに出題された問題のテーマ及び解答事項等を整理して、**図表3.2**に示します。

図表3.2　土質及び基礎「基礎」の過去問題

| テーマ | 解答事項等 | 出題年度 |
|---|---|---|
| 丘陵地を横断する道路橋施工中、橋脚に変状が生じたケースの原因究明と対策検討 | 1）調査、検討事項とその内容<br>2）業務手順及び留意点、工夫点<br>3）業務を効率的・効果的に進めるための関係者との調整方策 | 令和元年度 |
| 杭基礎の新設道路橋の計画 | 1）橋台及び周辺地盤に生じる変状を複数挙げ、その照査方法。照査に必要な地盤物性値及び調査・試験方法<br>2）1）の変状を1つ選び、その対策工法を2種類挙げ、工法概要及び設計・施工上の得失 | 平成29年度 |
| 建設完了後に隣接して盛土が予定されている構造物の杭基礎計画 | 1）杭基礎の計画時の留意課題を2つ<br>2）必要な地盤情報を複数、必要な調査内容<br>3）課題の対応策、留意点 | 平成27年度 |

## （3）山留め

○　模式図に示すように、市街地においてマンション及び道路に近接して開削トンネルの建設が予定されている。計画地は沖積粘土層が厚く堆積する軟弱地盤であり、掘削深は15ｍと比較的大規模な土留め工が必要となる。この土留め工の設計・施工に関して、以下の問いに答えよ。なお、解答は（1）、（2）について1枚程度、（3）について1枚程度を目安とする。　（H30－2）

（1）計画地の地盤状況及び周辺環境等を踏まえた上で、適用できる土留め壁を2種類挙げ、それぞれの特徴を述べよ。

（2）掘削底面の安定性に関して検討すべき項目を複数挙げ、そのうち1つについて具体的な検討方法、対策案と設計上の留意点について説明せよ。

（3）周辺構造物等への影響が懸念される現象を複数挙げ、それらのうち2つについて具体的な検討方法、対策案と設計・施工上の留意点について説明せよ。

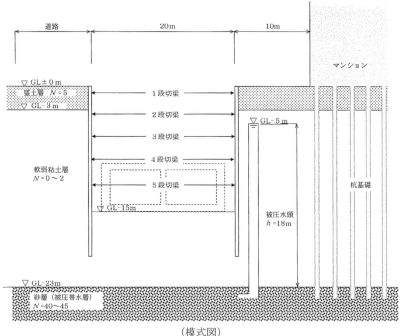

（模式図）

○　模式図に示すように、鉄道高架橋に近接して、開削トンネルの建設が計画されている。この開削トンネルは、道路や住宅街にも近接しており、道路の下には地下鉄（シールドトンネル）が通っている。この状況を踏まえ、以下

の問いに答えよ。なお、解答は、(1)、(2) について答案用紙1枚程度、(3) について答案用紙1枚程度を目安とすること。　　　　　　　(H28－1)

(1) この開削トンネルの建設における土留め掘削の設計・施工に当たり、「掘削底面」、「土留め壁」それぞれについて、検討すべき項目を複数挙げよ。

(2) (1) で挙げた「掘削底面」に関して検討すべき項目から1つを選び、その具体的な検討方法と対応策及び留意点について説明せよ。

(3) (1) で挙げた「土留め壁」に関して検討すべき項目から2つを選び、それらの具体的な検討方法と対応策及び留意点について説明せよ。

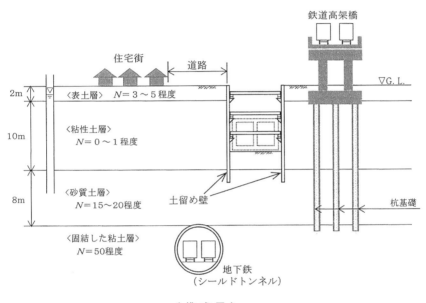

（ 模 式 図 ）

○　模式図に示す施工期間が長期間と想定される線状構造物の掘削工事が計画されている。事前調査の結果として、模式図に示す土層構成などの情報が入手できている。仮設土留めを使用した掘削工事について、以下の問いに答えよ。　　　　　　　(H26－1)

(1) 本条件下で土留めの設計を行う場合、掘削底面の安定性を検討するに際して考慮すべき最も重要な現象を1つ挙げ、これについて説明せよ。

(2) 掘削底面の安定を確保できないことが判明したため、対策案の1つとして砂層2（被圧帯水層）の排水工法を計画することとした。排水工法を計画する際に留意すべき事項を説明せよ。また、模式図に示した以外に必要な地盤情報を得るための調査の内容を説明せよ。

(3) 掘削工事を行うに当たり、現場周辺へ与える影響として検討すべき現象とその原因を、砂層1（帯水層）に着目して説明せよ。また、それらの影響を低減するために必要な対策を説明せよ。

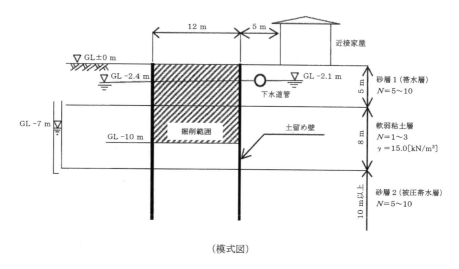

(模式図)

○　鉄道高架構造物と工場に近接した場所に、地下構造物を新設する計画がある。この地下構造物を、次の模式図に示すような開削工法で計画するに当たり、山留め壁の検討を行うことになった。あなたが、山留め壁を検討する担当責任者として業務を進めるに当たり、下記の内容について記述せよ。

(練習)

(1) 調査、検討すべき事項とその内容について説明せよ。

(2) 業務を進める手順について、留意すべき点、工夫を要する点を含めて述べよ。

(3) 業務を効率的、効果的に進めるための関係者との調整方策について述べよ。

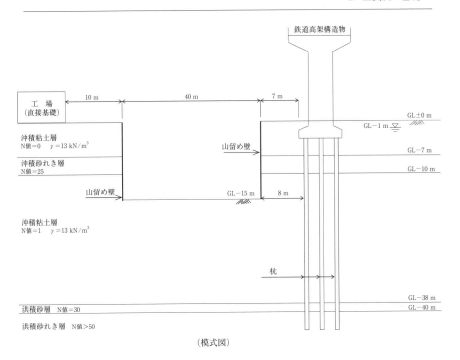

鉄道高架構造物

工　場
（直接基礎）

10 m　　　　40 m　　　7 m

GL±0 m

GL−1 m

沖積粘土層
N値＝0　　γ＝13 kN/m³

山留め壁

GL−7 m

沖積砂れき層
N値＝25

GL−10 m

山留め壁

GL−15 m　　8 m

沖積粘土層
N値＝1　　γ＝13 kN/m³

杭

GL−38 m
GL−40 m

洪積砂層　　N値＝30

洪積砂れき層　　N値＞50

（模式図）

○　模式図に示すような条件にて、市街地のオープンスペースの地下に構造物を建設する計画がある。計画している構造物の両側には、住宅が近接している。地下水位はGL−1.0 mとなっているが、季節によって変動するとの情報がある。周辺の地盤は軟弱地盤で、住宅が近接していることから工事による地盤変状には十分な配慮が求められている。この地下構造物を開削工法にて計画するに当たり、山留め壁の検討を行うことになった。あなたが、山留め壁を検討する担当責任者として業務を進めるに当たり、下記の内容について記述せよ。　　　　　　　　　　　　　　　　　　　　　　　　　　　　（練習）

(1)　調査、検討すべき事項とその内容について説明せよ。

(2)　業務を進める手順について、留意すべき点、工夫を要する点を含めて述べよ。

(3)　業務を効率的、効果的に進めるための関係者との調整方策について述べよ。

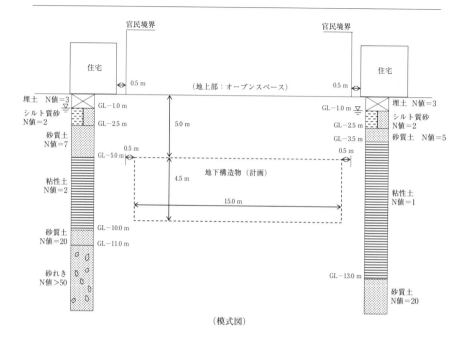

（模式図）

　山留めでこれまでに出題された問題のテーマ及び解答事項等を整理して、図表3.3に示します。

図表3.3　土質及び基礎「山留め」の過去問題

| テーマ | 解答事項等 | 出題年度 |
|---|---|---|
| 構造物に近接した軟弱地盤における掘削深15mの土留め工の設計・施工 | 1）適用できる土留め壁を2種類挙げ、特徴<br>2）掘削底面の安定性検討の項目を複数挙げ、1つについて具体的な検討方法、対策案と設計上の留意点<br>3）周辺構造物等への影響現象を複数挙げ、2つについて具体的な検討方法、対策案と設計・施工上の留意点 | 平成30年度 |
| 道路、住宅街及び鉄道施設等に近接した開削トンネル建設計画 | 1）「掘削底面」、「土留め壁」の検討項目を複数<br>2）1）の「掘削底面」の検討項目から1つを選び、具体的な検討方法と対応策及び留意点<br>3）1）の「土留め壁」の検討項目から2つを選び、具体的な検討方法と対応策及び留意点 | 平成28年度 |
| 施工期間が長期間と想定される線状構造物の掘削工事計画 | 1）掘削底面の安定性の検討時に考慮すべき最も重要な現象を1つ挙げ、説明<br>2）排水工法の計画時の留意事項。必要な地盤情報を得るための調査内容<br>3）掘削工事を行うに当たり、現場周辺へ与える影響として検討すべき現象とその原因、影響低減に必要な対策 | 平成26年度 |

# 2. 鋼構造及びコンクリート

　鋼構造及びコンクリートは鋼構造とコンクリートに分けて問題が出題されていますので、分けて問題を整理します。

## (1) 鋼構造

　鋼構造で出題されている問題は、計画・設計及び製作・施工、維持管理・更新及び補強・補修等に大別されます。なお、解答する答案用紙枚数は2枚（1,200字以内）です。

### (a) 計画・設計及び製作・施工

○　鋼構造物の品質や精度を確保する上で、不適合（不良、不具合）を未然に防ぐことが重要である。あなたが、鋼構造物の品質や精度に関わる重大不適合の再発防止策を立案する担当責任者として、業務を進めるに当たり、下記の内容について記述せよ。　　　　　　　　　　　　　　　　（R1－2）
　(1) 技術的に重大と考える不適合の事例を1つ挙げ、調査、検討すべき事項とその内容について説明せよ。
　(2) 業務を進める手順について、留意すべき点、工夫を要する点を含めて述べよ。
　(3) 業務を効率的、効果的に進めるための関係者との調整方策について述べよ。

○　近年、構造物の早期供用開始、工事中の環境負荷軽減等の理由から、工期の短縮が必要となる場合がある。あなたが鋼構造物工事の責任者として工事を進めるに当たり、以下の問いに答えよ。　　　　　　　　　　（H30－2）
　(1) 対象とする鋼構造物及び立地条件を1つ示し、有効な工期短縮方法を2つ挙げ、それぞれの効果を述べよ。なお、単なる1日当たりの作業時間の増加、作業日数の増加は対象外とする。
　(2) (1)で挙げた工期短縮方法のうち1つを選び、それを適用するに当たり必要となる業務の手順を述べよ。
　(3) (2)で述べた業務を実施するうえで、重要と思われる事項について述べよ。

○　近年、鋼構造物の工事（コンクリート床版を除く。）において、施工中の作業環境の改善や公衆災害の防止などの安全対策とともに、近隣への環境対策も重要な配慮事項となっている。あなたが鋼構造物の施工計画を作成する

責任者として環境対策（景観対策を除く。）を実施するに当たり、以下の問いに答えよ。　　　　　　　　　　　　　　　　　　　　　（H29-2）

(1) 対象とする鋼構造物を1つ想定し、その施工に当たり必要と想定される環境対策を2つ挙げて、その対策が必要な理由について述べよ。

(2) (1)で想定した環境対策のうち1つを選び、その調査計画から工事完了までの業務手順を述べよ。

(3) (2)の環境対策を実施する上で留意する事項について述べよ。

○　複合構造は、異種材料及び異種部材の組合せによって、各構造材料の短所を補完し長所を活用するように考えられた構造形式である。あなたが鋼とコンクリートの複合構造の設計担当者として業務を進めるに当たり、以下の問いに答えよ。なお、鉄筋コンクリート構造、プレストレストコンクリート構造の単独での使用は除くものとする。　　　　　　　　　　　　（H28-1）

(1) 合成はり、鉄骨鉄筋コンクリートはり、混合はりの複合構造形式の中から2種類を選び、それぞれの具体的な構造を1つ示し、その構造を概説するとともに複合化による効果について述べよ。

(2) (1)で述べた複合構造形式の具体的な構造のいずれか1つを挙げ、その設計の業務を進める手順について述べよ。

(3) (2)で挙げた複合構造の設計の業務を進めるに当たって、重要と思われる事項について述べよ。

○　鋼構造物の現場継手は、適切な構造を採用するとともに、品質の確保が重要である。あなたが鋼構造物の設計や施工計画を行う担当者として業務を進めるに当たり、以下の問いに答えよ。　　　　　　　　　　　　　（H27-2）

(1) あなたが担当する鋼構造物の現場継手箇所を1箇所示し、そこに用いる現場継手方法について、その採用理由を他の現場継手方法と比較して記述せよ。

(2) (1)で採用された現場継手の品質を確保するために必要な施工計画について概説せよ。

(3) (1)で採用された現場継手の品質管理上、重要と思われる事項について概説せよ。

○　鋼構造物の長寿命化を図るに当たって、防せい防食を適切に行うことが重要である。あなたが鋼構造物の防せい防食計画策定の責任者として計画の策定を行うに当たり、以下の問いに答えよ。　　　　　　　　　　　（H26-1）

(1) 想定する鋼構造物を示した上で、その構造物の防せい防食計画を策定するために検討すべき事項について概説せよ。

(2) 想定した鋼構造物の防せい防食計画策定の手順について概説せよ。

(3) 防せい防食計画により決定された方法を具体的に示した上で、その防せい防食法の実施に当たって留意すべき事項について述べよ。

○ 鋼構造物の製作時あるいは据付時の精度は、その品質や耐久性に重要な影響を及ぼす。あなたが鋼構造物の設計や施工計画の担当者として業務を進めるに当たり、以下の問いに答えよ。　　　　　　　　　　　　　　（H26 − 2）

(1) 想定する鋼構造物を示し、求められる性能とその性能を確保するための精度管理項目を組み合わせて3点述べよ。

(2) (1)で挙げた項目から1点挙げ、精度を確保するために必要な、設計又は施工計画上の技術的提案を述べよ。

(3) (2)の技術的提案を実施する上での留意事項について述べよ。

○ 鋼構造物の現場溶接継手では構造物の出来形や溶接品質の確保が重要とされるが、あなたが現場溶接継手の設計や施工計画を行う担当者として業務を進めるに当たり、以下の問いに答えよ。　　　　　　　　　　　　（H25 − 2）

(1) 想定する鋼構造物の現場溶接の概要と現場溶接を適用する理由を記述せよ。

(2) 構造物の出来形や溶接品質を確保するために必要な施工計画の概要を記述せよ。

(3) 想定した現場溶接継手部の品質管理上、重要と思われる事項とその内容について述べよ。

○ 鋼構造物の供用中における安全性を確保する上で、鋼構造物の疲労の影響を考慮した設計が求められる場合がある。あなたが、鋼構造物の疲労に対する安全性を確保した設計を実施する担当責任者として業務を進めるに当たり、下記の内容について記述せよ。　　　　　　　　　　　　　　　　（練習）

(1) 疲労の影響を考慮するケースを提示し、調査、検討すべき事項とその内容について説明せよ。

(2) 業務を進める手順について、留意すべき点、工夫を要する点を含めて述べよ。

(3) 業務を効率的、効果的に進めるための関係者との調整方策について述べよ。

○ 近年、耐久性や施工性などの向上を目的とした新しい材料、構造形式及び工法等が開発されている。あなたが、鋼構造物の安全性や信頼性を確保しつつ、新しい材料、構造形式及び工法等を適用した設計を実施する担当責任者として業務を進めるに当たり、下記の内容について記述せよ。　　　（練習）

(1) 適用する材料、構造形式又は工法等を1つ想定し、調査、検討すべき事項とその内容について説明せよ。

(2) 業務を進める手順について、留意すべき点、工夫を要する点を含めて述べよ。

(3) 業務を効率的、効果的に進めるための関係者との調整方策について述べよ。

○ 近年、鋼構造物を新たに建設する場合、イニシャルコストだけでなくラン

ニングコストやメンテナンスの容易さ、省エネルギー化などを含めた総合的な検討を行うことが求められている。あなたが、ライフサイクルコストの低減及び供用後の運用業務の効率化・合理化を考慮した新設の鋼構造物の設計を実施する担当責任者として業務を進めるに当たり、下記の内容について記述せよ。　　　　　　　　　　　　　　　　　　　　　　　　　　（練習）

(1) 新設する鋼構造物を1つ想定し、調査、検討すべき事項とその内容について説明せよ。

(2) 業務を進める手順について、留意すべき点、工夫を要する点を含めて述べよ。

(3) 業務を効率的、効果的に進めるための関係者との調整方策について述べよ。

計画・設計及び製作・施工でこれまでに出題された問題のテーマ及び提示事項等を整理して、図表3.4に示します。

図表3.4　鋼構造物「計画・設計及び製作・施工」の過去問題

| テーマ | 提示事項等 | 出題年度 |
|---|---|---|
| 不適合（不良、不具合）の未然防止を考慮した品質や精度に関わる重大不適合の再発防止策の立案 | 技術的に重大と考える不適合の事例を1つ挙げる | 令和元年度 |
| 構造物の早期供用開始、工事中の環境負荷軽減等を理由とした工期短縮方法 | 対象とする鋼構造物及び立地条件を1つ示す | 平成30年度 |
| 鋼構造物施工中の環境対策 | 対象とする鋼構造物を1つ想定 | 平成29年度 |
| 鋼とコンクリートの複合構造の設計 | 合成はり、鉄骨鉄筋コンクリートはり、混合はりの複合構造形式の中から2種類を選び、それぞれの具体的な構造を1つ示す | 平成28年度 |
| 鋼構造物現場継手の品質確保に向けた設計・施工計画 | 鋼構造物の現場継手箇所を1箇所示す | 平成27年度 |
| 鋼構造物の長寿命化を考慮した防せい防食の計画策定 | 想定する鋼構造物を示す | 平成26年度 |
| 鋼構造物の製作時あるいは据付時の精度管理 | 想定する鋼構造物を示す | 平成26年度 |
| 出来形や溶接品質の確保を考慮した現場溶接継手の設計・施工計画 | 想定する鋼構造物をもとに解答 | 平成25年度 |

(b) 維持管理・更新及び補強・補修等

○　これまでに、良質な社会資本を効率的に整備（コスト縮減、耐久性向上など）するための技術開発が行われてきた。あなたが、鋼構造物に関わる材料、構造、工法、維持管理の技術開発の担当責任者として、業務を進めるに当たり、下記の内容について記述せよ。　　　　　　　　　　　　　　（R1－1）

(1) 技術開発の目的とその事例を1つ挙げ、調査、検討すべき事項とその内容について説明せよ。なお、開発技術として既往の技術を挙げてもよい。

(2) 業務を進める手順について、留意すべき点、工夫を要する点を含めて述べよ。

(3) 業務を効率的、効果的に進めるための関係者との調整方策について述べよ。

○ 近年、耐荷力不足や機能上の問題等を解消するための更新（改築、増築、用途変更を含む）、ライフサイクルコスト縮減を図った長寿命化が進められている。あなたが既設の鋼構造物の更新や長寿命化を図るための設計担当者として業務を実施するに当たり、以下の問いに答えよ。　　　　（H30－1）

(1) 既設の鋼構造物を1つ示し、更新、長寿命化の必要性や原因を2つ挙げ、それぞれに有効な対策方法を述べよ。なお、単なる耐震補強は対象外とする。

(2) (1)で挙げた対策方法のうち1つを選び、その設計業務を進める手順について概説せよ。

(3) (2)で述べた設計業務を進めるに当たって、重要と思われる事項について述べよ。

○ 近年、安全・安心に対する関心が高まっており、将来、南海トラフ巨大地震や首都直下地震等の発生が危惧されている。このような大地震が発生し、被害を受けた鋼構造物について、あなたが補修設計の担当者として業務を進めるに当たり、以下の問いに答えよ。　　　　（H29－1）

(1) 補修設計を行う鋼構造物の損傷状態を2つ想定し、それぞれに有効な補修方法（補強を含む。）を概説し、適用の留意点について述べよ。

(2) (1)で挙げた補修方法のうち1つを選び、その設計業務を進める手順について概説せよ。

(3) (2)で述べた補修設計を進めるに当たって、重要と思われる事項について述べよ。

○ 鋼構造物の性能を適切に維持するため、防食機能の低下が発見された場合には適切な補修を行うことが重要である。あなたが鋼構造物の補修を行う担当者として業務を進めるに当たり、以下の問いに答えよ。　　　　（H28－2）

(1) あなたが担当する鋼構造物について、適用可能な防食法を2つ挙げ、それぞれの防食原理と特徴について述べよ。

(2) (1)で示した防食法を1つ選び、具体的劣化事例を1つ挙げ、その補修について施工計画の概要を述べよ。

(3) (2)で採用された施工計画において、重要と思われる事項について述べよ。

○ 既設の鋼構造物に損傷が発生した場合、補修補強を適切に行うことが重要である。あなたが鋼構造物の補修補強の責任者として業務を進めるに当たり、以下の問いに答えよ。ただし、鋼部材以外（RC床板等のコンクリート部材

を含む）に対する補修補強、地震後の損傷に対する補修補強、塗装塗替えは
除くものとする。　　　　　　　　　　　　　　　　　　　　　（H27-1）

(1) 想定する鋼構造物を示し、3種類の損傷を挙げた上で、各損傷に対して
考えられる補修補強方法とそれによって得られる効果について述べよ。

(2) (1)で述べた損傷のいずれか1種類を挙げ、その損傷に対する補修補強
の業務を進める手順について述べよ。

(3) (2)で挙げた補修補強の業務を進める際に、重要と思われる事項につい
て述べよ。

○　昭和53年の宮城県沖地震や平成7年の兵庫県南部地震、平成23年の東北
地方太平洋沖地震により、多くの鋼構造物が被災し、その後、基準類が改訂
されるとともに耐震補強が実施されている。旧基準で建設された鋼構造物に
対して、あなたが鋼構造物の耐震補強設計の担当者として業務を進めるに当
たり、以下の問いに答えよ。　　　　　　　　　　　　　　　　（H25-1）

(1) 耐震補強設計を行う鋼構造物の種類を示した上で、最新の耐震基準との
相違点を概説せよ。

(2) 耐震補強設計に着手するに当たって、考慮すべき事項及び設計を進める
手順を概説せよ。

(3) 耐震補強設計を進めるに当たって、重要と思われる留意すべき事項とそ
の内容を述べよ。

○　鋼構造物の架設（建て方を含む）においては、安全性を十分に確保した上
で施工する必要があるが、その一方、コスト及び工期を極力低減・短縮する
ことも求められている。あなたが、コスト低減及び工期短縮を考慮した鋼構
造物の架設（建て方を含む）に関わる担当責任者として業務を進めるに当た
り、下記の内容について記述せよ。　　　　　　　　　　　　　　（練習）

(1) 架設（建て方を含む）する鋼構造物を1つ挙げ、調査、検討すべき事項
とその内容について説明せよ。

(2) 業務を進める手順について、留意すべき点、工夫を要する点を含めて述べよ。

(3) 業務を効率的、効果的に進めるための関係者との調整方策について述べよ。

○　近年、生産性向上や業務の効率化・合理化の推進に当たり、建設現場にお
いてICT（情報通信技術）の活用が求められている。あなたが、ICTを活用
して鋼構造物の施工全般にわたる品質・コスト・工期管理に関わる担当責任
者として業務を進めるに当たり、下記の内容について記述せよ。　（練習）

(1) 想定する鋼構造物を1つ挙げ、調査、検討すべき事項とその内容につい
て説明せよ。

(2) 業務を進める手順について、留意すべき点、工夫を要する点を含めて述べよ。

(3) 業務を効率的、効果的に進めるための関係者との調整方策について述べよ。

○　近年、社会インフラの維持管理手法が、従来の事後保全型から予防保全型に転換しつつある。鋼構造物の維持管理において、ICT（情報通信技術）、AI（人工知能：artificial intelligence）やロボット等の革新的技術を導入することにより、さらなるコスト改善や業務効率化を図ることが期待されている。あなたが、上述した革新的技術を維持管理に適用する担当責任者として業務を進めるに当たり、下記の内容について記述せよ。　　　　　　　（練習）

(1) 想定する鋼構造物を1つ挙げ、調査、検討すべき事項とその内容について説明せよ。

(2) 業務を進める手順について、留意すべき点、工夫を要する点を含めて述べよ。

(3) 業務を効率的、効果的に進めるための関係者との調整方策について述べよ。

維持管理・更新及び補強・補修等でこれまでに出題された問題のテーマ及び提示事項等を整理して、図表3.5に示します。

図表3.5　鋼構造物「維持管理・更新及び補強・補修等」の過去問題

| テーマ | 提示事項等 | 出題年度 |
| --- | --- | --- |
| 鋼構造物に関わる材料、構造、工法、維持管理の技術開発 | 技術開発の目的とその事例を1つ挙げる | 令和元年度 |
| ライフサイクルコスト縮減を考慮した耐荷力不足や機能上の問題等を解消するための更新・長寿命化対策 | 既設の鋼構造物を1つ示す | 平成30年度 |
| 大地震の被害を受けた鋼構造物の補修設計 | 補修設計を行う鋼構造物の損傷状態を2つ想定 | 平成29年度 |
| 鋼構造物の防食機能低下に対する補修 | 鋼構造物を自ら選ぶ | 平成28年度 |
| 既設鋼構造物の損傷に対する補修補強 | 想定する鋼構造物を示す | 平成27年度 |
| 旧基準で建設された鋼構造物の耐震補強設計 | 耐震補強設計を行う鋼構造物の種類を示す | 平成25年度 |

## (2) コンクリート

コンクリートで出題されている問題は、計画・設計・施工、改修・補修・補強及び維持管理に大別されます。なお、解答する答案用紙枚数は2枚（1,200字以内）です。

### (a) 計画・設計・施工

○　コンクリート構造物について、工期短縮を目的とする検討業務を行うことになった。あなたが担当責任者として業務を進めるに当たり、下記の内容に

ついて記述せよ。　　　　　　　　　　　　　　　　　　　　　　（H30 － 3）

(1) 現場打ち施工による工期短縮案及びプレキャスト化による工期短縮案を提案する上で必要とされる検討内容をそれぞれ述べよ。

(2) 現場打ち施工による工期短縮案又はプレキャスト化による工期短縮案のうち1つを選び、その検討業務を進める手順について述べよ。

(3) (2) で述べた検討業務を進めるに当たって、設計上及び施工上の留意事項をそれぞれ述べよ。

○　単位容積質量が1900 kg ／ m$^3$の軽量コンクリート1種（又は軽量骨材コンクリート1種）を、コンクリートポンプにて高所に圧送して床版を施工することになった。あなたが工事の担当責任者として業務を進めるに当たり、下記の内容について記述せよ。　　　　　　　　　　　　　　　　（H30 － 4）

(1) 情報収集、調査、確認すべき内容

(2) 業務を進める手順

(3) 業務を進める上での留意点

○　温暖地域の内陸部にある新設コンクリート構造物において、コンクリートの表層品質の確保に関する業務を進める場合、以下の問いに答えよ。

　　　　　　　　　　　　　　　　　　　　　　　　　　　　　　（H29 － 3）

(1) 設計及び施工の各段階で表層品質を確保するための方策をそれぞれ1つずつ挙げ、適用に当たっての留意点を説明せよ。

(2) 表層品質を確認するための方法を1つ提案し、その方法の概要と留意点を説明せよ。

(3) 当初の目標に対して表層品質が不足した新設構造物を仮定し、コンクリートの中性化による劣化を想定した維持管理計画を立てるに当たり、その手順と留意点を説明せよ。

○　コンクリート工事におけるリスク管理を行う上で、想定されるリスクに対するリスク分析や危機回避シナリオの作成など、事前の活動が危機回避の上で有効な手段である。今回あなたが関係する建設現場において、管理用供試体の圧縮強度に強度不足が発生したことを想定して、下記の内容について記述せよ。　　　　　　　　　　　　　　　　　　　　　　　　（H28 － 3）

(1) 対象となるコンクリート構造物を仮定し、想定した強度不足の発生状況とその原因や問題点

(2) 自分の立場と業務を明確にし、発生原因を回避するための再発防止策とその内容

(3) 再発防止策を進めるに当たり留意すべき事項

○　設計が完了しているコンクリート構造物において、施工に着手する段階で、

施工工期を短縮する必要から、主要な構造部材のプレキャスト化に取り組むことになった。しかしながら、プレキャスト化においては、在来工法時に比べて検討すべき項目が多く存在する。この業務を遂行するに当たり、コンクリート構造物を1つ想定して、下記の内容について記述せよ。　（H26－4）

(1) 工期短縮のために想定した構造物のプレキャスト化の範囲と、プレキャスト化計画時に検討すべき事項

(2) 「設計者」若しくは「施工者」の立場から業務を進める手順とその内容

(3) (2)で解答した立場において、業務を進める際に留意すべき事項

○　社会資本であるコンクリート構造物の長寿命化を図るためには、施工時の初期欠陥を防止することが極めて重要である。夏季は施工時の初期欠陥が起こりやすく、特に注意が必要である。こうした状況において、夏季に、高密度配筋となる柱とはりの接合部の施工を行うこととなった。この業務を担当して、コンクリートの製造・運搬、打込み・締固めを行うに当たり、施工時の初期欠陥を防止することを念頭にして、下記の内容について記述せよ。

（H25－3）

(1) 計画段階で検討すべき事項

(2) 業務を進める手順

(3) 以下のうち、いずれかの業務を進める際に留意すべき事項

　　「コンクリートの製造・運搬」、あるいは、「打込み・締固め」

○　JIS規格のレディーミクストコンクリートを施工基面から30 m下方の箇所に打設することになった。レディーミクストコンクリートは、粗骨材の最大寸法が25 mm、スランプ12 cmの普通コンクリートである。このレディーミクストコンクリートの品質確保を考慮して、あなたが施工管理の担当責任者として業務を進めるに当たり、下記の内容について記述せよ。　（練習）

(1) 調査、検討すべき事項とその内容について説明せよ。

(2) 業務を進める手順について、留意すべき点、工夫を要する点を含めて述べよ。

(3) 業務を効率的・効果的に進めるための関係者との調整方策について述べよ。

○　あなたが、コンクリート構造物の計画・設計において、新しく開発された材料、構造形式及び工法等を適用した設計を実施する担当責任者として業務を進めるに当たり、下記の内容について記述せよ。　（練習）

(1) 適用する材料、構造形式又は工法等を1つ想定し、調査、検討すべき事項とその内容について説明せよ。

(2) 業務を進める手順について、留意すべき点、工夫を要する点を含めて述べよ。

(3) 業務を効率的、効果的に進めるための関係者との調整方策について述べよ。

○　あなたが、ライフサイクルコストの低減及び供用後の運用業務の効率化・

合理化を考慮した新設のコンクリート構造物の設計を実施する担当責任者として業務を進めるに当たり、下記の内容について記述せよ。　　　　（練習）

(1) 新設するコンクリート構造物を想定し、調査、検討すべき事項とその内容について説明せよ。

(2) 業務を進める手順について、留意すべき点、工夫を要する点を含めて述べよ。

(3) 業務を効率的、効果的に進めるための関係者との調整方策について述べよ。

計画・設計・施工でこれまでに出題された問題のテーマ及び対象物等を整理して、図表3.6に示します。

図表3.6　コンクリート「計画・設計・施工」の過去問題

| テーマ | 対象物等 | 出題年度 |
|---|---|---|
| 工期短縮の検討 | コンクリート構造物 | 平成30年度 |
| コンクリートポンプにて高所に圧送して床版を施工 | 単位容積質量が1900 kg／m³の軽量コンクリート1種（又は軽量骨材コンクリート1種） | 平成30年度 |
| コンクリートの表層品質の確保 | 温暖地域の内陸部にある新設コンクリート構造物 | 平成29年度 |
| リスク管理（管理用供試体の圧縮強度に強度不足が発生したことを想定） | 対象となるコンクリート構造物を仮定する | 平成28年度 |
| 施工工期の短縮を考慮した主要構造部材のプレキャスト化 | コンクリート構造物を1つ想定する | 平成26年度 |
| 施工時の初期欠陥の防止を考慮したコンクリートの製造・運搬・打込み・締固め | 夏季に、高密度配筋となる柱とはりの接合部 | 平成25年度 |

(b) 改修・補修・補強及び維持管理

○　温暖な海岸地域にある鉄筋コンクリート構造物に錆汁を伴うひび割れが見つかった。耐久性を回復させるために補修計画の策定を行うこととなった。あなたが担当責任者として業務を進めるに当たり、下記の内容について記述せよ。　　　　　　　　　　　　　　　　　　　　　　（R1－3）

(1) 調査、検討すべき事項とその内容について説明せよ。

(2) 業務を進める手順について、留意すべき点、工夫を要する点を含めて述べよ。

(3) 業務を効率的・効果的に進めるための関係者との調整方策について述べよ。

○　大規模地震への震災対策として、重要構造物（道路・鉄道等の基幹的交通インフラ及び基幹施設）に対する耐震補強を行うこととなった。あなたが担当責任者として業務を進めるに当たり、震災後の機能確保の観点から下記の内容について記述せよ。　　　　　　　　　　　　　　　　　　（R1－4）

(1) 重要構造物のうち対象とする既設コンクリート構造物を1つ挙げ、その

震災後に求める機能と要求性能のレベルを簡潔に述べた上で、調査、検討すべき事項とその内容について説明せよ。

(2) 業務を進める手順について、留意すべき点、工夫を要する点を含めて述べよ。

(3) 業務を効率的・効果的に進めるための関係者との調整方策について述べよ。

○ 今後の大地震の発生に備えて、コンクリート構造物の耐震補強が進められている。今回あなたは、1969年に竣工された設計図と設計計算が無いコンクリート構造物の耐震補強対策業務を行うことになった。基礎構造は対象外として、下記の内容について記述せよ。　　　　　　　　　　(H29－4)

(1) 想定したコンクリート構造物、注意すべき部材の破壊形態、目標とする耐震性能と照査方法

(2) 構造物の復元方法、復元設計に必要な調査項目

(3) 業務を進める手順、業務で提案する補強工法について設計・施工上留意すべき事項

○ 供用中のコンクリート構造物において、作用荷重の増大又は外的作用力に起因すると考えられる損傷が発見され、耐荷力の回復又は耐荷力の向上を目的として早期に補強する業務を行うことになった。この業務を担当するに当たり、下記の内容について記述せよ。　　　　　　　　　　　　(H28－4)

(1) 想定したコンクリート構造物とその損傷状況を示し、損傷状態の把握、補強対策のために調査すべき項目

(2) 調査から補強対策実施までの業務手順とその内容。ただし、補強は当該コンクリート構造物を複合構造化して行うものとする。

(3) 複合構造化に当たり設計・施工上留意すべき事項

○ 既設のコンクリート構造物を活用し、新たに部材や構造物を増設又は増築して一体化する改修工事の設計に取り組むことになった。このような事例として、耐震設計が必要な既設コンクリート構造物の工事計画を1つ想定して、この業務を遂行するに当たり、下記の内容について記述せよ。　(H27－3)

(1) 想定した工事計画と耐震設計を行うために調査すべき項目

(2) 耐震設計に関する業務手順とその内容

(3) 合理的な耐震設計とするために留意すべき事項

○ 経年劣化によるかぶりコンクリートの剥離・剥落で鉄筋が露出したコンクリート構造物において、補修対策を行うものとして、以下の問いに答えよ。
　　　　　　　　　　　　　　　　　　　　　　　　　　　　　(H27－4)

(1) 剥離・剥落の原因として考えられるものを2つ挙げ、それぞれについて原因の特定と補修対策を行うために調査すべき内容を記述せよ。

(2) 調査から対策実施までの業務手順とその内容を記述せよ。

（3）業務を進める際に留意すべき事項を記述せよ。

○　コンクリート構造物の劣化損傷は、耐荷力低下等の安全性を損なう場合がある。このような事例として、コンクリート構造の梁部材において、ひび割れから錆汁が確認され、引張鋼材の腐食が懸念される状況を想定し、下記の内容について記述せよ。　　　　　　　　　　　　　　　（H26－3）

（1）想定するコンクリート構造物を示し、耐荷力の確認を行うために調査すべき内容

（2）想定したコンクリート構造物において、耐荷力の低下レベルを複数想定し、長期的な安全性・供用性に配慮しつつ、損傷発見後から対策実施までに行うべき業務手順とその内容。ただし、更新は含まない。

（3）業務を進める際に留意すべき事項

○　既設構造物の中には、材料劣化は生じていないが、既存不適格であるものが存在する。このような構造物の適切な補強設計を行うためには、詳細な情報が必要となるが、建設後数十年を超える構造物では、設計図書（図面・計算書等）が残っていない場合がある。こうした状況において、設計図書のないコンクリート構造物の耐荷又は耐震のいずれかの補強設計を行うこととなった。この業務を担当者として進めるに当たり、既存不適格である構造物を1つ想定し、下記の内容について記述せよ。　　　　　　（H25－4）

（1）業務を行うに当たって調査すべき事項

（2）構造物の現状の性能評価と補強設計の手順

（3）合理的な補強設計とするために留意すべき事項

○　既存のコンクリート構造物については、周辺環境に応じた維持管理を行う必要がある。我が国において、年間の約1/3以上の期間、最低気温が氷点下を下回る寒冷地域の既存のコンクリート構造物の耐久性確保を考慮した予防保全型の維持管理を行うこととなった。あなたが担当責任者として業務を進めるに当たり、下記の内容について記述せよ。　　　　　　　　　　（練習）

（1）想定する既設コンクリート構造物を1つ挙げ、調査、検討すべき事項とその内容について説明せよ。

（2）業務を進める手順について、留意すべき点、工夫を要する点を含めて述べよ。

（3）業務を効率的・効果的に進めるための関係者との調整方策について述べよ。

○　近年、生産性向上や業務の効率化・合理化の推進に当たり、建設現場においてICT（情報通信技術）の活用が求められている。あなたが、ICTを活用してコンクリート構造物の施工全般にわたる品質・コスト・工期管理に関わる担当責任者として業務を進めるに当たり、下記の内容について記述せよ。

（練習）

(1) 想定するコンクリート構造物を1つ挙げ、調査、検討すべき事項とその内容について説明せよ。

(2) 業務を進める手順について、留意すべき点、工夫を要する点を含めて述べよ。

(3) 業務を効率的、効果的に進めるための関係者との調整方策について述べよ。

○ 既存のコンクリート構造物の改修・補修・補強などを行う場合には、十分な調査や診断を実施し、その結果を適切に評価・検討した上で、それぞれの計画や設計を行う必要がある。既存のコンクリート構造物の耐久性回復の補強工事の調査・診断を行うに当たり、新しい調査・診断技術を適用することになった。あなたが、調査・診断の担当責任者として業務を進めるに当たり、下記の内容について記述せよ。　　　　　　　　　　　　　　　（練習）

(1) 想定するコンクリート構造物を1つ挙げ、調査、検討すべき事項とその内容について説明せよ。

(2) 業務を進める手順について、留意すべき点、工夫を要する点を含めて述べよ。

(3) 業務を効率的、効果的に進めるための関係者との調整方策について述べよ。

改修・補修・補強及び維持管理でこれまでに出題された問題のテーマ及び対象物等を整理して、図表3.7に示します。

図表3.7　コンクリート「改修・補修・補強及び維持管理」の過去問題

| テーマ | 対象物等 | 出題年度 |
|---|---|---|
| 耐久性を回復させるための補修計画の策定 | 温暖な海岸地域にある鉄筋コンクリート構造物 | 令和元年度 |
| 震災後の機能確保を考慮した重要構造物（道路・鉄道等の基幹的交通インフラ及び基幹施設）の耐震補強 | 重要構造物のうち対象とする既設コンクリート構造物を1つ挙げる | 令和元年度 |
| 耐震補強対策業務 | 1969年に竣工した設計図と設計計算が無いコンクリート構造物 | 平成29年度 |
| 耐荷力の回復又は耐荷力の向上を目的とした供用中のコンクリート構造物の補強 | 想定したコンクリート構造物とその損傷状況を示す | 平成28年度 |
| 新たに部材や構造物を増設又は増築して一体化する改修工事の設計 | 耐震設計が必要な既設コンクリート構造物の工事計画を1つ想定 | 平成27年度 |
| コンクリート構造物の補修対策 | 経年劣化によるかぶりコンクリートの剥離・剥落で鉄筋が露出したコンクリート構造物 | 平成27年度 |
| 引張鋼材の腐食が懸念されるコンクリート構造物の対策 | 想定するコンクリート構造物を示す | 平成26年度 |
| 設計図書のないコンクリート構造物の耐荷又は耐震のいずれかの補強設計 | 既存不適格である構造物を1つ想定 | 平成25年度 |

# 3.　都市及び地方計画

　都市及び地方計画で出題されている問題は、市街地整備、都市防災等、コンパクトシティ・中心市街地活性化等、歴史・景観まちづくり、都市公園・緑地等に大別されます。なお、解答する答案用紙枚数は2枚（1,200字以内）です。

## （1）市街地整備

○　戦災復興等で形成された小規模な街区や、細分化された土地の存在する市街地において、土地の集約化や街区の再編等を機動的に進め、新たな都市機能の立地を促進するために、あなたが担当責任者として、土地の個別利用と高度利用の両立を可能とする市街地整備手法（以下「土地・建物一体型の市街地整備手法」という。）の導入を検討することになった。以下の問いに答えよ。　　　　　　　　　　　　　　　　　　　　　　　　　　（H30－1）

　（1）当該市街地において、土地・建物一体型の市街地整備手法が有効である理由を述べよ。

　（2）導入が適切と考える土地・建物一体型の市街地整備手法を1つ提案し、その特徴と実施手順の概要を述べよ。

　（3）（2）で述べた手法を活用して市街地整備を進めるに当たり、留意すべき事項を述べよ。

○　高度経済成長期において大都市圏近郊で計画的に開発された戸建て住宅を主とする大規模住宅団地を対象に、あなたが都市計画・まちづくり部局の担当責任者として団地の再生を図る計画の策定を行うに当たり、以下の内容について記述せよ。　　　　　　　　　　　　　　　　　　　　（H29－1）

　（1）計画を策定する背景にあるハード面とソフト面の課題

　（2）（1）の課題を解決するため、当該計画に位置付けるべき具体的な施策

　（3）実効性の高い計画とするための工夫又は留意すべき事項

○　大都市における国際競争力の強化等に向け、戦災復興土地区画整理事業等により整備された都心部の再整備に当たり、細分化された複数の街区を集約する大街区化を実施することになった。あなたが、担当責任者として大街区化を進めるに当たり、以下の内容について記述せよ。　　　　　　（H27－1）

　（1）大街区化が必要な背景と大街区化による効果

(2) 大街区化に伴って必要となる検討手順とその内容

(3) 公共施設の再編に当たり留意すべき事項

○ 人口が10万人程度の地方都市において、図の検討区域を対象に、地域の
活性化を図る市街地の整備方針を担当責任者として策定するに当たり、以下
の内容について記述せよ。なお、都市計画決定されているものの未整備の駅
前広場及び道路については、長期にわたって事業化がされていないものとす
る。 (H26－2)

(1) 整備方針の策定に当たって検討すべき事項

(2) 整備方針を策定する手順及びその具体的内容

(3) 整備方針の策定に当たって工夫や留意すべき事項

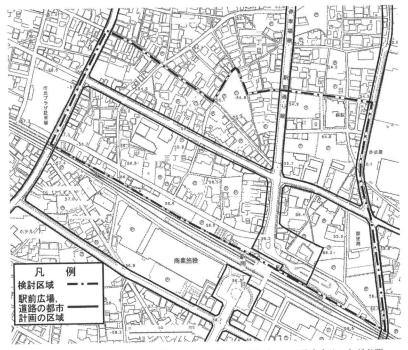

(注) ここに記載されていない事項で，解答に当たって条件として設定することが必要
と考えられるものについては，適宜想定して解答するものとする。

○ 大都市圏近郊の都市において、社会経済状況の変化を踏まえて、都市全体
の視点から、都市計画法による都市計画の変更の必要性を検証することと
なった。あなたが、担当責任者として業務を進めるに当たり、土地利用又は
都市施設に関する具体的な都市計画を想定して、下記の内容について記述せ
よ。 (H25－1)

(1) 検証の対象とする都市計画と検証を行う背景

(2) 検証の手順とその具体的内容

(3) 業務を進める際に留意すべき事項

市街地整備でこれまでに出題された問題のテーマ及び解答事項等を整理して、図表3.8に示します。

図表3.8 都市及び地方計画「市街地整備」の過去問題

| テーマ | 解答事項等 | 出題年度 |
|---|---|---|
| 土地の個別利用と高度利用の両立を可能とする市街地整備手法の導入検討 | 1) 土地・建物一体型の市街地整備手法が有効である理由<br>2) 導入が適切と考える土地・建物一体型の市街地整備手法を1つ提案、特徴と実施手順の概要<br>3) 2) の手法を活用して市街地整備を進める場合の留意事項 | 平成30年度 |
| 高度経済成長期において大都市圏近郊で開発された大規模住宅団地の再生計画の策定 | 1) 計画策定の背景にあるハード面とソフト面の課題<br>2) 1) の課題解決のため当該計画の具体的な施策<br>3) 実効性の高い計画とするための工夫又は留意事項 | 平成29年度 |
| 戦災復興土地区画整理事業等により整備された都心部再整備における細分化された複数の街区を集約する大街区化の実施 | 1) 大街区化が必要な背景と大街区化の効果<br>2) 必要となる検討手順とその内容<br>3) 公共施設の再編時の留意事項 | 平成27年度 |
| 人口10万人程度の地方都市の地域活性化を図る市街地整備方針の策定 | 1) 整備方針策定時の検討事項<br>2) 整備方針策定手順及びその具体的内容<br>3) 整備方針策定時の工夫や留意事項 | 平成26年度 |
| 大都市圏近郊都市における都市計画変更の必要性の検証業務 | （土地利用又は都市施設に関する具体的な都市計画を想定する）<br>1) 検証対象とする都市計画と検証を行う背景<br>2) 検証手順とその具体的内容<br>3) 業務を進める際の留意事項 | 平成25年度 |

## (2) 都市防災等

○ 防災・減災対策と並行して、事前に被災後の復興まちづくりを考えながら準備しておく復興事前準備の取組を進めておくことが重要となっている。このため平時から災害が発生した際のことを想定し、ソフト的対策を含む防災・減災対策と並行しつつ、それとは別に、被災市街地の復興に資するソフト的対策を事前に準備しておくことが必要である。

大規模地震による被災の懸念のある地方公共団体において、復興事前準備の取組を行うことになり、あなたがこの業務を担当責任者として進めること

になった。下記の内容について記述せよ。　　　　　　　　　　　　　（R1－1）

(1) 調査、検討すべき事項とその内容について説明せよ。

(2) 業務を進める手順について、留意すべき点、工夫を要する点を含めて述べよ。

(3) 業務を効率的、効果的に進めるための関係者との調整方策について述べよ。

○　防災上多くの課題を抱える密集市街地において、あなたが担当責任者として、整備改善のための計画策定を行うに当たり、以下の内容について記述せよ。　　　　　　　　　　　　　　　　　　　　　　　　　　　　　（H29－2）

(1) 密集市街地における防災上の課題

(2) 計画策定の手順とその内容

(3) 実効性の高い計画とするための工夫又は留意すべき事項

○　大都市圏近郊に位置し、都市基盤整備が不十分な市街地を有する都市において、防災を明確に意識した都市づくりを推進するための計画を策定することになった。あなたが、担当責任者として計画策定を行うに当たり、以下の内容について記述せよ。　　　　　　　　　　　　　　　　　　　（H27－2）

(1) 近年の自然災害の発生状況等を踏まえ、防災の観点から都市づくりに求められている事項

(2) 計画策定の手順とその内容

(3) 実効性の高い計画とするための工夫又は留意すべき事項

○　近年の頻発化・激甚化する自然災害等に対し、ハード面及びソフト面の両面から都市インフラの事前対策を講じておくことが求められている。都市インフラにおいては、高度経済成長期に集中的に整備されたものが多く、今後急速に老朽化していくことが懸念されている。都市防災の観点からも老朽化した都市インフラを計画的かつ効率的に更新・改修していく必要がある。

このたび、地方都市圏の中枢中核都市における都市計画施設の老朽化対策として改修事業計画を策定することになり、あなたがこの業務を担当責任者として進めることになった。下記の内容について記述せよ。　　　　（練習）

(1) 調査、検討すべき事項とその内容について説明せよ。

(2) 業務を進める手順について、留意すべき点、工夫を要する点を含めて述べよ。

(3) 業務を効率的、効果的に進めるための関係者との調整方策について述べよ。

○　大都市圏の中心市の老朽化した木造建築物が密集している地区において、防災及び省エネルギーの観点を最重視した再開発事業の計画を策定することになり、あなたがこの業務を担当責任者として進めることになった。下記の内容について記述せよ。　　　　　　　　　　　　　　　　　　　　（練習）

(1) 調査、検討すべき事項とその内容について説明せよ。

(2) 業務を進める手順について、留意すべき点、工夫を要する点を含めて述べよ。

(3) 業務を効率的、効果的に進めるための関係者との調整方策について述べよ。

　都市防災等でこれまでに出題された問題のテーマ及び解答事項等を整理して、図表3.9に示します。

図表3.9　都市及び地方計画「都市防災等」の過去問題

| テーマ | 解答事項等 | 出題年度 |
|---|---|---|
| 大規模地震による被災の懸念のある地方公共団体における復興事前準備業務 | 1) 調査、検討事項とその内容<br>2) 業務手順及び留意点、工夫点<br>3) 業務を効率的・効果的に進めるための関係者との調整方策 | 令和元年度 |
| 防災上多くの課題を抱える密集市街地における整備改善計画の策定業務 | 1) 密集市街地の防災上の課題<br>2) 計画策定手順とその内容<br>3) 実効性の高い計画とするための工夫又は留意事項 | 平成29年度 |
| 都市基盤整備が不十分な市街地にて防災を明確に意識した都市づくり推進計画策定業務 | 1) 防災の観点から都市づくりに求められている事項<br>2) 計画策定手順とその内容<br>3) 実効性の高い計画とするための工夫又は留意事項 | 平成27年度 |

## (3) コンパクトシティ・中心市街地活性化等

○　地方都市圏の中核都市において、公共交通の利便性向上を図る目的で、市中心部の既存駅と駅間距離の長い隣駅との間に鉄道の新駅を設置し、併せて新駅周辺の市街地整備を行うことになった。あなたが担当責任者として市街地整備の計画策定を行うに当たり、以下の内容について記述せよ。

(H28－2)

　なお、関連状況は以下のとおりである。

・新駅は、沿線にある公共施設の跡地（5 ha 程度の市有地）の一部を利用して設置する。

・併せて行う市街地整備は、新駅設置に伴い必要となる都市施設と宅地の整備並びに都市機能の立地・誘導を行うものであり、その規模は、当該公共施設跡地と隣接する空閑地（田畑等の民有地）を合わせた10 ha 程度である。

・市街地整備を行う地区周辺には住宅系市街地が広がっている。

・現在、市では、市内に散在する公共公益施設の建替等に伴う移転・集約化を計画中である。

　(1) 本件のように鉄道駅を新設し、また、これに併せて周辺を計画的に市街地整備することの意義

　(2) 計画策定の手順とその具体的内容

(3) 計画策定に当たり、コンパクトシティ形成の視点から留意すべき事項

○ あなたが、地方都市の中心市街地活性化計画と事業の担当責任者として業務を進めるに当たり、下記の内容について記述せよ。 (H25－2)

(1) 中心市街地活性化のために検討すべき課題とその背景

(2) 課題を解決するための体制と検討手順

(3) 業務を進める際に留意すべき事項

○ コンパクトシティの推進を図るには、同じ都市圏を形成する市町村が広域に連携していくことが必要である。このたび、中枢中核都市と周辺都市である近隣の町が連携して立地適正化計画を作成することになり、あなたがこの業務を担当責任者として進めることになった。下記の内容について記述せよ。 (練習)

(1) 調査、検討すべき事項とその内容について説明せよ。

(2) 業務を進める手順について、留意すべき点、工夫を要する点を含めて述べよ。

(3) 業務を効率的、効果的に進めるための関係者との調整方策について述べよ。

○ 人口減少と高齢化が進行し、かつ、市街地の拡大等により、生活や企業活動を支える医療、福祉、子育て支援及び教育等の機能維持が困難な状況にある地方都市を、官民連携により持続可能な都市構造へ再構築することになり、あなたがこの業務を担当責任者として進めることになった。下記の内容について記述せよ。 (練習)

(1) 調査、検討すべき事項とその内容について説明せよ。

(2) 業務を進める手順について、留意すべき点、工夫を要する点を含めて述べよ。

(3) 業務を効率的、効果的に進めるための関係者との調整方策について述べよ。

コンパクトシティ・中心市街地活性化等でこれまでに出題された問題のテーマ及び解答事項等を整理して、図表3.10に示します。

図表3.10 都市及び地方計画「コンパクトシティ・中心市街地活性化等」の過去問題

| テーマ | 解答事項等 | 出題年度 |
|---|---|---|
| 地方都市圏の中核都市における付与された条件での市街地整備の計画策定業務 | 1) 付与された条件での市街地整備の意義<br>2) 計画策定手順とその具体的内容<br>3) 計画策定時にコンパクトシティ形成の視点からの留意事項 | 平成28年度 |
| 地方都市の中心市街地活性化計画及び事業実施業務 | 1) 中心市街地活性化の検討課題とその背景<br>2) 課題解決の体制と検討手順<br>3) 業務を進める際の留意事項 | 平成25年度 |

## （4）歴史・景観まちづくり

○ 歴史的街並みを有する地方都市において、地域活性化に資する魅力ある景観の形成を図るため、景観計画を策定することになった。あなたが担当責任者として計画の策定を行うに当たり、以下の内容について記述せよ。

（H28-1）

(1) 景観計画を策定してまちづくりを推進することの意義

(2) 計画策定の手順とその具体的内容

(3) 計画策定を進める際に留意すべき事項

○ 近年、歴史上重要な建造物及び周辺の市街地と人々の営みを一体的に捉え、良好な市街地環境の向上を目指す「歴史まちづくり」の取組が全国で広がりをみせている。城郭を中心に武家地、寺社地、町人地等が計画的に配置されていた城下町を起源とする地方の都市において「歴史まちづくり」を進めるための計画を策定することになった。この業務を担当責任者として進めるに当たり、以下の内容について記述せよ。

（H26-1）

(1) 計画策定に当たって検討すべき事項とその背景

(2) 計画策定の手順とその内容

(3) 計画策定を進める際に工夫あるいは留意すべき事項

○ 地方都市圏の都市において、景観計画を策定することになった。この都市は、貴重な歴史的資産として歴史上重要な建造物を中心とした旧市街地の街並み等を有している。また、風光明媚な景観と豊かな自然環境もあわせて有している。あなたがこの景観計画の策定業務を担当責任者として進めることになった。下記の内容について記述せよ。 **（練習）**

(1) 調査、検討すべき事項とその内容について説明せよ。

(2) 業務を進める手順について、留意すべき点、工夫を要する点を含めて述べよ。

(3) 業務を効率的、効果的に進めるための関係者との調整方策について述べよ。

　歴史・景観まちづくりでこれまでに出題された問題のテーマ及び解答事項等を整理して、図表3.11に示します。

図表3.11　都市及び地方計画「歴史・景観まちづくり」の過去問題

| テーマ | 解答事項等 | 出題年度 |
|---|---|---|
| 歴史的街並みを有する地方都市の景観計画策定業務 | 1) 景観計画を策定してまちづくりを推進する意義<br>2) 計画策定手順とその具体的内容<br>3) 計画策定を進める際の留意事項 | 平成28年度 |
| 地方都市における「歴史まちづくり」を進めるための計画策定業務 | 1) 計画策定時の検討事項とその背景<br>2) 計画策定手順とその内容<br>3) 計画策定を進める際の工夫あるいは留意事項 | 平成26年度 |

## (5) 都市公園・緑地等

○ 人口減少・少子高齢化が進むとともに、財政制約が高まりつつある大都市近郊の都市の住宅市街地において、下図のとおり幹線道路及び補助幹線道路に囲まれた約500 m四方の区域内に存する3つの街区公園（A：約1,500 m²、B：約700 m²、C：約300 m²）について、その配置及び機能の再編に関する方針を策定することとなった。この業務を担当責任者として進めるに当たり、下記の内容について記述せよ。

なお、当該区域内の住民1人当たりの街区公園の面積は、現在、当該都市が掲げる市街地の住民1人当たりの街区公園の整備目標水準を満たしているものとする。また、3つの街区公園は、いずれも設置後30年以上が経過しているが、これまで、公園施設の維持・修繕は行ってきているものの、それらの公園で確保すべき機能の見直しは行っていないものとする。　（R1－2）

(1) 調査、検討すべき事項とその内容について説明せよ。

(2) 業務を進める手順について、留意すべき点、工夫を要する点を含めて述べよ。

(3) 業務を効率的、効果的に進めるための関係者との調整方策について述べよ。

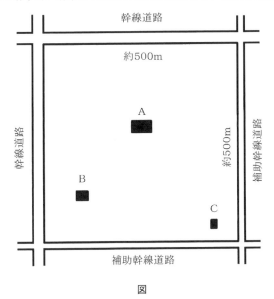

図

○ 人口減少・少子高齢化が進むとともに、財政制約が高まりつつある都市において、今後も緑とオープンスペースの確保とその活用に関する施策を、総合的かつ戦略的に進めていくために、あなたが担当責任者として緑の基本計画の見直しを行うこととなった。以下の内容について記述せよ。（H30－2）

(1) この都市の現状から想定される緑とオープンスペースに関する課題

(2) (1) の課題を踏まえた、緑の基本計画の見直しの手順とその内容

(3) 実効性の高い計画とするための工夫又は留意すべき事項

○　地方中核都市圏の市街地に位置している都市公園の運営管理及び整備について、官民連携手法の導入を検討している。この業務を担当責任者として進めるに当たり、以下の内容について記述せよ。なお、解答に当たって必要な条件設定がある場合は、適宜想定するものとする。　　　　　　　（練習）

(1) 調査、検討すべき事項とその内容について説明せよ。

(2) 業務を進める手順について、留意すべき点、工夫を要する点を含めて述べよ。

(3) 業務を効率的、効果的に進めるための関係者との調整方策について述べよ。

都市公園・緑地等でこれまでに出題された問題のテーマ及び解答事項等を整理して、**図表**3.12に示します。

図表3.12　都市及び地方計画「都市公園・緑地等」の過去問題

| テーマ | 解答事項等 | 出題年度 |
|---|---|---|
| 大都市近郊都市の住宅市街地にて付与された条件区域内に存する街区公園の配置及び機能の再編に関する方針策定業務 | 1) 調査、検討事項とその内容<br>2) 業務手順及び留意点、工夫を要する点<br>3) 業務を効率的・効果的に進めるための関係者との調整方策 | 令和元年度 |
| 緑の基本計画の見直し業務 | 1) 想定される緑とオープンスペースに関する課題<br>2) 1) の課題を踏まえた、緑の基本計画の見直しの手順とその内容<br>3) 実効性の高い計画とするための工夫又は留意事項 | 平成30年度 |

# 4. 河川、砂防及び海岸・海洋

　河川、砂防及び海岸・海洋で出題されている問題は、災害対策、整備効果・評価及び維持管理等、環境保全・配慮等に大別されます。なお、解答する答案用紙枚数は2枚（1,200字以内）です。

## （1）災害対策

○　近年、大規模広域豪雨による洪水・土砂災害の発生や、大規模地震・津波が想定されることを踏まえると、河川、砂防及び海岸・海洋の分野では、防災に配慮した地域づくりを進めていくことが求められる。あなたが洪水、土砂災害、津波のいずれかの防災地域づくりの検討業務を担当することとなった場合、以下の問いに答えよ。　　　　　　　　　　　　　　　　（R1－2）

（1）調査、検討すべき事項とその内容について説明せよ。

（2）業務を進める手順について、留意すべき点、工夫を要する点を含めて述べよ。

（3）業務を効率的・効果的に進めるための関係者との調整方策について述べよ。

○　平成29年7月の九州北部豪雨での筑後川右岸流域での被害を受けて、以下の問いに答えよ。　　　　　　　　　　　　　　　　　　　　　　　　　　　　（H30－1）

（1）九州北部豪雨災害の主な特徴と技術的な課題をそれぞれ2つ以上述べよ。

（2）（1）で述べた課題2つについて、具体的な対策を記述するとともに、実施上の留意点を述べよ。

○　近年、想定を上回る規模の災害の発生も見られる中、ハード対策に加えて被害想定範囲等を示したハザードマップを活用したソフト対策の重要性が増していることを踏まえ、以下の問いに答えよ。　　　　　　　　　　　　（H29－1）

（1）河川、砂防及び海岸・海洋のいずれかの分野を選択し、被害想定区域の設定からハザードマップの作成に至る手順を概説せよ。

（2）（1）で扱ったハザードマップについて、活用上の留意点を述べよ。

○　河川、砂防及び海岸・海洋の分野において、今後、激甚化、多発が懸念される自然災害に対して被害の最小化が求められることを踏まえ、以下の問いに答えよ。　　　　　　　　　　　　　　　　　　　　　　　　　　　　　（H27－1）

（1）河川、砂防及び海岸・海洋分野における災害現象である洪水、土砂災害、津波、高潮から1つ取り上げ、その現象に対する警戒避難、応急・緊急対

　策などの防災活動を円滑に行うため、現在、自治体や管理者、気象官署から提供されている平時及び災害時の防災情報を1つずつ挙げ、それぞれの内容を記述せよ。なお、防災情報とは、災害被害を最小化することを目的に提供される情報とする。

　(2)　(1)で取り上げた2つの防災情報について、情報作成・提供時の留意点と課題を説明し、課題の改善に向けた方策を記述せよ。

○　近年、南海トラフ地震等の巨大地震に備えて、「南海トラフ地震に係る地震防災対策の推進に関する特別措置法」等の法整備や、具体的な対策の策定等が進められている。南海トラフ地震等の巨大地震が発生した際には、強い揺れ、液状化・地盤沈下、巨大な津波等の発生による被害が想定される。そこで、河川、砂防及び海岸・海洋分野の観点から、以下の問いに答えよ。

（H26−2）

　(1)　南海トラフ地震等の巨大地震の発生により想定される被害を2つ以上取り上げ、その被害を軽減するため、平常時から準備しておくべき対策と対策実施の際に留意すべき事項を述べよ。

　(2)　(1)で取り上げた想定される被害について、巨大地震発生時の応急対策と対策実施の際に留意すべき事項を述べよ。

○　河川、砂防、海岸における災害に対応するため「ハザードマップ」の作成・公表が進められている。あなたが担当者としてハザードマップの作成・普及を進めていくに当たり、以下の問いに答えよ。　　　　　　（H25−1）

　(1)　洪水ハザードマップ、土砂災害ハザードマップ、火山ハザードマップ、津波ハザードマップ、高潮ハザードマップのうちいずれか1つを選び、記載すべき災害危険エリアの設定方法について述べよ。

　(2)　災害危険エリアの他にハザードマップに記載すべき内容について述べよ。

　(3)　効果的なハザードマップの作成やその普及・活用に当たって工夫すべき点について述べよ。

○　近年、気候変動の影響と考えられる豪雨による水害、土石流災害または地震発生時における津波などの大規模自然災害に対する安全度の向上を図ることが求められている。あなたが洪水、土砂災害、津波のいずれかの事前防災対策の検討業務を担当することとなった場合、以下の問いに答えよ。土砂災害、津波のどちらかを選択すること。　　　　　　　　　　　（練習）

　(1)　調査、検討すべき事項とその内容について説明せよ。

　(2)　業務を進める手順について、留意すべき点、工夫を要する点を含めて述べよ。

　(3)　業務を効率的・効果的に進めるための関係者との調整方策について述べよ。

○　近年、気候変動の影響と考えられる豪雨による水害、土石流災害または地

震発生時における津波などの大規模自然災害に対する安全度の向上を図ることが求められている。河川、砂防及び海岸・海洋の分野において、あなたが、現況施設能力を上回る災害に関し、減災対策の検討業務を担当することとなった場合、以下の問いに答えよ。　　　　　　　　　　　　（練習）

(1) 想定する河川、砂防及び海岸・海洋の施設を1つ挙げ、調査、検討すべき事項とその内容について説明せよ。

(2) 業務を進める手順について、留意すべき点、工夫を要する点を含めて述べよ。

(3) 業務を効率的・効果的に進めるための関係者との調整方策について述べよ。


災害対策でこれまでに出題された問題のテーマ及び解答事項等を整理して、図表3.13に示します。

図表3.13　河川、砂防及び海岸・海洋「災害対策」の過去問題

| テーマ | 解答事項等 | 出題年度 |
|---|---|---|
| 防災地域づくりの検討 | 1) 調査、検討事項とその内容<br>2) 業務手順及び留意点、工夫を要する点<br>3) 業務を効率的・効果的に進めるための関係者との調整方策 | 令和元年度 |
| 九州北部豪雨災害 | 1) 災害の主な特徴と技術的な課題<br>2) 具体的な対策及び実施上の留意点 | 平成30年度 |
| ハザードマップ | 1) 被害想定区域の設定からハザードマップ作成に至る手順<br>2) ハザードマップの活用上の留意点 | 平成29年度 |
| 防災情報 | 1) 平時及び災害時の防災情報を1つずつ挙げる<br>2) 情報作成・提供時の留意点と課題、課題改善の方策 | 平成27年度 |
| 南海トラフ地震等の巨大地震対策 | 1) 想定される被害、平常時から準備しておくべき対策と対策実施の際の留意事項<br>2) 応急対策と対策実施の際の留意事項 | 平成26年度 |
| ハザードマップ | 1) 記載すべき災害危険エリアの設定方法<br>2) 災害危険エリアの他にハザードマップに記載すべき内容<br>3) 作成やその普及・活用に当たって工夫すべき点 | 平成25年度 |

## (2) 整備効果・評価及び維持管理等

○　河川、砂防及び海岸・海洋の分野において、インフラ・ストック効果について、以下の問いに答えよ。　　　　　　　　　　　　　　　　（H28－1）

(1) インフラ・ストック効果についてフロー効果と対比させながら説明するとともに、河川、砂防及び海岸・海洋の分野において、インフラ・ストック効果の具体例を1つ取り上げて説明せよ。

(2) インフラ・ストック効果を発揮するためにインフラ整備に求められる視

点について述べよ。

○　我が国では、高度成長期以降に整備したインフラの老朽化が懸念され、今後、計画的に修繕、更新等を行いながらインフラの機能を維持していくことが求められることを踏まえ、以下の問いに答えよ。　　　　　　　（H28－2）

(1) 河川、砂防及び海岸・海洋のいずれかの分野を選択し、インフラの健全度等を評価する方法について、点検方法と併せて述べよ。

(2) (1) で選択した分野のインフラの点検、健全度等評価、施設の修繕・更新等を計画的に行うための長寿命化計画を策定する上で、留意すべき事項を述べよ。

○　高度経済成長期に集中的に整備されてきた我が国の社会基盤は、今後急速に老朽化が進行すると想定される。このような状況において、防災施設（河川、砂防及び海岸・海洋の分野に限る。）の維持管理を行うに当たり、以下の問いに答えよ。　　　　　　　　　　　　　　　　　　　　　　　　　（H25－2）

(1) 維持管理の視点から防災施設の特徴について述べよ。

(2) 効率的な維持管理を行うに当たって留意すべき事項について述べよ。

○　近年、社会インフラ施設の維持管理において、ICT（情報通信技術）、AI（人工知能：artificial intelligence）やロボット等の革新的技術を導入することにより、さらなるコスト改善や業務効率化を図ることが期待されている。あなたが、上述した革新的技術を河川、砂防及び海岸・海洋のインフラ施設の維持管理に適用する検討業務を担当することになった場合、以下の問いに答えよ。　　　　　　　　　　　　　　　　　　　　　　　　　　　（練習）

(1) 調査、検討すべき事項とその内容について説明せよ。

(2) 業務を進める手順について、留意すべき点、工夫を要する点を含めて述べよ。

(3) 業務を効率的・効果的に進めるための関係者との調整方策について述べよ。

○　近年、社会インフラ施設の耐久性回復を目的とした再生事業や機能向上等を目的とした改修事業等が様々な分野で進められている。あなたが、河川、砂防及び海岸・海洋の既存インフラ施設の機能増強を目的としたリノベーション事業の検討業務を担当することになった場合、以下の問いに答えよ。

（練習）

(1) 想定する既存インフラ施設を1つ挙げ、調査、検討すべき事項とその内容について説明せよ。

(2) 業務を進める手順について、留意すべき点、工夫を要する点を含めて述べよ。

(3) 業務を効率的・効果的に進めるための関係者との調整方策について述べよ。

整備効果・評価及び維持管理等でこれまでに出題された問題のテーマ及び解

答事項等を整理して、図表3. 14に示します。

図表3. 14　河川、砂防及び海岸・海洋「整備効果・評価及び維持管理等」の過去問題

| テーマ | 解答事項等 | 出題年度 |
|---|---|---|
| インフラ・ストック効果 | 1) インフラ・ストック効果を説明、河川、砂防及び海岸・海洋分野の具体例を1つ取り上げて説明<br>2) インフラ整備に求められる視点 | 平成28年度 |
| 長寿命化計画の策定 | 1) インフラの健全度等を評価する方法及び点検方法<br>2) 長寿命化計画を策定する上の留意事項 | 平成28年度 |
| 防災施設の維持管理 | 1) 維持管理の視点から防災施設の特徴<br>2) 効率的な維持管理を行うに当たって留意すべき事項 | 平成25年度 |

## (3) 環境保全・配慮等

○　近年、激甚な災害が各所で発生し大規模な災害復旧事業が進められているが、環境の保全に配慮しつつ災害に強い社会資本の整備が求められている。あなたが環境に配慮した災害復旧工事の検討業務を担当することとなった場合、河川、砂防及び海岸・海洋のいずれかの分野を対象として、以下の問いに答えよ。　　　　　　　　　　　　　　　　　　　　　　　　　　　　（R1－1）

(1) 調査、検討すべき事項とその内容について説明せよ。

(2) 業務を進める手順について、留意すべき点、工夫を要する点を含めて述べよ。

(3) 業務を効率的・効果的に進めるための関係者との調整方策について述べよ。

○　総合土砂管理計画の策定が各地で進められてきていることを踏まえ、以下の問いに答えよ。　　　　　　　　　　　　　　　　　　　　　　　　　　　　（H30－2）

(1) 総合土砂管理の検討が必要な流砂系の特徴と課題を述べ、総合土砂管理計画策定において通常検討すべき事項を概説せよ。

(2) (1)で述べた課題に対する具体の土砂管理対策を3つ挙げ、それぞれについて、対策の概要及び実施に当たっての留意点を述べよ。

○　河川、砂防及び海岸・海洋の分野において、景観に配慮した防災施設の整備が求められることを踏まえ、以下の問いに答えよ。　　　　　　　　　（H29－2）

(1) 河川、砂防及び海岸・海洋のいずれかの分野を選択し、防災施設の整備における、周辺を含めた景観配慮の留意点を述べよ。

(2) (1)で扱った防災施設の景観配慮について、整備の各段階（調査・計画段階、設計段階、施工段階）において通常検討すべき項目を説明せよ。

○　河川、砂防及び海岸において災害復旧事業を実施するに当たって、事業者として環境への配慮が求められている。そうした状況を考慮し、以下の問いに答えよ。　　　　　　　　　　　　　　　　　　　　　　　　　　　　　　（H27－2）

(1) 河川、砂防及び海岸・海洋分野の技術者として、災害復旧事業の特徴を

述べた上で、「河川」、「砂防」、「海岸」それぞれの分野について環境の観点から、計画上の配慮事項を記述せよ。

(2)「河川」、「砂防」、「海岸」のうちいずれかを選び、災害復旧事業の実施について設計、施工、施工後の管理において、環境へ配慮すべき事項について記述せよ。

○ 公共事業として実施する河川、砂防及び海岸・海洋分野における施設整備では、防災安全度の確保のみならず、美しく自然豊かな国土の形成のため自然環境への配慮が求められる。そういった状況を考慮し、以下の問いに答えよ。　　　　　　　　　　　　　　　　　　　　　　　　　　　（H26-1）

(1) 河川、砂防及び海岸・海洋分野の施設整備において、影響を受ける自然環境の要素とその影響の過程を説明せよ。

(2)（1）で記載した自然環境の要素とその影響の過程に対して、施設の計画・設計・施工の各段階において、自然環境の保全・回復・創出の観点から留意すべき事項について述べよ。

○ 近年、地域活性化や観光振興等に貢献する観点から、良好な自然環境の創出を含めた魅力ある水辺空間の創出等が求められている。あなたが水辺空間の賑わいの創出の検討業務を担当することとなった場合、河川、砂防及び海岸・海洋のいずれかの分野を対象として、以下の問いに答えよ。　（練習）

(1) 調査、検討すべき事項とその内容について説明せよ。

(2) 業務を進める手順について、留意すべき点、工夫を要する点を含めて述べよ。

(3) 業務を効率的・効果的に進めるための関係者との調整方策について述べよ。

○ 地域に身近に存在する河川や海岸では、近年、環境学習や自然体験活動等の様々な活動が行われている。あなたが環境教育を考慮した河川又は海岸・海洋環境の保全の検討業務を担当することとなった場合、河川、砂防及び海岸・海洋のいずれかの分野を対象として、以下の問いに答えよ。　（練習）

(1) 調査、検討すべき事項とその内容について説明せよ。

(2) 業務を進める手順について、留意すべき点、工夫を要する点を含めて述べよ。

(3) 業務を効率的・効果的に進めるための関係者との調整方策について述べよ。

環境保全・配慮等でこれまでに出題された問題のテーマ及び解答事項等を整理して、図表3.15に示します。

図表3.15　河川、砂防及び海岸・海洋分野「環境保全・配慮等」の過去問題

| テーマ | 解答事項等 | 出題年度 |
|---|---|---|
| 環境保全に配慮した災害復旧工事の検討 | 1）調査、検討事項とその内容<br>2）業務手順及び留意点、工夫を要する点<br>3）業務を効率的・効果的に進めるための関係者との調整方策 | 令和元年度 |
| 総合土砂管理計画の策定 | 1）流砂系の特徴と課題、総合土砂管理計画にて検討すべき事項<br>2）1）の課題の対策3つ、その概要と実施上の留意点 | 平成30年度 |
| 景観に配慮した防災施設の整備 | 1）防災施設整備における周辺を含めた景観配慮の留意点<br>2）整備の各段階（調査・計画段階、設計段階、施工段階）において通常検討すべき項目 | 平成29年度 |
| 災害復旧事業における環境への配慮 | 1）災害復旧事業の特徴、環境の観点から計画上の配慮事項<br>2）設計、施工、施工後の管理において環境へ配慮すべき事項 | 平成27年度 |
| 自然環境への配慮 | 1）影響を受ける自然環境の要素とその影響の過程<br>2）施設の計画・設計・施工の各段階における自然環境の保全・回復・創出の観点から留意すべき事項 | 平成26年度 |

# 5．港湾及び空港

　港湾及び空港で出題されている問題は、計画・設計、改良・補修・施工、誘致計画及びサービス向上等、災害対策に大別されます。なお、解答する答案用紙枚数は2枚（1,200字以内）です。

## （1）計画・設計

○　港湾又は空港の施設改良の設計について、(1)、(2) の問いのうち1つを選び答えよ。　　　　　　　　　　　　　　　　　　　　　（H30－1）

(1) 水深12 mの岸壁を水深14 mに増深するとともに、レベル2地震対応に耐震強化するための改良工事を行うことになった。前面水域の制約から岸壁法線は変更しないことを求められた。既設岸壁の構造形式が、①横桟橋式、②矢板式の2つのケースについて、それぞれ提案する改良断面のイメージ図を示して、その内容を説明せよ。

(2) 滑走路をレベル2地震対応に耐震強化するための改良工事を行うことになった。以下の問いに答えよ。

①　滑走路の液状化対策の必要性の判定手順を説明せよ。

②　滑走路の下を横断する地下埋設物（道路トンネル）が存在する場合の、滑走路及び地下埋設物について、提案する改良断面のイメージ図を示して、その内容を説明せよ。

○　近年の円安への移行や、ビジット・ジャパン・キャンペーンなど海外観光客誘致施策の推進に伴い、海外からのインバウンド客が全国的に急激に増加してきている。このような状況の中、ある港湾及び空港においてインバウンド客の受け入れを行う施設の整備・管理に係る対応策の検討を行うこととなった。

　港湾又は空港のいずれかを選び、あなたが担当責任者としてこの検討業務を進めるに当たり、以下の問いに答えよ。

　ただし、港湾では旅客船対応施設は無く、貨物船対応の公共岸壁が存在するのみである。また、空港では現状、発着併せて40便／日程度の国内便のみが就航しているところである。　　　　　　　　　　　　　　　（H28－1）

(1) 対応策立案に当たって収集すべき事項を列挙して簡潔に述べよ。

(2) 対応策立案の手順を述べよ。

(3) 本業務を進めるに当たって留意すべき事項を述べよ。

○　人口・資産が集積している沿岸地域に所在する港湾又は空港の施設等の整備計画について、地球温暖化に起因するとされる気象・海象条件の変化を取り入れて見直しを行うこととなった。

　　港湾又は空港のいずれかを選び、あなたが担当責任者としてこの業務を進めるに当たり、以下の問いに答えよ。　　　　　　　　　　　　　　（H27 － 1）

(1) 検討すべき外力と本業務の検討手順を述べよ。

(2) 検討すべき施設等とそれぞれの検討内容を述べよ。

(3) 上記業務を進める際に留意すべき事項を3つ述べよ。

○　桟橋構造の岸壁増深又はアスファルト構造の滑走路増厚について、設計業務を実施することとなった。

　　岸壁増深又は滑走路増厚のいずれかを選び、あなたが担当責任者としてこの業務を進めるに当たり、以下の問いに答えよ。なお、岸壁法線の位置及び桟橋構造であることは変えないものとする。　　　　　　　　　　（H27 － 2）

(1) 着手時に調査すべき内容を述べよ。

(2) 業務を進める手順を述べよ。

(3) 上記業務を進める際に留意すべき事項を2つ述べよ。

○　港湾又は空港の施設計画を検討する技術士として、次の（1）、（2）の問いのうち1つを選び、解答せよ。　　　　　　　　　　　　　　　　（H25 － 1）

(1) 港湾において輸送コスト低減のための対象船舶の大型化に対応して、施設計画を変更する業務を行う場合、下記の①〜③について答えよ。

　① 見直しの必要性が考えられる港湾の施設を挙げよ。

　② そのうち3種類の施設について、施設計画の検討内容を説明せよ。

　③ 業務を進める際に、あなたが留意あるいは工夫すべきと考える事項を説明せよ。

(2) 空港において発着回数の増大に対応するため、滑走路の増設を計画する業務を行う場合、下記の①〜③について答えよ。

　① 増設が技術的に可能かを確認する観点を3つ挙げよ。

　② 増設する滑走路計画の検討内容を説明せよ。

　③ 業務を進める際に、あなたが留意あるいは工夫すべきと考える事項を説明せよ。

○　国際競争力の強化を図るため、既存の港湾施設又は空港施設の見直しを検討することになった。特に、外国からの来訪者対応及びユニバーサルデザインに重点をおいた再整備を予定している。国際客船用ターミナル又は国際空港のいずれかを選び、あなたがこの業務を担当責任者として進めるに当たり、

　下記の内容について記述せよ。 (練習)

(1) 再整備計画の策定に当たって調査、検討すべき事項とその内容について説明せよ。

(2) 業務を進める手順について、留意すべき点、工夫を要する点を含めて述べよ。

(3) 業務を効率的、効果的に進めるための関係者との調整方策について述べよ。

○ 港湾又は空港とその周辺地域との調和ある発展を図るためには、自然環境及び生活環境の保全に努める必要がある。これを踏まえ、既存の港湾又は空港施設周辺の自然環境及び生活環境に関する現状調査の実施とそれを基にした環境保全計画を立案することとなった。港湾又は空港のいずれかを選び、あなたがこの業務を担当責任者として進めるに当たり、下記の内容について記述せよ。 (練習)

(1) 調査、検討すべき事項とその内容について説明せよ。

(2) 業務を進める手順について、留意すべき点、工夫を要する点を含めて述べよ。

(3) 業務を効率的、効果的に進めるための関係者との調整方策について述べよ。

　計画・設計でこれまでに出題された問題のテーマ及び解答事項等を整理して、図表3.16に示します。

図表3.16　港湾及び空港「計画・設計」の過去問題

| テーマ | 解答事項等 | 出題年度 |
|---|---|---|
| レベル2地震対応に耐震強化する施設改良設計 | （港湾）既設岸壁：提案する①横桟橋式、②矢板式の2ケースについて、提案する改良断面のイメージ図を示してその内容を説明 | 平成30年度 |
| | （空港）滑走路：<br>1) 液状化対策の必要性の判定手順を説明<br>2) 提案する改良断面のイメージ図を示してその内容を説明 | |
| インバウンド客の受け入れを行う施設の整備・管理に係る対応検討 | 1) 対応策立案に当たり収集すべき事項<br>2) 対応策立案の手順<br>3) 業務上の留意事項 | 平成28年度 |
| 気象・海象条件の変化を考慮した施設等の整備計画の見直し | 1) 検討すべき外力と業務の検討手順<br>2) 検討すべき施設等とそれぞれの検討内容<br>3) 業務を進める際の留意事項を3つ | 平成27年度 |
| アスファルト構造の滑走路増厚の設計業務 | 1) 着手時に調査すべき内容<br>2) 業務を進める手順<br>3) 業務を進める際に留意すべき事項2つ | 平成27年度 |
| （港湾）対象船舶の大型化に対応した施設計画の変更業務 | 1) 見直しの必要性が考えられる港湾の施設を挙げる<br>2) 1) のうち3種類の施設の施設計画の検討内容を説明<br>3) 業務を進める際の留意あるいは工夫すべき事項 | 平成25年度 |
| （空港）発着回数の増大に対応した滑走路の増設計画業務 | 1) 増設が技術的に可能かを確認する観点を3つ<br>2) 増設する滑走路計画の検討内容<br>3) 業務を進める際の留意あるいは工夫すべき事項 | |

## (2) 改良・補修・施工

○ コンテナ埠頭の岸壁延伸又は海上空港の滑走路増設のため、海面埋立工事の施工計画を策定することとなった。岸壁又は護岸の築造は既に完了しているが、埋立予定地は外海に面し、地盤が軟弱である。コンテナ埠頭又は海上空港のいずれかを選び、あなたがこの業務を担当責任者として進めるに当たり、下記の内容について記述せよ。　　　　　　　　　　　　(R1－2)

(1) 施工計画策定に当たって調査、検討すべき事項とその内容について説明せよ。

(2) 業務を進める手順について、留意すべき点、工夫を要する点を含めて述べよ。

(3) 業務を効率的、効果的に進めるための関係者との調整方策について述べよ。

○ 埋立地は地盤の不均一性が大きいことが多く、そこでの薬液注入工法の施工は、出来形・品質を確保するうえで特段の注意が求められる。ある埋立地の液状化判定を行ったところ「液状化の可能性あり」とされたため、対策として薬液注入工法による地盤改良を行うこととなった。　　　(H29－1)

(1) これ以降、工事発注準備段階から施工完了後までの調査・設計・施工の内容について、手順を追って箇条書きで簡潔に説明せよ。なお、解答は、地盤改良工事の発注者側及び受注者側それぞれが行うべきことを網羅すること。

(2) (1) で解答した内容の実施に当たって、工事の出来形・品質を確保するうえで留意すべき事項のうち、主要なものを多様な観点から4つ挙げて説明せよ。

○ 図に示すような供用中の港湾の岸壁又は空港の誘導路のいずれかを選び、施設の改良工事を実施する際の安全管理方法を検討する業務を行うに当たり、以下の問いに答えよ。　　　　　　　　　　　　　　　　(H26－2)

(1) 検討すべき事項を網羅的に挙げよ。

(2) (1) のうち特に重要と考える事項を2つ挙げ、その内容と留意事項を述べよ。

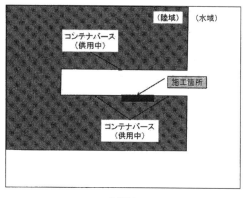

（港湾）

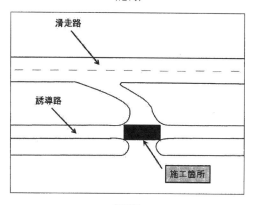

（空港）

○　港湾の桟橋（上部工：鉄筋コンクリート、下部工：鋼管杭）又は空港の滑走路（アスファルト舗装構造）のいずれかを選び、経年劣化が相当進んでいると考えられる当該施設の補修業務担当責任者として業務を行うに当たり、下記の内容について記述せよ。　　　　　　　　　　　　　　（H25－2）

(1)　補修対策を検討するに当たって調査すべき内容

(2)　業務を進める手順

(3)　業務を進める際に留意すべき事項

○　近年、社会インフラ施設の維持管理において、ICT（情報通信技術）、AI（人工知能：artificial intelligence）やロボット等の革新的技術を導入することにより、さらなるコスト改善や業務効率化を図ることが期待されている。あなたが、上述した革新的技術を港湾又は空港のインフラ施設の建設工事に適用する検討業務を担当することになった場合、以下の問いに答えよ。

（練習）

(1) 調査、検討すべき事項とその内容について説明せよ。

(2) 業務を進める手順について、留意すべき点、工夫を要する点を含めて述べよ。

(3) 業務を効率的・効果的に進めるための関係者との調整方策について述べよ。

改良・補修・施工でこれまでに出題された問題のテーマ及び解答事項等を整理して、図表3.17に示します。

図表3.17　港湾及び空港「改良・補修・施工」の過去問題

| テーマ | 解答事項等 | 出題年度 |
|---|---|---|
| 海面埋立工事の施工計画の策定 | 1) 調査、検討事項とその内容<br>2) 業務手順及び留意点、工夫を要する点<br>3) 業務を効率的・効果的に進めるための関係者との調整方策 | 令和元年度 |
| 薬液注入工法による地盤改良 | 1) 工事発注準備段階から施工完了後までの調査・設計・施工の内容<br>2) 工事の出来形・品質を確保するうえで留意すべき事項4点 | 平成29年度 |
| 施設改良工事の安全管理方法の検討 | 1) 検討すべき事項<br>2) 1) のうち特に重要と考える事項を2つ、その内容と留意事項 | 平成26年度 |
| 経年劣化が進んでいる施設の補修業務 | 1) 補修対策の検討に当たって調査すべき内容<br>2) 業務手順<br>3) 業務を進める際の留意事項 | 平成25年度 |

## (3) 誘致計画及びサービス向上等

○　我が国の港湾や空港においては、既存ストックを活用して、施設の改良、新技術の導入、運営方法の改善等を行うことにより、利用者に対するサービスを向上し競争力の強化を図る取組が進められている。国際コンテナターミナル又は、国際空港のいずれかを選択して、以下の問いに答えよ。

(H30－2)

(1) 現場においてサービスの向上を図るべきテーマを3つ挙げ、その内容及び現状における課題について述べよ。

(2) (1) で挙げた3つのテーマそれぞれについて、サービスの向上を図るための具体的な方策について述べよ。

○　近年、港湾及び空港の既存ストックを有効に活用し利用を促進することによって地域経済への効果を高めることが重要となってきている。このような状況の中、ある港湾において新規国際コンテナ航路を誘致するための活動を行うこととなった。また、ある空港において新規国際航空路を誘致するための活動を行うこととなった。

港湾又は空港のいずれかを選び、あなたが担当責任者としてこの業務を進めるに当たり、以下の問いに答えよ。 (H29−2)

(1) 船社又はエアラインにセールスを行うに当たって、事前に検討すべき事項について簡潔に述べよ。

(2) 船社又はエアラインへのセールスにおいてプレゼンテーションすべき事項について述べよ。

(3) 船社又はエアラインへのセールス以外に、新規国際コンテナ航路又は新規国際航空路を誘致する上で重要だと思う活動を3つ簡潔に述べよ。

○ 現在、我が国の海上物流及び航空物流の基盤強化を図り、国全体の物流に関する国際競争力を高めることが求められている。このたび、海上及び航空物流の基盤強化を高める対策を検討・策定することになった。港湾又は空港のいずれかを選び、あなたがこの業務を担当責任者として進めるに当たり、下記の内容について記述せよ。 (練習)

(1) 調査、検討すべき事項とその内容について説明せよ。

(2) 業務を進める手順について、留意すべき点、工夫を要する点を含めて述べよ。

(3) 業務を効率的、効果的に進めるための関係者との調整方策について述べよ。

誘致計画及びサービス向上等でこれまでに出題された問題のテーマ及び解答事項等を整理して、**図表3.18**に示します。

図表3.18 港湾及び空港「誘致計画及びサービス向上等」の過去問題

| テーマ | 解答事項等 | 出題年度 |
|---|---|---|
| 施設のサービス向上による競争力強化 | 1) 現場のサービスの向上を図るべきテーマを3つ、内容及び現状の課題<br>2) 1) の3つのテーマのサービス向上を図る具体的な方策 | 平成30年度 |
| 新規航路又は航空路の誘致活動 | 1) 船社又はエアラインのセールス前に検討すべき事項<br>2) 船社又はエアラインにプレゼンテーションすべき事項<br>3) 船社又はエアラインのセールス以外に重要な活動を3つ | 平成29年度 |

## (4) 災害対策

○ 平成30年9月の台風21号において、高潮により大阪湾の港湾や空港に大きな被害が発生したことから、これを踏まえた高潮対策を策定することとなった。港湾又は空港のいずれかを選び、あなたがこの業務を担当責任者として進めるに当たり、下記の内容について記述せよ。 (R1−1)

(1) 調査、検討すべき事項とその内容について説明せよ。

(2) 業務を進める手順について、留意すべき点、工夫を要する点を含めて述べよ。

(3) 業務を効率的、効果的に進めるための関係者との調整方策について述べよ。

○　近隣で発生した震度6強の地震により既存の港湾及び空港の土木施設が甚大な被害を受けた。

　　港湾又は空港のいずれかを選び、あなたが担当責任者として復旧方策を計画立案するに当たり、以下の問いに答えよ。

　　ただし、港湾では岸壁、空港では空港基本施設（用地を含む。）を対象とする。　　　　　　　　　　　　　　　　　　　　　　　　（H28－2）

(1)　計画立案に当たって収集すべき事項を列挙して簡潔に述べよ。

(2)　計画立案の手順を述べよ。

(3)　本業務を進めるに当たって留意すべき事項を述べよ。

○　港湾又は沿岸部に所在する空港のいずれかを選び、大規模な地震・津波を想定したBCP（事業継続計画）の策定業務の担当者として業務を行うに当たり、以下の問いに答えよ。　　　　　　　　　　　　　　　（H26－1）

(1)　必要な検討内容を体系的に説明せよ。

(2)　検討時に留意すべき事項を説明せよ。

○　令和元年9月の台風15号及び10月の台風19号においては、降雨、強風及び波浪等により港湾施設や空港施設に大きな被害が発生した。また、ハード面の被害だけでなく、交通ネットワークを含めたソフト面も一時的に機能不全に近い状態となった。これを踏まえ、港湾施設又は空港施設における自然災害に対するソフトインフラ強化対策を策定することとなった。港湾又は空港のいずれかを選び、あなたがこの業務を担当責任者として進めるに当たり、下記の内容について記述せよ。　　　　　　　　　　　　（練習）

(1)　調査、検討すべき事項とその内容について説明せよ。

(2)　業務を進める手順について、留意すべき点、工夫を要する点を含めて述べよ。

(3)　業務を効率的、効果的に進めるための関係者との調整方策について述べよ。

○　近年、地球温暖化等の影響により台風が大型化し、インフラ施設等が甚大な被害を受ける事態が発生しており、想定を超える高波、高潮及び風雨等に対するハード対策の見直しが求められている。これを受け、既存のコンテナ埠頭の護岸施設又は海上空港の護岸施設の再整備計画を策定することとなった。港湾又は空港のいずれかを選び、あなたがこの業務を担当責任者として進めるに当たり、下記の内容について記述せよ。　　　　　　　（練習）

(1)　再整備計画策定に当たって調査、検討すべき事項とその内容について説明せよ。

(2)　業務を進める手順について、留意すべき点、工夫を要する点を含めて述べよ。

(3)　業務を効率的、効果的に進めるための関係者との調整方策について述べよ。

　災害対策でこれまでに出題された問題のテーマ及び解答事項等を整理して、図表3. 19に示します。

図表3. 19　港湾及び空港「災害対策」の過去問題

| テーマ | 解答事項等 | 出題年度 |
|---|---|---|
| 高潮対策の策定 | 1）調査、検討事項とその内容<br>2）業務手順及び留意点、工夫を要する点<br>3）業務を効率的・効果的に進めるための関係者との調整方策 | 令和<br>元年度 |
| 震災被害を受けた土木施設の復旧計画立案 | 1）計画立案に当たり収集すべき事項<br>2）計画立案の手順<br>3）業務上の留意事項 | 平成<br>28年度 |
| 大規模な地震・津波を想定したBCPの策定 | 1）必要な検討内容<br>2）検討時に留意すべき事項 | 平成<br>26年度 |

# 6. 電力土木

　電力土木で出題されている問題は、調査・計画・設計、建設・施工、維持管理・運用・更新・保守保全に大別されます。なお、解答する答案用紙枚数は2枚（1,200字以内）です。

## （1）調査・計画・設計

○　発電所のリプレースや再開発では既存施設を再利用することが多いが、現行の技術的な基準を満足しない古い施設が存在したり、建設当時には知られていなかった知見もある。1960年以前に建設された発電所のリプレース又は再開発において、あなたが、コスト低減を図るため電力土木施設の再利用を計画する担当責任者になったとして、具体的な電力土木施設の名称を1つ明記の上、以下の問いに答えよ。　　　　　　　　　　　（H30－1）
　(1) 技術的な基準や知見の差異を踏まえて、既存施設の再利用において懸念される事項とそれに対する調査について述べよ。
　(2) (1)の調査の結果、課題が認められた場合の技術的方策を述べよ。
　(3) (2)の技術的方策を実施する上で、留意すべき事項を述べよ。
○　広い敷地面積を要する電力施設は、地点特性がライフサイクルコストに大きな影響を及ぼすことが多い。あなたが立地地点を選ぶ担当責任者になったとして、火力発電所、原子力発電所若しくは変電所の中から1つを選択して、その名称を明記の上、以下の内容について記述せよ。　　　　（H28－1）
　(1) 実施すべき調査・検討項目とそのポイント
　(2) (1)を踏まえて、複数の候補地点から最適地を選定する際に留意すべき事項
○　あなたが担当責任者として既存の電力土木施設に係る耐震性能の検証を行うことになったとして、ダム、水路（取放水設備、水圧管路を含む。）並びに港湾、燃料、送変電等に係る電力土木施設の中から1つを選択して、その名称を明記の上、以下の内容について記述せよ。　　　　（H27－1）
　(1) 保有すべき耐震性能の概要　　　(2) 耐震性能照査手順の概要
　(3) 耐震性能照査において留意すべき事項
○　電気事業を取り巻く状況が大きく変化する中、電力土木技術者の技術・技能をより効率的に維持・継承・向上することが求められている。あなたが担

当責任者として人材育成業務を行うことになったとして、以下の問いに答え
よ。　　　　　　　　　　　　　　　　　　　　　　　　　　（H27−2）

(1) 人材育成に係る現状の課題を述べよ。

(2) あなたが挙げた課題を解決するための具体的な方策を2つ挙げて説明せよ。

(3) (2) で挙げた方策を実際に進める際に留意すべき事項をそれぞれ述べよ。

○　電力土木施設を安全かつ経済的に建設するためには、個別地点の地質・地
質構造を的確に踏まえた計画を立案する必要がある。あなたが建設計画の担
当責任者としてプロジェクトに参加することになったとして、ダム、水路構
造物（水路、沈砂池、水槽、水圧管路、水門扉等）、送変電施設、取放水施設、
冷却水施設、洞道及びその他の電力土木施設の中から1つを選択して、その
名称を明記の上、以下の内容に関して必要とされる事項を記述せよ。

（H25−1）

(1) 建設計画を策定する際に検討すべき事項とその概要

(2) 建設計画の策定手順

(3) 工事の安全や経済性に係る地質・地質構造に関連したリスク要因のうち、
あなたが最も詳細な検討が必要であると考える事項と、その回避又は低減
方法

○　経年劣化が進行した電力土木施設の機能回復を目的とした更新計画を検
討・立案する場合、コンクリート構造物の劣化が問題となることがある。あ
なたが、劣化した電力土木施設の更新計画の担当者となったとして、以下の
内容について記述せよ。　　　　　　　　　　　　　　　　　　　（練習）

(1) コンクリート構造物を含む具体的な電力土木施設の名称を1つ明記の上、
コンクリート構造物の劣化に起因する問題を取り除くための対策を挙げ、
その対策を実施するために調査、検討すべき事項とその内容について説明
せよ。

(2) (1) で挙げた対策を進める業務手順について、留意すべき点、工夫を要
する点を含めて述べよ。

(3) 業務を効率的、効果的に進めるための関係者との調整方策について述べよ。

○　電力土木施設の調査・計画を行う際に、自然環境の保全が問題となること
がある。あなたが自然環境の保全の担当責任者になったとして、以下の内容
について記述せよ。　　　　　　　　　　　　　　　　　　　　　（練習）

(1) 具体的な電力土木施設の名称を1つ明記の上、自然環境の保全を阻害す
る起因に関する問題を取り除くための対策を挙げ、その対策を実施するた
めに調査、検討すべき事項とその内容について説明せよ。

(2) (1) で挙げた対策を進める業務手順について、留意すべき点、工夫を要
する点を含めて述べよ。

(3) 業務を効率的、効果的に進めるための関係者との調整方策について述べよ。

調査・計画・設計でこれまでに出題された問題のテーマ及び対象物等を整理して、図表3.20に示します。

図表3.20 電力土木「調査・計画・設計」の過去問題

| テーマ | 対象物等 | 出題年度 |
|---|---|---|
| コスト低減を図るための電力土木施設の再利用計画 | 具体的な電力土木施設を自ら明記 | 平成30年度 |
| LCCを考慮した立地地点選定の調査・検討 | 火力発電所、原子力発電所、変電所の中から1つ選択 | 平成28年度 |
| 既存の電力土木施設の耐震性能の検証 | ダム、水路並びに港湾、燃料、送変電等に係る電力土木施設の中から1つ選択 | 平成27年度 |
| 電力土木技術者の人材育成業務 | — | 平成27年度 |
| 地質・地質構造を考慮した建設計画 | ダム、水路構造物、送変電施設、取放水施設、冷却水施設、洞道及びその他の電力土木施設の中から1つを選択 | 平成25年度 |

## (2) 建設・施工

○ あなたが、傾斜地や軟弱地盤等の特別な配慮を要する原地盤に電力施設を建設する土木工事の担当責任者になったとして、その施設の名称1つと当該原地盤の概況を明記の上、以下の内容について記述せよ。 （H29-2）

(1) 施設の長期的な健全性も念頭において調査・検討すべき事項

(2) (1) の調査・検討の成果から想定される具体的な課題

(3) (2) の課題に対する技術的方策と留意すべき事項

○ 電力施設の新設や修繕工事を計画工期内で安全に施工するためには、機電工事や建築工事等、土木工事以外の工事と協調しながら進めることが重要である。このことを踏まえ、あなたが電力施設の新設又は修繕工事の土木担当責任者として業務を行うことになったとして、以下の内容について記述せよ。 （H26-1）

(1) 施工計画を策定する際に留意すべき事項

(2) 施工計画の策定手順とその各段階において検討すべき事項

(3) 工程管理において考慮すべき事項

○ 電力土木施設の建設を行う際に、その過程で発生する副産物や廃棄物が問題となることがある。あなたが建設段階における建設副産物等のリサイクルの担当責任者になったとして、以下の内容について記述せよ。 （練習）

(1) 具体的な電力土木施設の名称1つと建設廃棄物及び建設副産物の発生状況を明記の上、建設廃棄物及び建設副産物に起因する問題を取り除くための対策を挙げ、その対策を実施するために調査、検討すべき事項とその内

容について説明せよ。

(2)（1）で挙げた対策を進める業務手順について、留意すべき点、工夫を要する点を含めて述べよ。

(3) 業務を効率的、効果的に進めるための関係者との調整方策について述べよ。

○　電力土木施設の建設を行う際の重要なポイントとして施工管理が挙げられる。主要な管理項目としては、品質、工程、コスト、安全、環境などがあるが、特に、品質確保に関しては、社会的に大きな問題になっている項目の一つである。あなたが施工管理の担当責任者になったとして、以下の内容について記述せよ。　　　　　　　　　　　　　　　　　　　　（練習）

(1) 具体的な電力土木施設の名称を1つ挙げ、品質不良がその施設に及ぼす影響を明記の上、品質確保を阻害する要因に関する問題を取り除くための対策を挙げ、その対策を実施するために調査、検討すべき事項とその内容について説明せよ。

(2)（1）で挙げた対策を進める業務手順について、留意すべき点、工夫を要する点を含めて述べよ。

(3) 業務を効率的、効果的に進めるための関係者との調整方策について述べよ。

建設・施工でこれまでに出題された問題のテーマ及び対象物等を整理して、図表3.21に示します。

図表3.21　電力土木「建設・施工」の過去問題

| テーマ | 対象物等 | 出題年度 |
|---|---|---|
| 傾斜地や軟弱地盤等の特別な配慮を要する原地盤に電力施設を建設する際の調査、検討 | 施設の名称1つと当該原地盤の概況を明記 | 平成29年度 |
| 機電工事や建築工事等、土木工事以外の工事との協調を考慮した施工計画の策定 | 電力施設の新設や修繕工事 | 平成26年度 |

### (3) 維持管理・運用・更新・保守保全

○　電力土木施設の建設や維持管理を行う際に、地下水、湧水や漏水による施工品質や健全性への影響が問題となることがある。あなたが建設又は維持管理の担当責任者になったとして、以下の内容について記述せよ。（R1−1）

(1) 具体的な電力土木施設の名称1つと地下水、湧水や漏水の影響を明記の上、地下水等に起因する問題を取り除くための対策を1つ挙げ、その対策を実施するために調査、検討すべき事項とその内容について説明せよ。

(2)（1）で挙げた対策を進める業務手順について、留意すべき点、工夫を要する点を含めて述べよ。

(3) 業務を効率的、効果的に進めるための関係者との調整方策について述べよ。

○ 電力土木施設の運用や保全を行う際に、土砂堆積が問題となることがある。あなたが運用又は保全の担当責任者になったとして、以下の内容について記述せよ。 (R1－2)

(1) 具体的な電力土木施設の名称1つと土砂の堆積状況を明記の上、土砂に起因する問題を取り除くための対策を1つ挙げ、その対策を実施するために調査、検討すべき事項とその内容について説明せよ。

(2) (1)で挙げた対策を進める業務手順について、留意すべき点、工夫を要する点を含めて述べよ。

(3) 業務を効率的、効果的に進めるための関係者との調整方策について述べよ。

○ 電力土木施設の建設や維持管理においては、近接する構造物（鉄道、トンネル、港湾等の公共施設や住宅、民間施設、既存の発電設備等）への影響に配慮が求められる。あなたが、電力土木施設の建設又は維持管理の担当責任者になったとして、発電及び送変電等に係る電力土木施設の中から1つを選び、その施設と近接する構造物の位置関係を明記の上、以下の問いに答えよ。 (H30－2)

(1) 配慮が必要と想定される近接する構造物への影響について述べよ。

(2) (1)の影響を解消、軽減するための技術的方策を述べよ。

(3) (2)の技術的方策を実施する上で、留意すべき事項を述べよ。

○ 電力土木施設の建設や維持管理においては、業務を効率化するための方策として、情報通信分野の技術を応用することが考えられる。あなたが電力土木施設の建設又は維持管理に係る担当責任者になったとして、ダム、水路（取放水設備、水槽、水圧管路を含む。）、発電所並びに港湾、燃料、送変電等に係る電力土木施設の中から1つを選んで、その名称を明記の上、以下の内容について記述せよ。 (H29－1)

(1) あなたが応用しようとする情報通信分野の技術の概要

(2) (1)の技術を用いた業務効率化の方策

(3) (2)の方策を進める際に留意すべき事項

○ 電力土木施設の建設や維持管理においては、当該施設や周辺地盤の挙動等を十分な精度で把握できる計測データに基づき、安全性の確保又はコストダウンに取り組むことが重要である。あなたが電力土木施設の建設又は維持管理の担当責任者になったとして、ダム、水路（取放水設備、水圧管路を含む。）、発電所並びに港湾、燃料、送変電等に係る電力土木施設の中から1つを選択して、その名称を明記の上、以下の内容について記述せよ。 (H28－2)

(1) 計測システム又は計測方法の概要

(2) (1) によって得られる計測データを活用して、安全性の確保又はコストダウンを具体的に進める技術的方策

(3) (2) の技術的方策を実際に進める際に留意すべき事項

○　電力土木施設を長期間にわたって安全かつ効率的に運用するためには、周辺の地形・地質条件が施設へ及ぼす影響を的確に把握して、保守業務を遂行することが求められる。あなたが電力土木施設の保守業務の担当責任者として業務を行うことになったとして、ダム、水路構造物（水路、沈砂池、水槽、水圧管路等）、送変電施設、取放水施設、冷却水施設、洞道及びその他の電力土木施設の中から1つを選択して、その名称を明記の上、以下の内容について記述せよ。　　　　　　　　　　　　　　　　　　　　　　　　　　　　（H26－2）

(1) 作用外力と変状現象の概要　　　　(2) 保守計画の策定手順

(3) 当該施設の変状対策において留意すべき事項

○　電力土木施設を長期間にわたって安全かつ効率的に運用するためには、巡視点検から修繕工事等に至る保守業務を適切に遂行することが不可欠である。あなたが電力土木施設の保守業務の担当責任者として業務を行うことになったとして、ダム、水路構造物（水路、沈砂池、水槽、水圧管路、水門扉等）、送変電施設、取放水施設、冷却水施設、洞道及びその他の電力土木施設の中から1つを選択して、その名称を明記の上、以下の内容に関して必要とされる事項を記述せよ。　　　　　　　　　　　　　　　　　　　　　（H25－2）

(1) 保守計画を策定する際に検討すべき事項とその概要

(2) 保守計画の策定手順

(3) 当該施設に係る停電・断水等の制約条件とそれを踏まえて考慮すべき事項

○　電力土木施設を長期にわたって安全かつ効率的に運用するためには維持管理、保守・保全業務を適切に遂行する必要がある。それらの業務を行う際に、コストをはじめとした効率性が問題となることがある。あなたが維持管理、保守・保全の担当責任者になったとして、以下の内容について記述せよ。

　　　　　　　　　　　　　　　　　　　　　　　　　　　　　　　　（練習）

(1) 具体的な電力土木施設の名称を1つ挙げ、省エネルギーを含めた効率性を阻害する要因を明記の上、その要因の問題を取り除くための対策を挙げ、その対策を実施するために調査、検討すべき事項とその内容について説明せよ。

(2) (1) で挙げた対策を進める業務手順について、留意すべき点、工夫を要する点を含めて述べよ。

(3) 業務を効率的、効果的に進めるための関係者との調整方策について述べよ。

○ IoT、AI、ロボット及びICT（情報通信技術）などの革新的技術を活用して、電力土木施設の建設や維持管理を行う際に、安全性確保及び信頼性確保等が問題となることがある。あなたが建設又は維持管理の担当責任者になったとして、以下の内容について記述せよ。　　　　　　　　　　　　　　（練習）

(1) 具体的な電力土木施設の名称1つとICT等の革新的技術が生産性向上に及ぼす影響を明記の上、革新的技術の適用に起因する問題を取り除くための対策を挙げ、その対策を実施するために調査、検討すべき事項とその内容について説明せよ。

(2) (1)で挙げた対策を進める業務手順について、留意すべき点、工夫を要する点を含めて述べよ。

(3) 業務を効率的、効果的に進めるための関係者との調整方策について述べよ。

　　IoT：Internet of Things　　　AI：Artificial Intelligence
　　ICT：Information and Communication Technology

維持管理・運用・更新・保守保全でこれまでに出題された問題のテーマ及び対象物等を整理して、図表3.22に示します。

図表3.22　電力土木「維持管理・運用・更新・保守保全」の過去問題

| テーマ | 対象物等 | 出題年度 |
|---|---|---|
| 地下水、湧水や漏水による施工品質や健全性への影響を考慮した地下水等に起因する問題を取り除くための対策 | 具体的な電力土木施設の名称1つと地下水、湧水や漏水の影響を明記 | 令和元年度 |
| 土砂堆積の問題を考慮した土砂に起因する問題を取り除くための対策 | 具体的な電力土木施設の名称1つと土砂の堆積状況を明記 | 令和元年度 |
| 近接する構造物への影響に配慮した電力土木施設の建設又は維持管理 | 発電及び送変電等に係る電力土木施設の中から1つを選び、その施設と近接する構造物の位置関係を明記 | 平成30年度 |
| 情報通信分野の技術を応用した業務効率化の方策 | ダム、水路、発電所並びに港湾、燃料、送変電等に係る電力土木施設の中から1つを選んで、その名称を明記 | 平成29年度 |
| 構造物及び地盤等の挙動計測データを活用した電力土木施設の建設や維持管理における安全性の確保又はコストダウンの方策 | ダム、水路、発電所並びに港湾、燃料、送変電等に係る電力土木施設の中から1つ選択して、その名称を明記 | 平成28年度 |
| 周辺の地形・地質条件の影響を考慮した電力土木施設の保守業務 | ダム、水路構造物、送変電施設、取放水施設、冷却水施設、洞道及びその他の電力土木施設の中から1つを選択して、その名称を明記 | 平成26年度 |
| 巡視点検から修繕工事等に至る保守業務の適切な遂行に考慮した電力土木施設の保守計画 | ダム、水路構造物、送変電施設、取放水施設、冷却水施設、洞道及びその他の電力土木施設の中から1つを選択して、その名称を明記 | 平成25年度 |

# 7. 道　　路

　道路で出題されている問題は、計画・設計、維持管理・更新及び運営等、進捗管理・施工管理に大別されます。なお、解答する答案用紙枚数は2枚（1,200字以内）です。

## （1）計画・設計

○　ある市街地の生活道路（地区に住む人が地区内の移動あるいは地区から幹線街路に出るまでに利用する道路）において、地区に関係のない自動車の走行やスピードの出し過ぎなどの問題が発生しており、交通安全対策（ゾーン対策）が検討されている。この対策の担当責任者として、下記の内容について記述せよ。
　　　　　　　　　　　　　　　　　　　　　　　　　　　　　（R1－1）
　(1) 調査、検討すべき事項とその内容について説明せよ。
　(2) 業務を進める手順について、留意すべき点、工夫を要する点を含めて述べよ。
　(3) 業務を効率的・効果的に進めるための関係者との調整方策について述べよ。

○　市街地周辺で、4車線の国道上に4車線の高速道路を高架で新設する道路設計が進められている。これに併せて、新設する2車線の県道が国道と直交する信号交差点も検討することになった。この交差点の計画・設計を担当する責任者として、下記の内容について記述せよ。なお、高速道路の橋脚は単柱で中央帯に設置予定であり、右折車線は県道及び国道ともに設置可能である。
　　　　　　　　　　　　　　　　　　　　　　　　　　　　　（H30－1）
　(1) 計画・設計の基本的な視点　　　(2) 業務を進める手順
　(3) 当該交差点計画での視認性に関する留意事項

○　無電柱化は重要な施策であり、近年の災害の激甚化・頻発化、高齢者・障がい者の増加、観光需要の増加等からさらに必要性が増している。中核市において無電柱化の計画・設計を担当する責任者として、下記の内容について記述せよ。
　　　　　　　　　　　　　　　　　　　　　　　　　　　　　（H30－2）
　(1) 無電柱化を優先整備すべき対象道路の選定の考え方
　(2) より効率的に無電柱化を推進するために検討すべき事項
　(3) 設計・工事を円滑に進めるための、様々な着目点による取組

○　A市では、バイパス整備が完了し市内の交通状況に変化が生じていることから、中心部の4車線の幹線道路について、歩行者と自転車の輻輳による

危険性や様々な地域課題の解決に向け、道路空間の再配分を検討することとなった。この検討業務を担当する責任者として、下記の内容について記述せよ。 (H29－1)

(1) 事前に調査する事項　　(2) 業務を進める手順

(3) 業務を実施する際の工夫や留意事項

○　地下水位の高い都市部において、土被り10m程度の地下式の道路が計画されており、事業実施に際し、地下水の流動阻害による影響が懸念されている。この事業を設計段階において担当する責任者として、当該影響に関して、下記の内容について記述せよ。 (H29－2)

(1) 地下水の流動阻害により、上流側及び下流側で想定される周辺への影響

(2) (1) の影響を踏まえ、事前に調査すべき事項

(3) 対策を検討する手順と、その際の留意事項

○　A市では、市街地において自転車の利用ニーズが高まっていることから、安全で快適な自転車通行空間の効果的な整備を推進するため、自転車ネットワーク計画を作成することとなった。この業務を担当する責任者として、下記の内容について記述せよ。 (H28－1)

(1) 事前に把握・調査すべき事項

(2) 自転車ネットワーク計画を作成する手順

(3) 既存道路において、自転車通行空間の整備形態を選定する際に留意すべき事項

○　高架式道路において、渋滞対策を目的とした道路拡幅事業が計画されており、既設の下部工に近接した基礎工事が必要となっている。この工事の設計を担当する責任者として、下記の内容について記述せよ。 (H28－2)

(1) 事前に調査すべき事項

(2) (1) の調査を踏まえ、近接施工に関して工事着手前に検討すべき事項

(3) 既設構造物に及ぼす影響を軽減するための、様々な着目点による対策手法

○　近くに小学校や鉄道駅がある都市部の住宅地域を通過する4種2級の2車線道路が計画されている。この道路計画の担当責任者として、下記について述べよ。 (H27－1)

(1) この道路に必要な横断面構成要素と各々の要素が持つ機能

(2) この道路計画の立案に際して、「沿道住民」、「歩行者」及び「自転車利用者」の視点で、それぞれ2つ以上の留意点

○　2020年の東京オリンピック・パラリンピックに備えて、首都圏を中心にインフラ整備が進められることとなるが、一方で、それに伴う大量の建設発生土の処理が課題となっている。都市部で大規模なトンネル工事を計画する担当責任者として、下記について述べよ。 (H27－2)

(1) 建設発生土を有効利用する上での課題（なお、課題は2つ挙げそれぞれの内容を述べること。）

(2) (1)の課題を踏まえ、当該工事の建設発生土を有効利用するための方策と留意点

○　交通事故の大半は交差点及びその付近で発生していること、また、交通渋滞の多くは交差点を先頭に発生していること等から、道路交通を安全かつ円滑に処理する上で、交差点をいかに適切に計画・設計・運用するかは極めて重要である。交差点改良計画の担当責任者として、下記について述べよ。

(H25－1)

(1) 業務を進める手順とその内容

(2) 改良計画の立案に際して、交差点形状を適正なものにする観点から留意すべき事項（2つ以上）と、各々の考え方

○　「道の駅」は平成5年に創設されたが、その数は令和元年6月時点で1,160か所となっている。創設当初は、通過する道路利用者へのサービスの場を提供することが主たる役割であったが、創設後20数年が経過する現在、その果たすべき役割も大きく変化している。これからは、「道の駅」利用者や周辺地域からの更なるニーズや道路インフラ機能などの視点から新たな施策を展開することが求められている。今後の新たな「道の駅」の施策を検討する担当責任者として、下記の内容について記述せよ。　　　　（練習）

(1) 調査、検討すべき事項とその内容について説明せよ。

(2) 業務を進める手順について、留意すべき点、工夫を要する点を含めて述べよ。

(3) 業務を効率的・効果的に進めるための関係者との調整方策について述べよ。

○　近年、社会経済情勢等の変化により、道路空間の利活用ニーズにも変化が生じている。従来、道路空間は、自動車の安全かつ円滑な通行が主目的であったが、現在は、人々が集い、多様な活動を繰り広げる、賑わいを創出する空間へといったニーズが高まっている。地方都市における地域内にて、地域の活性化や交通安全の向上を図ることを目的とした道路空間の再整備計画を検討する担当責任者として、下記の内容について記述せよ。　　（練習）

(1) 調査、検討すべき事項とその内容について説明せよ。

(2) 業務を進める手順について、留意すべき点、工夫を要する点を含めて述べよ。

(3) 業務を効率的・効果的に進めるための関係者との調整方策について述べよ。

○　近年、無人自動運転移動サービスなどをはじめとした車の自動運転に関する取り組みが急速に進められている。自動運転は、高齢者等の移動手段の確保や物流の効率化に大きく寄与することができるものであるが、普及促進するためには、実証実験等により得られた課題などを解決するとともに、道路空間もそれに対応した取り組みが求められている。自動運転に対応した道路

空間の検討・整備の担当責任者として、下記の内容について記述せよ。

（練習）

(1) 調査、検討すべき事項とその内容について説明せよ。

(2) 業務を進める手順について、留意すべき点、工夫を要する点を含めて述べよ。

(3) 業務を効率的・効果的に進めるための関係者との調整方策について述べよ。

計画・設計でこれまでに出題された問題のテーマ及び解答事項等を整理して、図表3.23に示します。

図表3.23　道路「計画・設計」の過去問題

| テーマ | 解答事項等 | 出題年度 |
|---|---|---|
| 市街地の生活道路の交通安全対策（ゾーン対策）の検討業務 | 1) 調査、検討事項とその内容<br>2) 業務手順及び留意点、工夫点<br>3) 業務を効率的・効果的に進めるための関係者との調整方策 | 令和元年度 |
| 新設2車線の県道と国道が直交する信号交差点の計画・設計業務 | 1) 計画・設計の基本的な視点<br>2) 業務手順<br>3) 当該交差点計画での視認性に関する留意事項 | 平成30年度 |
| 中核市の無電柱化の計画・設計業務 | 1) 無電柱化を優先整備すべき対象道路の選定の考え方<br>2) より効率的な無電柱化推進の検討事項<br>3) 設計・工事を円滑に進める取組 | 平成30年度 |
| 歩行者と自転車の輻輳による危険性等の地域課題を考慮した道路空間再配分の検討業務 | 1) 事前調査事項<br>2) 業務手順<br>3) 業務実施時の工夫や留意事項 | 平成29年度 |
| 地下水の流動阻害影響を考慮した地下式道路の設計業務 | 1) 地下水の流動阻害による想定される周辺影響<br>2) 1) の影響を踏まえた事前調査事項<br>3) 対策検討手順及び留意事項 | 平成29年度 |
| 安全で快適な自転車通行空間の効果的な整備推進を考慮した自転車ネットワークの計画業務 | 1) 事前把握・調査事項<br>2) 自転車ネットワーク計画作成手順<br>3) 既存道路の自転車通行空間整備形態の選定時留意事項 | 平成28年度 |
| 高架式道路の拡幅事業に伴う既設下部工に近接した基礎工事設計業務 | 1) 事前調査事項<br>2) 1) を踏まえた近接施工の工事着手前の検討事項<br>3) 既設構造物への影響軽減対策手法 | 平成28年度 |
| 都市部の住宅地域を通過する4種2級の2車線道路の計画業務 | 1) 必要な横断面構成要素と各々の要素が持つ機能<br>2) 計画立案時、「沿道住民」、「歩行者」及び「自転車利用者」の視点からそれぞれ2つ以上の留意点 | 平成27年度 |
| 大量の建設発生土処理課題を考慮した都市部の大規模トンネル工事の計画業務 | 1) 建設発生土の有効利用上の課題2つとその内容<br>2) 1) を踏まえた建設発生土の有効利用方策と留意点 | 平成27年度 |
| 道路交通の安全かつ円滑な処理を考慮した交差点改良計画業務 | 1) 業務手順とその内容<br>2) 改良計画立案時、交差点形状を適正なものにする観点から留意事項（2つ以上）と各々の考え方 | 平成25年度 |

## (2) 維持管理・更新及び運営等

○ 我が国の道路構造物は、今後、補修や更新を行う必要性が急激に高まって くることが見込まれており、維持管理の業務サイクル（メンテナンスサイク ル）の構築が極めて重要である。維持管理の担当責任者として、下記につい て述べよ。　　　　　　　　　　　　　　　　　　　　　　　（H26－1）

(1) 道路橋における代表的な損傷原因である疲労、塩害、アルカリ骨材反応 のうち2つについて、各々の概要

(2) メンテナンスサイクルの構築に必要な基本的事項が法令上位置づけられ たことを踏まえ、点検、診断、措置、記録のうち点検、診断の段階で、 各々実施すべき対応

(3) メンテナンスサイクルを持続的に回すために、体制、技術各々の観点か ら見て必要と考えられる仕組み

○ 「道の駅」は道路利用者へのサービス提供の場として重要な役割を果たし てきたが、近年では多様な機能を有する地域の拠点としての役割も担ってい る。「道の駅」の計画・運営・更新を行う担当責任者として、下記について 述べよ。　　　　　　　　　　　　　　　　　　　　　　　（H26－2）

(1)「道の駅」を設置する際、道路利用者へ適切なサービスを提供する観点 から、備えるべき施設構成と提供サービスについて、各々の概要

(2)「道の駅」が地域の拠点として果たしうる役割を2つ挙げ、それらをより 充実させるための具体的な取り組み

○ 道路インフラの老朽化対策に関するさまざまな取り組みが進められている。 コストや人的資源に限りがある中で、いかに効率的かつ効果的に老朽化対策 に取り組むことができるかが、現在の道路インフラの維持管理・更新に関す る最重要課題の一つとなっている。維持管理・更新の効率化促進を目的とし て、老朽化した道路インフラの補修工事に新材料や新工法を試験的に適用す る担当責任者として、下記の内容について記述せよ。　　　　　　（練習）

(1) 調査、検討すべき事項とその内容について説明せよ。

(2) 業務を進める手順について、留意すべき点、工夫を要する点を含めて述べよ。

(3) 業務を効率的・効果的に進めるための関係者との調整方策について述べよ。

維持管理・更新及び運営等でこれまでに出題された問題のテーマ及び解答事 項等を整理して、図表3.24に示します。

図表3.24　道路「維持管理・更新及び運営等」の過去問題

| テーマ | 解答事項等 | 出題年度 |
|---|---|---|
| 維持管理の業務サイクル（メンテナンスサイクル）の構築業務 | 1) 疲労、塩害、アルカリ骨材反応のうち2つ、各々の概要<br>2) 点検、診断の段階で各々実施すべき対応<br>3) メンテナンスサイクルを持続的に回すために必要な仕組み（体制、技術各々の観点から） | 平成26年度 |
| 「道の駅」の計画・運営・更新業務 | 1) 「道の駅」が備えるべき施設構成と提供サービス及び各々の概要（道路利用者へ適切なサービスを提供する観点から）<br>2) 「道の駅」が地域の拠点として果たしうる役割を2つ及び充実させるための具体的な取り組み | 平成26年度 |

## (3) 進捗管理・施工管理

○　市街化の進んだ地域内を通過するバイパスの新設事業において、河川と鉄道とが並行する箇所を橋梁でオーバーパスする区間が工程上重要となっている。早期開通が求められる中、この事業の進捗管理の担当責任者として、この橋梁区間での計画に関し下記の内容について記述せよ。　　　　（R1－2）

(1) 調査、検討すべき事項とその内容について説明せよ。

(2) 事業を進める手順について、留意すべき点、工夫を要する点を含めて述べよ。

(3) 事業を効率的・効果的に進めるための関係者との調整方策について述べよ。

○　路上工事を円滑に実施するためには、当該工事の特性を踏まえ、様々な事柄への配慮が必要である。市街地の幹線道路における路上工事の担当責任者として、下記について述べよ。　　　　　　　　　　　　　　　（H25－2）

(1) 事前に把握すべき事項とその内容

(2) 工事を進める上で採るべき対策とその内容

○　切土のり面は、時間の経過とともに風化・浸食が進行したり、浸透水の増加により崩壊が生じる危険性が高まる。切土のり面が崩壊することにより、道路施設等の損傷等や場合によっては道路そのものの機能が失われるため、道路における切土のり面の施工は十分な配慮を行いつつ実施する必要がある。新設する道路建設における切土のり面の施工管理の担当責任者として、下記の内容について記述せよ。　　　　　　　　　　　　　　　　（練習）

(1) 調査、検討すべき事項とその内容について説明せよ。

(2) 業務を進める手順について、留意すべき点、工夫を要する点を含めて述べよ。

(3) 業務を効率的・効果的に進めるための関係者との調整方策について述べよ。

○　都心部の中心地から郊外へつながる国道（2車線）がある。近年、都市部を含めた周辺地域の人口が急増し、それに伴いこの国道を通行する自動車が

増加し、平日の朝夕は激しい交通渋滞が発生している。渋滞緩和のため、現在の2車線を4車線に拡幅する工事が予定されている。すでに拡幅する部分の土地は確保されているが、拡幅区間には住宅のみならず、商店や24時間営業の大型ショッピングモール等も多数立地している。この道路拡幅工事における沿道対応の担当責任者として、下記の内容について記述せよ。

（練習）

(1) 調査、検討すべき事項とその内容について説明せよ。

(2) 業務を進める手順について、留意すべき点、工夫を要する点を含めて述べよ。

(3) 業務を効率的・効果的に進めるための関係者との調整方策について述べよ。

　進捗管理・施工管理でこれまでに出題された問題のテーマ及び解答事項等を整理して、図表3.25に示します。

図表3.25　道路「進捗管理・施工管理」の過去問題

| テーマ | 解答事項等 | 出題年度 |
|---|---|---|
| 河川と鉄道を橋梁でオーバーパスする施工区間を含むバイパス新設事業の進捗管理業務 | 1) 調査、検討事項とその内容<br>2) 業務手順及び留意点、工夫点<br>3) 業務を効率的・効果的に進めるための関係者との調整方策 | 令和元年度 |
| 路上工事の円滑な実施を考慮した市街地の幹線道路の路上工事業務 | 1) 事前把握事項とその内容<br>2) 工事実施上の採るべき対策とその内容 | 平成25年度 |

# 8. 鉄　道

　鉄道で出題されている問題は、計画・設計、建設工事・施工、維持管理・更新及び復旧に大別されます。なお、解答する答案用紙枚数は2枚（1,200字以内）です。

## (1) 計画・設計

○　複数の家屋が山上及び坑口予定地付近に存在する高速鉄道複線山岳トンネルを建設することとなった。この業務を担当責任者として進めるに当たり、下記の内容について記述せよ。なお、当該トンネル前後の線路線形の抜本的な変更は困難な状況である。　　　　　　　　　　　　　　　　（R1－2）
　(1) 調査、検討すべき事項とその内容について説明せよ。
　(2) 業務を進める手順について、留意すべき点、工夫を要する点を含めて述べよ。
　(3) 業務を効率的、効果的に進めるための関係者との調整方策について述べよ。

○　大都市圏の鉄道において路線間の相互直通運転が拡大しているが、これに関し、以下の問いに答えよ。　　　　　　　　　　　　　　　　　　　　（H28－1）
　(1) 相互直通運転が利用者と鉄道事業者にもたらす効果について、それぞれ述べよ。
　(2) 相互直通運転を計画するに当たり、設備面において検討すべき事項を3つ挙げ簡潔に述べよ。
　(3) 上記 (2) で挙げた検討事項から2つ選び、具体的な検討内容と留意点を述べよ。

○　鉄道の速度向上のための技術的方策について、以下の問いに答えよ。
　　　　　　　　　　　　　　　　　　　　　　　　　　　　　　　　（H28－2）
　(1) 走行速度の向上に当たり、地上設備（線路・構造物等）に関係して検討すべき項目を3つ挙げ簡潔に述べよ。
　(2) 上記 (1) で挙げた項目のうち1項目について、具体的な検討内容と、対策が必要となった場合の具体的な方法を述べよ。
　(3) 上記 (2) の検討及び対策を実施するに当たっての、具体的な留意点を述べよ。

○　高架下が高密度で利用されている既設のRCラーメン高架橋において、高

架橋柱の耐震性の向上を図る工事を計画・設計するに当たり、以下の内容について論ぜよ。　　　　　　　　　　　　　　　　　　　　　（H26-1）

(1) 考慮すべき主な制約条件

(2) 計画上・設計上の留意点

(3) 上記を踏まえた具体的な補強工法

○　都市部における家屋が密集した線区で、連続立体交差化の都市計画決定に向けた作業を行う中で、鉄道施設について高架化、地下化等の構造形式を含めて検討することになった。連続立体交差化の始終点及び交差道路の計画は概ね定まっているという条件下で、鉄道施設計画の担当責任者として業務に携わるに当たり、下記の内容について論ぜよ。　　　　　　（H26-2）

(1) 連続立体交差化の効果

(2) 検討を進める上で考慮すべき事項

(3) 構造形式、切り替え手順等を踏まえて比較すべき3つの計画案

(4) 具体的な計画を策定する上での留意事項

○　ある在来線において、大規模改良を実施するに当たり、騒音の音源対策を検討することとなったが、この改良事業の担当責任者として、音源対策の作成に際して下記の内容について論述せよ。　　　　　　　　　　（H25-1）

(1) 想定する大規模改良の内容

(2) 供用開始後に予測される騒音の主な発生源

(3) 設計時に検討すべき騒音対策のメニュー

(4) 具体的な対策の作成に当たっての留意事項

○　在来線の複線電化区間の鉄道路線において、河川を横断する桁式の橋梁がある。この橋梁の老朽化が著しく進行しているため、現在供用中の橋梁に隣接・並行して新しい鉄道用橋梁を新設する計画がある。あなたが、この業務の担当責任者として、下記の内容について記述せよ。なお、新設する橋梁はトラス式とする。　　　　　　　　　　　　　　　　　　　　（練習）

(1) 調査、検討すべき事項とその内容について説明せよ。

(2) 業務を進める手順について、留意すべき点、工夫を要する点を含めて述べよ。

(3) 業務を効率的、効果的に進めるための関係者との調整方策について述べよ。

○　三大都市圏をはじめとした大都市圏では、地下空間に鉄道駅や電気設備などをはじめとした重要な鉄道施設等が存在している。しかし、近年の集中豪雨や台風等の発生時、地下空間への浸水によって鉄道運行に大きな影響が生じている。これを受け、地下空間の鉄道施設の浸水対策を計画することになった。あなたが、この業務の担当責任者として、下記の内容について記述せよ。　　　　　　　　　　　　　　　　　　　　　　　　　（練習）

(1) 調査、検討すべき事項とその内容について説明せよ。

(2) 業務を進める手順について、留意すべき点、工夫を要する点を含めて述べよ。

(3) 業務を効率的、効果的に進めるための関係者との調整方策について述べよ。

　計画・設計でこれまでに出題された問題のテーマ及び解答事項等を整理して、図表3.26に示します。

図表3.26　鉄道「計画・設計」の過去問題

| テーマ | 解答事項等 | 出題年度 |
|---|---|---|
| 複数の家屋が山上及び坑口予定地付近に存在する高速鉄道複線山岳トンネルの建設 | 1) 調査、検討事項とその内容<br>2) 業務手順及び留意点、工夫を要する点<br>3) 業務を効率的・効果的に進めるための関係者との調整方策 | 令和元年度 |
| 大都市圏鉄道における路線間の相互直通運転 | 1) 相互直通運転が利用者と鉄道事業者にもたらす効果<br>2) 相互直通運転計画時の設備面の検討事項3つ<br>3) 2) の検討事項から2つ選び、具体的な検討内容と留意点 | 平成28年度 |
| 鉄道の速度向上の技術的方策 | 1) 地上設備（線路・構造物等）の検討項目3つ<br>2) 1) のうち1項目、具体的な検討内容と対策が必要となった場合の具体的な方法<br>3) 2) の検討及び対策実施時の留意点 | 平成28年度 |
| 高架下が高密度で利用されている既設のRCラーメン高架橋柱の耐震性向上工事の計画・設計 | 1) 考慮すべき主な制約条件<br>2) 計画上・設計上の留意点<br>3) 2) を踏まえた具体的な補強工法 | 平成26年度 |
| 都市部における家屋が密集した線区の鉄道施設の高架化、地下化等の構造形式を含めた検討 | 1) 連続立体交差化の効果<br>2) 検討時の考慮事項<br>3) 構造形式、切り替え手順等を踏まえた比較すべき3計画案<br>4) 具体的な計画を策定時の留意事項 | 平成26年度 |
| 在来線の大規模改良実施時の騒音の音源対策検討 | 1) 想定する大規模改良の内容<br>2) 供用開始後に予想される騒音の主な発生源<br>3) 設計時に検討すべき騒音対策のメニュー<br>4) 具体的な対策作成時の留意事項 | 平成25年度 |

## (2) 建設工事・施工

○　地平の鉄道営業線（在来線）の上空に、こ線道路橋の鋼桁を架設する場合について、以下の問いに答えよ。なお、当該架設工事の計画及び施工は、鉄道営業線の管理事業者が受託事業として行うものとする。　　　（H30−2）

(1) 一般的に用いられる架設工法を2つ挙げ、その特徴と工法選定の条件を簡潔に述べよ。

(2) 上記（1）で挙げた工法の1つについて、架設工事の計画に当たって技術

的観点から検討又は実施すべき事項を3つ挙げ、概要及び留意点を述べよ。

  (3) 上記（2）で選択した工法について、架設工事の施工に当たって営業線工事保安の観点から留意すべき事項を述べよ。

○ 低盛土上の鉄道営業線（在来線）に近接し、軌道中心から4mの位置に軌道に平行して仮土留め工を用いた深さ10m程度の大規模掘削を施工する場合について、以下の問いに答えよ。    （H29−1）

  (1) 仮土留め工を用いた掘削において、鉄道営業線の軌道に変状を及ぼす原因について述べよ。

  (2) 上記（1）を踏まえ、鉄道営業線の軌道変状を防止する対策について述べよ。

  (3) 上記（2）を踏まえ、施工に当たり留意すべき事項について述べよ。

○ 市街地において、地平鉄道（複線営業線）の直下を小土被りで横断する2車線（片側1車線）の一般道路が、ボックスカルバート構造で計画されている。この道路構造物の鉄道直下部分について、施工方法選定、施工管理を行うに当たり、以下の問いに答えよ。    （H27−1）

  (1) 工事桁による開削工法と、非開削工法について、特徴を比較せよ。

  (2) 当該箇所における施工方法選定において、考慮すべき事項を述べよ。

  (3) 当該箇所における具体的な施工方法を1つ挙げて特徴を説明した上で、施工管理に当たり営業線への影響の観点からの留意点を述べよ。

○ 鉄道構造物に近接して掘削工事を施工する場合は、軌道や構造物を健全な状態に維持し、列車の安全運行を確保することが重要である。このような近接工事を計画、施工する担当責任者として下記の内容について論述せよ。

    （H25−2）

  (1) 業務を進める上での基本的な考え方

  (2) 工事着手前に検討すべき事項

  (3) 施工管理における留意点

○ 自然災害により切土のり面が崩壊すると、鉄道施設等の損傷等や場合によっては鉄道そのものの機能が失われるため、鉄道における切土のり面の施工は十分な配慮のもとに実施する必要がある。ある鉄道路線で、土砂崩壊の危険性がある切土区間があるため、その区間においてのり面保護工事を実施することになった。あなたが、この業務の担当責任者として、下記の内容について記述せよ。    （練習）

  (1) 調査、検討すべき事項とその内容について説明せよ。

  (2) 業務を進める手順について、留意すべき点、工夫を要する点を含めて述べよ。

  (3) 業務を効率的、効果的に進めるための関係者との調整方策について述べよ。

○ 複線電化の鉄道線路の上空を利用することを目的として、既存の橋上駅舎

を解体し、高さ30 mの駅ビルを新築する計画がある。あなたが、この工事の施工計画業務の担当責任者として、下記の内容について記述せよ。

（練習）

(1) 調査、検討すべき事項とその内容について説明せよ。

(2) 業務を進める手順について、留意すべき点、工夫を要する点を含めて述べよ。

(3) 業務を効率的、効果的に進めるための関係者との調整方策について述べよ。


建設工事・施工でこれまでに出題された問題のテーマ及び解答事項等を整理して、図表3.27に示します。

図表3.27　鉄道「建設工事・施工」の過去問題

| テーマ | 解答事項等 | 出題年度 |
|---|---|---|
| 地平の鉄道営業線（在来線）上空に、ご線道路橋の鋼桁を架設 | 1) 一般的な架設工法を2つ、その特徴と工法選定の条件<br>2) 1) 工法の1つ、架設工事計画時の技術的観点から検討又は実施事項を3つ挙げ、概要及び留意点<br>3) 2) の工法、架設工事の施工時の営業線工事保安の観点から留意事項 | 平成30年度 |
| 低盛土上の鉄道営業線（在来線）に近接した大規模掘削工事 | 1) 仮土留め工掘削時、鉄道営業線の軌道に変状を及ぼす原因<br>2) 1) を踏まえ、鉄道営業線の軌道変状の防止対策<br>3) 2) を踏まえ、施工時の留意事項 | 平成29年度 |
| 地平鉄道（複線営業線）の直下に施工する構造物の施工方法選定、施工管理 | 1) 開削工法と非開削工法の特徴比較<br>2) 施工方法選定時の考慮事項<br>3) 具体的な施工方法を1つ、特徴を説明し施工管理時の営業線への影響の観点から留意点 | 平成27年度 |
| 鉄道構造物に近接した掘削工事の計画、施工 | 1) 業務を進める上での基本的な考え方<br>2) 工事着手前の検討事項<br>3) 施工管理の留意点 | 平成25年度 |


## (3) 維持管理・更新及び復旧

○　ある鉄道路線で、降雨により切土区間の自然斜面で土砂崩壊が発生し、線路に土砂が流入した。復旧に際して、応急対策で仮復旧したのちに恒久対策により本復旧を行う方針が決められた。あなたが、この業務の担当責任者に選ばれた場合、下記の内容について記述せよ。　　　　　　　（R1－1）

(1) 調査、検討すべき事項とその内容について説明せよ。

(2) 業務を進める手順について、留意すべき点、工夫を要する点を含めて述べよ。

(3) 業務を効率的、効果的に進めるための関係者との調整方策について述べよ。

○　鉄道トンネルにおいて、近年発生しているコンクリート片やモルタル片の剥落事象について、以下の問いに答えよ。　　　　　　　　　　（H30－1）

(1) 剥落の代表的な発生機構を2つ挙げ、その概要と要因を述べよ。

(2) 剥落防止又は剥落発生後の対策工の選定に当たって、考慮すべき事項を述べよ。また、断面欠損箇所における対策例について、内容を詳述せよ。

(3) 剥落事象及び実施した対策工に関する記録の保存と活用に関して、必要とされる事項及び望まれる事項について述べよ。

○　鉄道の安全・安定輸送を確保するためには、鉄道構造物の維持管理における検査が重要であるが、近年、我が国においては検査に関する効率化が求められている状況にある。検査の効率化について、軌道又は土木構造物のどちらかを選択し、以下の問いに答えよ。　　　　　　　　　　　（H29-2）

(1) 検査の効率化が求められている背景を多面的に述べよ。

(2) 上記（1）を踏まえ、効率化の観点から効果を上げている検査技術を挙げ、その内容を具体的に述べよ。

(3) 上記（2）で挙げた検査技術について、実施に当たり留意すべき事項を述べよ。

○　最近の鉄道高架橋におけるコンクリート片の剥落事象の発生を踏まえ、剥落対策を行うに当たり、以下の問いに答えよ。　　　　　　　　　　　（H27-2）

(1) 考えられる剥落原因を3つ挙げて説明せよ。

(2) 対策を行う上で問題、制約となる事項について述べよ。

(3) 上記を踏まえて、実効性の高い対策方法を、検査点検及び施工の観点から述べよ。

○　鉄道軌道の土路盤下にて構造物を建設中に集中豪雨による自然災害により、土路盤が陥没し鉄道軌道に支障が生じ、初動対応から鉄道軌道の機能回復までの対応を実施することになった。あなたが、この業務の担当責任者に選ばれた場合、下記の内容について記述せよ。　　　　　　　　　　　（練習）

(1) 調査、検討すべき事項とその内容について説明せよ。

(2) 業務を進める手順について、留意すべき点、工夫を要する点を含めて述べよ。

(3) 業務を効率的、効果的に進めるための関係者との調整方策について述べよ。

○　市街地の複線電化された営業線の一部が、国道との交差部において高架化されている。最近発生した震度5弱の地震により、高架橋スラブ下面及び高架橋の柱に大きなひび割れが生じ、その原因及び対策を検討することになった。あなたが、この業務の担当責任者として、下記の内容について記述せよ。

　　　　　　　　　　　（練習）

(1) 調査、検討すべき事項とその内容について説明せよ。

(2) 業務を進める手順について、留意すべき点、工夫を要する点を含めて述べよ。

(3) 業務を効率的、効果的に進めるための関係者との調整方策について述べよ。

維持管理・更新及び復旧でこれまでに出題された問題のテーマ及び解答事項等を整理して、図表3.28に示します。

図表3.28　鉄道「維持管理・更新及び復旧」の過去問題

| テーマ | 解答事項等 | 出題年度 |
|---|---|---|
| 線路に土砂が流入した災害の復旧対応・検討 | 1) 調査、検討事項とその内容<br>2) 業務手順及び留意点、工夫点<br>3) 業務を効率的・効果的に進めるための関係者との調整方策 | 令和元年度 |
| 鉄道トンネルのコンクリート片やモルタル片の剥落事象 | 1) 剥落の代表的な発生機構を2つ、概要と要因<br>2) 剥落防止又は剥落発生後の対策工の選定時の考慮事項。断面欠損箇所の対策例の内容詳述<br>3) 剥落事象及び実施した対策工に関する記録の保存と活用に関し、必要事項及び望まれる事項 | 平成30年度 |
| 鉄道構造物の維持管理における検査の効率化 | 1) 検査の効率化が求められている背景<br>2) 1) を踏まえ、効率化の観点から効果を上げている検査技術、その具体的な内容<br>3) 2) で挙げた検査技術、実施時の留意事項 | 平成29年度 |
| 鉄道高架橋のコンクリート片の剥落対策 | 1) 考えられる剥落原因を3つ挙げ説明<br>2) 対策を行う上で問題、制約となる事項<br>3) 上記を踏まえて、実効性の高い対策方法 | 平成27年度 |

# 9. トンネル

トンネルで出題されている問題は、山岳トンネル、都市トンネルに大別されます。なお、解答する答案用紙枚数は2枚（1,200字以内）です。

## (1) 山岳トンネル

○　トンネルの施工においては、想定される様々な課題を踏まえた調査を行い、その結果を反映して対策を実施することが重要となる。帯水した未固結地山において、山岳工法（排水型）によりトンネルの施工を検討するに当たり、担当責任者としての立場から、下記の内容について記述せよ。　　（R1－1）

(1) 調査方法、対策方法を含めて検討すべき事項とその内容について説明せよ。

(2) 有効な対策を実施するための業務遂行手順について、留意すべき点、工夫を要する点を含めて述べよ。

(3) これらの業務を効率的、効果的に進めるための関係者との調整方策について述べよ。

○　下図のような条件の二車線道路トンネルを山岳工法により西側坑口から掘削する。本工事において、利用されている井戸、家屋連たん地域、道路及び埋設管の直下を施工するに当たり、以下の問いに答えよ。　　（H30－1）

※　地　質：砂岩優勢砂岩泥岩互層（地質については事前に十分な調査がなされている）

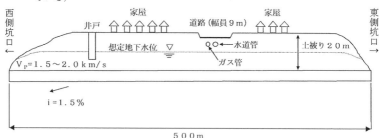

(1) 当地区のトンネル施工に当たって、設計及び施工計画上の留意点を述べよ。

(2) (1) で述べた留意点を考慮した掘削時の対応を述べよ。

(3) 当地区のトンネルの覆工（インバート含む）の設計に当たり、考慮する点を述べよ。

○　下図のような条件の道路トンネルを山岳工法により西側坑口から掘削する。トンネルを掘削するに当たって、断層破砕帯部の区間①と、地すべりが想定される区間②のそれぞれに対し、以下の問いに答えよ。　　　　　（H29－1）

(1) 区間①の掘削に当たって、断層破砕帯の施工上の問題点と、その対策を多面的に述べよ。

(2) 区間②の掘削に当たって、施工上の問題点と、その対策を多面的に述べよ。

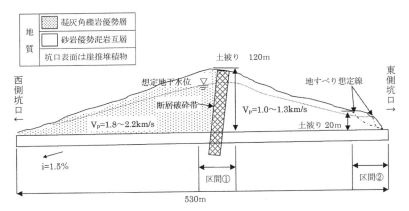

現場条件：東坑口外側からの工事車両のアプローチは不可

○　図のような2車線道路トンネルの建設が山岳工法により計画されている。途中で重要水路トンネルの直下を離隔約7ｍで交差する。この水路トンネルは昭和初期に建設されたもので内空寸法は幅3ｍ、高さ3ｍである。この近接施工について、以下の問いに答えよ。　　　　　（H28－1）

(1) トンネル建設に伴い懸念される現象及び工事計画段階で必要と考えられる調査項目について説明せよ。

(2) 既設トンネルへの影響、既設トンネル側の対応、新設トンネル側の対応の3つの観点から、工事計画段階で検討しなければならない項目について説明せよ。

(3) 施工時に必要となる観察・計測項目を挙げ、施工管理方法について説明せよ。

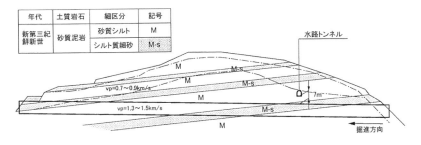

○　下図（平面図及び想定地質断面図）を見て、以下の問いに答えよ。なお、通常期の地下水位はトンネルレベルより低いものとする。　　　（H27-1）

(1) 図に示す100 m間においてトンネル掘削に伴って問題となる現象を述べよ。

(2) 上記現象に対する対策工を立案するに当たって施工前に必要と考えられる調査項目と調査位置を解答用紙に簡単な平面図を書いて示し、その調査の目的を述べよ。

(3) 上記現象の問題解決のための対策工を提案せよ。また、施工時に必要と考えられる地表及び地表からの計測項目と計測位置を解答用紙に簡単な平面図を書いて示し、その計測の目的を述べよ。

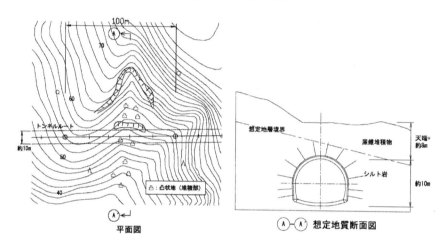

平面図　　　　　　　　　(A)-(A)　想定地質断面図

○　図1のような条件の道路トンネルを山岳工法により東側坑口から掘削する。これまで実施済みの調査は、地表踏査、弾性波探査、河川近傍ボーリング調査であり、図中の地下水位はこれらの調査をもとにした想定水位である。トンネルを掘削するに当たっての地下水対策に関して、区間①～③のそれぞれに対し、以下の問いに答えよ。　　　（H26-1）

(1) トンネル掘削に伴って問題となる現象を、地下水の観点から想定し、その内容を述べよ。

(2) 上記現象に対する対策工を立案するに当たって施工前に必要となる追加の調査項目を挙げ、その目的を述べよ。

(3) 上記現象の問題解決のための対策工を提案し、施工中の留意点を述べよ。

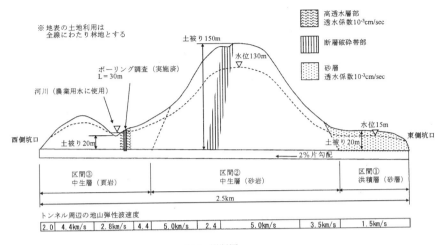

図1 縦断図

○ 近年、山岳トンネルにおける覆工コンクリートの品質向上が求められている。そのような状況を考慮して、以下の問いに答えよ。　　　　　（H25-1）

(1) 配合や材料の品質管理、打込み及び養生の各段階での課題を述べよ。

(2) 上記の課題を解決するための技術的提案を述べよ。

○ トンネルの施工においては、施工区間の自然条件や施工環境等を十分に調査し、その結果を踏まえて計画・設計・施工することが重要となる。膨張性地山（新第三紀の泥岩、凝灰岩、蛇紋岩等）において、山岳工法によりトンネルの施工を検討するに当たり、担当責任者としての立場から、下記の内容について記述せよ。　　　　　（練習）

(1) 調査方法、対策方法を含めて検討すべき事項とその内容について説明せよ。

(2) 有効な対策を実施するための業務遂行手順について、留意すべき点、工夫を要する点を含めて述べよ。

(3) これらの業務を効率的、効果的に進めるための関係者との調整方策について述べよ。

○ 都市部の住宅地に近接した箇所にて、山岳トンネル工法による道路トンネルを築造する計画がある。トンネル施工に当たっては、施工区間及び周辺区域の地盤変状や構造物等への影響が最小限となるような対策を講じる必要がある。同様に、自然環境及び生活環境の保全にも努める必要がある。当該計画のトンネルの施工を計画するに当たり、自然・生活環境保全の担当責任者としての立場から、下記の内容について記述せよ。　　　　　（練習）

(1) 調査方法、対策方法を含めて検討すべき事項とその内容について説明せよ。

(2) 有効な対策を実施するための業務遂行手順について、留意すべき点、工夫を要する点を含めて述べよ。

(3) これらの業務を効率的、効果的に進めるための関係者との調整方策について述べよ。

○　山岳トンネルの構築に当たっては、労働安全及び労働衛生を最優先した施工を行うことが重要である。労働安全衛生に関する取り組みのうち、照明、換気及び火災・爆発防止の3項目を検討するに当たり、担当責任者としての立場から、下記の内容について記述せよ。　　　　　　　　　　　（練習）

(1) 調査方法、対策方法を含めて検討すべき事項とその内容について説明せよ。

(2) 有効な対策を実施するための業務遂行手順について、留意すべき点、工夫を要する点を含めて述べよ。

(3) これらの業務を効率的、効果的に進めるための関係者との調整方策について述べよ。

　山岳トンネルでこれまでに出題された問題のテーマ及び解答事項等を整理して、図表3.29に示します。

図表3.29　トンネル「山岳トンネル」の過去問題

| テーマ | 解答事項等 | 出題年度 |
|---|---|---|
| 帯水した未固結地山の山岳工法（排水型）によるトンネル施工の検討 | 1）調査方法、対策方法を含めた検討事項とその内容<br>2）有効な対策実施の業務遂行手順、留意点、工夫を要する点<br>3）業務を効率的、効果的に進めるための関係者との調整方策 | 令和元年度 |
| 山岳工法による二車線道路トンネル築造（直上に各種施設等がある区間の施工） | 1）設計及び施工計画上の留意点<br>2）1）の留意点を考慮した掘削時の対応<br>3）トンネル覆工（インバート含む）設計時の考慮点 | 平成30年度 |
| ①断層破砕帯部と②地すべりが想定される部分を有する区間の山岳工法による道路トンネルの築造 | 1）区間①の掘削：断層破砕帯の施工上の問題点とその対策<br>2）区間②の掘削：施工上の問題点とその対策 | 平成29年度 |
| 重要水路トンネル直下に近接する2車線道路トンネルを山岳工法にて施工 | 1）懸念される現象及び工事計画段階で必要な調査項目<br>2）既設トンネルへの影響、既設トンネル側の対応、新設トンネル側の対応の3観点から工事計画段階時の検討項目<br>3）施工時に必要な観察・計測項目、施工管理方法 | 平成28年度 |
| 低土被り、偏土圧条件下での山岳トンネル工法 | 1）指定区間のトンネル掘削時の問題現象<br>2）上記現象の対策工立案時、施工前に必要な調査項目と調査位置を図示、その調査の目的<br>3）上記現象の問題解決の対策工提案、施工時に必要な計測項目と計測位置を図示、その計測の目的 | 平成27年度 |

図表3.29　トンネル「山岳トンネル」の過去問題（つづき）

| テーマ | 解答事項等 | 出題年度 |
|---|---|---|
| 地下水を考慮した山岳工法による道路トンネルの築造 | 1) トンネル掘削時の問題現象を地下水の観点から想定し、その内容<br>2) 上記現象の対策工立案時、施工前に必要な追加の調査項目、その目的<br>3) 上記現象の問題解決の対策工提案、施工中の留意点 | 平成26年度 |
| 山岳トンネルの覆工コンクリートの品質向上 | 1) 配合や材料の品質管理、打込み及び養生の各段階の課題<br>2) 上記課題解決の技術的提案 | 平成25年度 |

## (2) 都市トンネル

○　都市部において、トンネル工事に起因した変状の発生は、社会生活の維持や周辺環境の保全に多大なる影響を及ぼす可能性がある。したがって、工事の実施に当たっては、十分な検討作業と業務手順の策定・遵守が不可欠である。これらの背景を踏まえて、あなたが実施責任者としてトンネル工事を進めるに当たり、次の選択肢AとBのどちらかを選択したうえで、下記の内容について記述せよ。　　　　　　　　　　　　　　　　　　　　　(R1-2)

（選択肢A）N値が1〜2の軟弱な粘性土地盤において実施する掘削床付深さ15mの開削トンネル工事において、土留め背面の地表面変状の抑制を沿道住民も含む工事関係者から強く求められている。

（選択肢B）N値が1〜2の軟弱な粘性土地盤において実施する小土被り施工のシールドトンネル工事において、掘進中の地表面変状の抑制を沿道住民も含む工事関係者から強く求められている。

(1) 検討すべき事項とその内容について説明せよ。

(2) 業務手順について、留意すべき点、工夫を要する点を含めて述べよ。

(3) これらの業務を効率的、効果的に進めるための関係者との調整方策について述べよ。

○　都市部の幹線道路下において、新設するトンネルを計画していたが、トンネルに近接する構造物の存在が確認された。開削トンネル又はシールドトンネルのうちどちらかを選択し、あなたがトンネル計画の責任者として業務を進めるに当たり、以下の問いに答えよ。　　　　　　　　　　　　　　(H30-2)

(1) 近接構造物の機能上若しくは構造上の支障を与えるか否かを判定する設計の手順について説明せよ。

(2) 新設するトンネルの施工に伴い、既設構造物に支障を与えると判定された場合の対策工法を2つ以上挙げて、その概要について述べよ。

(3) 対策工を実施した後に、新設するトンネル施工時の計測管理について、多様な観点から述べよ。

○　下図に示す通り、市街地においてシールドトンネルが完成した後、開削工事により矩形立坑を築造し、シールドトンネルと立坑を接続する工事を計画している。なお、対象の土質は全て均等係数5の均一な細砂層として、以下の問いに答えよ。　　　　　　　　　　　　　　　　　　　　　　　　（H29-2）

(1) この接続工事において、立坑側、シールド側のいずれかを選択し、本体構造物の開口部の補強設計に当たり考慮すべき項目及びその概要について述べよ。

(2) この接続工事の横坑掘削を立坑側から非開削工法により行う場合、施工計画の立案に当たり考慮すべき項目を3項目以上挙げ、各々の概要について述べよ。

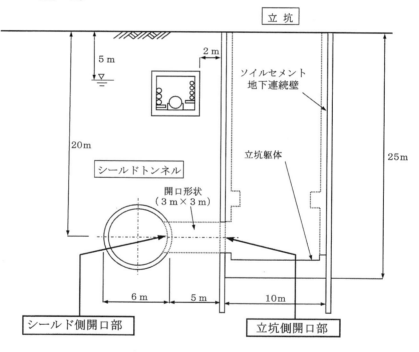

○　図に示すように、都市部においてシールド発進立坑工事（CASE-A）及び開削トンネル工事（CASE-B）を計画している。それぞれの図は、掘削、床付けが完了している時点の概略図である。

　　工事による出水事故の防止に関して、どちらか1方のCASEを選択し、以下の問いに答えよ。　　　　　　　　　　　　　　　　　　　　　　　　（H28-2）

(1) 地盤条件を踏まえ、図に示すような立坑又は開削トンネルの計画及び施工に当たっての留意点をそれぞれ多面的に述べよ。

(2) 図示した出水ルート①及び②について、出水を未然に防止するための具体的な対策をそれぞれ2つずつ述べよ。

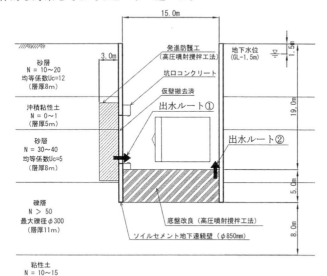

CASE-A　シールド発進立坑

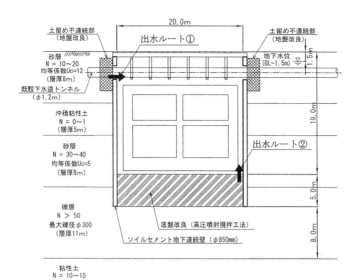

CASE-B　開削トンネル

○　都市部の幹線道路において、開削工事により設置した立坑とそれを発進立坑とした密閉型シールドトンネル工事を計画している。当該工事を実施するに当たり必要と考えられる環境保全対策について、以下の問いに答えよ。

(H27－2)

(1) 工事に伴い周辺の環境を保全するために必要な調査項目を列挙するとともに、各調査項目の概要について述べよ。

(2) 上記のうち3項目を選定し、各項目について環境を保全するための具体的な対策を複数記述せよ。

(3) 当該工事においてあなたが最も効果的と考える建設副産物の有効利用方法を提案し、その概要と留意点について記述せよ。

○　図2に示すように、都市部において、開削工法により立坑を築造し、そこから外径3 mのシールドを発進してトンネルを築造する工事を行っている。以下の問いに答えよ。

(H26－2)

(1) 立坑の構造や大きさ、形状の決定に当たって留意すべき点を述べよ。

(2) 当工事に適したシールド発進方法を2つ挙げ、その概要と設計・施工上の留意点について述べよ。

(3) 本掘進を開始したところ、シールド機が下向きにピッチングを起こすとともに、ローリングした。考えられるピッチングの原因を列挙するとともに、工事を続けるに当たって採るべき対応を述べよ。また、ローリングに対する対策を挙げよ。

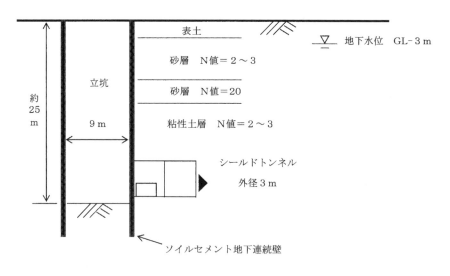

図2　横断面図

○ 図2に示すように、供用中の地下重要構造物に近接してシールドトンネル
工事（CASE-1）及び開削トンネル工事（CASE-2）を計画している。近接
する重要構造物の機能や構造に支障を与えないよう施工するに当たり、どち
らか1方のCASEを選択し、以下の問いに答えよ。 （H25-2）

(1) 工事計画の策定に当たって検討しなければならない項目を多面的に述べよ。

(2) 計測管理計画を立案する場合の留意点について述べよ。

(3) 施工途中において計測データが事前予測値を超えた場合、考えられる原
因を列挙せよ。また、その中から1例を選び、具体的な対策方法とその対
策における留意点について述べよ。

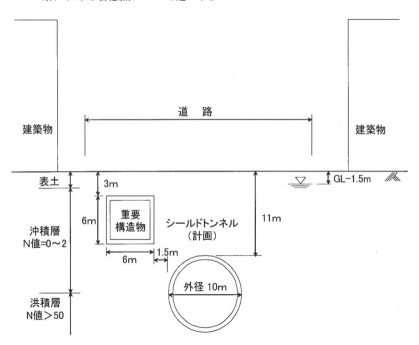

CASE-1（シールドトンネル）

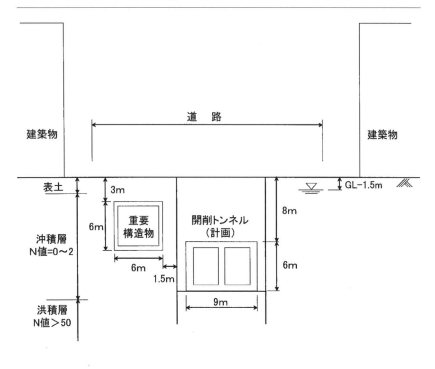

CASE-2 （開削トンネル）

図2　重要構造物との近接概要図

○　都市部において、トンネル工事を施工する場合、対象区間の地盤内に支障
　物が存在する場合がある。支障物の中には、管理者や所有者が不明確で現物
　を確認しなければ詳細な情報が得られないケースもある。これらの背景を踏
　まえて、あなたが実施責任者としてトンネル工事を進めるに当たり、次の選
　択肢AとBのどちらかを選択したうえで、下記の内容について記述せよ。

（練習）

（選択肢A）軟弱な粘性土地盤において実施する掘削床付深さ30 mの開削ト
　　　　ンネル工事において、施工区間に過去に施工された建造物の基礎杭として
　　　　RC杭が残置されているが、詳細な情報は縮尺の入っていない平面図しか
　　　　得られていない。

（選択肢B）軟弱な粘性土地盤において実施するシールドトンネル工事におい
　　　　て、戦前に築造された松杭が残置されている可能性のある施工区間がある。
　　　　詳細な情報は縮尺の入っていない平面図しか得られていない。

*202*

(1) 検討すべき事項とその内容について説明せよ。

(2) 業務手順について、留意すべき点、工夫を要する点を含めて述べよ。

(3) これらの業務を効率的、効果的に進めるための関係者との調整方策について述べよ。

○　都市部の幹線道路の交差点部にて、トンネル築造用の深さ40 mの円形立坑（内径10 m）を構築する計画がある。事前調査では、表土から下は、沖積粘土層（N値＝5）が3 m程度で、それ以深は洪積砂れき（N値＝30、最大れき径＝100 mm）、被圧地下水はGL－2.0 mといった情報が得られている。これらの背景を踏まえて、あなたが当該計画の実施責任者として設計を進めるに当たり、下記の内容について記述せよ。　　　　　　　（練習）

(1) 検討すべき事項とその内容について説明せよ。

(2) 業務手順について、留意すべき点、工夫を要する点を含めて述べよ。

(3) これらの業務を効率的、効果的に進めるための関係者との調整方策について述べよ。

○　都市トンネルの構築に当たっては、自然環境や生活環境の保全に努めるとともに、労働安全及び労働衛生を最優先した施工を行うことも重要である。これらの背景を踏まえて、あなたが労働安全衛生に関する取り組みの実施責任者としてトンネル工事を進めるに当たり、次の選択肢AとBのどちらかを選択したうえで、下記の内容について記述せよ。　　　　　　　（練習）

（選択肢A）掘削床付深さ10 mから30 mの開削トンネル工事における換気対策、墜落・転落災害防止及び水没災害防止の検討

（選択肢B）発進立坑深さ40 m、施工延長1.3 kmのシールドトンネル工事における照明・換気設備、火災・爆発防止、酸欠・ガス中毒災害防止の検討

(1) 検討すべき事項とその内容について説明せよ。

(2) 業務手順について、留意すべき点、工夫を要する点を含めて述べよ。

(3) これらの業務を効率的、効果的に進めるための関係者との調整方策について述べよ。

都市トンネルでは、シールドトンネル及び開削トンネルの内容をとりまとめてあります。都市トンネルでこれまでに出題された問題のテーマ及び解答事項等を整理して、図表3.30に示します。

図表3. 30　トンネル「都市トンネル」の過去問題

| テーマ | 解答事項等 | 出題年度 |
|---|---|---|
| N 値が 1～2 の軟弱な粘性土地盤において実施する掘削床付深さ 15 m の開削トンネル工事<br>N 値が 1～2 の軟弱な粘性土地盤において実施する小土被り施工のシールドトンネル工事 | （社会生活の維持や周辺環境の保全に考慮）<br>1) 検討事項とその内容<br>2) 業務手順及び留意点、工夫を要する点<br>3) 業務を効率的、効果的に進めるための関係者との調整方策 | 令和元年度 |
| 都市部幹線道路下にて近接構造物に考慮した新設トンネルの築造 | （開削又はシールドのどちらかを選択）<br>1) 近接構造物の機能上又は構造上の支障を与えるか否かを判定する設計手順<br>2) 新設トンネル施工に伴い既設構造物に支障を与えると判定時の対策工法を 2 つ以上、その概要<br>3) 対策工実施後の新設トンネル施工時の計測管理 | 平成30 年度 |
| 市街地でシールドトンネル完成後、シールドトンネルと開削工事により築造する立坑を接続する工事計画 | 1) 立坑側、シールド側のいずれかを選択し、本体構造物の開口部の補強設計の考慮項目及びその概要<br>2) 横坑掘削を立坑側から非開削工法にて行う場合、施工計画立案時の考慮項目 3 つ以上、各々の概要 | 平成29 年度 |
| 都市部のシールド発進立坑工事又は開削トンネル工事における出水事故防止 | （シールド又は開削のどちらかを選択）<br>1) 立坑又は開削トンネルの計画及び施工の留意点<br>2) 図示した出水ルート：出水を未然に防止するための具体的な対策 | 平成28 年度 |
| 都市部の幹線道路での開削工事により設置した立坑とそれを発進立坑とした密閉型シールドトンネル工事の環境保全対策 | 1) 周辺環境保全に必要な調査項目、その概要<br>2) 上記のうち 3 項目選定し、環境保全の具体的な対策<br>3) 最も効果的と考える建設副産物の有効利用方法を提案、その概要と留意点 | 平成27 年度 |
| 都市部で開削工法により立坑を築造し、そこからシールドによりトンネルを築造する工事 | 1) 立坑の構造や大きさ、形状の決定時の留意点<br>2) 当工事に適したシールド発進方法を 2 つ、その概要と設計・施工上の留意点<br>3) 本掘進開始後、シールド機が下向きにピッチング、ローリング。考えられるピッチングの原因列挙、工事継続のための採るべき対応及びローリング対策 | 平成26 年度 |
| 供用中の地下重要構造物に近接したシールドトンネル工事又は開削トンネル工事 | （開削又はシールドのどちらかを選択）<br>1) 工事計画策定時の検討項目<br>2) 計測管理計画立案時の留意点<br>3) 施工途中に計測データが事前予測値を超えた場合、考えられる原因を列挙。その中から 1 例を選び、具体的な対策方法と留意点 | 平成25 年度 |

# 10. 施工計画、施工設備及び積算

　施工計画、施工設備及び積算で出題されている問題は、コンクリート工、基礎工及び開削工、盛土・切土及び斜面安定工、建設リサイクル等に大別されます。なお、解答する答案用紙枚数は2枚（1,200字以内）です。

## (1) コンクリート工

○　都市近郊の2車線道路橋を新設する工事において、高さ15 mの張出し式橋脚3基のコンクリート工の施工計画を策定することとなった。この業務を担当責任者として進めるに当たり、下記の内容について記述せよ。なお、橋脚のコンクリート量はフーチングが270 m³／基、梁・柱部が230 m³／基であり、梁・柱部は鉄筋が密な構造となっているものとする。　　　(R1－1)

　(1) 調査、検討すべき事項とその内容について説明せよ。

　(2) 留意すべき点、工夫を要する点を含めて業務を進める手順について述べよ。

　(3) 業務を効率的・効果的に進めるための関係者との調整方策について述べよ。

○　寒冷地の海岸部にある建設後50年を経た幹線道路の鉄筋コンクリートT桁橋において、複数の原因によるコンクリート部材の損傷が確認され、補修・補強が必要と判断された。　　　　　　　　　　　　　　　　　(H29－2)

　(1) これらの条件から想定される損傷状況を挙げ、その原因と損傷に至るまでの過程を説明せよ。

　(2) (1) で想定した損傷に対する補修・補強工法を2つ選定し、選定理由と施工上の留意点を述べよ。

○　幅10 m、厚さ3 m、高さ10 mの鉄筋コンクリート橋脚の施工に当たり、以下の問いに答えよ。　　　　　　　　　　　　　　　　　　(H28－2)

　(1) 発生しやすい初期ひび割れの原因を3つ挙げ、それぞれについて概説せよ。

　(2) (1) で挙げた3つの原因のうち2つについて、初期ひび割れを防ぐため、施工計画段階で検討するべき事項及び施工時に実施すべき対策を述べよ。

○　コンクリート構造物の施工において型枠及び支保工は、所定の位置及び形状寸法の構造物を得る上で必要・不可欠なものである。型枠及び支保工の設計・施工に当たり、以下の問いに答えよ。　　　　　　　　　　　　(H27－2)

　(1) 高架橋の型枠及び支保工の設計に当たり、考慮すべき荷重について述べよ。

(2) 市街地の民家に隣接した工事用道路を使用して、道路と並行な桁下空頭7mのラーメン高架橋の柱上部・スラブのコンクリートを打設し終えた。今後、型枠及び支保工の取外しを施工するに当たり、留意すべき事項を3つ挙げ、それぞれの内容について述べよ。

○　要求される性能、品質を備えたコンクリート構造物を所定の工期内に安全かつ経済的に建設するためには、的確で合理的な施工計画が必須である。市街地の道路下にコンクリート構造物を施工する際の施工計画の立案に当たり、以下の問いに答えよ。　　　　　　　　　　　　　　　　　（H26−1）

(1) 施工計画の検討項目の1つである「コンクリートの現場までの運搬・受入れ計画」に記載すべき内容を述べよ。

(2) コンクリートの受入れ計画において、コンクリートの練上り時のスランプは、打込み、荷卸し、練上り時の各作業段階でのスランプの変化を考慮して設定するが、各段階における設定の考え方及び留意点について述べよ。

○　要求性能を満足するコンクリート構造物を造るためには、施工の各段階において適切な方法により品質管理を実施し、所定の品質が確保されていることが重要である。コンクリート施工時の養生はこの一環として考えられ、施工環境条件を考慮し、品質を確保できるように確実に実施しなければならない。これを進めるに当たり、下記の問いに答えよ。　　　　　　　（H25−1）

(1) コンクリート構造物の施工を行う際の養生については、目的別に3項目に分類しているが、そのうち2項目について内容をそれぞれ説明せよ。

(2) 高炉セメントB種を使用したコンクリート構造物を施工することになった。高炉セメントコンクリートの特性について述べるとともに、その特性を踏まえ、養生を含め、施工に関する留意点を説明せよ。

○　昼夜を問わず交通量の多い都市部の国道において、開削工法にて地下にコンクリート構造物を築造する計画がある。品質確保のため、24時間連続してコンクリートを打設する必要があり、当該工事の施工計画を策定することとなった。この業務を担当責任者として進めるに当たり、下記の内容について記述せよ。なお、時間当たりの平均打設量は$30\ m^3$、打設箇所は施工基面から15m下方部の柱、壁及びスラブを予定している。レディーミクストコンクリートは3か所のプラント工場より供給予定で、打設現場までは交通混雑によるが、20〜50分程度を見込んでいる。時期は夏で最高気温が35度、最低気温が25度とする。　　　　　　　　　　　　　　　　　　　　（練習）

(1) 調査、検討すべき事項とその内容について説明せよ。

(2) 留意すべき点、工夫を要する点を含めて業務を進める手順について述べよ。

(3) 業務を効率的・効果的に進めるための関係者との調整方策について述べよ。

　コンクリート工でこれまでに出題された問題のテーマ及び解答事項等を整理して、図表3.31に示します。

図表3.31　施工計画、施工設備及び積算「コンクリート工」の過去問題

| テーマ | 解答事項等 | 出題年度 |
|---|---|---|
| 張出し式橋脚3基のコンクリート工の施工計画を策定 | 1）調査、検討事項とその内容<br>2）業務手順及び留意点、工夫点<br>3）業務を効率的・効果的に進めるための関係者との調整方策 | 令和元年度 |
| 寒冷地の海岸部にある鉄筋コンクリートT桁橋複数の補修・補強 | 1）付与条件から想定される損傷状況、原因と損傷に至るまでの過程を説明<br>2）想定した損傷の補修・補強工法を2つ選定、選定理由と施工上の留意点 | 平成29年度 |
| 鉄筋コンクリート橋脚の施工 | 1）初期ひび割れの原因3つ挙げ概説<br>2）3原因のうち2つ、初期ひび割れ防止に関する施工計画段階での検討事項及び施工時の実施対策 | 平成28年度 |
| コンクリート構造物の型枠及び支保工の設計・施工 | 1）高架橋の型枠及び支保工設計時の考慮荷重<br>2）条件が付与された状況の型枠及び支保工の取外し時の留意事項3つ及びそれぞれの内容 | 平成27年度 |
| 市街地道路下にコンクリート構造物を施工する際の施工計画の立案 | 1）「コンクリートの現場までの運搬・受入れ計画」に記載すべき内容<br>2）コンクリート受入れ計画におけるコンクリートの各作業段階でのスランプの設定の考え方及び留意点 | 平成26年度 |
| コンクリート構造物施工における養生 | 1）コンクリート構造物施工の養生：目的別に3項目に分類しているが、そのうち2項目の内容<br>2）高炉セメントコンクリートの特性、養生を含めた施工に関する留意点 | 平成25年度 |

## （2）基礎工及び開削工

○　住居地域にある4車線の幹線道路を横断する老朽化した場所打ち鉄筋コンクリートボックスカルバート（内空幅1.8 m×内空高1.8 m、土被り1.2 m）を撤去し、プレキャストボックスカルバート（内空幅2.5 m×内空高2.0 m）に更新する工事の施工計画を策定することとなった。この業務を担当責任者として進めるに当たり、下記の内容について記述せよ。なお、施工方法は開削工法とし、道路の車線規制は夜間のみ可能、カルバートは農業用排水及び雨水排水を兼ねた行政が管理する施設である。　　　　　（R1－2）

（1）調査、検討すべき事項とその内容について説明せよ。

（2）留意すべき点、工夫を要する点を含めて業務を進める手順について述べよ。

（3）業務を効率的・効果的に進めるための関係者との調整方策について述べよ。

○　住宅街を通る幹線道路（幅員25 m）の区域内に、15 m四方、深さ30 mの立坑築造工事を、ソイルセメント地下連続壁による開削工法で計画している。

当該箇所は、地下水位が高く軟弱地盤である。　　　　　　　（H30－2）

(1) 当該工事を実施するに当たって、周辺の環境に影響を与えると考えられる事象を3つ挙げ、それぞれについて着目した理由と事前に調査すべき項目を述べよ。ただし、騒音と振動は除くものとする。

(2) 前項で挙げた事象のうち2つについて、環境への影響の低減に有効と考えられる具体的な対策と施工管理上の留意点を述べよ。

○　中心市街地で軟弱地盤地帯に計画された高架橋下部工事において、橋脚（鋼矢板による山留め、掘削深さ5 m）、基礎杭（杭径1,000 mm、杭長30 m、オールケーシング工法）の施工に当たり、以下の問いに答えよ。

　　　　　　　　　　　　　　　　　　　　　　　　　　　（H29－1）

(1) 工事着手に当たり、施工計画作成に必要な事前調査項目とその概要を述べよ。

(2) 基礎杭の施工時に生じやすい杭の品質・出来形に影響するトラブルを2つ挙げ、原因と防止対策について述べよ。

○　地下水位の高い市街地の供用中の幹線道路（幅員30 m）において、開削工法で、掘削深20 m、20 m四方の立坑を築造する際の土留め工について、以下の問いに答えよ。　　　　　　　　　　　　　　　　　　　（H28－1）

(1) 上記の施工環境に適した土留め工法を2つ挙げ、選定理由と工法の概要を述べよ。

(2) (1) で説明した工法のうち1つについて、土留め工の要求される品質を確保するために、調査検討時に留意すべき点と施工時に留意すべき点をそれぞれ述べよ。

○　都市部において大規模な開削工法による道路トンネル工事（開削幅20 m、掘削深さ20 m、施工延長約1 km）が計画されている。近年、都市部では時間雨量50 mm以上の集中豪雨が発生しており、直近では時間雨量110 mmを記録した。その対応を考慮した施工計画を策定することとなった。この業務を担当責任者として進めるに当たり、下記の内容について記述せよ。なお、山留めはソイルセメント地下連続壁の計画である。　　　　　　（練習）

(1) 調査、検討すべき事項とその内容について説明せよ。

(2) 留意すべき点、工夫を要する点を含めて業務を進める手順について述べよ。

(3) 業務を効率的・効果的に進めるための関係者との調整方策について述べよ。

○　都市部の片側3車線の国道に並行して直上部に高架橋式の高速道路を構築する計画があり、当該工事の施工計画を策定することとなった。施工個所の地盤条件は、施工基面から支持層までが約50 m、地表から深さ20 mまではN値が0の軟弱地盤となっている。この業務を担当責任者として進めるに当

たり、下記の内容について記述せよ。なお、橋脚は中央分離帯部分に設置する計画である。 （練習）

(1) 調査、検討すべき事項とその内容について説明せよ。

(2) 留意すべき点、工夫を要する点を含めて業務を進める手順について述べよ。

(3) 業務を効率的・効果的に進めるための関係者との調整方策について述べよ。

　基礎工及び開削工でこれまでに出題された問題のテーマ及び解答事項等を整理して、図表 3.32 に示します。

図表 3.32　施工計画、施工設備及び積算「基礎工及び開削工」の過去問題

| テーマ | 解答事項等 | 出題年度 |
|---|---|---|
| 開削工法にてボックスカルバートを撤去し、更新する工事の施工計画策定 | 1) 調査、検討事項とその内容<br>2) 業務手順及び留意点、工夫を要する点<br>3) 業務を効率的・効果的に進めるための関係者との調整方策 | 令和元年度 |
| ソイルセメント地下連続壁による開削工法 | 1) 周辺環境に影響を与える事象3つ、着目した理由と事前調査項目<br>2) 1) で挙げた事象2つ選定、環境影響の低減に有効な具体的対策と施工管理上の留意点 | 平成30年度 |
| 高架橋下部工事の橋脚、基礎杭の施工 | 1) 施工計画作成に必要な事前調査項目とその概要<br>2) 基礎杭施工時の品質・出来形に影響するトラブル2つ、原因と防止対策 | 平成29年度 |
| 開削工法による立坑築造時の土留め工 | 1) 条件が付与された施工環境に適した土留め工法を2つ、選定理由と工法概要<br>2) 1) のうち1つ、土留め工の要求品質確保のため調査検討時の留意点と施工時の留意点 | 平成28年度 |

## (3) 盛土・切土及び斜面安定工

○　道路山側斜面が崩壊（幅 30 m、高さ 20 m）した災害の現場において、1車線の通行を確保しつつ、大型ブロック積擁壁及び切土・のり面保護工（植生基材吹付工）等からなる復旧工事（下図参照）を施工するに当たり、以下の問いに答えよ。 （H30-1）

(1) 本工事の施工計画を立案する上で検討すべき項目を2つ挙げ、その内容について述べよ。

(2) 本工事の施工中に安全管理上留意すべき項目を2つ挙げ、それが必要な理由と対応方法を述べよ。

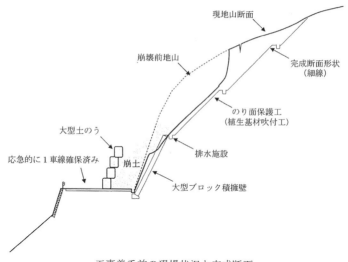

工事着手前の現場状況と完成断面

○ 社会インフラ整備が進み、重要な既設構造物と近接して構造物を施工する
ケースが増加している。

軟弱地盤において、杭長20 mの基礎杭を持つ既設高架橋に近接かつ並行
して、盛土高7 m、路面幅12 mの道路用盛土を築造するに当たり、以下の
問いに答えよ。　　　　　　　　　　　　　　　　　　　　（H27−1）

(1) 盛土施工により、既設高架橋に及ぼす影響を2つ挙げ、その内容につい
て述べよ。

(2) それらの影響を防止するために、盛土と既設高架橋のそれぞれに対して
行う対策工を挙げ、その内容と留意点を述べよ。

○ 近年、集中豪雨等により各地で斜面崩壊事故が多発している。斜面崩壊を
防止するためには、想定される地点において調査を行い、あらかじめその規
模や被災の程度を想定し、対策工を施すことが肝要である。

基岩上に表土が被覆している自然斜面において、表層崩壊に対する事前調
査及び対策工について、以下の問いに答えよ。　　　　　　（H26−2）

(1) 表層崩壊の発生する可能性を把握するために事前に行う主な調査項目を
3つ挙げ、それぞれについて概説せよ。

(2) 表層崩壊を防止するための対策工を選定するに当たり、主な検討項目を
2つ挙げ、その内容及び留意点を述べよ。さらに、この場合に考えられる
構造物による対策工（のり面緑化工を除く）を2つ挙げ、その内容及び留
意点を述べよ。

○ 自然災害により自然斜面の表層が崩壊し、大量の土砂が鉄道と道路が平面交差する踏切道及び鉄道路線に流入した。鉄道路線は複線電化で土砂が流入した延長は約1kmにわたっており、堆積した土砂の平均高さは約1mとなっている。踏切道への土砂流入量が最も多く、最大高さが約2mに及んでいる。緊急対策として、崩壊した自然斜面の対策及び鉄道路線及び踏切道の復旧工事の施工計画を策定することとなった。この業務を担当責任者として進めるに当たり、下記の内容について記述せよ。なお、施工計画の対象範囲には、崩壊した自然斜面の恒久対策は含まない。　　　　　　　　（練習）

(1) 調査、検討すべき事項とその内容について説明せよ。

(2) 留意すべき点、工夫を要する点を含めて業務を進める手順について述べよ。

(3) 業務を効率的・効果的に進めるための関係者との調整方策について述べよ。

○ 河川堤防は、住民の生命と資産を洪水から防御する極めて重要な防災構造物であり、安全性が確保できるよう十分な検討のもとに計画・設計されているが、想定をはるかに超える規模の大型台風が地方都市を上陸・通過し、その影響により一部の河川堤防が決壊した。そのため、堤防決壊部の緊急復旧工事を実施することになった。この業務を担当責任者として進めるに当たり、下記の内容について記述せよ。なお、すでに仮締切工は完了しており、仮復旧堤防を盛土工にて行うことが決まっている。　　　　　　　（練習）

(1) 調査、検討すべき事項とその内容について説明せよ。

(2) 留意すべき点、工夫を要する点を含めて業務を進める手順について述べよ。

(3) 業務を効率的・効果的に進めるための関係者との調整方策について述べよ。


盛土・切土及び斜面安定工でこれまでに出題された問題のテーマ及び解答事項等を整理して、図表3.33に示します。

図表3.33　施工計画、施工設備及び積算「盛土・切土及び斜面安定工」の過去問題

| テーマ | 解答事項等 | 出題年度 |
|---|---|---|
| 道路山側斜面が崩壊した災害現場の復旧工事 | 1) 施工計画立案時の検討項目2つ、その内容<br>2) 施工中に安全管理上の留意項目2つ、必要な理由と対応方法 | 平成30年度 |
| 基礎杭を持つ既設高架橋に近接かつ並行した道路用盛土の築造 | 1) 盛土施工による既設高架橋に及ぼす影響を2つ、その内容<br>2) 影響防止のために盛土と既設高架橋に対して行う対策工、その内容と留意点 | 平成27年度 |
| 自然斜面の表層崩壊に対する事前調査及び対策工 | 1) 表層崩壊の発生可能性把握のために行う主な事前調査項目を3つ挙げ、概説<br>2) 表層崩壊防止対策工選定時の主な検討項目を2つ、その内容及び留意点。付与された条件下で考えられる構造物による対策工2つ、その内容及び留意点 | 平成26年度 |

## （4）建設リサイクル等

○　建設工事（ここでは、建設業法に規定する「建設工事」をいう。）により
生じる産業廃棄物（放射性廃棄物を除く。以下同じ。）を適正に取り扱うこ
とは、環境影響の低減につながる。

　　建設工事により生じる産業廃棄物の取扱いに関し、建設工事を実施する以
下の各段階において、留意すべき事項について述べよ。　　　　　（H25-2）

（1）工事着手前（工事目的物の計画段階や設計実施段階を含めてもよい。）

（2）工事実施中（工事完了後を含めてもよい。）

○　自然災害により住宅地及び商業地域の一部が浸水し、その被害によって大
量の災害廃棄物が発生し、その廃棄物は一時保管場所に暫定保管されている。
廃棄物は、一般廃棄物のみならず、大量の建設廃棄物が混在しており、少量
だが特別管理産業廃棄物も含まれている可能性がある。この一時保管されて
いる災害廃棄物の処理に関する計画を策定することになった。この業務を担
当責任者として進めるに当たり、下記の内容について記述せよ。なお、処理
に関しては、再利用、再生利用も含めて検討を行うものとする。　　（練習）

（1）調査、検討すべき事項とその内容について説明せよ。

（2）留意すべき点、工夫を要する点を含めて業務を進める手順について述べよ。

（3）業務を効率的・効果的に進めるための関係者との調整方策について述べよ。


　建設リサイクル等でこれまでに出題された問題のテーマ及び解答事項等を整
理して、図表3.34に示します。

図表3.34　施工計画、施工設備及び積算「建設リサイクル等」の過去問題

| テーマ | 解答事項等 | 出題年度 |
|---|---|---|
| 建設工事により生じる産業廃棄物の取扱い | 1）工事着手前の留意事項<br>2）工事実施中の留意事項 | 平成<br>25年度 |

# 11. 建 設 環 境

　建設環境で出題されている問題は、環境影響評価及び事業評価、自然環境の保全・創出、生活環境の保全・創出、地球温暖化対策に大別されます。なお、解答する答案用紙枚数は2枚（1,200字以内）です。

## （1）環境影響評価及び事業評価

○　ある集落の近くで、環境影響評価法や地方公共団体の環境影響評価に関する条例の対象とならない建造物を新設することになったが、地域住民の信頼や同意を得る必要があると考え、事業者として自主的に環境影響評価を行うことにした。環境影響評価の担当責任者として業務を行うに当たり、下記の内容について記述せよ。　　　　　　　　　　　　　　　　　　　　　（R1−1）

　（1）建造物を設置環境と合わせて想定し、環境影響に関して調査、検討すべき事項とその内容について説明せよ。

　（2）業務を進める手順について、留意すべき点、工夫を要する点を含めて述べよ。

　（3）業務を効率的、効果的に進めるための関係者との調整方策について述べよ。

○　ある環境を改善する事業において、事業効果の評価を行う必要が生じた。アンケートを活用した適切な手法によって、環境整備による効果を便益として計測する業務を担当責任者として進めるに当たり、下記の内容について記述せよ。　　　　　　　　　　　　　　　　　　　　　　　　　　　　（R1−2）

　（1）具体的な便益計測手法を選定するに当たって、調査、検討すべき事項とその内容について説明せよ。

　（2）選定した具体的な便益計測手法に基づいて業務を進める手順について、留意すべき点、工夫を要する点を含めて述べよ。

　（3）業務を効率的、効果的に進めるためのアンケート回答者を含む関係者との調整方策について述べよ。

○　環境影響評価法に定める第一種事業に当たる道路事業が計画されており、計画段階環境配慮書（以下、「配慮書」という）の手続きを行う必要がある。あなたは配慮書作成の責任者として手続きを行うに当たり、以下の問いに答えよ。　　　　　　　　　　　　　　　　　　　　　　　　　　　　　（H30−1）

　（1）計画段階配慮事項として「生態系」を選定した場合において、その調査、

　　予測及び評価の手法を選定し、各手法の概要を説明せよ。

(2) この道路事業の位置等に関する複数案を2つ設定し、各案の相違点が明確になるように留意し、各案の概要を説明せよ。

(3) (2)で設定した複数案ごとに、(1)で選定した手法による予測・評価結果を説明せよ。

○　環境影響評価法に定める第一種事業に当たる風力発電所の建設事業が計画されている。対象事業実施区域近傍には集落や、自然公園が存在している。本事業における、環境への影響に関する調査・予測及び保全措置の検討を行うに当たり、以下の問いに答えよ（本設問では、供用時の環境影響に係る事項を対象とする）。　　　　　　　　　　　　　　　　　　　　（H30−2）

(1) この事業の具体的内容と地域の状況を設定し説明せよ。また、それを踏まえて、この事業において環境影響を及ぼす要因と影響を受ける環境要素の項目（以下、環境項目という）を2つ挙げ、想定される環境影響の概要を説明せよ。ただし、近傍に集落及び自然公園が存在することを踏まえた環境項目を1つずつ挙げること。

(2) (1)で挙げた2つの環境項目について、本事業で適切な調査・予測及び評価の手法について述べよ。

○　環境影響評価法に定める第一種事業に当たる建設事業が計画されており、あなたは担当者として、この事業に関する方法書以降の手続に係る環境影響評価を行うこととなったが、以下の問いに答えよ。なお、環境保全措置については複数案の比較を通じて検討した結果、回避、低減、代償の措置が取られることとなった。　　　　　　　　　　　　　　　　　　　（H29−1）

(1) あなたが想定した建設事業の概要と、その事業が実施される地域の状況を具体的に述べよ。

(2) (1)で述べた地域の状況との関連性を踏まえ、この事業による環境影響を想定して、影響要因及び影響を受ける環境要素の項目（以下、「環境項目」という。）を3つ挙げよ。また、それらを選定した理由を併せて述べよ。

(3) (2)で選定した環境項目から2つ選び、実施することが適切であると考えられる環境保全措置の内容を説明せよ。ただし、1つ目の環境項目は回避・低減措置の内容を、2つ目は代償措置の内容を説明せよ。このうち、代償措置については、当該措置をとるに当たって行った複数案の比較検討の内容を説明せよ。

○　山間部において環境影響評価法に定める第一種事業に当たる建設事業が計画されており、あなたは担当者として、この事業に関する方法書以降の手続に係る環境影響評価を行うこととなった。以下の問いに答えよ。(H28−1)

(1) あなたが想定した建設事業の概要・規模と、その事業が実施される地域の状況を具体的に述べよ。

(2) (1)で述べた地域の状況との関連性を踏まえ、この事業による環境影響を想定して、下記の【環境要素の区分】①～④のそれぞれに関して重要と考える影響要因及び影響を受ける環境要素の項目（以下、環境項目という）を1つずつ挙げよ。また、それらを選定した理由を合わせて述べよ。なお、本設問では、工事中あるいは事業完了後の環境影響を対象とする。

(3) (2)で選定した環境項目（4つ）のそれぞれについて、予測結果等から環境影響があると判断される場合に、実施することが適切であると考えられる環境保全措置を1つずつ挙げ、各々の効果を説明せよ。

【環境要素の区分】

① 環境の自然的構成要素の良好な状態の保持（大気環境、水環境、土壌環境、その他の環境）

② 生物の多様性の確保及び自然環境の体系的保全（動物、植物、生態系）

③ 人と自然との豊かな触れ合い（景観、触れ合い活動の場）

④ 環境への負荷（廃棄物等、温室効果ガス等）

○ 「環境影響評価法」に定める第一種事業にあたる建設事業が計画されており、工事中の環境影響が懸念されている。この工事中の影響に関する調査・予測及び環境保全措置の検討を行うに当たり、以下の問いに答えよ。（本設問では、工事中の環境影響に係る事項とする。） (H27-2)

(1) あなたが想定した建設事業の概要と、その事業が実施される地域の状況を具体的に述べよ。

(2) (1)で述べた地域の状況との関連性を踏まえて、この建設事業において環境影響を及ぼす要因と影響を受ける環境要素の項目（以下、環境項目という）を5つ挙げよ。また、あなたが最も重要と考える環境項目をその中から1つ選び、その理由を述べよ。

(3) (2)で最も重要であると選んだ環境項目について、調査と予測を行うための手法を述べよ。具体的に、調査事項、調査地域、調査地点及び調査期間、予測の前提条件、予測方法、予測地域・地点及び予測時期について、明記すること。

(4) (2)で最も重要であると選んだ環境項目について、実施することが適切と考えられる環境保全措置と見込まれる効果を説明せよ。また、環境保全措置の検討を行う際に留意すべき事項を2つ挙げよ。

○ 山間部を事業実施想定区域とするある建設事業が計画されており、あなたは、この事業に係る計画段階配慮書手続を実施することとなった。建設事業

及び、当該事業に関し調査、予測、評価を行う計画段階配慮事項（本設問では、事業完了後の環境影響に係る事項とする。）のうち特に重要と思われるものを1つ想定した上で、当該業務に関する以下の問いに答えよ。

(H26-1)

(1) あなたが想定した建設事業の概要と計画段階配慮事項を挙げよ。

(2) 建設事業の事業特性、事業実施想定区域及びその周辺の地域特性に言及しつつ、(1) で挙げた計画段階配慮事項を選定した理由を述べよ。

(3) 事業特性、地域特性を踏まえつつ、(1) で挙げた計画段階配慮事項に係る調査の手法について具体的に説明せよ。

(4) (1) で挙げた計画段階配慮事項に係る調査、予測及び評価の結果を、それ以降の建設事業の具体化や環境影響評価手続にどのように反映・活用するのか、反映・活用場面を1つ挙げ、その内容を概説せよ。

○ 陸上に設置されている最大出力が約2万kWの既存の風力発電設備の老朽化が進行しており、5年後をめどに風力発電所を新しい設備に更新する計画がある。そのため、この更新事業の環境への影響に関する調査・予測及び保全措置の検討を実施することとなった。当該業務の担当責任者として業務を行うに当たり、下記の内容について記述せよ。　　　　　　　　　　（練習）

(1) 調査、検討すべき事項とその内容について説明せよ。

(2) 業務を進める手順について、留意すべき点、工夫を要する点を含めて述べよ。

(3) 業務を効率的、効果的に進めるための関係者との調整方策について述べよ。

環境影響評価及び事業評価でこれまでに出題された問題のテーマ及び解答事項等を整理して、図表3.35に示します。

図表3.35　建設環境「環境影響評価及び事業評価」の過去問題

| テーマ | 解答事項等 | 出題年度 |
|---|---|---|
| 条例の対象とならない建造物新設の自主的な環境影響評価 | 1) 建造物を設置環境と合わせて想定。環境影響に関する調査、検討事項とその内容<br>2) 業務手順及び留意点、工夫を要する点<br>3) 業務を効率的、効果的に進めるための関係者との調整方策 | 令和元年度 |
| 環境整備による効果を便益として計測する業務 | 1) 具体的な便益計測手法の選定時の調査、検討事項とその内容<br>2) 業務手順及び留意点、工夫を要する点<br>3) 業務を効率的、効果的に進めるためのアンケート回答者を含む関係者との調整方策 | 令和元年度 |

図表3.35　建設環境「環境影響評価及び事業評価」の過去問題（つづき）

| テーマ | 解答事項等 | 出題年度 |
|---|---|---|
| 第一種事業の道路事業の計画段階環境配慮書の手続き | 1) 計画段階配慮事項として「生態系」を選定した場合、その調査、予測及び評価の手法を選定し、各手法の概要説明<br>2) 事業の位置等に関する複数案を2つ設定、各案の相違点を明確にして概要を説明<br>3) 2) の複数案を1) で選定した手法による予測・評価結果を説明 | 平成30年度 |
| 第一種事業の風力発電所建設事業における環境への影響に関する調査・予測及び保全措置の検討 | 1) 事業の具体的内容と地域状況を設定し説明。それを踏まえ、環境影響を及ぼす要因と影響を受ける環境要素項目を2つ、想定される環境影響の概要<br>2) 1) の2つの環境項目について適切な調査・予測及び評価の手法 | 平成30年度 |
| 第一種事業の建設事業に関する方法書以降の手続に係る環境影響評価（環境保全措置は、回避、低減、代償となっている） | 1) 想定した建設事業概要、実施される地域の状況<br>2) 地域の状況との関連性を踏まえ、環境影響を想定し、影響要因及び影響を受ける環境要素の項目を3つ、選定した理由<br>3) 3つの環境項目から2つ選び、実施が適切と考えられる環境保全措置の内容を説明 | 平成29年度 |
| 山間部における第一種事業の建設事業に関する方法書以降の手続に係る環境影響評価 | 1) 想定する建設事業概要・規模、地域の状況<br>2) 指定された【環境要素の区分】の重要な影響要因及び影響を受ける環境要素項目1つずつ、及び選定理由<br>3) 2) で選定した環境項目について環境保全措置を1つずつ、及び各々の効果 | 平成28年度 |
| 第一種事業の建設事業の工事中の影響に関する調査・予測及び環境保全措置検討 | 1) 想定する建設事業概要、地域の状況<br>2) 環境影響要因と影響を受ける環境要素の項目5つ、最重要環境項目を1つ選びその理由<br>3) 最重要環境項目の調査と予測の手法。調査事項、調査地域、調査地点及び調査期間、予測の前提条件、予測方法、予測地域・地点及び予測時期を明記<br>4) 最重要環境項目の環境保全措置と効果を説明、検討時の留意事項2つ | 平成27年度 |
| 山間部の事業実施想定区域の建設事業計画に係る計画段階配慮書手続 | （計画段階配慮事項のうち特に重要と思われるものを1つ想定）<br>1) 想定した建設事業の概要と計画段階配慮事項<br>2) 1) の事項の選定理由<br>3) 1) の事項の調査手法の説明<br>4) 1) の事項の調査、予測及び評価の結果の反映・活用場面1つ、その内容を概説 | 平成26年度 |

## (2) 自然環境の保全・創出

○　近年、外来種の拡大が自然環境や人間社会に影響を与えているとの課題がある。あなたが建設事業の責任者として外来種対策を踏まえた業務を推進するに当たり、外来種と建設事業を想定した上で、当該事業に関する以下の問いに答えよ。

(H27－1)

(1) あなたが想定した外来種と建設事業の概要を述べよ。

(2) 想定した建設事業において、外来種が自然環境及び人間社会に及ぼす影響を述べよ。

(3) (1)で想定した建設事業の実施に当たり、外来種対策に必要な調査計画内容について述べよ。

(4) (1)で想定した建設事業について、具体的な外来種対策を1つ挙げ、その内容を述べよ。また、その対策の実施に当たり留意すべき事項を述べよ。

○ ある建設事業によって環境への影響が懸念される区域内に希少種が生育・生息している。あなたは建設環境の技術士として、工事実施に伴う希少種に対する影響を予測し、環境保全措置を検討することになった。建設事業と希少種を1種想定した上で、当該業務に関する以下の問いに答えよ。

（H25－1）

(1) あなたが想定した建設事業と希少種を挙げよ。また、想定した建設事業の概要を述べよ。

(2) 希少種に及ぼす環境影響として考えられる項目を2つ挙げ、その内容を希少種の特性との関連から述べよ。

(3) (2)で挙げた項目から1つ選び、影響を予測する手法を述べよ。

(4) (3)で選定した項目に対して考えられる環境保全措置を1つ挙げ、その内容を述べよ。また、当該環境保全措置を検討する際に留意すべき事項を1つ挙げよ。

○ 建設工事は、少なからず自然環境や生活環境に影響を与える場合が多い。特に、自然環境への影響には十分な事前調査及びその結果に基づく対策検討を行い、施工時にはその対策にしたがって配慮を行いながら工事を進めていくことが求められている。都市部の中心地にある約25万$m^2$の都市公園の一部にかかる形で高架橋式の高速道路を新設する計画がある。都市公園には多様な植物や生物が生育・生息しているため、自然環境への影響に配慮しながら建設工事を計画する必要がある。当該建設工事の環境保全の担当責任者として業務を行うに当たり、下記の内容について記述せよ。なお、都市公園の敷地形状は、南北方向、東西方向ともに約500 mの正方形とし、高速道路の路線は都市公園の南東部を通過する予定で、高架橋の橋脚が都市公園内に3か所設けられる予定である。　　　　　　　　　　　　　　　　　（練習）

(1) 追加すべき施工・環境条件等があれば適時想定し、環境影響に関して調査、検討すべき事項とその内容について説明せよ。

(2) 業務を進める手順について、留意すべき点、工夫を要する点を含めて述べよ。

(3) 業務を効率的、効果的に進めるための関係者との調整方策について述べよ。

　自然環境の保全・創出でこれまでに出題された問題のテーマ及び解答事項等を整理して、図表3.36に示します。

図表3.36　建設環境「自然環境の保全・創出」の過去問題

| テーマ | 解答事項等 | 出題年度 |
|---|---|---|
| 建設事業の外来種対策業務 | （外来種と建設事業を想定した上で解答）<br>1）想定した外来種と建設事業の概要<br>2　外来種が自然環境及び人間社会に及ぼす影響<br>3）外来種対策に必要な調査計画内容<br>4）具体的な外来種対策を1つ、その内容、留意事項 | 平成27年度 |
| 工事実施に伴う希少種に対する影響予測及び環境保全措置の検討 | （検討建設事業と希少種を1種想定した上で解答）<br>1）想定した建設事業の概要と希少種<br>2）希少種に及ぼす環境影響項目を2つ、その内容<br>3）2）の項目から1つ選び、影響予測する手法<br>4）3）で選定した項目の環境保全措置を1つ、その内容及び当該環境保全措置検討時の留意事項1つ | 平成25年度 |

## （3）生活環境の保全・創出

○　歴史的建造物が残されている地方都市の中心市街地において、その建造物を地域固有の景観資源として活用したまちづくりに取り組むこととなったことを踏まえ、以下の問いに答えよ。　　　　　　　　　　　　　　（H29－2）

（1）あなたが想定した、歴史的建造物を具体的に挙げ、その建造物が置かれている状況を述べよ。

（2）その歴史的建造物を保全・活用することができる法律や制度の概要を説明し、建造物が置かれている状況に対して、それらの法律や制度を適用する目的を述べよ。

（3）（2）で挙げた目的を実現するために、ハード面とソフト面における具体的な対応策をそれぞれ述べよ。

（4）（3）で挙げた具体的な対応策を進める際に留意すべき点を述べよ。

○　公共工事の実施に当たって、自然由来の土壌汚染が確認された。当該工事における土壌汚染対策の責任者として業務を推進するに当たり、以下の問いに答えよ。　　　　　　　　　　　　　　　　　　　　　　　（H26－2）

（1）想定する事業概要と立地条件及び具体的な土壌汚染の内容について記せ。

（2）本工事においては、近隣に処理事業者や処分場等が無い。この条件下で対策を選定する手順を述べよ。

（3）上記の手順で選定された措置、その選定理由及び実施上の留意事項について述べよ。

○　工事による生活環境への影響が懸念される建設事業において、影響につい

ての調査・予測、環境保全措置の検討を行うに当たり、以下の問いに答えよ。

（H25－2）

(1) 建設事業の内容、及びその建設事業が実施される地域の状況を想定し、具体的に述べよ。

(2) 懸念される環境影響について、影響を及ぼす要因及び影響を受ける環境要素（以下、環境項目という。）を挙げ、その理由を述べよ。

(3) (2) で挙げた環境項目を1つ選び、調査・予測を実施する手順を述べよ。

(4) (3) で選んだ環境項目について、実施することが適切と考えられる環境保全措置を説明せよ。

○　循環型社会の構築が推進されているが、建設事業においても積極的に建設リサイクルの推進が取り組まれているが、その中でも、特に、建設汚泥の再資源化・縮減率の改善が求められている。都市部における都市トンネル築造建設工事において、大量の建設汚泥が発生することから、建設汚泥の再生利用計画を策定することになった。再生利用計画の策定業務を担当責任者として進めるに当たり、下記の内容について記述せよ。　　　　　　　（練習）

(1) 調査、検討すべき事項とその内容について説明せよ。

(2) 留意すべき点、工夫を要する点を含めて業務を進める手順について述べよ。

(3) 業務を効率的・効果的に進めるための関係者との調整方策について述べよ。

○　建設事業は、自然環境のみならず生活環境にも少なからず影響を及ぼすため、計画、設計、施工までの各段階において、及ぼす影響を想定し、その対応策等を検討しながら事業を進める必要がある。都市部の住宅地に隣接した箇所において、開削工事を伴う道路拡幅工事を実施する計画がある。生活環境の保全対策として、特に、大気汚染及び騒音・振動に重点をおいた生活環境保全計画を策定することになった。当該計画の策定業務を担当責任者として進めるに当たり、下記の内容について記述せよ。　　　　　　　（練習）

(1) 調査、検討すべき事項とその内容について説明せよ。

(2) 留意すべき点、工夫を要する点を含めて業務を進める手順について述べよ。

(3) 業務を効率的・効果的に進めるための関係者との調整方策について述べよ。

　生活環境の保全・創出でこれまでに出題された問題のテーマ及び解答事項等を整理して、図表3.37に示します。

図表3.37　建設環境「生活環境の保全・創出」の過去問題

| テーマ | 解答事項等 | 出題年度 |
|---|---|---|
| 歴史的建造物を地域固有の景観資源として活用したまちづくり | 1）想定した歴史的建造物を挙げ、その置かれている状況<br>2）その建造物を保全・活用できる法律や制度の概要を説明、法律や制度を適用する目的<br>3）2）の目的実現のためのハード面とソフト面の対応策<br>4）3）の対応策実施時の留意点 | 平成29年度 |
| 公共工事における自然由来の土壌汚染対策 | 1）想定する事業概要、立地条件、土壌汚染の内容<br>2）近隣に処理事業者や処分場等が無い場合の対策選定手順<br>3）上記手順で選定された措置、その選定理由及び実施上の留意事項 | 平成26年度 |
| 生活環境への影響が懸念される建設事業の影響の調査・予測、環境保全措置の検討 | 1）建設事業の内容、実施される地域の状況を想定<br>2）懸念される環境影響について、影響を及ぼす要因及び影響を受ける環境要素を挙げ、その理由<br>3）2）の環境項目から1つ選び、調査・予測実施の手順<br>4）3）の環境項目について実施が適切と考えられる環境保全措置 | 平成25年度 |

## (4) 地球温暖化対策

○　地球温暖化を緩和するため都市レベルで低炭素まちづくりに関する計画を策定することとなった。この計画策定の担当者として業務を進めるに当たり、以下の問いに答えよ。　　　　　　　　　　　　　　　　　　　　　　　（H28－2）

(1) 低炭素まちづくりに貢献できると考えられる「交通・都市構造」、「エネルギー」、「みどり」の3分野のうち2分野について計画策定に当たって盛り込むべき取組を3つずつ概説せよ。

(2) (1) で挙げた中から定量的な評価が可能なものを1つ選び、計画の達成状況を評価する手順及び定量的な評価方法を述べよ。

(3) (2) の評価に当たって留意すべき点を述べよ。

○　2020年以降の温室効果ガス排出削減等のための新たな国際枠組みとして採択された「パリ協定」に基づき、我が国は、温室効果ガスを2030年度に2013年度比で26.0％減とし、長期目標として2050年までに80％の排出削減を目指すことを定めた。温室効果ガスの排出削減策は各分野で多岐にわたるが、建設業全体が一体となり温室効果ガス排出の削減に取り組むことになった。温室効果ガス排出削減の具体的な取り組み計画の策定に関して、建設工事の計画・設計の立場、または施工する立場の担当者責任者として業務を行うに当たり、下記の内容について記述せよ。　　　　　　　　　　　　　　　（練習）

(1) 計画・設計、施工のどちらかを明らかにしたうえで、取り組み計画の策定に関して調査、検討すべき事項とその内容について説明せよ。

(2) 業務を進める手順について、留意すべき点、工夫を要する点を含めて述べよ。

(3) 業務を効率的、効果的に進めるための関係者との調整方策について述べよ。

○ 温室効果ガス吸収源対策の一つとして、都市緑化等の推進が挙げられる。都市緑化等は市町村が策定する緑の基本計画等に基づき、緑化推進に向けた取り組みが行われているが、その取り組みと合わせて、建設事業においても緑化促進に向けた取り組みを行うことが求められている。都市部で実施予定の建設事業（第一種市街地再開発事業）において、事業を通じて都市緑化による温室効果ガス吸収源対策に取り組むことになった。取り組み計画策定の担当者責任者として業務を行うに当たり、下記の内容について記述せよ。

(練習)

(1) 取り組み計画の策定に関して調査、検討すべき事項とその内容について説明せよ。

(2) 業務を進める手順について、留意すべき点、工夫を要する点を含めて述べよ。

(3) 業務を効率的、効果的に進めるための関係者との調整方策について述べよ。

地球温暖化対策でこれまでに出題された問題のテーマ及び解答事項等を整理して、図表3.38に示します。

図表3.38 建設環境「地球温暖化対策」の過去問題

| テーマ | 解答事項等 | 出題年度 |
|---|---|---|
| 都市レベルの低炭素まちづくりに関する計画策定 | 1)「交通・都市構造」、「エネルギー」、「みどり」の3分野のうち2分野、計画策定時に盛り込むべき取組を3つ概説<br>2) 1) の中から定量的評価が可能なもの1つ、計画達成状況を評価する手順及び定量的評価方法<br>3) 2) の評価時の留意点 | 平成28年度 |

# 第4章

# 選択科目（Ⅲ）の要点と対策

　選択科目（Ⅲ）の出題概念は、平成元年度試験からは、『社会的なニーズや技術の進歩に伴い、社会や技術における様々な状況から、複合的な問題や課題を把握し、社会的利益や技術的優位性などの多様な視点からの調査・分析を経て、問題解決のための課題とその遂行について論理的かつ合理的に説明できる能力』となりました。

　出題内容としては、『社会的なニーズや技術の進歩に伴う様々な状況において生じているエンジニアリング問題を対象として、「選択科目」に関わる観点から課題の抽出を行い、多様な視点からの分析によって問題解決のための手法を提示して、その遂行方策について提示できるかを問う。』とされています。改正前に比べて、遂行方策の提示が加わった程度の変更ですので、問題で扱うテーマとしては大きな変化がないと考えられます。そのため、平成25年度試験以降の過去問題は参考になります。

　評価項目としては、『技術士に求められる資質能力（コンピテンシー）のうち、専門的学識、問題解決、評価、コミュニケーションの各項目』となりました。

　なお、本章で示す問題文末尾の（　）内に示した内容は、R1－1が令和元年度試験の問題の1番を示し、Hは平成を示しています。また、（練習）は著者が作成した練習問題を示します。

# 1. 土質及び基礎

　土質及び基礎で出題されている問題は、人材確保・育成及び技術継承、維持管理・更新、災害対策、品質確保、リスク管理、生産性向上及び働き方改革、環境保全及び気候変動影響に大別されます。なお、解答する答案用紙枚数は3枚（1,800字以内）です。

## （1）人材確保・育成及び技術継承

○　地盤技術者としての技術を習得するためには、実践的な経験の蓄積や技術の伝承の継続が重要であるといわれている。一方、近年の自然現象や社会環境の変化に伴い、従来の経験に基づく工学的判断に期待する技術体系の維持・継続が分岐点に立たされているという指摘もある。このような状況を考慮して以下の問いに答えよ。なお、解答の目安は各問1枚程度とする。

（H26 − 2）

(1) 地盤技術者が、経験に基づく工学的判断が求められる局面とその理由を、建設までの段階及び、建設後の段階からそれぞれ具体的に説明せよ。

(2) 近年の自然現象や社会環境の変化により、経験に基づく工学的判断に期待する技術体系が通用しなくなる要因を、多様な観点から列挙せよ。列挙に当たっては、その要因がどのような影響を及ぼすのかも併せて述べよ。

(3) (2)で挙げた要因のうちあなたが重要と考える2つの要因を選び、影響を軽減するために必要な具体的な解決策を述べよ。さらに、その解決策がもたらす効果及び、実行するに当たっての課題について述べよ。

○　一般社団法人　日本建設業連合会は人材確保・育成に関する取り組みの一つとして、平成26年4月18日に「建設技能労働者の人材確保・育成に関する提言」を策定している。さらに、平成31年4月18日には、「建設分野の特定技能外国人　安全安心受入宣言」を策定している。少子高齢化社会の我が国は、建設産業を含め全産業において人材の確保が急務な課題となっており、技能者のみならず技術者を含めた幅広い外国人材の活用を含めた対応が求められている。

（練習）

(1) 地盤構造物（盛土、切土、擁壁、構造物基礎等）の業務における外国人材の活用を含めた人材確保・育成に当たり、技術者としての立場で多面的

な観点から課題を抽出し分析せよ。

(2) (1) で抽出した課題のうち最も重要と考える課題を1つ挙げ、その課題に対する2つ以上の解決策を示せ。

(3) (2) で示した解決策に共通して新たに生じうるリスクとそれへの対策について述べよ。

　平成31年4月より改正された「出入国管理及び難民認定法」が施行され、建設分野を含む14の分野において、特定技能外国人労働が認められることになりました。人材確保の観点からは、特定技能外国人のスムーズな受入れを進めることが必要ですが、様々な問題点を抱えていることも事実です。

　一般に、人材確保に関しては、特定技能外国人の受け入れを含め、女性の活躍の場の拡大、退職者等の再雇用制度、定年延長など、雇用条件や労働条件の大幅な見直しを図りながら進めていくことが重要です。土質及び基礎分野における人材確保・育成等の問題は、直接的または間接的に地盤構造物（盛土、切土、擁壁、構造物基礎等）の品質確保にも大きな影響が及ぶことから、今後、取り組むべき最重要課題の一つであると考えられます。戦略的な目標・計画を設定し、具体的な方策を検討するといったことが求められています。また、品質を確保するためには、技術者だけでなく技能者を含めた対応も重要となります。発注者、受注者（官民）といった観点のみならず、大学、専門学校、学術機関などを含めた産官学の連携が大きなポイントになりますので、そういった点なども考慮しながら、外国人材の活用を含めた人材確保・育成における課題検討を行うことが重要です。

## (2) 維持管理・更新

○　高度成長期に構築した社会資本ストックの老朽化に対して、限られた事業費の中で効果的・効率的な維持管理が求められる。このため、橋梁等の構造物においては、予防保全に向けて定期的な点検を重要視した維持管理が行われている。

　一方、地盤構造物（盛土、切土、擁壁、構造物基礎等）においては、数も多く、構造物ごとに耐久性や修復性が異なるなどの特徴を有するため、これらの特徴を踏まえたより一層効率的な維持管理が求められる。　　(R1-1)

(1) 膨大な数の地盤構造物を対象にした点検から維持管理までの一連の計画を策定するに当たり、技術者としての立場で多面的な観点から課題を抽出し分析せよ。

(2) 抽出した課題のうち最も重要と考える課題を1つ挙げ、その課題に対す

　　る複数の解決策を示せ。

　（3）解決策に共通して新たに生じうるリスクとそれへの対策について述べよ。

○　我が国では、高度経済成長期以降に急速に整備した社会資本が、今後一斉
　に老朽化することが懸念されており、既存の社会資本における健全性の確保
　が求められている。一方、人口減少や少子高齢化の進行に伴い、建設業の就
　業者数が減少を続けていることや財政状況がより一層厳しくなることを受け
　て、調査、設計、施工、検査、維持管理・更新にわたる建設段階での生産性
　向上が必要とされている。

　　上記に示す背景を踏まえて、地盤構造物（盛土、斜面、擁壁、構造物基礎
　等）に関する以下の問いに答えよ。なお、解答の目安は（1）を1枚程度、
　（2）を2枚程度とする。　　　　　　　　　　　　　　　　　　（H29－1）

　（1）既設又は新設の地盤構造物における健全性の確保や維持管理・更新の効
　　　率化に繋がる、生産性向上を図るための技術的課題を調査、設計、施工、
　　　検査、維持管理・更新の建設段階の中から3つ挙げて記述せよ。なお、同
　　　じ建設段階から複数挙げてよい。

　（2）（1）で挙げた技術的課題のうち2つ選び、それらの対応策ともたらす効
　　　果、及び想定される留意点について述べよ。

○　我が国の社会資本ストックは、高度経済成長期に集中的に整備されたもの
　が多く、老朽化による変状が各地で同時期に顕在化することが懸念されてい
　る。社会資本は、目的に応じた性能・仕様を満足していなければならないが、
　限られた財源の中で、それらを効果的・効率的に維持管理・更新していくこ
　とは、技術者に課せられた大きな課題となっている。このような状況を踏ま
　え、地盤構造物（盛土・切土、擁壁、構造物基礎等）の維持管理・更新につ
　いて以下の問いに答えよ。なお、解答の目安は（1）を1枚程度、（2）を2枚
　程度とする。　　　　　　　　　　　　　　　　　　　　　　　（H27－1）

　（1）社会資本ストックを維持管理・更新するに当たり、鋼・コンクリート構
　　　造物と比較したときの地盤構造物特有の課題を3つ以上列挙して説明せよ。
　　　なお、解答に当たっては、地盤構造物の「使用目的に応じて確保すべき性
　　　能」、「周辺環境の変化への対応」、「地盤材料特性の時間変化」等の幅広い
　　　視点から記述すること。

　（2）上記（1）で挙げた課題のうち、あなたが重要と考える2つを選び、その
　　　対応策と留意点について述べよ。なお、解答に当たっては、社会資本ス
　　　トックを効果的・効率的に維持管理・更新していくために、近い将来にお
　　　いて実現すべき技術開発の方向性を含めて記述すること。

○　我が国の社会資本の多くは高度経済成長期に整備され、建設後既に30〜

50年の期間が経過している。これらのストックの1つである地盤構造物（盛土・切土、擁壁、構造物基礎等）は、経年変化で機能低下が進行しているものもある。このような状況を考慮して、地盤構造物の維持管理について、土質及び基礎の技術士として以下の問いに答えよ。なお、解答の目安は（1）を1枚程度、（2）を2枚程度とする。　　　　　　　　　　　　（H25－2）

(1) 鋼・コンクリート構造物と比較し、地盤構造物の機能低下の特徴及び維持管理の留意点を述べよ。

(2) (1)で挙げた留意点を踏まえ、財政的な制約の中で社会資本としての地盤構造物の維持管理のあり方を提案せよ。


「日本の社会資本2017　～Measuring Infrastructure in Japan 2017～」（平成30年3月（一部改訂）内閣府政策統括官（経済社会システム担当））によると、我が国の2014年度における粗資本ストック額は約953兆円となっています。同資料に基づく粗資本ストックとは、現存する固定資産について、評価時点で新品として調達する価格で評価した値を示します。これは、膨大なストック額であることを示しています。少子高齢化により今後ますます財源は厳しい状況となるため、現在のインフラストックの維持管理・更新は、計画的、効率的かつ効果的な整備が求められています。そのため、政府全体の取り組みとして、平成25年11月に「インフラ長寿命化基本計画」がとりまとめられ、この計画に基づき、平成26年5月に国土交通省が予防保全の考え方を導入した「国土交通省インフラ長寿命化計画（行動計画）」を策定しました。予防保全とは、一般に、施設の機能や性能に不具合が発生した後に対応するといった事後保全と対比して、施設の機能や性能に不具合が発生する前に対応するといった考え方です。予防保全の考え方を適用した場合のほうが、従来の事後保全の対応よりも維持管理・更新に掛かる費用が大幅に減少するといった試算結果も示されており、効果的かつ効率的な維持管理・更新が可能です。予防保全の考え方を適用した維持管理・更新に関する課題を検討する場合には、人材、対象物（建築構造物、土木構造物、機械・電子機器・設備関連等）、コスト、手法・技術といった観点から整理するとよいと考えられます。

## (3) 災害対策

○　我が国が直面する課題の1つとして、社会資本のみならず広く激甚な被害をもたらす自然災害への対応が挙げられ、防災への取組が急務とされている。その一方で、様々な社会資本の老朽化の加速が指摘されており、戦略的な維持管理と更新の取組も求められている。このような背景のもと、防災・減災、

老朽化対策を抜本的に強化することが必要とされている。

　　上記のような我が国の現状を踏まえ、社会資本の管理・整備のあり方について以下の問いに答えよ。なお、解答の目安は（1）及び（2）で1枚程度、（3）を2枚程度とする。　　　　　　　　　　　　　　　　　　　　　　　　　　（H30－2）

（1）地盤技術者として取り組むべき災害のうち、激甚災害をもたらす近年の降雨、又は発生が懸念されている巨大地震のどちらかを選び、その特徴と予想される被災形態について説明せよ。

（2）我が国の社会資本の老朽化の特徴を複数挙げて説明せよ。

（3）（1）及び（2）の解答を踏まえ、自然災害及び社会資本の老朽化のそれぞれについて、①安全・安心な社会資本の管理・整備を進める上での現状の課題を各1つ以上挙げ、②その課題への対応策や取り組むべき技術開発を説明せよ。

○　我が国では、毎年のように地震災害、水害、土砂災害等の自然災害が発生している。これに加えて、気候変動の影響により災害が頻発化・激甚化することが予想され、また、南海トラフ地震や首都直下型地震などの巨大地震の発生も懸念されるなど、自然災害対策の重要性はますます高まっている。このような背景のもと、厳しい財源の中で、安全・安心な社会資本の整備を進めていくことは、技術者の担うべき大きな課題となっている。

　　上記の状況を踏まえて、地盤に関する防災・減災について以下の問いに答えよ。なお、解答の目安は（1）を1枚程度、（2）を2枚程度とする。

　　　　　　　　　　　　　　　　　　　　　　　　　　　　　（H29－2）

（1）地盤災害を念頭に、安全・安心な社会資本の整備を進めるに当たって、検討すべき課題を3つ列挙して説明せよ。なお、解答に当たっては、自然現象などの災害誘因、地形や地質などの自然素因、土地利用や既存の社会資本の状況などの社会素因の3つの視点から各1つずつ記述すること。

（2）上記（1）で挙げた課題のうち2つを選び、それぞれについて対応策、その対応策を講じる場合の留意点、取り組むべき技術開発を述べよ。なお、解答に当たっては、ハード面の対応とソフト面の対応の両面を含めること。

○　近年、我が国では、自然現象や社会環境の変化により、甚大な地盤災害の発生が多くなっている。これらの地盤災害が発生する要因として、下表に例示する誘因や素因の変化が考えられる。今後は、これらの変化に対応して、地盤災害を軽減・抑制するための対策を取る必要性が高まるものと考えられる。このような状況を踏まえ、以下の問いに答えよ。

　　なお、解答の目安は（1）を1枚程度、（2）を2枚程度とする。

　　　　　　　　　　　　　　　　　　　　　　　　　　　　　（H27－2）

地盤災害の要因の例

| 誘因 | 災害を引き起こす引き金となる自然現象 | 大雨、強風、地震、火山噴火、異常気象 |
|---|---|---|
| 素因 | 土地の持つ特性にかかわるもの（自然素因） | 地形、地盤条件 |
| | 建物や施設など人間にかかわるもの（社会素因） | 土地利用、建築物の構造 |

(1) 自然現象や社会環境の変化によって被害が甚大化した地盤災害の具体例を2例挙げ、それぞれの要因（誘因と素因）の特徴について説明せよ。

(2) (1) で示した地盤災害例のうちから1つ選び、誘因と素因のそれぞれに対して災害を軽減・抑制するための対応策を挙げ、課題と留意点について具体的に述べよ。

○　南海トラフ巨大地震や首都直下地震の発生確率が高まっているとされる中、兵庫県南部地震や東北地方太平洋沖地震の教訓を踏まえて、社会基盤施設や建物の地震対策を効果的に進めることが求められている。このような社会状況を考慮して、地盤構造物（盛土・切土、擁壁、構造物基礎等）の地震対策について、土質及び基礎の技術士として以下の問いに答えよ。なお、解答の目安は (1) を1枚程度、(2) を2枚程度とする。　　　　　　(H25-1)

(1) 地盤構造物に共通する特性を挙げ、そのような特性を持つ地盤構造物の地震対策を実施するに当たっての課題を述べよ。

(2) (1) で挙げた課題に対する解決策について、地盤工学、社会制度の両面から提案せよ。

○　平成30年12月14日に「防災・減災、国土強靱化のための3か年緊急対策」が閣議決定された。この背景には、近年激甚化している災害により全国で大きな被害が頻発していることを踏まえ、その災害により明らかになった課題に対応することなどが挙げられる。国土交通省では、取り組むべき最優先課題の一つとしてソフト・ハードの両面から、この緊急対策に取り組んでいる。

(練習)

(1) 近年激甚化する自然災害等に対する地盤構造物（盛土、切土、擁壁、構造物基礎等）の取り組み対策に関して、ソフト・ハードの両面から、技術者としての立場で多面的な観点から課題を抽出し分析せよ。

(2) (1) で抽出した課題のうち最も重要と考える課題を1つ挙げ、その課題に対する複数の解決策を示せ。

(3) (2) で示した解決策に共通して新たに生じうるリスクとそれへの対策について述べよ。

　平成25年12月11日に「強くしなやかな国民生活の実現を図るための防災・減災等に資する国土強靱化基本法（国土強靱化基本法）」が公布・施行され、同法第10条に基づき、平成26年6月3日に「国土強靱化基本計画」が閣議決定されました。この計画は、適時変更されていますが、国土強靱化の基本的な考え方、脆弱性評価、国土強靱化の推進方針などがとりまとめられています。また、平成30年12月14日に「防災・減災、国土強靱化のための3か年緊急対策」が閣議決定されました。この対策は、「防災のための重要インフラ等の機能維持」及び「国民経済・生活を支える重要インフラ等の機能維持」の2つの観点から、特に緊急に実施すべきソフト・ハード対策を3年間（2018～2020年度）で集中的に実施するといったものです。国土交通省が公表しているソフト・ハード対策の概要は次のとおりです。

- □　ソフト対策：災害発生時に命を守る情報発信の充実、利用者の安全確保、迅速な復旧等に資する体制強化
- □　ハード対策：防災のための重要インフラ等の機能維持、国民経済・生活を支える重要インフラ等の機能維持

### （4）品質確保

○　近年、我が国では少子高齢化による生産年齢人口の減少が続いている。建設業界においても技能労働者の不足や技術伝承の停滞が現実問題となっていて、これらは品質の低下につながることが懸念される。このため、様々な建設プロセスの効率化や高度化のために期待されている技術のイノベーションには、品質確保を担うことも求められている。

　このような背景を踏まえた上で、盛土、基礎、抗土圧構造物等の地盤構造物の品質確保に関する以下の問いに答えよ。なお、解答の目安は（1）を1枚程度、（2）を2枚程度とする。　　　　　　　　　　　　　　　（H30－1）

(1) 地盤構造物の調査、設計、施工、維持管理の各段階の中から3つを選び、それぞれにおける品質確保に関わる技術的課題について説明せよ。

(2)（1）で挙げた品質確保の技術的課題の中から2つを選び、あなたが考えるICT（情報通信技術）やセンシング技術を活用した解決策と、それらを活用する上で注意すべき点を説明せよ。

○　地盤内に施工される、杭基礎、地盤改良、グラウンドアンカーなどの構造物（以下、「地盤内構造物」という。）は、直接的に品質を確認することが難しい。このため地盤技術者は、調査・設計・施工の各段階において、地盤特性及び地盤内構造物の特徴に応じ、品質向上に努めなければならない。

　以上のような状況を踏まえて、地盤内構造物の品質確保に関して、以下の問

いに答えよ。なお、解答の目安は（1）を1枚程度、（2）を2枚程度とする。

（H28－1）

(1) 地盤内構造物において想定される、地盤の不均質性や調査の不確実性に起因する不具合を2つ挙げ、それぞれの原因及び技術的課題について抽出し、記述せよ。

(2) (1) で挙げた2つの不具合に対し、抽出した技術的課題について、品質を確保するために実施すべき、最も効果的な対応策（ただし不具合発生後の対応策は除く。）を提示し、説明せよ。また、提示した対応策を実施した場合の効果（メリット）と、それらを実行する際の問題点・留意点を論述せよ。

○ 鋼・コンクリート構造物と比較して、建設中の地盤構造物（盛土、切土、構造物基礎など）の品質管理は難しいと言われている。そのため地盤技術者には、調査・設計・施工の各段階での品質向上に関連した十分な知識が求められている。以上のような状況を考慮して、地盤構造物の品質に関する以下の問いに答えよ。なお、解答の目安は（1）を1枚程度、（2）を2枚程度とする。

（H26－1）

(1) 鋼・コンクリート構造物と比較して地盤構造物の品質管理を難しくしている地盤構造物特有の課題を、調査・設計・施工の各段階で列挙して説明せよ。

(2) 上述した課題のうち、あなたが重要と考える課題を異なる段階から1つずつ選び、地盤構造物の品質向上に結びつく改善策を提案せよ。また、改善策がもたらす効果と、改善策を適用する場合の留意点に関して具体的に記述せよ。

○ 建設産業のみならず、ものづくりに関わるすべての産業に共通した課題の一つとして、品質確保が挙げられる。特に、地盤構造物（盛土、切土、擁壁、構造物基礎等）は竣工後の品質確認等が困難な場合が多いため、調査・設計・施工などの各プロセスにおける品質管理が特に重要となる。我が国では、「公共工事の品質確保の促進に関する法律」が平成17年4月1日より施行されているが、平成26年6月4日及び令和元年6月14日に「公共工事の品質確保の促進に関する法律の一部を改正する法律」が公布・施行されている。

（練習）

(1) 地盤構造物の品質確保に関して、竣工後、目視を含めた直接的な品質確認が困難となる状況が多いことを鑑み、技術者としての立場で多面的な観点から課題を抽出し分析せよ。

(2) 抽出した課題のうち最も重要と考える課題を1つ挙げ、その課題に対す

る複数の解決策を示せ。

(3) 解決策に共通して新たに生じうるリスクとそれへの対策について述べよ。

　「公共工事の品質確保の促進に関する法律」は、平成17年4月1日から施行されていますが、現在までに2回改正されています。国土交通省の公表資料によると、改正された背景等が次のように示されています。

　　□　平成26年6月4日の改正背景等は、1）ダンピング受注や行き過ぎた価格競争、2）現場の担い手不足や若年入職者の減少、3）発注者のマンパワー不足、4）地域の維持管理体制への懸念、5）受発注者の負担増大など

　　□　令和元年6月14日の改正背景等は、1）災害への対応、2）働き方改革関連法の成立、3）生産性向上の必要性、4）調査・設計の重要性など

　地盤構造物は、竣工後に目視のような方法等で、品質の確認ができない場合が多いといった特徴があることから、調査、設計、施工といった建設プロジェクトの各工程において、しっかりと品質を作り込むことが重要になります。また、建設プロジェクトの調査や設計段階で生じたミスや不祥事等は、後工程でリカバーすることは難しく、竣工物の品質に多大な影響を及ぼす可能性が極めて高くなります。このようなことを踏まえ、地盤構造物の品質確保に関しての課題を整理していくことが重要です。

## (5) リスク管理

　○　地盤構造物（盛土、切土、擁壁、構造物基礎等）に発生するトラブルでは、地盤の不確実性に起因するものも多い。そのため、地盤構造物の計画及び建設に当たっては、調査・設計・施工の各段階において、地盤の不確実性の影響によるリスクを可能な限り把握し、低減させるよう努める必要がある。

(R1－2)

(1) 地盤構造物の計画及び建設に当たり、地盤の不確実性の影響に対応するため、技術者としての立場で多面的な観点から課題を抽出し分析せよ。

(2) 抽出した課題のうち最も重要と考える課題を1つ挙げ、その課題に対する複数の解決策を示せ。

(3) 解決策に共通して新たに生じうるリスクとそれへの対策について述べよ。

　地盤に起因する事故として記憶に新しいものの一つとして、平成28年11月8日に福岡市博多区博多駅前2、3丁目で発生した道路陥没事故が挙げられます。幸いにも人的被害はありませんでしたが、道路交通やライフライン等に多大な影響を及ぼした事故となりました。建設工事においては、設問文にもあるよう

に、地盤が有する不確実性の影響によるリスクを最大限に配慮した対応が常に求められています。また、建設工事の従事者に対する安全対策のみならず、第三者を含めた公衆の安全を確保するといった重大な責任が課されています。

　上述した事故に関連して、「地下空間の利活用に関する安全技術の確立について　答申」（平成29年9月　社会資本整備審議会・交通政策審議会）の中で、次の事項が明記されています。

　論点1　地下工事の安全技術の確立
　　　□　官民が所有する地盤及び地下水等に関する情報の共有化
　　　□　計画・設計・施工・維持管理の各段階における地盤リスクアセスメント

　また、上記の「計画・設計・施工・維持管理の各段階における地盤リスクアセスメント」における"今後の方向性と対応策"に関して、答申では次のように示されています。

　・特に都市部におけるトンネル工事については、計画・設計・施工・維持管理の各段階において、地盤リスクアセスメントを実施できるよう、関係する技術体系の確立、手続きの明確化、専門家の育成等を行う必要がある。

　・具体的には計画から設計、設計から施工といった次の段階に進む際には、いわゆる"3者会議"（発注者、前段階の実施者及び後段階の実施者）を設置し、前段階で得られた技術的知見や情報等を確実に伝達する必要がある。また、維持管理段階へ移行する際にも、当該施設の管理者が留意すべき事項をとりまとめた、いわゆる"取扱説明書"を作成し引き継ぐことも必要である。

　・更に、地盤リスクアセスメントに基づくモニタリング計画の作成と実施、受発注者間における即時的な情報把握を可能とする情報共有システムの導入等にも努める必要がある。

　さらに、関連情報として、国立研究開発法人　土木研究所では、「土木事業における地質・地盤リスクマネジメント検討委員会」が設立され、平成31年3月29日には、第1回目の委員会が開催されています。一般に、リスクマネジメントに関する規格等は、ISO 31000：2018（JIS Q 31000：2019）などで規定されていますが、上記のような情報等も付加して、土質及び基礎の技術者として検討すべき内容を整理しておく必要があります。

## (6) 生産性向上及び働き方改革

○　ICT（情報通信技術）を活用した情報の数値化・集積等は、多数の情報を含む社会基盤施設やその建設現場の空間データとその時間変化を得ることを可能にする。情報を技術者が利用しやすい形に自動的に三次元モデル化したり、可視化したりすることは、技術者の人為ミス低減に大いに寄与すると考えられるが、これがさらに進むと、技術者が不要とされる可能性もある。以上のような状況を考慮して、地盤構造物（盛土、切土、擁壁、構造物基礎等）におけるICT活用について、以下の問いに答えよ。なお、解答の目安は(1)を1枚程度、(2)を2枚程度とする。　　　　　　　　　　　　（H28－2）

(1) (a) 調査、(b) 設計、(c) 施工、(d) 維持管理の各段階の中から、(d) 維持管理を含む2段階を対象として、あなたが理想と考える地盤構造物におけるICT活用方法について説明せよ。また、選んだ各段階においてICTを活用するに当たり課題となる重要事項を1つずつ挙げよ。

(2) (1) で挙げた2つの課題について解決策を提案し、その実施における留意点についても説明せよ。

○　「日本の将来推計人口（平成29年推計）」（国立社会保障・人口問題研究所）によると、出生率中位仮定（死亡中位推計）による生産年齢人口割合は、2015年の60.8％から減少を続け、2040年には53.9％、2065年には51.4％となると推計されている。推計値であるものの、我が国の生産年齢人口が、将来にわたり減少していくことを示す重要な指標である。このような背景を踏まえると、今後、土質及び基礎分野のより一層の生産性向上及び働き方の改革が求められている。　　　　　　　　　　　　　　　　　（練習）

(1) 土質及び基礎分野の生産性向上及び働き方の改革に関し、技術者としての立場で多面的な観点から課題を抽出し分析せよ。

(2) (1) で抽出した課題のうち最も重要と考える課題を1つ挙げ、その課題に対する複数の解決策を示せ。

(3) (2) で示した解決策に共通して新たに生じうるリスクとそれへの対策について述べよ。

　平成28年に国土交通省は「国土交通省生産性革命本部」を設置し、生産性革命に関する取り組みを継続的に実施し、令和元年を生産性革命「貫徹の年」と位置づけています。「i-Construction」といった施策を中心に、ICT（情報通信技術）の利活用や幅広い分野の豊富なビッグデータを効果的に活用することにより、インフラ整備・管理の高度化及びインフラの機能の高度化を図るといった取り組みが行われています。生産性向上の取り組み例としては、多能工

化の推進、設計・施工環境の高度化、技術革新への対応、BIM／CIM の導入、重層下請構造の改善などが挙げられます。

　労働環境を改善し、働き方の改革を考える際には、まず、土質及び基礎分野における労働環境・条件や業務の特徴を押さえることが重要です。それらを押さえることにより、労働環境の改善点等を整理することができると考えられます。働き方の改革ポイントとしては、長時間労働の是正、週休2日の確保、業務効率化・合理化、IoT（Internet of Things）技術やICTの活用などが挙げられます。

## (7) 環境保全及び気候変動影響

○　「環境の保全は、環境を健全で恵み豊かなものとして維持することが人間の健康で文化的な生活に欠くことのできないものであること及び生態系が微妙な均衡を保つことによって成り立っており人類の存続の基盤である限りある環境が、人間の活動による環境への負荷によって損なわれるおそれが生じてきていることにかんがみ、現在及び将来の世代の人間が健全で恵み豊かな環境の恵沢を享受するとともに人類の存続の基盤である環境が将来にわたって維持されるように適切に行われなければならない。」（環境基本法　第3条）

　建設工事は、少なからず自然環境や生活環境等に影響を与える場合があり、環境保全には十分な配慮を行いながら工事を進めなければならない。特に、地盤構造物（盛土、切土、擁壁、構造物基礎等）の建設に当たっては、地盤や土壌等を取り扱う場面が多く、その特徴を踏まえた対応が求められている。このような背景を踏まえ、下記の問いに答えよ。　　　　　　　　　（練習）

(1)　地盤構造物（盛土、切土、擁壁、構造物基礎等）等の建設工事に伴う公害を防止するための環境保全対策に関し、技術者としての立場で多面的な観点から課題を抽出し分析せよ。

(2)　(1) で抽出した課題のうち最も重要と考える課題を1つ挙げ、その課題に対する複数の解決策を示せ。

(3)　(2) で示した解決策に共通して新たに生じうるリスクとそれへの対策について述べよ。

○　近年、世界各地では、強い台風やハリケーン、集中豪雨、干ばつや熱波などの異常気象による災害が発生し、多大な被害が発生している。我が国も異常気象を原因とした集中豪雨により甚大な被害や記録的な猛暑が近年観測されている。このような気候変動の影響に対し、近年、温室効果ガスの排出抑制等を行う「緩和策」と合わせ、顕在化している影響や中長期的に避けられない影響に対して被害を回避・軽減する「適応策」を進めることが必要とさ

れている。

　　このような状況を踏まえ、以下の問いに答えよ。　　　　　　（練習）

(1) 地盤構造物（盛土、切土、擁壁、構造物基礎等）の建設プロジェクトの気候変動影響の適応策を検討・推進するに当たり、技術者としての立場で多面的な観点から課題を抽出し分析せよ。

(2) (1) で抽出した課題のうち最も重要と考える課題を1つ挙げ、その課題に対する2つ以上の解決策を示せ。

(3) (2) で示した解決策に共通して新たに生じうるリスクとそれへの対策について述べよ。


環境基本法の第2条では、公害について以下のように定義しています。

「この法律において「公害」とは、環境の保全上の支障のうち、事業活動その他の人の活動に伴って生ずる相当範囲にわたる大気の汚染、水質の汚濁（水質以外の水の状態又は水底の底質が悪化することを含む。）、土壌の汚染、騒音、振動、地盤の沈下（鉱物の掘採のための土地の掘削によるものを除く。）及び悪臭によって、人の健康又は生活環境（人の生活に密接な関係のある財産並びに人の生活に密接な関係のある動植物及びその生育環境を含む。）に係る被害が生ずることをいう。」

　建設工事においては、上記の公害の防止を図るとともに、自然環境の保全を図り、適切な廃棄物等の処理を行うことが重要となります。公害防止に関する主たる法律は、「騒音規制法」、「振動規制法」、「水質汚濁防止法」、「大気汚染防止法」、「土壌汚染対策法」、「悪臭防止法」などが挙げられます。自然環境の保全に関する主たる法律は、「自然環境保全法」や「自然公園法」などが挙げられます。その他、廃棄物関連では、「廃棄物の処理及び清掃に関する法律（廃棄物処理法）」や「建設工事に係る資材の再資源化等に関する法律（建設リサイクル法）」などが挙げられます。

　気候変動影響の対応については、平成30年6月13日に公布された「気候変動適応法」に基づき、新たな「気候変動適応計画」が法定計画として閣議決定され、合わせて平成27年11月に策定された「国土交通省気候変動適応計画」も同様に最新の施策等を反映する改正が行われています。平成30年11月に一部改正された「国土交通省気候変動適応計画」では、気候変動による国土交通分野への影響と適応策の基本的な考え方や、「自然災害」、「水資源・水環境」、「国民生活・都市生活」及び「産業・経済活動」の分野ごとの適応に関する施策が明記されています。

# 2. 鋼構造及びコンクリート

鋼構造及びコンクリートは鋼構造とコンクリートに分けて問題が出題されていますので、分けて問題を整理します。

## (1) 鋼構造

鋼構造で出題されている問題は、維持管理・更新、災害対策、人材確保及び育成、生産性向上及び働き方改革、インフラ輸出と国際化、持続可能性及び気候変動影響、労働災害防止対策等に大別されます。なお、解答する答案用紙枚数は3枚（1,800字以内）です。

### (a) 維持管理・更新

○　我が国では、高度経済成長期以降に集中的に整備された社会資本の老朽化が進んでおり、重大な事故リスクの顕在化や、維持修繕費の急激な高まりが懸念される。厳しい財政状況や熟練技術者の減少という状況において、事故を未然に防ぎ、予防保全によるインフラのライフサイクルコストの最小化を実現するためには、情報化を積極的に活用したインフラマネジメントが必要である。国土交通省においては、ICTの利活用及び技術研究開発が推進されており、戦略的イノベーション創造プログラム（SIP）においては、インフラ維持管理・更新・マネジメント技術が研究開発されている。このような状況を踏まえ、以下の問いに答えよ。　　　　　　　　　　　　　　（H30－1）

(1) 鋼構造物を合理的に維持管理するうえでの、情報化の取組について、幅広い視点から概説せよ。

(2) 上述した取組を踏まえ、あなたが最も重要と考える技術的課題を2つ挙げ、それぞれについて解決するための技術的提案を示せ。

(3) あなたの技術的提案それぞれに対し、それらがもたらす効果を具体的に示すとともに、その技術的提案を実行する際のリスクや課題について論述せよ。

○　我が国では、現在、高度成長期に整備された社会インフラの老朽化対策が重要な課題となっている。国土交通省では、所管するあらゆるインフラの維持管理・更新等を着実に推進するための中長期的な取組の方向性を明らかに

するため、平成26年5月に「国土交通省インフラ長寿命化計画（行動計画）」
をとりまとめ、新設から撤去までの、いわゆるライフサイクルの延長のため
の対策という狭義の長寿命化の取組に留まらず、更新を含め、将来にわたっ
て必要なインフラの機能を発揮し続けるための取組を実行することとした。
例えば、道路分野では、今後10年間で全国の道路橋約70万橋の40％以上が
建設後50年を超えると見込まれており、損傷が深刻化してから大規模な修繕
を行う事後保全から、損傷が軽微なうちに修繕を行う予防保全に転換し、更
新（架け替え）の抑制等によるライフサイクルコストの縮減及び道路ストッ
クの長寿命化が喫緊の課題となっている。このような状況を踏まえ、以下の
問いに答えよ。　　　　　　　　　　　　　　　　　　　　　（H28 − 1）

(1) インフラの老朽化対策における、建設分野における問題点、克服すべき
　　課題について、幅広い視点から概説せよ。

(2) 上述した課題に対し、鋼構造物の分野において、あなたが最も重要な技
　　術的課題と考えるものを2つ挙げ、それぞれについて解決するための技術
　　的提案を示せ。

(3) あなたの技術的提案それぞれについて、それらがもたらす効果を具体的
　　に示すとともに、それらの技術的提案を実行する際のリスクや課題につい
　　て論述せよ。

○　我が国では、高度経済成長期に大量に建設された住宅・社会資本が、建設
　後30年から50年を経過し、耐用年数を迎えつつある。今後、限られた財源
　の中で、それらを維持更新する必要がある。このような状況の中で、以下の
　問いに答えよ。　　　　　　　　　　　　　　　　　　　　　（H25 − 2）

(1) 鋼構造物を合理的に維持管理する上での、社会的背景と問題点、克服す
　　べき課題等を、幅広い視点から概説せよ。

(2) 上述した課題に対し、鋼構造の技術士として、あなたが最も重要な技術
　　的課題と考えるものを2つ挙げ、それぞれについて解決するための技術的
　　提案を示せ。

(3) あなたの技術的提案それぞれについて、それらがもたらす効果を具体的
　　に示すとともに、実行する際のリスクや課題について論述せよ。

○　高度成長期以降に整備したインフラが、今後一斉に老朽化を迎えることが
　見込まれている。また、我が国は少子高齢化が顕著であり、かつ、今後も長
　期にわたり人口の減少が見込まれているため、限られた財政状況の中で、い
　かに持続的・実効的なインフラの維持管理・更新を実行していくかが大きな
　課題となっている。そのため、国土交通省では、予防保全の考え方を導入し
　た「国土交通省インフラ長寿命化計画（行動計画）」を平成26年5月に策定

し、インフラの老朽化対策について取り組んでいる。このような状況を踏まえ、以下の問いに答えよ。 （練習）

(1) 鋼構造物を1つ選び、老朽化しつつある当該施設に関し、従来の事後保全型から予防保全型に考え方を転換した維持管理・更新又は運用を行うに当たり、技術者としての立場で多面的な観点から課題を抽出し分析せよ。

(2) (1) で抽出した課題のうち最も重要と考える課題を1つ挙げ、その課題に対する2つ以上の解決策を示せ。

(3) (2) で示した解決策に共通して新たに生じうるリスクとそれへの対策について述べよ。


　少子高齢化により今後ますます財源は厳しい状況となるため、現在のインフラストックの維持管理・更新は、計画的、効率的かつ効果的な整備が求められています。そのため、政府全体の取り組みとして、平成25年11月に「インフラ長寿命化基本計画」がとりまとめられ、この計画に基づき、平成26年5月に国土交通省が予防保全の考え方を導入した「国土交通省インフラ長寿命化計画（行動計画）」を策定しました。

　予防保全とは、一般に、施設の機能や性能に不具合が発生した後に対応するといった事後保全と対比して、施設の機能や性能に不具合が発生する前に対応するといった考え方です。予防保全の考え方を適用した場合のほうが、従来の事後保全の対応よりも維持管理・更新に掛かる費用が大幅に減少するといった試算結果も示されており、効果的かつ効率的な維持管理・更新が可能ということです。予防保全の考え方を適用した維持管理・更新に関する課題を検討する場合には、人材、対象構造物、コスト、手法・技術といった観点から整理するとよいと考えられます。


(b) 災害対策

○ 鋼構造物には通常の供用時における外力や環境条件などによる経年劣化に加え、豪雨、地震、火山噴火などの自然現象や車両・船舶等の衝突などの人的過誤によっても、損傷が発生しうる。構造安全性を損なう劣化・損傷を受けた場合、速やかに適切な補修・補強策や再発防止策を立案する必要がある。その立案を担当する技術者として、以下の問いに答えよ。 （R1-2）

(1) 構造安全性を損なう劣化・損傷を1つ想定し、その発生状況を概説した後、多面的な観点から課題を抽出し分析せよ。ただし、疲労き裂は除くものとする。

(2) (1) で抽出した課題のうち、鋼構造物で最も重要と考える課題を1つ挙

げ、その課題に対する複数の解決策を示せ。

(3)（2）で提示した解決策に共通して新たに生じうるリスクとそれへの対策について述べよ。

○　兵庫県南部地震（1995年）や東北地方太平洋沖地震（2011年）などでは、設計では対象としていなかった地震動や津波などにより、構造物が大きな損傷を受け、多くの人命や財産を失ったりした。また、予期しない事象によって部材が損傷したり破断したりして事故に至った事例もある。このような「想定外」事象を受け、技術基準や維持管理基準の見直し、関連技術の開発が現在、行われている。例えば、構造物設計の分野では、地震や津波などの作用外力の適切な設定や、設定を超える外力が作用した場合の構造物が保持すべき性能の設定、被害減少のための措置などが検討されている。このような状況を踏まえ、以下の問いに答えよ。ただし、ここでは、設計で対象としていない事象や、予期していない事象の場合を、いわゆる「想定外」としてとらえることとする。　　　　　　　　　　　　　　　　　　　　（H30−2）

(1)「想定外」が問題となる事象を示し、あなたが考える、その事象が抱える問題点や課題について幅広い視点から記述せよ。

(2) 上述した問題点や課題を踏まえ、鋼構造の分野において、あなたが最も重要と考える技術的課題を2つ挙げ、それぞれについて解決するための技術的提案を示せ。

(3) あなたの技術的提案それぞれに対し、それがもたらす効果を具体的に示すとともに、その技術的提案を実行する際のリスクや課題について論述せよ。

○　我が国では、近年、平成23年3月東日本大震災、平成26年8月豪雨、平成27年9月関東・東北豪雨、平成28年4月熊本地震など、各地で自然災害が発生している。このように、連続する大規模地震、津波や集中豪雨のように、いままで経験したことのない自然災害が発生している。このような状況を踏まえ、以下の問いに答えよ。　　　　　　　　　　　　　　　　　　　（H29−2）

(1) 我が国の自然災害に対するインフラ、公共施設の社会資本の防災・減災に向けた対策における問題点、克服すべき課題について、幅広い視点から概説せよ。

(2) 上述した課題を踏まえ、鋼構造の分野において、あなたが最も重要と考える技術的課題を2つ挙げ、それぞれについて解決するための技術的提案を示せ。

(3) あなたの技術的提案それぞれについて、それらがもたらす効果を具体的に示すとともに、その技術的提案を実行する際のリスクや課題について論述せよ。

○　「国土のグランドデザイン2050～対流促進型国土の形成～」が平成26年
7月4日に公表された。国土が、国民の幸せな暮らしを実現する舞台である
ことを意識し、急速に進む人口減少や巨大災害の切迫等、国土を巡る大きな
状況の変化や危機感を共有しつつ、2050年の未来に向けた国土づくりの理念
や考え方が示された。我が国が今後直面すると考えられる国家衰亡の幾多の
難局を乗り越えるため国民の叡智を結集して、国土デザインの3つの基本理
念：「多様性（ダイバーシティ）」、「連携（コネクティビティ）」、「災害への
粘り強くしなやかな対応（レジリエンス）」に基づき新たな国土政策を立案
しようとするものである。このような状況を踏まえ、以下の問いに答えよ。

(H27－2)

(1) 国土デザインの3つの基本理念を取りまとめるに至った時代の潮流と課
題、及びその課題に対する基本的考え方を幅広い視点から概説せよ。

(2) 上述した課題に対し、鋼構造物の分野において、あなたが最も重要な技
術的課題と考えるものを2つ挙げ、それぞれについて解決するための技術
的提案を示せ。

(3) あなたの技術的提案それぞれについて、それらがもたらす効果を具体的
に示すとともに、それらの技術的提案を実行する際のリスクや課題につい
て論述せよ。

○　平成25年12月に国土強靱化基本法が成立し、さらに国土強靱化政策大綱
が示され、国土強靱化を推進する体制が整ったと言える。東日本大震災を経
験し、首都直下型地震や南海トラフ地震の発生が懸念されるいま、「大規模
自然災害等に対して人命を守り、経済社会への被害が致命的なものにならず
回復する」という基本法のねらいは喫緊の課題と言える。このような状況を
考慮して以下の問いに答えよ。

(H26－1)

(1) 国土強靱化を行う上での、現状の問題点、克服すべき課題等を、幅広い
視点から概説せよ。

(2) 上述した課題に対し、鋼構造物の分野において、あなたが最も重要な技
術的課題と考えるものを2つ挙げ、それぞれについて解決するための技術
的提案を示せ。

(3) あなたの技術的提案それぞれについて、それらがもたらす効果を具体的
に示すとともに、それらの技術的提案を実行する際のリスクや課題につい
て論述せよ。

○　平成30年12月14日に「防災・減災、国土強靱化のための3か年緊急対策」
が閣議決定された。この背景には、近年激甚化している災害により全国で大
きな被害が頻発していることを踏まえ、その災害により明らかになった課題

に対応することなどが挙げられる。国土交通省では、取り組むべき最優先課題の一つとしてソフト・ハードの両面から、この緊急対策に取り組んでいる。このような状況を踏まえ、以下の問いに答えよ。　　　　　　　　　　（練習）

(1) 近年激甚化する自然災害等に対する鋼構造物の取り組み対策に関して、ソフト・ハードの両面から、技術者としての立場で多面的な観点から課題を抽出し分析せよ。

(2) (1) で抽出した課題のうち最も重要と考える課題を1つ挙げ、その課題に対する複数の解決策を示せ。

(3) (2) で示した解決策に共通して新たに生じうるリスクとそれへの対策について述べよ。


　平成25年12月11日に「強くしなやかな国民生活の実現を図るための防災・減災等に資する国土強靭化基本法（国土強靭化基本法）」が公布・施行され、同法第10条に基づき、平成26年6月3日に「国土強靭化基本計画」が閣議決定されました。この計画は、適時変更されていますが、国土強靭化の基本的な考え方、脆弱性評価、国土強靭化の推進方針などがとりまとめられています。また、平成30年12月14日に「防災・減災、国土強靭化のための3か年緊急対策」が閣議決定されました。この対策は、「防災のための重要インフラ等の機能維持」及び「国民経済・生活を支える重要インフラ等の機能維持」の2つの観点から、特に緊急に実施すべきソフト・ハード対策を3年間（2018～2020年度）で集中的に実施するといったものです。国土交通省が公表しているソフト・ハード対策の概要は次のとおりです。

□　ソフト対策：災害発生時に命を守る情報発信の充実、利用者の安全確保、迅速な復旧等に資する体制強化

□　ハード対策：防災のための重要インフラ等の機能維持、国民経済・生活を支える重要インフラ等の機能維持


(c) 人材確保及び育成

○　我が国の総人口は、明治期以降毎年平均1％で増加を続けてきたが、現在は増加から長期的な減少過程に入り、2010年から約40年かけて、2050年にはほぼ50年前（1965年）の人口規模に戻っていくことが予想されている。1965年の従属人口指数47が2050年には94になり、2050年の生産年齢人口は、ほぼピークであった1995年の57％程度になると予想され、1965年において働く人2人で子どもや高齢者1人を支える社会であったものが、2050年には働く人1人で子どもや高齢者1人を支える社会になると予想されている。建

設業界においては、社会資本ストックが増加しているなか、生産年齢人口の減少、生産年齢人口の減少に伴う社会経済の変化などが深刻な問題となっている。このような状況を踏まえ、以下の問いに答えよ。　　　　　(H27－1)

(1) 上記社会背景を踏まえ、建設分野における問題点、克服すべき課題について、幅広い視点から概説せよ。

(2) 上述した課題に対し、鋼構造物の分野において、あなたが最も重要な技術的課題と考えるものを2つ挙げ、それぞれについて解決するための技術的提案を示せ。

(3) あなたの技術的提案それぞれについて、それらがもたらす効果を具体的に示すとともに、それらの技術的提案を実行する際のリスクや課題について論述せよ。

○　日本の総人口は、2008年をピークに減少に転じており、我が国はこれまで経験したことのない高齢化社会を迎えつつある。建設業界においては、熟練労働者の高齢化などによる労働力不足が顕在化しており、鋼構造物の分野においても労働力不足が種々の問題を生じさせている。このような状況を踏まえ、以下の問いに答えよ。　　　　　(H26－2)

(1) 建設分野における労働力不足に関し、社会的背景と問題点、克服すべき課題について、幅広い視点から概説せよ。

(2) 上述した課題に対し、鋼構造物の分野において、あなたが最も重要な技術的課題と考えるものを2つ挙げ、それぞれについて解決するための技術的提案を示せ。

(3) あなたの技術的提案それぞれについて、それらがもたらす効果を具体的に示すとともに、それらの技術的提案を実行する際のリスクや課題について論述せよ。

○　一般社団法人　日本建設業連合会は人材確保・育成に関する取り組みの一つとして、平成26年4月18日に「建設技能労働者の人材確保・育成に関する提言」を策定している。さらに、平成31年4月18日には、「建設分野の特定技能外国人　安全安心受入宣言」を策定している。少子高齢化社会の我が国は、建設産業を含め全産業において人材の確保が急務な課題となっており、技能者のみならず技術者を含めた幅広い外国人材の活用を含めた対応が求められている。　　　　　(練習)

(1) 鋼構造物分野の業務における外国人材の活用を含めた人材確保・育成に当たり、技術者としての立場で多面的な観点から課題を抽出し分析せよ。

(2) (1) で抽出した課題のうち最も重要と考える課題を1つ挙げ、その課題に対する2つ以上の解決策を示せ。

(3)　(2)で示した解決策に共通して新たに生じうるリスクとそれへの対策について述べよ。

　平成31年4月より改正された「出入国管理及び難民認定法」が施行され、建設分野を含む14の分野において、特定技能外国人労働が認められることになりました。人材確保の観点からは、特定技能外国人のスムーズな受入れを進めることが必要ですが、さまざまな問題点を抱えていることも事実です。

　一般に、人材確保に関しては、特定技能外国人の受け入れを含め、女性の活躍の場の拡大、退職者等の再雇用制度、定年延長など、雇用条件や労働条件の大幅な見直しを図りながら進めていくことが重要です。また、鋼構造物分野における人材確保・育成等は、戦略的な目標・計画を設定し、具体的な方策を検討するといったことが求められています。また、品質を確保する観点からは、技術者だけでなく技能者を含めた対応も重要となります。発注者、受注者（官民）といった観点のみならず、大学、専門学校、学術機関などを含めた産官学の連携が大きなポイントになりますので、そういった点なども考慮しながら、外国人材の活用を含めた人材確保及び育成における課題の検討を行うことが重要です。

## （d）生産性向上及び働き方改革

○　現在、我が国の建設産業では、バブル経済崩壊後の労働力過剰時代から高齢化等の理由で技能労働者の約3分の1が今後10年間で離職する労働力不足時代へ変化すると予想されている。このような状況のもと効率的かつ効果的な社会資本整備をすすめ、経済成長をはかりながら将来にわたる社会資本の品質確保を実現するため、国土交通省では2016年を「生産性革命元年」と位置づけ、建設生産システムの省力化・効率化・高度化を通じた生産性の向上に取り組むことを宣言している。現在、この宣言に基づき、生産性向上に資する様々な取組が推進されており、例えば、ICT技術を全面的に利活用するなどしたi-Constructionもその1つである。このような状況を踏まえ、以下の問いに答えよ。　　　　　　　　　　　　　　　　　（H29－1）

(1)　建設分野における生産性向上に向けた取組について、幅広い視点から概説せよ。

(2)　上述した取組を踏まえ、鋼構造の分野における生産性向上に対して、あなたが最も重要な技術的課題と考えるものを2つ挙げ、それぞれについて解決するための技術的提案を示せ。

(3)　あなたの技術的提案それぞれについて、それらがもたらす効果を具体的

に示すとともに、その技術的提案を実行する際のリスクや課題について論述せよ。

○ 「日本の将来推計人口（平成29年推計）」（国立社会保障・人口問題研究所）によると、出生率中位仮定（死亡中位推計）による生産年齢人口割合は、2015年の60.8%から減少を続け、2040年には53.9%、2065年には51.4%となると推計されている。推計値であるものの、我が国の生産年齢人口が、将来にわたり減少していくことを示す重要な指標である。このような背景を踏まえると、今後、鋼構造物分野のより一層の生産性向上及び働き方の改革が求められている。 （練習）

(1) 鋼構造物分野の生産性向上及び働き方の改革に関し、技術者としての立場で多面的な観点から課題を抽出し分析せよ。

(2) (1)で抽出した課題のうち最も重要と考える課題を1つ挙げ、その課題に対する複数の解決策を示せ。

(3) (2)で示した解決策に共通して新たに生じうるリスクとそれへの対策について述べよ。


平成28年に国土交通省は「国土交通省生産性革命本部」を設置し、生産性革命に関する取り組みを継続的に実施し、令和元年を生産性革命「貫徹の年」と位置づけています。「i-Construction」といった施策を中心に、ICT（情報通信技術）の利活用や幅広い分野の豊富なビッグデータを効果的に活用することにより、インフラ整備・管理の高度化及びインフラの機能の高度化を図るといった取り組みが行われています。生産性向上の取り組み例としては、多能工化の推進、設計・施工環境の高度化、技術革新への対応、BIM／CIMの導入、重層下請構造の改善などが挙げられます。

労働環境を改善し、働き方の改革を考える際には、まず、鋼構造物分野における労働環境・条件や業務の特徴を押さえることが重要です。それらを押さえることにより、労働環境の改善点等を整理することができると考えられます。働き方の改革ポイントとしては、長時間労働の是正、週休2日の確保、業務効率化・合理化、IoT（Internet of Things）技術やICTの活用などが挙げられます。


(e) インフラ輸出と国際化

○ 我が国の先進的な技術・ノウハウ・制度は世界トップ水準にも関わらず、厳しい国家間競争の中で、価格をはじめとする相手国や企業におけるニーズへの対応力の差、優れた機器や技術をもとにしたマーケティング、ブラン

ディングといった経営面でのノウハウの不足、運営・維持管理まで含めた受注体制が整っていないなどの要因で、受注実績の向上には繋がっていない。そこで、我が国の企業によるインフラシステムの海外展開や、エネルギー・鉱物資源の海外権益確保を支援するとともに、我が国の海外経済協力に関する重要事項を議論し、戦略的かつ効率的な実施を図るため、平成25年3月に経協インフラ戦略会議が立ち上げられ、海外でのインフラシステム受注額を2020年には約30兆円に増大させる「インフラシステム輸出戦略」が策定された。このような状況を踏まえ、以下の問いに答えよ。　　　　　　（H28－2）

(1) 建設分野におけるグローバル競争力強化に向けての戦略的取組について、幅広い視点から概説せよ。

(2) 上述した戦略的取組に対し、鋼構造物の分野において、あなたが最も重要な技術的課題と考えるものを2つ挙げ、それぞれについて解決するための技術的提案を示せ。

(3) あなたの技術的提案それぞれについて、それらがもたらす効果を具体的に示すとともに、それらの技術的提案を実行する際のリスクや課題について論述せよ。

○　平成27年に「質の高いインフラパートナーシップ」が安倍総理より発表され、また、平成28年5月に開催されたG7伊勢志摩サミットでは、「質の高いインフラ投資の推進のためのG7伊勢志摩原則」が合意された。今後、我が国の質の高いインフラ技術の海外展開がより一層促進されることが求められている。このような状況を踏まえ、鋼構造物分野のインフラ技術を海外に展開する担当責任者になったとして、以下の問いに答えよ。　　　　　　（練習）

(1) 鋼構造物インフラを海外に展開するに当たり、技術者としての立場で多面的な観点から課題を抽出し分析せよ。

(2) (1)で抽出した課題のうち最も重要と考える課題を1つ挙げ、その課題に対する2つ以上の解決策を示せ。

(3) (2)で示した解決策に共通して新たに生じうるリスクとそれへの対策について述べよ。

　日本政府は、平成25年5月に「インフラシステム輸出戦略」を取りまとめ、以後、随時改訂版が策定されています。「質の高いインフラ投資の推進のためのG7伊勢志摩原則」を以下に示します。

　原則1：効果的なガバナンス、信頼性のある運行・運転、ライフサイクルコストから見た経済性及び安全性と自然災害、テロ、サイバー攻撃のリスクに対する強じん性の確保

原則2：現地コミュニティでの雇用創出、能力構築及び技術・ノウハウ移転の確保

原則3：社会・環境面での影響への対応

原則4：国家及び地域レベルにおける、気候変動と環境の側面を含んだ経済・開発戦略との整合性の確保

原則5：PPP等を通じた効果的な資金動員の促進

### (f) 持続可能性及び気候変動影響

○　社会構造の変化や地球規模の環境の変化へ対応し、持続可能で活力のある国土・地域づくりをいかに進めていくかが求められている。このような状況を踏まえ、以下の問いに答えよ。　　　　　　　　　　　　　　　　（H25－1）

(1) 持続可能で活力ある国土・地域づくりをめぐる課題について幅広い視点から概説せよ。

(2) 上述した課題に対し、鋼構造の技術士として、あなたが最も重要な技術的課題と考えるものを2つ挙げ、それぞれについて解決するための技術的提案を示せ。

(3) あなたの技術的提案それぞれについて、それらがもたらす効果を具体的に示すとともに、実行する際のリスクや課題について論述せよ。

○　近年、世界各地では、強い台風やハリケーン、集中豪雨、干ばつや熱波などの異常気象による災害が発生し、多大な被害が発生している。我が国も異常気象を原因とした集中豪雨により甚大な被害や記録的な猛暑が近年観測されている。このような気候変動の影響に対し、近年、温室効果ガスの排出抑制等を行う「緩和策」と合わせ、顕在化している影響や中長期的に避けられない影響に対して被害を回避・軽減する「適応策」を進めることが必要とされている。

　このような状況を踏まえ、以下の問いに答えよ。　　　　　　　　（練習）

(1) 鋼構造物の建設プロジェクトの気候変動影響の適応策を検討・推進するに当たり、技術者としての立場で多面的な観点から課題を抽出し分析せよ。

(2) (1)で抽出した課題のうち最も重要と考える課題を1つ挙げ、その課題に対する2つ以上の解決策を示せ。

(3) (2)で示した解決策に共通して新たに生じるリスクとそれへの対策について述べよ。


気候変動影響の対応については、平成30年6月13日に公布された「気候変動適応法」に基づき、新たな「気候変動適応計画」が法定計画として閣議決定さ

れ、合わせて平成27年11月に策定された「国土交通省気候変動適応計画」も同様に最新の施策等を反映する改正が行われています。平成30年11月に一部改正された「国土交通省気候変動適応計画」では、気候変動による国土交通分野への影響、適応策の基本的な考え方や「自然災害」、「水資源・水環境」、「国民生活・都市生活」及び「産業・経済活動」の分野ごとの適応に関する施策が明記されています。

### (g) 労働災害防止対策等

○　鋼構造物の工場製作又は架設（建て方）において、労働災害の防止対策の必要性が高まっている。　　　　　　　　　　　　　　　　　　　　　　（R1－1）

(1) さまざまな作業環境に起因した労働災害を防止するための対策を実施するに当たって、技術者としての立場で多面的な観点から課題を抽出し分析せよ。

(2) (1)で抽出した課題のうち鋼構造物で最も重要と考える課題を1つ挙げ、その課題に対する複数の解決策を示せ。

(3) (2)で提示した解決策に共通して新たに生じうるリスクとそれへの対策について述べよ。

　一般に、労働安全衛生マネジメントシステムに関する規格は、厚生労働省の「労働安全衛生マネジメントシステムに関する指針」や国際規格のISO 45001／OHSAS 18001（OHSAS 18001は2021年3月に廃止予定）などがあります。また、道路、住宅及び公共スペースなどに隣接した場所で鋼構造物の架設工事を行う場合は、不特定多数の第三者等への配慮、いわゆる公衆災害防止対策も労働災害対策と同様に重要となります。公衆災害に関する重要な情報としては、平成5年に策定された「建設工事公衆災害防止対策要綱」が、令和元年9月2日に改正されています。本要綱における改正の背景、改正された内容や新規で追加された内容等を中心に情報を整理しておきましょう。

### (2) コンクリート

　コンクリートで出題されている問題は、維持管理・更新、災害対策、人材確保及び育成、生産性向上及び働き方改革、インフラ輸出と国際化、気候変動影響に大別されます。なお、解答する答案用紙枚数は3枚（1,800字以内）です。

### (a) 維持管理・更新

○　社会インフラの高齢化・老朽化に伴い、その維持管理のための予算や人材

の不足が深刻化している。その中で、確実かつ効率的なインフラの維持管理を行うためには、技術開発等のハード面及び仕組み作り等のソフト面の双方での対策が求められている。このような状況を背景に、多様な観点から以下の各設問に答えよ。 (H29-4)

(1) コンクリート構造物の維持管理を確実かつ効率的に行うため、あなたが重要と考えるハード面の技術的課題を2つ挙げ、それぞれについて実現可能な解決策を1つずつ提示せよ。

(2) コンクリート構造物の維持管理を確実かつ効率的に行うため、あなたが重要と考えるソフト面の技術的課題を2つ挙げ、それぞれについて実現可能な解決策を1つずつ提示せよ。

(3) 上記 (1) であなたが提示した解決策から1つ、(2) であなたが提示した解決策から1つを選び、それぞれをコンクリート構造物の維持管理に適用した場合の効果及び想定されるリスクやデメリットについて記述せよ。

○ 限られた財源の中、建設総投資における社会ストックに対する維持管理費の比率が益々増加する傾向にある。その一方で、建設段階の初期欠陥による供用開始後の早期劣化や計画供用期間中の劣化現象が発生している。したがって、今後建設される社会資本は所定の品質が確保され、長期間供用できるものでなくてはならない。

このような状況を踏まえ、以下の問いに答えよ。 (H28-3)

(1) 今後建設されるコンクリート構造物の品質を確保するために、検討すべき項目を多様な観点から記述せよ。

(2) 上述した項目のうち、あなたが重要であると考える技術的課題を1つ挙げ、実現可能な解決策を2つ提示せよ。

(3) あなたが提示した解決策がもたらす効果を具体的に示すとともに、想定されるリスクやデメリットについて記述せよ。

○ 現在整備されている社会資本の多くは、整備の時期や各々が有する機能、設置環境が異なる他、劣化や損傷の状態もさまざまで時々刻々変化している。こうした既存ストックを今後も有効に活用するためには、劣化や損傷といった変状を早期に発見・診断し、その結果に基づいて的確に対策を行い、これらの履歴等を記録して次の点検・診断に活用するという維持管理の業務サイクルの実施が必要となる。このような状況を考慮し、以下の問いに答えよ。
(H27-4)

(1) コンクリート構造物において、維持管理の業務サイクルを実施するために検討すべき項目を、建設分野に携わる技術者として多様な観点から記述せよ。

(2) 上述した項目のうち、あなたが重要であると考える技術的課題を1つ挙げ、実現可能な解決策を2つ提示せよ。

(3) あなたが提示した解決策がもたらす効果を具体的に示すとともに、想定されるリスクやデメリットについて記述せよ。

○ 近年、震災復興事業の本格化や東京オリンピック・パラリンピック開催に伴う首都圏の社会資本の大規模更新など、特定の地域における建設需要の増大が見込まれている。一方、他の地域においては、限られた財源の下で必要な社会資本を整備し、また、老朽化する大量の社会資本にも適切に対処していく必要がある。このような状況を考慮し、以下の問いに答えよ。

(H26－3)

(1) 上記のように、特定地域・比較的短期間における急激な市場規模・市場構造の変化等に対応し、コンクリート構造物を建設していくために、検討すべき項目をハード・ソフト両面の多様な観点から記述せよ。

(2) 上述した検討すべき項目のうち、あなたが重要であると考える技術的課題を1つ挙げ、実現可能な解決策を2つ提示せよ。

(3) あなたの提示した解決策がもたらす効果を具体的に示すとともに、想定されるリスクやデメリットについて記述せよ。

○ 高度成長期以降に集中的に整備された社会インフラは老朽化が進展し、維持管理上の問題が顕在化している。一方、これに関わる予算や労働力といった資源の投入は今後も困難なことが予測されている。このような状況を考慮し、以下の問いに答えよ。

(H26－4)

(1) コンクリート構造物の維持管理の負担を軽減するため、検討すべき項目を多様な観点から記述せよ。ただし、地震などの災害による非常時の維持管理は含まないものとする。

(2) 上述した検討すべき項目のうち、あなたが重要であると考える技術的課題を1つ挙げ、実現可能な解決策を2つ提示せよ。

(3) あなたの提示した解決策がもたらす効果を具体的に示すとともに、想定されるリスクやデメリットについて記述せよ。

○ 我が国の社会資本の多くは、高度経済成長期に整備され、今後、急速に社会資本の老朽化が進むことが予想されている。しかしながら、社会資本への大規模な投資を持続的に行うことは期待できない状況にある。このような状況を考慮して、以下の問いに答えよ。

(H25－4)

(1) 既存ストックとしてのコンクリート構造物の延命化を図るために、検討すべき項目をハード・ソフト両面の多様な観点から記述せよ。

(2) 上述した検討すべき項目のうち、あなたがコンクリートの技術士として

重要であると考える技術的課題を1つ挙げ、実現可能な解決策を2つ提示せよ。

(3) あなたの提示した解決策がもたらす効果を具体的に示すとともに、想定されるリスクについて記述せよ。

○ 高度成長期以降に整備したインフラが、今後一斉に老朽化を迎えることが見込まれている。また、我が国は少子高齢化が顕著であり、かつ、今後も長期にわたり人口の減少が見込まれているため、限られた財政状況の中で、いかに持続的・実効的なインフラの維持管理・更新を実行していくかが大きな課題となっている。そのため、国土交通省では、予防保全の考え方を導入した「国土交通省インフラ長寿命化計画（行動計画）」を平成26年5月に策定し、インフラの老朽化対策について取り組んでいる。このような状況を踏まえ、以下の問いに答えよ。　　　　　　　　　　　　　　　　　　（練習）

(1) コンクリート構造物を1つ選び、老朽化しつつある当該施設に関し、従来の事後保全型から予防保全型に考え方を転換した維持管理・更新又は運用を行うに当たり、技術者としての立場で多面的な観点から課題を抽出し分析せよ。

(2) (1) で抽出した課題のうち最も重要と考える課題を1つ挙げ、その課題に対する2つ以上の解決策を示せ。

(3) (2) で示した解決策に共通して新たに生じうるリスクとそれへの対策について述べよ。

　少子高齢化により今後ますます財源は厳しい状況となるため、現在のインフラストックの維持管理・更新は、計画的、効率的かつ効果的な整備が求められています。そのため、政府全体の取り組みとして、平成25年11月に「インフラ長寿命化基本計画」がとりまとめられ、この計画に基づき、平成26年5月に国土交通省が予防保全の考え方を導入した「国土交通省インフラ長寿命化計画（行動計画）」を策定しました。

　予防保全とは、一般に、施設の機能や性能に不具合が発生した後に対応するといった事後保全と対比して、施設の機能や性能に不具合が発生する前に対応するといった考え方です。予防保全の考え方を適用した場合のほうが、従来の事後保全の対応よりも維持管理・更新に掛かる費用が大幅に減少するといった試算結果も示されており、効果的かつ効率的な維持管理・更新が可能ということです。予防保全の考え方を適用した維持管理・更新に関する課題を検討する場合には、人材、対象構造物、コスト、手法・技術といった観点から整理するとよいと考えられます。

（b）災害対策

○　我が国では、近年、異常気象による豪雨や豪雪、火山の噴火、地震等による自然災害が頻発している。このような中、国民の安全を守るためには、より一層の防災・減災対策を行っていく必要がある。このような状況を踏まえ、以下の問いに答えよ。　　　　　　　　　　　　　　　　　　　（H30 － 3）

　（1）建設部門に携わる技術者として、多様な観点から、検討すべき項目を挙げよ。

　（2）（1）の検討すべき項目に対し、コンクリートに携わる技術者として、あなたが重要と考える技術的課題を2つ挙げ、その解決策をそれぞれ記述せよ。

　（3）（2）で提示した解決策について、その効果と想定されるリスクやデメリットをそれぞれ記述せよ。

○　東日本大震災から4年以上が経過し、復興事業が各地で進められているものの、入札不調、工事進捗や予算執行の問題等から復興工事の遅れが目立っている。このような中で、復興事業に影響のある社会的背景を考慮し、以下の問いに答えよ。　　　　　　　　　　　　　　　　　　　　　　　（H27 － 3）

　（1）復興工事が遅れている現状を踏まえ、特にコンクリート構造物の建設を加速する上で検討すべき項目を、建設分野に携わる技術者としてハード・ソフト両面の多様な観点から述べよ。

　（2）上述した項目のうち、あなたが重要であると考える技術的課題を1つ挙げ、実現可能な解決策を2つ提示せよ。

　（3）あなたが提示した解決策がもたらす効果を具体的に示すとともに、想定されるリスクやデメリットについて記述せよ。

○　平成30年12月14日に「防災・減災、国土強靱化のための3か年緊急対策」が閣議決定された。この背景には、近年激甚化している災害により全国で大きな被害が頻発していることを踏まえ、その災害により明らかになった課題に対応することなどが挙げられる。国土交通省では、取り組むべき最優先課題の一つとしてソフト・ハードの両面から、この緊急対策に取り組んでいる。このような状況を踏まえ、以下の問いに答えよ。　　　　　　　　　（練習）

　（1）近年激甚化する自然災害等に対するコンクリート構造物の取り組み対策に関して、ソフト・ハードの両面から、技術者としての立場で多面的な観点から課題を抽出し分析せよ。

　（2）（1）で抽出した課題のうち最も重要と考える課題を1つ挙げ、その課題に対する複数の解決策を示せ。

　（3）（2）で示した解決策に共通して新たに生じうるリスクとそれへの対策について述べよ。

　平成25年12月11日に「強くしなやかな国民生活の実現を図るための防災・減災等に資する国土強靱化基本法（国土強靱化基本法）」が公布・施行され、同法第10条に基づき、平成26年6月3日に「国土強靱化基本計画」が閣議決定されました。この計画は、適時変更されていますが、国土強靱化の基本的な考え方、脆弱性評価、国土強靱化の推進方針などがとりまとめられています。また、平成30年12月14日に「防災・減災、国土強靱化のための3か年緊急対策」が閣議決定されました。この対策は、「防災のための重要インフラ等の機能維持」及び「国民経済・生活を支える重要インフラ等の機能維持」の2つの観点から、特に緊急に実施すべきソフト・ハード対策を3年間（2018〜2020年度）で集中的に実施するといったものです。国土交通省が公表しているソフト・ハード対策の概要は次のとおりです。

　　□　ソフト対策：災害発生時に命を守る情報発信の充実、利用者の安全確保、
　　　　　　　　　　迅速な復旧等に資する体制強化
　　□　ハード対策：防災のための重要インフラ等の機能維持、国民経済・生活
　　　　　　　　　　を支える重要インフラ等の機能維持


## (c) 人材確保及び育成

○　一般社団法人　日本建設業連合会は人材確保・育成に関する取り組みの一つとして、平成26年4月18日に「建設技能労働者の人材確保・育成に関する提言」を策定している。さらに、平成31年4月18日には、「建設分野の特定技能外国人　安全安心受入宣言」を策定している。少子高齢化社会の我が国は、建設産業を含め全産業において人材の確保が急務な課題となっており、技能者のみならず技術者を含めた幅広い外国人材の活用を含めた対応が求められている。　　　　　　　　　　　　　　　　　　　　　　　　　　　（練習）

(1) コンクリート構造物の業務における外国人材の活用を含めた人材確保・育成に当たり、技術者としての立場で多面的な観点から課題を抽出し分析せよ。

(2) (1) で抽出した課題のうち最も重要と考える課題を1つ挙げ、その課題に対する2つ以上の解決策を示せ。

(3) (2) で示した解決策に共通して新たに生じうるリスクとそれへの対策について述べよ。


　平成31年4月より改正された「出入国管理及び難民認定法」が施行され、建設分野を含む14の分野において、特定技能外国人労働が認められることになりました。人材確保の観点からは、特定技能外国人のスムーズな受入れを進める

ことが必要ですが、さまざまな問題点を抱えていることも事実です。

　一般に、人材確保に関しては、特定技能外国人の受け入れを含め、女性の活躍の場の拡大、退職者等の再雇用制度、定年延長など、雇用条件や労働条件の大幅な見直しを図りながら進めていくことが重要です。また、コンクリート分野における人材確保・育成等は、戦略的な目標・計画を設定し、具体的な方策を検討するといったことが求められています。また、品質を確保する観点からは、技術者だけでなく技能者を含めた対応も重要となります。発注者、受注者（官民）といった観点のみならず、大学、専門学校、学術機関などを含めた産官学の連携が大きなポイントになりますので、そういった点なども考慮しながら、外国人材の活用を含めた人材確保及び育成における課題の検討を行うことが重要です。

### (d) 生産性向上及び働き方改革

○　近年の建設業界では、就業者の高齢化や熟練技術者の減少等の問題が深刻化している。その中で、設計・施工技術等のハード面及び仕組み作り等のソフト面の双方で生産性の向上への取組が盛んに行われている。このような状況を踏まえ、以下の問いに答えよ。　　　　　　　　　　　（H30－4）

(1) コンクリート構造物の建設において生産性を向上するため、あなたが重要と考えるハード面の技術的課題を1つ挙げ、重要と考える理由及び解決策を1つずつ記述せよ。

(2) コンクリート構造物の建設において生産性を向上するため、あなたが重要と考えるソフト面の技術的課題を1つ挙げ、重要と考える理由及び解決策を1つずつ記述せよ。

(3) 上記（1）及び（2）であなたが提示した解決策について、それぞれを適用した場合の効果と想定されるリスクやデメリットについて記述せよ。

○　近年、建設業界においては、就労者の高齢化や若手入職者の減少等が課題となっている。また、社会資本の大規模更新や震災復興事業が増加しており、生産性向上が求められている。一方で、生産性向上と同時に構造物の品質確保が重要となる。このような観点から以下の各設問に答えよ。　（H29－3）

(1) コンクリート構造物の建設において、建設現場の生産性を向上させるために検討すべき項目を多様な観点から記述せよ。

(2) （1）の検討すべき項目のうち、あなたが重要であると考える技術的課題を1つ挙げ、実現可能な解決策を2つ提示し、それぞれの具体的効果を記述せよ。

(3) （2）で提示した2つの解決策について、構造物の品質確保・向上の観点

　からメリットとデメリットを記述せよ。

○　近年の建設投資の急激な減少に伴い、建設業界の就業者数は年々減少して
　おり、また、就業者の高齢化や若年入職者の減少から、現場では生産性の低
　下が懸念されている。

　　一方、今後増加する社会資本の大規模更新や、震災復興事業の本格化等に
　対応するため、さらなる生産性の向上が求められている。このような状況を
　考慮して、以下の問いに答えよ。　　　　　　　　　　　　　　　　（H25 − 3）

(1) コンクリート構造物の建設において、生産性を向上するために検討すべ
　き項目を多様な観点から記述せよ。

(2) 上述した検討すべき項目のうち、あなたがコンクリートの技術士として
　重要であると考える技術的課題を1つ挙げ、実現可能な解決策を2つ提示
　せよ。

(3) あなたの提示した解決策がもたらす効果を具体的に示すとともに、想定
　されるリスクについて記述せよ。

○　「日本の将来推計人口（平成29年推計）」（国立社会保障・人口問題研究所）
　によると、出生率中位仮定（死亡中位推計）による生産年齢人口割合は、
　2015年の60.8％から減少を続け、2040年には53.9％、2065年には51.4％と
　なると推計されている。推計値であるものの、我が国の生産年齢人口が、
　将来にわたり減少していくことを示す重要な指標である。このような背景を
　踏まえると、今後、コンクリート分野のより一層の生産性向上及び働き方の
　改革が求められている。　　　　　　　　　　　　　　　　　　　（練習）

(1) コンクリート分野の生産性向上及び働き方の改革に関し、技術者として
　の立場で多面的な観点から課題を抽出し分析せよ。

(2) (1) で抽出した課題のうち最も重要と考える課題を1つ挙げ、その課題
　に対する複数の解決策を示せ。

(3) (2) で示した解決策に共通して新たに生じうるリスクとそれへの対策に
　ついて述べよ。

　平成28年に国土交通省は「国土交通省生産性革命本部」を設置し、生産性
革命に関する取り組みを継続的に実施し、令和元年を生産性革命「貫徹の年」
と位置づけています。「i−Construction」といった施策を中心に、ICT（情報
通信技術）の利活用や幅広い分野の豊富なビッグデータを効果的に活用するこ
とにより、インフラ整備・管理の高度化及びインフラの機能の高度化を図ると
いった取り組みが行われています。生産性向上の取り組み例としては、多能工
化の推進、設計・施工環境の高度化、技術革新への対応、BIM／CIMの導入、

重層下請構造の改善などが挙げられます。

　労働環境を改善し、働き方の改革を考える際には、まず、コンクリート分野における労働環境・条件や業務の特徴を押さえることが重要です。それらを押さえることにより、労働環境の改善点等を整理することができると考えられます。働き方の改革ポイントとしては、長時間労働の是正、週休2日の確保、業務効率化・合理化、IoT（Internet of Things）技術やICTの活用などが挙げられます。


　(e) インフラ輸出と国際化
　○　新興国・開発途上国が経済成長を図る上でインフラの整備は重要な課題であり、大量の需要が見込まれている。我が国は、質の高いインフラ整備を通して関係国の経済や社会的基盤強化に貢献するため、インフラシステムの海外展開に積極的に取り組んでいる。このような状況下で、あなたがコンクリート技術者として海外インフラ整備に従事する機会を得たとして、以下の問いに答えよ。　　　　　　　　　　　　　　　　　　　　　　（R1－3）
　(1) 技術者としての立場で多面的な観点から課題を抽出し分析せよ。
　(2) (1)で抽出した課題のうち最も重要と考える課題を1つ挙げ、その課題に対する複数の解決策を示せ。
　(3) (2)で提示した解決策に共通して新たに生じうるリスクとそれへの対策について述べよ。
　○　平成27年に「質の高いインフラパートナーシップ」が安倍総理より発表され、また、平成28年5月に開催されたG7伊勢志摩サミットでは、「質の高いインフラ投資の推進のためのG7伊勢志摩原則」が合意された。今後、我が国の質の高いインフラ技術の海外展開がより一層促進されることが求められている。このような状況を踏まえ、コンクリート分野のインフラ技術を海外に展開する担当責任者になったとして、以下の問いに答えよ。　　　（練習）
　(1) コンクリート構造物インフラを海外に展開するに当たり、技術者としての立場で多面的な観点から課題を抽出し分析せよ。
　(2) (1)で抽出した課題のうち最も重要と考える課題を1つ挙げ、その課題に対する2つ以上の解決策を示せ。
　(3) (2)で示した解決策に共通して新たに生じうるリスクとそれへの対策について述べよ。


　日本政府は、平成25年5月に「インフラシステム輸出戦略」を取りまとめ、以後、随時改訂版が策定されています。「質の高いインフラ投資の推進のための

G7伊勢志摩原則」を以下に示します。

原則1：効果的なガバナンス、信頼性のある運行・運転、ライフサイクルコ
ストから見た経済性及び安全性と自然災害、テロ、サイバー攻撃の
リスクに対する強じん性の確保

原則2：現地コミュニティでの雇用創出、能力構築及び技術・ノウハウ移転
の確保

原則3：社会・環境面での影響への対応

原則4：国家及び地域レベルにおける、気候変動と環境の側面を含んだ経
済・開発戦略との整合性の確保

原則5：PPP等を通じた効果的な資金動員の促進

### (f) 気候変動影響

○ 平成27年末に開催された気候変動枠組条約第21回締約国会議（COP21）
においてパリ協定が締結され、これを踏まえ我が国では二酸化炭素等の温室
効果ガスの中長期削減目標が示され、この達成に向けて取り組むことが定め
られている。建設分野のうち、コンクリート構造物の企画・設計・施工・維
持管理・更新に至るまでの活動において、多くの二酸化炭素等の温室効果ガ
スが排出されている現状を踏まえ、以下の問いに答えよ。　　　　（R1－4）

(1) 二酸化炭素等の温室効果ガスを削減していくために、コンクリートに携
わる技術者の立場で多面的な観点から課題を抽出し分析せよ。

(2) (1) で抽出した課題のうち最も重要と考える課題を1つ挙げ、その課題
に対する複数の解決策を示せ。

(3) (2) で提示した解決策に共通して新たに生じうるリスクとそれへの対策
について述べよ。

○ 集中豪雨による土砂災害や河川の氾濫などが多発し、国民の安全安心の観
点から、地球的な気候変動がクローズアップされている。気候変動の要因と
して、地球温暖化に影響が大きい温室効果ガスが挙げられ、特に二酸化炭素
排出量の削減が大きな課題となっている。建設分野から排出される二酸化炭
素量は全産業の2割を超える量と推定されている背景を踏まえ、以下の問い
に答えよ。　　　　　　　　　　　　　　　　　　　　　　　　（H28－4）

(1) 建設分野で特にコンクリート構造物の建設から維持管理・解体に至るま
での二酸化炭素量削減を推進する上で、検討すべき項目を多様な観点から
記述せよ。

(2) 上述した検討すべき項目のうち、あなたが重要であると考える技術的課
題を1つ挙げ、実現可能な解決策を2つ提示せよ。

(3) あなたが提示した解決策のもたらす効果やメリットを具体的に示すとともに、想定されるリスクやデメリットについて記述せよ。

○　近年、世界各地では、強い台風やハリケーン、集中豪雨、干ばつや熱波などの異常気象による災害が発生し、多大な被害が発生している。我が国も異常気象を原因とした集中豪雨により甚大な被害や記録的な猛暑が近年観測されている。このような気候変動の影響に対し、近年、温室効果ガスの排出抑制等を行う「緩和策」と合わせ、顕在化している影響や中長期的に避けられない影響に対して被害を回避・軽減する「適応策」を進めることが必要とされている。

　　このような状況を踏まえ、以下の問いに答えよ。　　　　　　（練習）

(1) コンクリート構造物の建設プロジェクトの気候変動影響の適応策を検討・推進するに当たり、技術者としての立場で多面的な観点から課題を抽出し分析せよ。

(2) (1) で抽出した課題のうち最も重要と考える課題を1つ挙げ、その課題に対する2つ以上の解決策を示せ。

(3) (2) で示した解決策に共通して新たに生じうるリスクとそれへの対策について述べよ。


　気候変動影響の対応については、平成30年6月13日に公布された「気候変動適応法」に基づき、新たな「気候変動適応計画」が法定計画として閣議決定され、合わせて平成27年11月に策定された「国土交通省気候変動適応計画」も同様に最新の施策等を反映する改正が行われています。平成30年11月に一部改正された「国土交通省気候変動適応計画」では、気候変動による国土交通分野への影響、適応策の基本的な考え方や「自然災害」、「水資源・水環境」、「国民生活・都市生活」及び「産業・経済活動」の分野ごとの適応に関する施策が明記されています。

# 3. 都市及び地方計画

　都市及び地方計画で出題されている問題は、コンパクトなまちづくり等、低炭素まちづくり、都市のスポンジ化対策、都市農地とまちづくり、スマートシティ、都市防災等、インフラ輸出と国際化、気候変動影響、生産性向上及び働き方改革に大別されます。なお、解答する答案用紙枚数は3枚（1,800字以内）です。

## (1) コンパクトなまちづくり等

○　鉄軌道を含む公共交通の分担率が一定程度ある地方の都市圏において、都市圏全体を俯瞰する視点から、人口減少・少子高齢化を踏まえた都市の持続的経営を目的として都市構造の再編を進めることとなった。あなたがその計画策定を担当責任者として進めるに当たり、以下の問いに答えよ。

　　なお、都市構造の再編を進めるに当たっては、公共交通が都市の形成に影響を及ぼすことに着目し、公共交通の利用を前提とするものとする。

　　　　　　　　　　　　　　　　　　　　　　　　　　　　　　　　　（R1－2）

(1) 都市計画の技術者としての立場で多面的な観点から計画策定に係る課題を抽出し、その課題を分析せよ。

(2) 抽出した課題のうち最も重要と考える課題を1つ挙げ、その課題に対する複数の解決策を示せ。

(3) 解決策に共通して新たに生じうるリスクとそれへの対策について述べよ。

○　人口減少と高齢化の進む地方都市において、コンパクトなまちづくりを進めるため、立地適正化計画を策定することになった。当該地方都市は、鉄道・バス等の公共交通は整備されているものの、車への依存度が高く、また、近年合併したことから、類似・重複した公共施設を多く保有している。

　　あなたが担当責任者として計画策定を行うに当たり、以下の問いに答えよ。

　　　　　　　　　　　　　　　　　　　　　　　　　　　　　　　　　（H29－1）

(1) 当該地方都市の現状から想定される課題を述べた上で、計画における目指すべき将来都市像を述べよ。

(2) (1)で述べた課題を解決し将来都市像を実現する上で、計画において設定することが適当と考える定量的な目標（具体的な数値は不要。）を2つ

259

　挙げ、これらを実現するために必要と考えられる方策を述べよ。

(3)　(2) で述べた方策を実施する上で、想定される負の側面と対応方策を述べよ。

○　健康寿命の延伸が課題となっている地方都市において、あなたが都市計画・まちづくりの担当責任者の立場で、関係部局と連携のもと立地適正化計画を作成し、都市のコンパクト化に取り組むことになった。以下の問いに答えよ。　　　　　　　　　　　　　　　　　　　　　　　　　　　　　　　　　（H28−1）

(1)　都市計画・まちづくりを担う立場において、健康寿命の延伸の視点から都市のコンパクト化に取り組むことの意義と、計画作成に当たり検討すべき項目を述べよ。

(2)　上述の意義を踏まえて、公共交通の利便性の高い都市の中心部における、他の関係部局と連携した取組のうち、あなたが特に重要と考える取組について複数提案せよ。

(3)　あなたが提案する取組の実施に伴い、都市の中心部から離れた居住誘導区域内の居住者への対応として、考慮すべき事項と対応方策について述べよ。

○　人口減少・高齢化が進む地方都市において、社会経済状況の変化に対応するとともに、持続可能な都市経営の実現を図るため、あなたが担当責任者として、当該都市全体としての都市施設の整備に関する事業又は市街地の整備に関する事業の見直しを検討するものとして、以下の問いに答えよ。

　　　　　　　　　　　　　　　　　　　　　　　　　　　　　　　　　（H27−1）

(1)　見直しの対象とする事業を想定し、その見直しを検討しなければならない背景を説明せよ。

(2)　上述した背景に対応して、事業の見直しの方策を具体的に提案せよ。

(3)　事業の見直しによって生じ得る負の側面について説明し、その対応方策を論述せよ。

○　人口減少・高齢化が進む地方都市において、あなたが担当責任者の立場で都市再生特別措置法に基づく立地適正化計画の策定を行うものとして、以下の問いに答えよ。　　　　　　　　　　　　　　　　　　　　　　　　　　　　　（H27−2）

(1)　居住誘導区域の設定において、区域の規模やその広がりを検討する際に、検討すべき項目とその内容を述べよ。

(2)　行政における人的・財政的な制約の高まりを踏まえ、居住誘導区域外の地域からの効果的な居住誘導を進めるための方策について複数提案せよ。

(3)　上述の方策の実施に伴い、居住誘導区域外の地域への対応として、考慮すべき事項と対応方策について述べよ。

○　本格的な人口減少・少子高齢化が顕在化しつつある地方都市における、都

市の再構築に関し、以下の問いに答えよ。　　　　　　　　　　（H26-1）

(1) 持続可能な都市経営の確保に向け想定される課題を述べよ。

(2) 課題に対する基本的な解決の方策を都市構造のあり方に着目して述べよ。

(3) 解決の方策の実行に際し、想定される負の側面と対応の方向性を具体的かつ多面的に述べよ。

○　令和元年7月に、「都市計画基本問題小委員会　中間とりまとめ　～安全で豊かな生活を支えるコンパクトなまちづくりの更なる推進を目指して～」（都市計画基本問題小委員会）が取りまとめられたが、それによると、立地適正化計画と防災対策の連携の必要性が示されている。あなたが防災対策を連携させた立地適正化計画策定を担当責任者として進めるに当たり、以下の問いに答えよ。　　　　　　　　　　　　　　　　　　　　　（練習）

(1) 都市計画分野の技術者としての立場で多面的な観点から計画策定に係る課題を抽出し、課題を分析せよ。

(2) 抽出した課題のうち最も重要と考える課題を1つ挙げ、その課題に対する複数の解決策を示せ。

(3) 解決策に共通して新たに生じうるリスクとそれへの対策について述べよ。

　都市の持続的経営を目指すうえでは、都市のコンパクト化（コンパクトシティ）といった視点が重要になります。具体的には、コンパクト・プラス・ネットワークといった政策手段です。まちづくりと連携して、公共交通ネットワークを再構築することにより、都市の中心拠点や生活拠点が、利便性の高い公共交通で結ばれた多極ネットワーク型のコンパクトシティの実現が可能となります。

　この考え方は、「国土のグランドデザイン2050　～対流促進型国土の形成～」（平成26年7月　国土交通省）の中でも次のように示されています。

　「人口減少、高齢化、厳しい財政状況、エネルギー・環境等、我が国は様々な制約に直面している。今後ますます厳しくなっていくこれら制約下においても、国民の安全・安心を確保し、社会経済の活力を維持・増進していくためには、限られたインプットから、できるだけ多くのアウトプットを生み出すことが求められる。その鍵は、地域構造を「コンパクト」＋「ネットワーク」という考え方でつくり上げ、国全体の「生産性」を高めていくことにある。「コンパクト」＋「ネットワーク」には、次のような意義があるものと考えられる。

　　①　質の高いサービスを効率的に提供する（説明文は省略）

　　②　新たな価値を創造する（説明文は省略）」

## (2) 低炭素まちづくり

○　人口20万人程度の地方都市において、「都市の低炭素化の促進に関する法律」に基づく低炭素まちづくり計画を策定するに当たり、以下の問いに答えよ。　　　　　　　　　　　　　　　　　　　　　　　　（H25－2）

　(1) 具体的な都市を想定し、その特性を述べた上で、それを踏まえた当該都市の低炭素まちづくり計画における目指すべき将来都市像を述べよ。

　(2) 次の①～④の分野から2つ選び、分野ごとに、(1) の低炭素まちづくり計画の将来都市像を実現するための具体的方策を提案し、その方策の実施により生じうる負の影響又は不確定な要素による問題と、それへの対処方法について述べよ。

　　① 都市機能の集約化

　　② 公共交通機関の利用促進

　　③ 建築物の低炭素化の促進

　　④ 緑地の保全及び緑化の推進

　「都市の低炭素化の促進に関する法律」は、平成24年9月5日に公布され、同年12月4日に施行されました。同法に基づき、市町村は「低炭素まちづくり計画（エコまち計画）」を作成することができます。低炭素まちづくり計画（エコまち計画）の区域は、各地域の施策等に合わせて、必要な区域を自由に設定することが可能となっています。国土交通省では、次に示すような同計画の作成等に関する各種マニュアル等を整備しています。

　◇　低炭素まちづくり計画作成マニュアル（平成24年12月策定　国土交通省　環境省　経済産業省）

　◇　集約都市開発事業計画認定申請マニュアル（平成24年12月策定　国土交通省　都市局　住宅局）

　◇　低炭素まちづくり実践ハンドブック（平成25年12月策定　国土交通省都市局都市計画課）

　◇　ヒートアイランド現象緩和に向けた都市づくりガイドライン（平成25年12月策定　国土交通省　都市局都市計画課）

　◇　都市の低炭素化の促進に関する法律に基づく駐車施設の集約化に関する手引き（平成26年7月策定　国土交通省　都市局）

## (3) 都市のスポンジ化対策

○　我が国では人口減少社会を迎える中で、空き地・空き家等の低未利用地が時間的・空間的にランダムに発生する「都市のスポンジ化」と呼ばれる状況

が顕在化しつつある。 (R1－1)

(1) こうした状況を踏まえ、地区レベルで都市のスポンジ化対策としてのまちづくりを行っていく上で、技術者としての立場で多面的な観点から課題を抽出し分析せよ。

(2) 抽出した課題のうち最も重要と考える課題を1つ挙げ、その課題に対する複数の解決策を示せ。

(3) 解決策に共通して新たに生じうるリスクとそれへの対策について述べよ。

○ 空き地・空き家等の低未利用地が時間的・空間的にランダムに発生する「都市のスポンジ化」が進行している都市において、あなたが担当責任者として立地適正化計画を策定し、コンパクトシティの推進を図ることとなった。以下の問いに答えよ。 (H30－1)

(1) 都市のスポンジ化が進む背景とそのような地域が持つ課題について述べよ。

(2) 立地適正化計画において定めようとする都市機能誘導区域及び居住誘導区域内でスポンジ化が進行している場合、計画を実現するために必要となる取組について複数提案せよ。

(3) (2)で述べた取組を実施するに当たって考慮すべき事項と対応方策を述べよ。

○ 近年、空き家の増加により、都市において様々な課題が顕在化しつつあり、空き家対策を行っていくことが求められている。人口減少が進む地方都市で、あなたが担当責任者として総合的な空き家対策を検討するものとして、以下の問いに答えよ。 (H28－2)

(1) 空き家の増加により顕在化している又は顕在化が見込まれる課題を複数説明せよ。

(2) 上記の課題に対して、必要となる方策を具体的に説明せよ。

(3) 上述の方策の実行に際し、想定される負の側面とその対応の方向性を具体的かつ多面的に述べよ。


都市のスポンジ化対策を総合的に推進する「改正都市再生特別措置法」が平成30年7月15日に施行されました。一般に、都市のスポンジ対策としては、「都市再生特別措置法」に基づく低未利用土地権利設定等促進計画や立地誘導促進施設協定（通称：コモンズ協定）などが挙げられますが、国土交通省では、社会資本整備審議会「都市計画基本問題小委員会」にて検討してきた「都市のスポンジ化」への対応方策を、平成29年8月に「都市計画基本問題小委員会中間とりまとめ『都市のスポンジ化』への対応」（都市計画基本問題小委員会）

としてとりまとめました。国土交通省のホームページでは、主な対応方策が次のように示されています。

　(1) 現に発生したスポンジ化への対処方策「穴を埋める」

　　　[1] 土地等の媒介や所有と利用の分離を通じた空き地等の利活用

　　　[2] 土地・建物の利用放棄等への行政の関与・働きかけの手法の導入

　(2) スポンジ化の発生に備えた予防策「穴の発生を予防する」

　　　[3] 契約的手法の導入

　　　[4] まちづくりを主体的に担うコミュニティ活動を推進する仕組みづくり

## (4) 都市農地とまちづくり

○　緑とオープンスペースの確保が課題となっている三大都市圏の都市において、あなたが都市計画・まちづくりの担当責任者として、市街化区域内農地の保全及び活用に取り組むに当たり、以下の問いに答えよ。　　　(H29 − 2)

　(1) 市街化区域内農地の保全及び活用が求められる背景と、それに取り組むことによる効果について述べよ。

　(2) (1) を踏まえてまちづくりを進める上で、市街化区域内農地を保全及び活用するための具体的な方策について複数提案せよ。

　(3) (2) で述べた方策を実施する上で、想定される負の側面と対応方策を述べよ。

国土交通省のホームページでは、都市農地を次のように説明しています。

◇　国土交通省では、生産緑地制度により都市における農地の保全を行ってきた一方で、人口増加を背景として、市街化区域内の農地の宅地化を推進してきました。しかし、平成27年4月に都市農業振興基本法が制定されたことを受け、平成28年5月に都市農業振興基本計画を閣議決定し、都市農地を「宅地化すべきもの」から、都市に「あるべきもの」へ、位置づけを大きく転換しました。平成29年5月には生産緑地法、都市計画法等を改正し、都市農地の保全のための様々な制度措置を行いました。

◇　また、これまで生産緑地制度により都市農地の保全に取り組む市町村は、そのほとんどが三大都市圏特定市でしたが、今後は、都市農地の保全により無秩序な市街化の防止を図り、コンパクトシティの実現を図るために、全国的な展開が必要となっています。

◇　都市農地が有する多面的な機能を最大限活用し、環境の保全や無秩序な市街化の防止を図ることで、持続可能な都市経営を実現するための政策を行っています。

(5) スマートシティ

○ 「未来投資戦略2018 ―「Society 5.0」「データ駆動型社会」への変革―」
（平成30年6月15日閣議決定）では、まちづくりと公共交通・ICT活用等の
連携によるスマートシティ実現が示されており、今後、IoT（Internet of
Things）、ロボット、人工知能（AI）、ビッグデータといった先進的な技術
をまちづくりに取り入れた都市の構築が求められている。　　　　（練習）

(1) こうした状況を踏まえ、スマートシティの実現を図っていく上で、技術
者としての立場で多面的な観点から課題を抽出し分析せよ。

(2) 抽出した課題のうち最も重要と考える課題を1つ挙げ、その課題に対す
る複数の解決策を示せ。

(3) 解決策に共通して新たに生じうるリスクとそれへの対策について述べよ。


「スマートシティの実現に向けて【中間とりまとめ】」（平成30年8月　国土
交通省都市局）において、スマートシティは次のように定義されています。

「都市の抱える諸課題に対して、ICT等の新技術を活用しつつ、マネジメン
ト（計画、整備、管理・運営等）が行われ、全体最適化が図られる持続可能な
都市または地区」

また、同中間とりまとめでは、国土交通省都市局として目指すべきスマート
シティのコンセプトとイメージとして、次の項目が示されています。

1　技術オリエンテッドから課題オリエンテッドへ

2　個別最適から全体最適へ

3　公共主体から公民連携へ

4　コンパクトシティ政策との関係

5　都市の評価

6　スマートシティによる課題解決の具体的イメージ

7　スマートシティの海外展開

その他、国土交通省都市局として取り組むスマートシティの具体的施策など
も示されています。


(6) 都市防災等

○ 大規模な市街地火災が発生した人口減少・少子高齢化の進む人口数万人の
地方都市において、あなたが都市計画・まちづくりの担当責任者として、被
災地の復興まちづくり計画を策定することとなった。以下の問いに答えよ。

（H30－2）

(1) 復興まちづくり計画を策定する上で検討すべきまちづくり上の課題を述

べよ。

(2) (1) で述べた課題を解決するために必要となる具体的な方策を述べよ。

(3) (2) で述べた方策を実施する上で、想定される負の側面と対応方策を述べよ。

○　津波により相当数の住宅、公共施設等が滅失した市街地において、あなたが担当責任者として住宅再建を含めた市町村の復興まちづくりに係る事業に取り組むものとして、以下の問いに答えよ。なお、解答に当たっては、東日本大震災の津波により被災した市街地と同じ制度が適用されること、比較的頻度の高い一定程度の津波を想定した海岸保全施設等の計画・整備が別に進められていることを前提とする。　　　　　　　　　　　　　　　　　（H26－2）

(1) 実施すべき事業とその意義について説明せよ。

(2) 市街地の復興を早期に進めるに当たってあなたが重要と考える課題を述べ、事業の進め方を提案せよ。

(3) 提案した進め方で事業を進めていくに当たってのリスクとその対応方法を述べよ。

○　東南海・南海地震など、全国で大きな地震の発生が想定されているが、中央防災会議においては、地震・津波に強いまちづくりの方向性が打ち出され、津波防災地域づくりに関する法律も制定されている。これらを踏まえて、都市部において、津波による被害に関するまちづくり上の対応策を検討するに当たり、必要な海岸保全施設等が整備されることを前提に、都市及び地方計画の技術士として以下の問いに答えよ。　　　　　　　　　　　　（H25－1）

(1) 津波に強い都市とするために検討しなければならない課題を多面的な視点から述べよ。

(2) 上記 (1) の課題に対する総合的な解決策を述べよ。

(3) 解決策を実現するに当たっての問題点と対応の考え方を述べよ。

○　我が国では、自然災害による被害が各都市において発生しており、今後、まちづくりにおける事前防災対策を加速させていくことが求められている。

（練習）

(1) こうした状況を踏まえ、安心・安全なまちづくりを行っていく上で、技術者としての立場で多面的な観点から課題を抽出し分析せよ。

(2) 抽出した課題のうち最も重要と考える課題を1つ挙げ、その課題に対する複数の解決策を示せ。

(3) 解決策に共通して新たに生じうるリスクとそれへの対策について述べよ。

都市の安全確保に向けた自然災害対策としては、リスクからの撤退といった

観点から、災害危険エリアにおける立地抑制の促進や移転誘導の強化が挙げられます。リスクとの共生といった観点からは、地区レベルの共助力強化及び身近な逃げ場所の確保などが挙げられます。また、合わせて、宅地の事前防災の推進や都市インフラの老朽化対策も実施する必要があります。都市防災に関する指針は、国土交通省が、「防災都市づくり計画策定指針」（平成24年度安全・安心まちづくり推進方策検討調査における防災まちづくりWG取りまとめ）を作成しています。

## （7）インフラ輸出と国際化

○　平成27年に「質の高いインフラパートナーシップ」が安倍総理より発表され、また、平成28年5月に開催されたG7伊勢志摩サミットでは、「質の高いインフラ投資の推進のためのG7伊勢志摩原則」が合意された。今後、我が国の質の高いインフラ技術の海外展開がより一層促進されることが求められている。このような状況を踏まえ、あなたが都市開発・不動産開発に関する海外進出の担当責任者である場合、以下の問いに答えよ。　　　　　（練習）

(1) 我が国のノウハウ等を活用して海外にて都市開発・不動産開発を展開するに当たり、技術者としての立場で多面的な観点から課題を抽出し分析せよ。

(2) (1)で抽出した課題のうち最も重要と考える課題を1つ挙げ、その課題に対する2つ以上の解決策を示せ。

(3) (2)で示した解決策に共通して新たに生じうるリスクとそれへの対策について述べよ。

日本政府は、平成25年5月に「インフラシステム輸出戦略」を取りまとめ、以後、随時改訂版が策定されています。「質の高いインフラ投資の推進のためのG7伊勢志摩原則」を以下に示します。

原則1：効果的なガバナンス、信頼性のある運行・運転、ライフサイクルコストから見た経済性及び安全性と自然災害、テロ、サイバー攻撃のリスクに対する強じん性の確保

原則2：現地コミュニティでの雇用創出、能力構築及び技術・ノウハウ移転の確保

原則3：社会・環境面での影響への対応

原則4：国家及び地域レベルにおける、気候変動と環境の側面を含んだ経済・開発戦略との整合性の確保

原則5：PPP等を通じた効果的な資金動員の促進

　また、「インフラシステム輸出戦略（平成29年度改訂版）」に基づく、「海外展開戦略（都市開発・不動産開発）」（平成30年6月）では、以下のような課題が示されています。

◇　我が国企業による大規模な都市開発への参画実績は限られている。

◇　海外の公有地情報等にアクセスする手段が乏しく、事業用地の確保が難しい。

◇　鉄道・道路等のインフラ整備と周辺の都市開発との連携が図られていない例がある。

さらには、以下のような課題も示されています。

◇　現地法制度の未整備や不透明な運用、信頼できる現地パートナーの確保やリスクマネーの調達の困難性等により、海外事業に取り組む日系デベロッパーの裾野の拡大が十分に進んでいない。

## (8)　気候変動影響

○　近年、世界各地では、強い台風やハリケーン、集中豪雨、干ばつや熱波などの異常気象による災害が発生し、多大な被害が発生している。我が国も異常気象を原因とした集中豪雨により甚大な被害や記録的な猛暑が近年観測されている。このような気候変動の影響に対し、近年、温室効果ガスの排出抑制等を行う「緩和策」と合わせ、顕在化している影響や中長期的に避けられない影響に対して被害を回避・軽減する「適応策」を進めることが必要とされている。このような状況を踏まえ、あなたが都市及び地方計画分野における気候変動の適応に関する担当責任者である場合、以下の問いに答えよ。

（練習）

(1)　気候変動影響の適応策を検討・推進するに当たり、技術者としての立場で多面的な観点から課題を抽出し分析せよ。

(2)　(1)で抽出した課題のうち最も重要と考える課題を1つ挙げ、その課題に対する2つ以上の解決策を示せ。

(3)　(2)で示した解決策に共通して新たに生じうるリスクとそれへの対策について述べよ。

　気候変動影響については、平成30年6月13日に公布された「気候変動適応法」に基づき、新たな「気候変動適応計画」が法定計画として閣議決定され、合わせて平成27年11月に策定された「国土交通省気候変動適応計画」も同様に最新の施策等を反映する改正が行われています。平成30年11月に一部改正された「国土交通省気候変動適応計画」では、気候変動による国土交通分野へ

の影響、適応策の基本的な考え方や「自然災害」、「水資源・水環境」、「国民生活・都市生活」及び「産業・経済活動」の分野ごとの適応に関する施策が明記されています。

## (9) 生産性向上及び働き方改革

○ 「日本の将来推計人口（平成29年推計）」（国立社会保障・人口問題研究所）によると、出生率中位仮定（死亡中位推計）による生産年齢人口割合は、2015年の60.8％から減少を続け、2040年には53.9％、2065年には51.4％となると推計されている。推計値であるものの、我が国の生産年齢人口が、将来にわたり減少していくことを示す重要な指標である。このような背景を踏まえると、今後、都市及び地方計画分野のより一層の生産性向上及び働き方の改革が求められている。　　　　　　　　　　　　　　　　　　（練習）

(1) 都市及び地方計画分野の生産性向上及び働き方の改革に関し、技術者としての立場で多面的な観点から課題を抽出し分析せよ。

(2) (1) で抽出した課題のうち最も重要と考える課題を1つ挙げ、その課題に対する複数の解決策を示せ。

(3) (2) で示した解決策に共通して新たに生じるリスクとそれへの対策について述べよ。

平成28年に国土交通省は「国土交通省生産性革命本部」を設置し、生産性革命に関する取り組みを継続的に実施し、令和元年を生産性革命「貫徹の年」と位置づけています。「i–Construction」といった施策を中心に、ICT（情報通信技術）の利活用や幅広い分野の豊富なビッグデータを効果的に活用することにより、インフラ整備・管理の高度化及びインフラの機能の高度化を図るといった取り組みが行われています。生産性向上の取り組み例としては、多能工化の推進、設計・施工環境の高度化、技術革新への対応、BIM／CIMの導入、重層下請構造の改善などが挙げられます。

労働環境を改善し、働き方の改革を考える際には、まず、都市及び地方計画分野における労働環境・条件や業務の特徴を押さえることが重要です。それらを押さえることにより、労働環境の改善点等を整理することができると考えられます。働き方の改革ポイントとしては、長時間労働の是正、週休2日の確保、業務効率化・合理化、IoT（Internet of Things）技術やICTの活用などが挙げられます。

# 4. 河川、砂防及び海岸・海洋

　河川、砂防及び海岸・海洋で出題されている問題は、災害対策、維持管理・更新、生産性向上及び働き方改革、事業評価、環境保全及び気候変動影響、インフラ輸出と国際化、人材確保及び育成に大別されます。なお、解答する答案用紙枚数は3枚（1,800字以内）です。

## （1）災害対策

○　近年の自然災害は気候変動の影響等により頻発化・激甚化の傾向にあり、国民の生活・経済に欠かせない重要なインフラがその機能を喪失し、国民の生活や経済活動に大きな影響を及ぼす事態が発生している。特に、防災のための重要インフラがその機能を維持することは、自然災害による被害を防止・軽減する観点から重要である。　　　　　　　　　　　　　（R1－1）

(1) 近年の自然災害発生状況を踏まえ、自然災害時に防災のための重要インフラの機能維持を図るために必要と考えられる対策について、技術者としての立場で多面的な課題を抽出し分析せよ。

(2) 抽出した課題のうち最も重要と考える課題を1つ挙げ、その課題に対する複数の解決策を示せ。

(3) 解決策に共通して新たに生じうるリスクとそれへの対策について述べよ。

○　平成30年7月豪雨をはじめ、近年大規模な豪雨災害が頻発していることを受け、「施設では防ぎきれない大洪水は必ず発生するもの」へ意識を変革し「水防災意識社会」を再構築するための取組を社会全体で進めていくことが重要である。また、洪水氾濫に加えて、土砂・高潮・内水なども含めた複合的な災害にも備えていく必要がある。　　　　　　　　　　　　　（R1－2）

(1) 平成30年7月豪雨等の近年の災害を踏まえ、人的被害や社会経済被害を最小化するために必要と考えられる対策について、技術者としての立場で多面的な課題を抽出し分析せよ。

(2) 抽出した課題のうち最も重要と考える課題を1つ挙げ、その課題に対する複数の解決策を示せ。

(3) 解決策に共通して新たに生じうるリスクとそれへの対策について述べよ。

○　近年の水害・土砂災害等においては、大量の流出土砂等により多くの人命

が奪われる事例や、床上浸水が度々発生し、その都度生活再建に多大な労力を要するなどの事例が頻発している。そのような状況を踏まえると、今後、災害リスクを踏まえた災害に強い地域にしていくためには、堤防や砂防堰堤の整備等のハード対策のみならず、住まい方を含めたまちづくりにおける工夫や地域コミュニティー強化等のソフト対策が求められるが、このソフト対策について以下の問いに答えよ。 (H30－2)

(1) 河川、砂防、海岸・海洋分野において、災害に強い地域にするためのまちづくりに関して、現在取り組まれている具体的なソフト対策の例を2つ挙げ、その概要を説明せよ。

(2) 今後、河川、砂防、海岸・海洋分野において、災害に強い地域にするためのソフト対策を一層進めていくに当たっての課題を2つ説明せよ。

(3) (2)で記述した課題に対して、それぞれの改善方策を提案せよ。

○　近年、大規模な自然災害が国内外で発生している。さらに、気候変動に伴う自然災害の激化や大規模地震の発生等が懸念されており、防災・減災のさらなる取組が必要となっている。このような状況を踏まえ、以下の問いに答えよ。 (H28－2)

(1) 近年発生した大規模な自然災害について1事例を抽出し、具体的に生じた事象や課題を3項目記載し、それぞれの事象や課題に対して、河川、砂防及び海岸・海洋分野の技術者として、被害の軽減に向けて取り組むべき具体的な方策について記述せよ。

(2) 各種の自然災害を対象としたハザードマップ作成の取組が進められている。住民の主体的な避難行動を促す観点から現状のハザードマップの課題を2つ記述せよ。

(3) (2)であなたが取り上げた2つの課題のそれぞれについて、改善策を具体的に記述せよ。

○　近年、台風の大規模化や豪雨の局地化、集中化、激甚化が指摘されているが、これらによる激甚な災害は、直ちに発生する可能性がゼロでないことに加え、水災害対策施設は段階的に整備されていくものであり、前述のような激甚な災害に至らない場合であっても、常に現状の整備レベルを超える規模の豪雨や高潮の発生による災害は、想定されるものである。また、これまでの我が国の水災害対策における施設整備の考え方は、一定の外力規模を想定し、その外力を目標として対策施設を整備していくものとなっているが、今後の気候変動等も踏まえると、その想定された外力規模を超える災害の発生も想定されるものである。

このような状況を踏まえ、以下の問いに答えよ。 (H27－1)

(1) 水災害対策に関し、「砂防」、「ダム」、「河川」、「海岸」のそれぞれの分野について、計画規模を超える外力にさらされた場合に想定される施設の安全性や機能の確保上の課題を記述せよ。

(2) (1) で記述した課題のうち、「砂防」、「ダム」、「河川」、「海岸」のいずれか1つの分野における課題に対し、災害が発生するまでに実施すべき対策（事前対策）について、被害最小化の観点から施設以外での対策も含め幅広に記述せよ。

(3) (2) であなたが記述した対策について想定される、現行の制度上の課題と技術的課題を記述せよ。

○ IPCC（国連の「気候変動に関する政府間パネル」）の「第4次評価報告書」では、「将来の熱帯低気圧（台風及びハリケーン）の強度は増大し、最大風速や降水強度は増加する可能性が高い」という指摘がなされている。同じく「気候変動への適応推進に向けた極端現象及び災害のリスク管理に関する特別報告書」では、気候変動の影響による「強い降雨強度の増加、平均海面水位上昇による沿岸域の極端な高潮の増加、熱帯低気圧の活動（風速、発生数、継続期間）の変化」等、極端現象の増加について指摘がなされている。そういった状況を考慮して、以下の問いに答えよ。　　　　　　　　　　（H25－1）

(1) 気候変動による外力の変化が我が国の国土・社会へ与える影響について、「上流域」「中流域」「下流・海岸域」に分けて、想定される影響例をそれぞれ説明せよ。

(2) 今後、気候変動への適応策を講じていくに当たり、東日本大震災や近年発生した大規模水害・土砂災害等の災害から得られた教訓を踏まえて留意すべき視点を示すとともに、視点に基づいて強化すべき対策を提案せよ。

(3) (2) であなたが提案した対策について、そこに潜むリスクや課題を述べよ。

○ 平成30年12月14日に「防災・減災、国土強靱化のための3か年緊急対策」が閣議決定された。この背景には、近年激甚化している災害により全国で大きな被害が頻発していることを踏まえ、その災害により明らかになった課題に対応することなどが挙げられる。国土交通省では、取り組むべき最優先課題の一つとしてソフト・ハードの両面から、この緊急対策に取り組んでいる。このような状況を踏まえ、以下の問いに答えよ。　　　　　　　　　（練習）

(1) 近年激甚化する自然災害等に対する河川、砂防又は海岸・海洋分野の取り組み対策に関して、ソフト・ハードの両面から、技術者としての立場で多面的な観点から課題を抽出し分析せよ。

(2) (1) で抽出した課題のうち最も重要と考える課題を1つ挙げ、その課題に対する複数の解決策を示せ。

(3) (2) で示した解決策に共通して新たに生じるリスクとそれへの対策について述べよ。

平成25年12月11日に「強くしなやかな国民生活の実現を図るための防災・減災等に資する国土強靱化基本法（国土強靱化基本法）」が公布・施行され、同法第10条に基づき、平成26年6月3日に「国土強靱化基本計画」が閣議決定されました。この計画は、適時変更されていますが、国土強靱化の基本的な考え方、脆弱性評価、国土強靱化の推進方針などがとりまとめられています。また、平成30年12月14日に「防災・減災、国土強靱化のための3か年緊急対策」が閣議決定されました。この対策は、「防災のための重要インフラ等の機能維持」及び「国民経済・生活を支える重要インフラ等の機能維持」の2つの観点から、特に緊急に実施すべきソフト・ハード対策を3年間（2018～2020年度）で集中的に実施するといったものです。国土交通省が公表しているソフト・ハード対策の概要は次のとおりです。

- □ ソフト対策：災害発生時に命を守る情報発信の充実、利用者の安全確保、迅速な復旧等に資する体制強化
- □ ハード対策：防災のための重要インフラ等の機能維持、国民経済・生活を支える重要インフラ等の機能維持

## (2) 維持管理・更新

○ 我が国では、高度経済成長期に社会的要請に基づき急速に整備した社会資本の老朽化に対して、厳しい財政制約の下、効率的に対応していく必要がある。そのような状況を踏まえ、社会資本の整備や維持管理の分野においては、既存ストックの有効活用を図ることが求められている。河川、砂防、海岸・海洋分野における既存ストックの有効活用に関して、以下の問いに答えよ。

(H29 − 1)

(1) 河川、砂防、海岸・海洋分野において、現在取り組まれている既存ストックの有効活用に資する具体的な取組の例を2つ挙げ、その概要を説明せよ。

(2) 今後、より積極的に河川、砂防、海岸・海洋分野における既存ストックの有効活用を推進していくに当たっての課題を2つ説明せよ。

(3) (2) で記述した課題に対して、それぞれの改善方策を提案せよ。

○ 社会資本の維持管理を合理的かつ体系的に行うためには、維持管理に係る一連の業務プロセスのPDCAサイクル化に取り組む必要がある。このためには、調査、設計、施工等の各段階において将来的な維持管理について考慮し、

各種の検討を行う必要がある。

　　このような状況を踏まえ、以下の問いに答えよ。　　　　　　　（H27－2）

(1) 河川、砂防及び海岸・海洋分野の技術者として、「調査・点検」、「計画・設計・施工」の二段階のそれぞれについて、維持管理のPDCA化の視点から、考慮すべき技術的課題を幅広い視点から概説せよ。

(2) (1)で記述した課題について、あなたが最も重要と考える技術的課題を2つ取り上げ、それぞれの課題について、解決するための技術的提案を記述せよ。なお、(1)における二段階のいずれか一方の段階から2課題を取り上げ記述してもよい。

(3) (2)であなたが取り上げた2つの技術的提案それぞれを実行するに当たって、想定される課題について記述せよ。

○　我が国の社会資本は、高度成長期などに集中的に整備され、国民の日々の生活を支えるとともに、産業・経済活動の基盤となってきた。今後、これらの社会資本の老朽化が急速に進むが、限られた財源の中で的確に維持管理・更新していく必要がある。このような状況の中で、以下の問いに答えよ。

　　　　　　　　　　　　　　　　　　　　　　　　　　　　　（H26－1）

(1) 今後、河川、砂防及び海岸・海洋分野における社会資本の維持管理・更新を的確に行っていくために、留意すべき事項を幅広い視点から概説せよ。

(2) (1)で概説した留意すべき事項を踏まえ、あなたが最も重要と考える技術的課題を2つ挙げ、それを解決するための技術的提案を示せ。

(3) (2)の技術的提案それぞれについて、実行する際のリスクや課題について論述せよ。

○　高度成長期以降に整備したインフラが、今後一斉に老朽化を迎えることが見込まれている。また、我が国は少子高齢化が顕著であり、かつ、今後も長期にわたり人口の減少が見込まれているため、限られた財政状況の中で、いかに持続的・実効的なインフラの維持管理・更新を実行していくかが大きな課題となっている。そのため、国土交通省では、予防保全の考え方を導入した「国土交通省インフラ長寿命化計画（行動計画）」を平成26年5月に策定し、インフラの老朽化対策について取り組んでいる。　　　　　　**(練習)**

(1) あなたの専門とするインフラを1つ選び、老朽化しつつある当該施設に関し、従来の事後保全型から予防保全型に考え方を転換した維持管理・更新又は運用を行うに当たり、技術者としての立場で多面的な観点から課題を抽出し分析せよ。

(2) (1)で抽出した課題のうち最も重要と考える課題を1つ挙げ、その課題に対する複数の解決策を示せ。

(3) (2) で示した解決策に共通して新たに生じるリスクとそれへの対策について述べよ。

少子高齢化により今後ますます財源は厳しい状況となるため、現在のインフラストックの維持管理・更新は、計画的、効率的かつ効果的な整備が求められています。そのため、政府全体の取り組みとして、平成25年11月に「インフラ長寿命化基本計画」がとりまとめられ、この計画に基づき、平成26年5月に国土交通省が予防保全の考え方を導入した「国土交通省インフラ長寿命化計画（行動計画）」を策定しました。河川、砂防及び海岸の個別施設ごとの長寿命化計画（個別施設計画）の策定率は次のとおりとなっています。

図表4.1 河川、砂防及び海岸の個別施設ごとの長寿命化計画（個別施設計画）の策定率

| 施　設 | 平成26年度 | 平成29年度 | 平成32年度（目標値） |
|---|---|---|---|
| 河川（国、水資源機構） | 88% | 100%（H28年度） | 100%（H28年度） |
| 河川（地方公共団体） | 83% | 89% | 100% |
| 砂防（国） | 28% | 100%（H28年度） | 100%（H28年度） |
| 砂防（地方公共団体） | 30% | 79% | 100% |
| 海岸 | 1% | 39% | 100% |

出典：「国土交通白書2019」（国土交通省）　参考資料編

予防保全とは、一般に、施設の機能や性能に不具合が発生した後に対応するといった事後保全と対比して、施設の機能や性能に不具合が発生する前に対応するといった考え方です。予防保全の考え方を適用した場合のほうが、従来の事後保全の対応よりも維持管理・更新に掛かる費用が大幅に減少するといった試算結果も示されており、効果的かつ効率的な維持管理・更新が可能ということです。予防保全の考え方を適用した維持管理・更新に関する課題を検討する場合には、人材、対象物（建築構造物、土木構造物、機械・電子機器・設備関連等）、コスト、手法・技術といった観点から整理するとよいと考えられます。

なお、河川・ダム、砂防及び海岸分野の建設後50年以上経過する施設の割合は次のとおりです。

図表4.2　河川・ダム、砂防及び海岸分野の建設後50年以上経過する施設の割合

| 分野／施設 | 建設後50年以上経過する施設の割合※1 | | | 管理者 | 施設数 |
|---|---|---|---|---|---|
| | 平成25年3月現在 | 10年後 | 20年後 | | |
| 河川・ダム／河川管理施設※3 | 6% | 20% | 47% | 国※4 | 10,508 施設 |
| | | | | 都道府県・政令市 | 19,223 施設 |
| 砂防／砂防堰堤、床固工※5 | 3% | 5% | 21% | 都道府県 | 95,675 基 |
| 海岸／海岸堤防等※6 | 10% | 31% | 53% | 都道府県・市町村 | 7,989 km |

※1　建設後50年以上経過する施設の割合については建設年度不明の施設数を除いて算出した。
※3　国：堰、床止め、閘門、水門、揚水機場、排水機場、樋門・樋管、陸閘、管理橋、浄化施設、その他（立坑、遊水池）、ダム。
　　　都道府県・政令市：堰（ゲート有り）、閘門、水門、樋門・樋管、陸閘等ゲートを有する施設及び揚水機場、排水機場、ダム。
※4　独立行政法人水資源機構法に規定する特定施設含む。
※5　国が施工管理者として管理する施設を含む。
※6　堤防、護岸、胸壁（いずれも他省庁所管分を含む。国が権限代行で整備した施設は都道府県・市町村に含む。東日本大震災の被災3県（岩手、宮城、福島）は含まず。）。

出典：「国土交通省　インフラ長寿命化計画（行動計画）」（平成26年5月21日 国土交通省）

## （3）生産性向上及び働き方改革

○　近年の情報通信技術（ICT）の高度化に伴い、河川、砂防及び海岸・海洋の分野において、リアルタイムの情報やより多くのデータを取得し、それらの情報やデータを処理・活用する技術開発の動きが活発化している。近年のICTを活用した取組に関して、以下の問いに答えよ。　　　　　（H30−1）

（1）河川、砂防及び海岸・海洋の分野において、ICTを活用して情報やデータを取得・処理・活用している事例として、近年実用化された技術を2つ挙げ、それぞれ技術の具体的な活用事例とそれによって得られた具体的な効果を説明せよ。

（2）近年の度重なる自然災害の発生を踏まえ、被害軽減や管理の高度化の観点から特にICTの活用によって対応できると考えられる課題を2つ記述せよ。

（3）（2）であなたが取り上げた2つの課題に対して、ICTを活用した新たな技術の開発、既存技術の応用の視点から、それぞれ具体的な対応策を提案せよ。

○　我が国では、少子高齢化が急速に進んでおり、近年は人口減少も継続している。それに伴い、生産年齢人口も減少し続けており、社会全体として働き手の確保が困難になりつつある。そのような状況を踏まえ、社会資本の整備

や維持管理の分野においては、生産性の向上を図ることが求められている。
河川、砂防、海岸・海洋分野における働き手の確保及び生産性の向上に関し
て、以下の問いに答えよ。 (H29−2)

(1) 働き手の確保が困難となることにより、河川、砂防、海岸・海洋分野で
生じるおそれがある具体的な問題を3つ挙げて説明せよ。

(2) 河川、砂防、海岸・海洋分野において、生産性を向上させるためには、
調査・測量から設計、施工、検査、維持管理・更新までのあらゆる建設生
産プロセスにおいて、そのための取組が必要である。

① 河川、砂防、海岸・海洋分野において取り組むことができる建設生産
プロセスにおける生産性の向上に資する具体的な取組を2つ提案し、

② 提案した2つの取組のそれぞれについて、建設生産プロセスに導入す
るに当たり解決すべき課題を説明せよ。

(3) (2)であなたが取り上げた課題に対して、それぞれ具体的な解決策を提
案せよ。

○ 建設分野にICT技術を適用し、生産性を向上させようとする取組が広がり
つつある。これについて、以下の問いに答えよ。 (H28−1)

(1) ICT技術の適用による生産性の向上が必要となった社会的背景とICT技
術の導入による社会的メリットについて、幅広く説明せよ。

(2) 河川、砂防及び海岸・海洋分野におけるICT技術の最近の適用事例に
ついて、ICT技術の内容と、従来技術よりも優れている点について、3事
例述べよ。

(3) 河川、砂防及び海岸・海洋分野のいずれかの分野を選択し、ICT技術開
発の促進と活用のための現状の問題点を述べるとともに、その解決策を具
体的に提案せよ。

○ 「日本の将来推計人口（平成29年推計）」（国立社会保障・人口問題研究所）
によると、出生率中位仮定（死亡中位推計）による生産年齢人口割合は、
2015年の60.8％から減少を続け、2040年には53.9％、2065年には51.4％と
なると推計されている。推計値であるものの、我が国の生産年齢人口が、
今後減少していくことを示す重要な指標である。このような背景を踏まえる
と、今後、河川、砂防及び海岸・海洋分野のより一層の生産性向上及び働き
方の改革が求められている。 （練習）

(1) 河川、砂防及び海岸・海洋分野の生産性向上及び働き方の改革に関し、
技術者としての立場で多面的な観点から課題を抽出し分析せよ。

(2) (1)で抽出した課題のうち最も重要と考える課題を1つ挙げ、その課題
に対する複数の解決策を示せ。

(3)（2）で示した解決策に共通して新たに生じうるリスクとそれへの対策について述べよ。

　平成28年に国土交通省は「国土交通省生産性革命本部」を設置し、生産性革命に関する取り組みを継続的に実施し、令和元年を生産性革命「貫徹の年」と位置づけています。「i-Construction」といった施策を中心に、ICT（情報通信技術）の利活用や幅広い分野の豊富なビッグデータを効果的に活用することにより、インフラ整備・管理の高度化及びインフラの機能の高度化を図るといった取り組みが行われています。生産性向上の取り組み例としては、多能工化の推進、設計・施工環境の高度化、技術革新への対応、BIM／CIMの導入、重層下請構造の改善などが挙げられます。

　労働環境を改善し、働き方の改革を考える際には、まず、河川、砂防及び海岸・海洋分野における労働環境・条件や業務の特徴を押さえることが重要です。それらを押さえることにより、労働環境の改善点を整理することができると考えられます。働き方の改革ポイントとしては、長時間労働の是正、週休2日の確保、業務効率化・合理化、IoT（Internet of Things）技術やICTの活用などが挙げられます。

## （4）事業評価

○　公共事業として実施する河川、砂防及び海岸・海洋分野における施設整備では、個別事業の事業評価を行うことが求められる。そこで以下の問いに答えよ。　　　　　　　　　　　　　　　　　　　　　　　　　　　　（H25－2）

(1) 個別事業の事業評価の実施時期、評価項目など、個別事業の事業評価の概要を説明した上で、事業評価制度の課題を述べよ。

(2) 個別事業の事業評価の評価項目の1つとして「事業の投資効果」があり、その評価に当たっては「事業効果」を算定する必要がある。水害や土砂災害に対する安全性向上の効果、環境改善の効果のそれぞれについて、事業効果の算定方法を説明した上で、その算定方法の課題を述べよ。

(3) 上記（1）及び（2）で述べた事業評価制度や事業効果の算定方法に関する課題を改善するための技術的提案を示せ。

　「国土交通白書2019」（国土交通省）では、事業評価の実施について、次のように明記されています。「個別の公共事業について、事業の効率性及び実施過程における透明性の一層の向上を図るため、新規事業採択時評価、再評価及び完了後の事後評価による一貫した事業評価体系を構築している。評価結果に

ついては、新規採択時・再評価時・完了後の事後評価時における費用対効果分析のバックデータも含め、評価結果の経緯が分かるように整理した事業評価カルテを作成し、インターネット等で公表している。また、新規事業採択時評価の前段階における国土交通省独自の取組みとして、直轄事業等において、計画段階評価を実施している。」

## (5) 環境保全及び気候変動影響

○　流砂系における土砂移動に関わる課題は、砂防、ダム、河川、海岸のそれぞれの領域において様々な形で発生している。原因となっている現象が、それぞれの領域を超えたより広域のスケールにまたがり、個別領域の課題として対策を行うだけでは、他の領域へのマイナスの影響や維持管理に係る労力・コストの増大等を招き、根本的な解決・改善がなされないことがある。このような場合に、各領域の個別の対策にとどまらず、他の領域でも必要な対策を講じ、課題の解決を図る「総合的な土砂管理」が重要である。このような状況を踏まえ、以下の問いに答えよ。　　　　　　　　　　　　(H26 - 2)

(1)「砂防領域」、「ダム領域」、「河川領域」、「海岸領域」で発生している土砂移動に関わる課題について、領域毎に記述せよ。

(2) (1)で記述した課題のうち、あなたが個別領域の対策だけでは根本的な解決・改善がなされないと考える課題とその理由について、領域間での土砂移動に留意して示すとともに、総合的な土砂管理の視点から対策を提案せよ。

(3) (2)であなたが提案した対策について、想定されるマイナスの影響と技術的課題を記述せよ。

○　近年、世界各地では、強い台風やハリケーン、集中豪雨、干ばつや熱波などの異常気象による災害が発生し、多大な被害が発生している。我が国も異常気象を原因とした集中豪雨により甚大な被害や記録的な猛暑が近年観測されている。このような気候変動の影響に対し、近年、温室効果ガスの排出抑制等を行う「緩和策」と合わせ、顕在化している影響や中長期的に避けられない影響に対して被害を回避・軽減する「適応策」を進めることが必要とされている。　　　　　　　　　　　　　　　　　　　　　　　(練習)

(1) 河川、砂防及び海岸・海洋分野において、気候変動影響の適応策を検討・推進するに当たり、技術者としての立場で多面的な観点から課題を抽出し分析せよ。

(2) (1)で抽出した課題のうち最も重要と考える課題を1つ挙げ、その課題に対する2つ以上の解決策を示せ。

（3）（2）で示した解決策に共通して新たに生じうるリスクとそれへの対策について述べよ。

　平成30年6月13日に公布された「気候変動適応法」に基づき、新たな「気候変動適応計画」が法定計画として閣議決定され、合わせて平成27年11月に策定された「国土交通省気候変動適応計画」も同様に最新の施策等を反映する改正が行われています。平成30年11月に一部改正された「国土交通省気候変動適応計画」では、気候変動による国土交通分野への影響、適応策の基本的な考え方や「自然災害」、「水資源・水環境」、「国民生活・都市生活」及び「産業・経済活動」の分野ごとの適応に関する施策が明記されています。

## （6）インフラ輸出と国際化

○　平成27年に「質の高いインフラパートナーシップ」が安倍総理より発表され、また、平成28年5月に開催されたG7伊勢志摩サミットでは、「質の高いインフラ投資の推進のためのG7伊勢志摩原則」が合意された。今後、我が国の質の高いインフラ技術の海外展開がより一層促進されることが求められている。　　　　　　　　　　　　　　　　　　　　　　　　　　　　　　　（練習）

（1）河川、砂防及び海岸・海洋分野の技術を防災の視点から海外に展開するに当たり、技術者としての立場で多面的な観点から課題を抽出し分析せよ。

（2）（1）で抽出した課題のうち最も重要と考える課題を1つ挙げ、その課題に対する2つ以上の解決策を示せ。

（3）（2）で示した解決策に共通して新たに生じうるリスクとそれへの対策について述べよ。

　日本政府は、平成25年5月に「インフラシステム輸出戦略」を取りまとめ、以後、随時改訂版が策定されています。「質の高いインフラ投資の推進のためのG7伊勢志摩原則」を以下に示します。

原則1：効果的なガバナンス、信頼性のある運行・運転、ライフサイクルコストから見た経済性及び安全性と自然災害、テロ、サイバー攻撃のリスクに対する強じん性の確保

原則2：現地コミュニティでの雇用創出、能力構築及び技術・ノウハウ移転の確保

原則3：社会・環境面での影響への対応

原則4：国家及び地域レベルにおける、気候変動と環境の側面を含んだ経済・開発戦略との整合性の確保

原則5：PPP等を通じた効果的な資金動員の促進

また、「インフラシステム輸出戦略」に基づく、「海外展開戦略（防災）」（平成30年12月）では、我が国が強み・優位性を持つ技術等として次のような内容が示されています。

◇　観測・予警報システム（具体例：地震・津波観測計（高感度地震計、GPS波浪計）、早期警報システム（Lアラート）、総合防災情報システム、緊急警報放送システム（EWBS）、洪水・高潮予測パッケージソフト、海底ケーブル式海底地震・津波観測システムなど）

◇　防災法制度、防災教育（具体例：事業継続計画（BCP）、津波・洪水・高潮等のハザードマップなど）

◇　土木構造物（具体例：ダム再生、耐震化・免震化技術、火山砂防における無人化施工など）

◇　防災設備・機器（具体例：浮上式津波防波堤など）

## (7) 人材確保及び育成

○　一般社団法人　日本建設業連合会は人材確保・育成に関する取り組みの一つとして、平成26年4月18日に「建設技能労働者の人材確保・育成に関する提言」を策定している。さらに、平成31年4月18日には、「建設分野の特定技能外国人　安全安心受入宣言」を策定している。少子高齢化社会の我が国は、建設産業を含め全産業において人材の確保が急務な課題となっており、外国人材の活用を含めた対応が求められている。　　　　　　　（練習）

(1) 河川、砂防及び海岸・海洋分野において、外国人材の活用を含めた人材確保・育成に当たり、技術者としての立場で多面的な観点から課題を抽出し分析せよ。

(2) (1) で抽出した課題のうち最も重要と考える課題を1つ挙げ、その課題に対する2つ以上の解決策を示せ。

(3) (2) で示した解決策に共通して新たに生じうるリスクとそれへの対策について述べよ。

　平成31年4月より改正された「出入国管理及び難民認定法」が施行され、建設分野を含む14の分野において、特定技能外国人労働が認められることになりました。人材確保の観点からは、特定技能外国人のスムーズな受入れを進めることが必要ですが、さまざまな問題点を抱えていることも事実です。このような状況の中、一般社団法人日本建設業連合会は、平成26年4月18日に「建設技能労働者の人材確保・育成に関する提言」を策定しました。「建設分野の特

定技能外国人　安全安心受入宣言」の要旨によると、特定技能外国人の建設現場への受入に関する方針が、次のように示されています。

①不法就労の排除：□受入計画認定の確認、□CCUSの現場登録、技能者登録・事業者登録の確認、□CCUS登録内容の時点修正の確認、□現場における本人確認

②現場の安全確保：□常時の日本語教育・安全教育、□現場における指示の徹底、□外国人が理解しやすい安全看板の採用

③安心できる処遇：□適正な賃金・社会保険の加入、□相談を受けた際の対応、□違反企業への対応、□差別行為等の排除

　人材確保及び育成に関しては、上記の特定技能外国人の活用を含め、女性の活躍の場の拡大、退職者等の再雇用制度、定年延長など、雇用条件や労働条件の大幅な見直しを図りながら進めていくことが重要です。

# 5. 港湾及び空港

　港湾及び空港で出題されている問題は、災害対策、維持管理・更新、社会情勢変化に対応した機能強化、生産性向上と働き方改革、官民連携の強化、インフラ輸出と国際化、品質確保等、気候変動影響、人材確保及び育成に大別されます。なお、解答する答案用紙枚数は3枚（1,800字以内）です。

## （1）災害対策

○　「強くしなやかな国民生活の実現を図るための防災・減災等に資する国土強靱化基本法（以下、「法」という。）」に基づいて、大規模自然災害等に備えた国土の全域にわたる強靱な国づくりが進められている。港湾又は空港のいずれかを選んで、以下の問いに答えよ。　　　　　　　　　　（H29－2）

　（1）「法」で定めるものとされた「国土強靱化基本計画」で設定された「起きてはならない最悪の事態」を回避するために、港湾又は空港の分野でとるべき施策を5つ挙げて、簡潔に説明せよ。

　（2）（1）で挙げた施策のうちの2つについて、それぞれの施策を推進するために重点的に取り組む必要があるとあなたが考える具体的な技術開発項目をそれぞれ1つずつ挙げて、その内容と効果を説明せよ。

　（3）（2）で記述した2つの技術開発項目の取組を進める上でのそれぞれの課題とその解決方策を説明せよ。

○　我が国では、平成23年に発生した東日本大震災を契機に、災害に強い国土構造への再構築が試みられている。港湾及び空港分野においても「港湾における総合的な津波対策のあり方」（平成24年6月13日　交通政策審議会港湾分科会防災部会）、「空港の津波対策の方針」（平成23年10月　国土交通省航空局）などが公表されるなど、一定の方向性が示されている。このような状況を踏まえ、港湾及び空港の技術士として、以下の問いに答えよ。

　　　　　　　　　　　　　　　　　　　　　　　　　　　　　（H25－2）

　（1）東日本大震災から得られた教訓である「災害に上限はない」ことを踏まえ、安全・安心な社会を実現するために、港湾及び空港分野において、強化を検討しなければならない対策を多面的に述べよ。

　（2）上述した対策を実施する場合において、最大の効果をあげると考えられ

る技術課題を1つ挙げ、それを選定した理由と、解決するための技術提案を示せ。

(3) あなたが示す技術提案がもたらす具体的な効果と、その技術提案を実現するための方策を示せ。

○　平成30年12月14日に「防災・減災、国土強靱化のための3か年緊急対策」が閣議決定された。この背景には、近年激甚化している災害により全国で大きな被害が頻発していることを踏まえ、その災害により明らかになった課題に対応することなどが挙げられる。国土交通省では、取り組むべき最優先課題の一つとしてソフト・ハードの両面から、この緊急対策に取り組んでいる。このような状況を踏まえ、港湾又は空港のいずれかを選び、以下の問いに答えよ。 （練習）

(1) 近年激甚化する自然災害等に対する港湾又は空港インフラの取り組み対策に関してソフト・ハードの両面から、技術者としての立場で多面的な観点から課題を抽出し分析せよ。

(2) (1)で抽出した課題のうち最も重要と考える課題を1つ挙げ、その課題に対する複数の解決策を示せ。

(3) (2)で示した解決策に共通して新たに生じうるリスクとそれへの対策について述べよ。


平成25年12月11日に「強くしなやかな国民生活の実現を図るための防災・減災等に資する国土強靱化基本法（国土強靱化基本法）」が公布・施行され、同法第10条に基づき、平成26年6月3日に「国土強靱化基本計画」が閣議決定されました。この計画は、適時変更されていますが、国土強靱化の基本的な考え方、脆弱性評価、国土強靱化の推進方針などがとりまとめられています。また、平成30年12月14日に「防災・減災、国土強靱化のための3か年緊急対策」が閣議決定されました。この対策は、「防災のための重要インフラ等の機能維持」及び「国民経済・生活を支える重要インフラ等の機能維持」の2つの観点から、特に緊急に実施すべきソフト・ハード対策を3年間（2018～2020年度）で集中的に実施するといったものです。国土交通省が公表しているソフト・ハード対策の概要は次のとおりです。

□　ソフト対策：災害発生時に命を守る情報発信の充実、利用者の安全確保、迅速な復旧等に資する体制強化

□　ハード対策：防災のための重要インフラ等の機能維持、国民経済・生活を支える重要インフラ等の機能維持

## (2) 維持管理・更新

○ 近年、港湾及び空港においては、限られた財源で効率的、効果的に施設の整備及び管理を行うため、ライフサイクルコストを縮減する取組が求められている。 (R1－2)

(1) 港湾又は空港の基本的な施設についてライフサイクルコストを縮減するための課題を、技術者としての立場で多面的な観点から抽出し分析せよ。

(2) (1) で抽出した課題のうち最も重要と考える課題を1つ挙げ、その課題に対する複数の解決策を示せ。

(3) (2) で示した解決策に共通して新たに生じうるリスクとそれへの対策について述べよ。

○ 我が国の港湾及び空港（以下「港」と略す）は今後施設の老朽化が進行し、経常的な維持・修繕に加えて大規模な改良工事や更新工事のニーズが増大すると見込まれる。一方で港間競争を生き残るため等の新規投資も不可欠であるが、使用可能な財源は限られている。

　よって、個別の施設を適切に維持管理していくとともに、港ごと又は管理する港群全体を対象として改良・更新等に係る中長期の事業計画（以下「改良・更新等計画」と略す）を策定し、これを実行することが求められている。

　このような認識のもと、港湾又は空港のいずれかを選び、以下の問いに答えよ。 (H28－2)

(1) 「改良・更新等計画」の策定に際し実施すべき手順を項目立てて簡潔に述べよ。

(2) 「改良・更新等計画」の策定及び実行に際し遭遇することが予想される困難な課題のうち、主要なものを多様な観点から3つ挙げ、各々その内容について具体的に述べよ。

(3) 上記 (2) で解答した困難な課題のうち1つについて、これを将来抜本的に解消するための対策を提案し、その内容、期待される効果、及び弊害を述べよ。

○ 我が国の社会資本整備は、戦後急速に進展し、蓄積された膨大な社会資本ストックが、今後本格的な老朽化を迎える時代になりつつある。このような中、港湾・空港施設の適切な維持管理・更新は、今後の重要な課題である。このような認識を踏まえて、港湾の物流ターミナル又は空港の基本施設のいずれかを選び、これら施設の維持管理・更新に関して以下の問いに答えよ。 (H26－2)

(1) 上記施設を戦略的に維持管理・更新する上での基本的な考え方を述べよ。

(2) 維持管理・更新を着実に実施していく上で、今後行うべき技術開発項目

について、調査・計画段階、工事実施段階ごとに、それぞれ1つずつ提案し、それを提案した理由を述べよ。

(3) 提案した技術開発を行うに当たっての課題と、その実現方策について述べよ。

○ 高度成長期以降に整備したインフラが、今後一斉に老朽化を迎えることが見込まれている。また、我が国は少子高齢化が顕著であり、かつ、今後も長期にわたり人口の減少が見込まれているため、限られた財政状況の中で、いかに持続的・実効的なインフラの維持管理・更新を実行していくかが大きな課題となっている。そのため、国土交通省では、予防保全の考え方を導入した「国土交通省インフラ長寿命化計画（行動計画）」を平成26年5月に策定し、インフラの老朽化対策について取り組んでいる。以下の問いに答えよ。

(練習)

(1) 港湾又は空港のいずれかを選び、あなたの専門とするインフラを1つ選び、老朽化しつつある当該施設に関し、従来の事後保全型から予防保全型に考え方を転換した維持管理・更新又は運用を行うに当たり、技術者としての立場で多面的な観点から課題を抽出し分析せよ。

(2) (1) で抽出した課題のうち最も重要と考える課題を1つ挙げ、その課題に対する複数の解決策を示せ。

(3) (2) で示した解決策に共通して新たに生じうるリスクとそれへの対策について述べよ。

　少子高齢化により今後ますます財源は厳しい状況となるため、現在のインフラストックの維持管理・更新は、計画的、効率的かつ効果的な整備が求められています。そのため、政府全体の取り組みとして、平成25年11月に「インフラ長寿命化基本計画」がとりまとめられ、この計画に基づき、平成26年5月に国土交通省が予防保全の考え方を導入した「国土交通省インフラ長寿命化計画（行動計画）」を策定しました。港湾及び空港（空港土木施設）の個別施設ごとの長寿命化計画（個別施設計画）の策定率は次のとおりとなっています。

図表4.3　港湾及び空港（空港土木施設）の個別施設ごとの長寿命化計画（個別施設計画）の策定率

| 施　　設 | 平成 26 年度 | 平成 29 年度 | 平成 32 年度（目標値） |
|---|---|---|---|
| 港湾 | 97% | 100% | 100%（H29 年度） |
| 空港（空港土木施設） | 100% | 100% | 100% |

出典：「国土交通白書 2019」（国土交通省）　参考資料編

　予防保全とは、一般に、施設の機能や性能に不具合が発生した後に対応する

といった事後保全と対比して、施設の機能や性能に不具合が発生する前に対応するといった考え方です。予防保全の考え方を適用した場合のほうが、従来の事後保全の対応よりも維持管理・更新に掛かる費用が大幅に減少するといった試算結果も示されており、効果的かつ効率的な維持管理・更新が可能ということです。予防保全の考え方を適用した維持管理・更新に関する課題を検討する場合には、人材、対象物（建築構造物、土木構造物、機械・電子機器・設備関連等）、コスト、手法・技術といった観点から整理するとよいと考えられます。

　なお、港湾及び空港分野の建設後50年以上経過する施設の割合は次のとおりです。

図表4.4　港湾及び空港分野の建設後50年以上経過する施設の割合

| 分野／施設 | 建設後50年以上経過する施設の割合[1] | | | 管理者[2] | 施設数 |
|---|---|---|---|---|---|
| | 平成25年3月現在 | 10年後 | 20年後 | | |
| 港湾／港湾施設[8] | 11% | 27% | 51% | 国 | 4,025施設 |
| | | | | 都道府県[9] | 31,883施設 |
| | | | | 政令市 | 2,126施設 |
| | | | | 市町村等[10] | 5,586施設 |
| 空港／空港 | 19% | 48% | 63% | 国 | 28空港 |
| | | | | 地方公共団体 | 65空港 |
| | | | | 民間企業 | 4空港 |

※1　建設後50年以上経過する施設の割合については建設年度不明の施設数を除いて算出した。
※2　港湾は、管理者ではなく所有者。
※8　水域施設、外郭施設、係留施設、臨港交通施設。
※9　一部事務組合含む。
※10　港湾局含む。

出典：「国土交通省　インフラ長寿命化計画（行動計画）」（平成26年5月21日　国土交通省）

## (3) 社会情勢変化に対応した機能強化

○　我が国の港湾及び空港に係る国際海上輸送及び国際航空輸送には、世界経済の発展や輸送の技術革新等の影響により、近年大きな変化が見られる。とりわけ東・東南アジア地域においては、その変化は著しいものがある。

　このような我が国と東・東南アジア地域との間の動向に関し、港湾と国際海上輸送、又は空港と国際航空輸送のいずれかを選び、以下の問いに答えよ。

（H28−1）

（1）上記の動向に関連して、我が国の港湾又は空港に大きな影響をもたらしている最近10年程度の顕著な変化を3つ挙げるとともに、それぞれに対して我が国の港湾又は空港が直面している課題を述べよ。

(2) 上述の課題のうち、あなたが重要と思うものを2つ選び、それを選んだ理由を説明するとともに、それぞれの課題を解決するための具体的な提案を述べよ。

(3) 上記 (2) で解答したそれぞれの提案について、それを実施する際に生じる可能性のある障害とそれに対する対処方法について述べよ。

○　世界の物流、人流は、人口の増加や経済のグローバル化、国際交流の進展に伴って着実に増大しており、それとともに海上輸送、航空輸送も様々に変化してきている。

　　一方、我が国においては、人口減少と高齢化が急速に進行するという大きな社会構造の変化に直面しており、港湾及び空港の整備に関しても様々な課題が生じてきている。

　　このような状況の中で、港湾又は空港の整備について以下の問いに答えよ。

(H27 − 1)

(1) 我が国の社会構造の変化を踏まえ、今後の整備に関し検討すべき課題を多様な視点から3つ挙げ、その内容について説明せよ。

(2) 上述した課題のうち、あなたが特に重要と考えるものを1つ挙げ、解決するための具体的な提案を示せ。

(3) あなたの提案を実施する際の問題点や考慮すべき事項について述べよ。

○　各国経済の結びつきが強まり、国境を越える人、モノ、情報等の移動がますます活発になるとともに、国際競争も激しくなってきている。我が国においても海外との人流、物流は着実に増大してきており、港湾及び空港の機能強化は一層重要となってきている。

　　このような状況下において、我が国の国際競争力を強化するための港湾及び空港の機能強化について、港湾又は空港のいずれかを選び、以下の問いに答えよ。

(H26 − 1)

(1) 世界の海上輸送又は航空輸送の動向を簡潔に述べるとともに、我が国の国際競争力強化の観点から、港湾又は空港の機能強化を図るための課題を多様な視点から述べよ。

(2) 上述した課題のうち、あなたが特に重要と考える課題を2つ挙げ、それらを選定した理由と解決するための具体的な提案を示せ。

(3) あなたの提案それぞれについて、実施する際の問題点や考慮すべき事項について述べよ。


「令和2年度　航空局関係　予算概算要求概要」（令和元年8月　国土交通省航空局）によると、令和2年度航空局関係概算要求の基本方針として、以下の

ような内容が示されています。

「令和2年度概算要求は、訪日外国人旅行者数2020年4000万人等の目標達成、またその先を見据えた観光先進国の実現や、技術革新を航空分野に取り込んだ安全で利便性の高い航空ネットワークの実現を目指し、必要な事業を推進します。」

## (4) 生産性向上と働き方改革

○ 我が国では持続的な経済成長を目指す「生産性革命」の取組が進められており、社会資本の分野においては、社会全体の生産性向上につながるストック効果の高い社会資本の整備・活用や、関連産業の生産性向上、新市場の開拓を支える取組が加速化されている。これについて、以下の問いに答えよ。ただし、港湾と空港の両方から答えてもかまわない。　　　　　　(H30-1)

(1) こうした取組が進められている社会的背景について簡潔に述べよ。

(2) 港湾又は空港の分野において行われている取組、若しくは今後行うことが適当と考える取組を多様な観点から4つ挙げ、その内容及び「生産性革命」の観点からの効果について述べよ。

(3) (2)で挙げた4つの取組それぞれについて、効果を上げるために重要と考える事項について簡潔に述べよ。

○ 「日本の将来推計人口(平成29年推計)」(国立社会保障・人口問題研究所)によると、出生率中位仮定(死亡中位推計)による生産年齢人口割合は、2015年の60.8%から減少を続け、2040年には53.9%、2065年には51.4%となると推計されている。推計値であるものの、我が国の生産年齢人口が、今後減少していくことを示す重要な指標である。このような背景を踏まえると、港湾及び空港分野のより一層の生産性向上及び働き方の改革が求められている。以下の問いに答えよ。　　　　　　　　　　　　　　　(練習)

(1) 港湾分野又は空港分野のいずれかを選び、生産性向上及び働き方の改革に関し、技術者としての立場で多面的な観点から課題を抽出し分析せよ。

(2) (1)で抽出した課題のうち最も重要と考える課題を1つ挙げ、その課題に対する複数の解決策を示せ。

(3) (2)で示した解決策に共通して新たに生じうるリスクとそれへの対策について述べよ。

　平成28年に国土交通省は「国土交通省生産性革命本部」を設置し、生産性革命に関する取り組みを継続的に実施し、令和元年を生産性革命「貫徹の年」と位置づけています。「i-Construction」といった施策を中心に、ICT(情報

通信技術）の利活用や幅広い分野の豊富なビッグデータを効果的に活用することにより、インフラ整備・管理の高度化及びインフラの機能の高度化を図るといった取り組みが行われています。生産性向上の取り組み例としては、多能工化の推進、設計・施工環境の高度化、技術革新への対応、BIM／CIMの導入、重層下請構造の改善などが挙げられます。

　労働環境を改善し、働き方の改革を考える際には、まず、港湾及び空港分野における労働環境・条件や業務の特徴を押さえることが重要です。それらを押さえることにより、労働環境の改善点を整理することができると考えられます。働き方の改革ポイントとしては、長時間労働の是正、週休2日の確保、業務効率化・合理化、IoT（Internet of Things）技術やICTの活用などが挙げられます。

### （5）官民連携の強化

○　社会資本が有する公共性等の観点から、これまでは公的機関が主体となって社会資本の整備等を行ってきたところであるが、近年、民間セクターが施設の運営面を中心に社会資本に関わる事例（以下「民営化」という。）が出てきている。港湾及び空港においても同様である。社会資本の特性を踏まえた官民分担のあり方に着目しつつ、港湾又は空港のいずれかを選び、以下の問いに答えよ。　　　　　　　　　　　　　　　　　　　　　　　（H29－1）

　(1)　港湾又は空港において民営化が行われている背景としては、民間に委ねることによるメリットがあるためである。そのメリットを3つ挙げて説明せよ。

　(2)　一方、民営化に当たっては、港湾又は空港の特性から懸念される事項もある。懸念事項を3つ挙げて説明せよ。

　(3)　民営化に当たっては、そのメリットを活かしつつ、懸念事項にも適切に対処していくことが求められている。我が国の港湾又は空港における望ましい民営化のあり方について、あなたの考えを述べよ。

　空港運営の民間委託の運用を開始している空港は、仙台空港、高松空港、福岡空港などがあり、今後、運用の開始が予定されている空港も多数あります。

　特例港湾運営会社の指定状況は、阪神港における特例港湾運営会社を指定（平成24年10月17日）、横浜港における特例港湾運営会社を指定（平成24年12月25日）、川崎港及び東京港における特例港湾運営会社を指定（平成26年1月8日）、名古屋港及び四日市港における特例港湾運営会社を指定（平成26年11月12日）となっています。港湾運営会社の指定状況は、阪神港における港湾運営会社を指定（平成26年11月28日）、京浜港における港湾運営会社を指定

（平成28年3月4日）となっています。

## (6) インフラ輸出と国際化

○　我が国の成長戦略、国際戦略の一環として、諸外国の膨大なインフラ需要を取り込むため「インフラシステム輸出戦略」が推進されている。その中にあって、港湾及び空港は主要なインフラ分野として位置づけられている。港湾又は空港のいずれかを選び、以下の問いに答えよ。　　　　　　（R1-1）

(1) 国際インフラである港湾及び空港のインフラシステム輸出には、多様な効果が期待されている。主要な効果を2つ挙げ、それぞれの効果を発揮するための課題を、技術者としての立場で多面的な観点から抽出し分析せよ。

(2) (1)で抽出した課題のうち最も重要と考える課題を1つ挙げ、その課題に対する複数の解決策を示せ。

(3) (2)で示した解決策に共通して新たに生じうるリスクとそれへの対策について述べよ。

○　近年の新興国を中心とした交通インフラ市場の急速な拡大等を踏まえ、港湾・空港分野をはじめとして交通インフラの海外展開が広く検討されている。そのような動向に関し、以下の問いに答えよ。　　　　　　　（H27-2）

(1) 交通インフラの海外展開について、検討すべき項目を多面的に述べよ。

(2) 上述した検討すべき項目に対して、港湾・空港分野においてあなたが最も重要と考えるものを2つ挙げ、その理由を説明するとともに、解決するための具体的な提案を示せ。

(3) あなたの提案を実施する際の問題点や考慮すべき事項について述べよ。

○　平成27年に「質の高いインフラパートナーシップ」が安倍総理より発表され、また、平成28年5月に開催されたG7伊勢志摩サミットでは、「質の高いインフラ投資の推進のためのG7伊勢志摩原則」が合意された。今後、我が国の質の高いインフラ技術の海外展開がより一層促進されることが求められている。

　このような状況を踏まえ、港湾又は空港のいずれかを選び、以下の問いに答えよ。　　　　　　　　　　　　　　　　　　　　　　　（練習）

(1) 港湾又は空港インフラを海外に展開するに当たり、技術者としての立場で多面的な観点から課題を抽出し分析せよ。

(2) (1)で抽出した課題のうち最も重要と考える課題を1つ挙げ、その課題に対する2つ以上の解決策を示せ。

(3) (2)で示した解決策に共通して新たに生じうるリスクとそれへの対策について述べよ。

　日本政府は、平成25年5月に「インフラシステム輸出戦略」を取りまとめ、随時改訂版が策定されています。「質の高いインフラ投資の推進のためのG7伊勢志摩原則」を以下に示します。

原則1：効果的なガバナンス、信頼性のある運行・運転、ライフサイクルコストから見た経済性及び安全性と自然災害、テロ、サイバー攻撃のリスクに対する強じん性の確保

原則2：現地コミュニティでの雇用創出、能力構築及び技術・ノウハウ移転の確保

原則3：社会・環境面での影響への対応

原則4：国家及び地域レベルにおける、気候変動と環境の側面を含んだ経済・開発戦略との整合性の確保

原則5：PPP等を通じた効果的な資金動員の促進

　また、「インフラシステム輸出戦略（平成29年度改訂版）」に基づく、「海外展開戦略（港湾）」（平成30年6月）では、以下のような海外展開の方向性が示されています。

Ⅰ　川上から川下までの一貫した取組
　(1) 我が国の強みである「面的・広域的開発」、「質の高い港湾建設技術」、「効率的な運営ノウハウ」の売り込み
　(2) 官民連携体制の強化
　(3) 国際標準の獲得と港湾物流に係る情報伝達の電子化と国際的な組織との連携
　(4) 総合的なファイナンスパッケージの提供

Ⅱ　海外展開の環境整備のための方策
　(1) 国際戦略港湾運営会社の海外展開
　(2) 官民連携による計画的な案件参画
　(3) 海外展開可能な体制の確保

　一方、「インフラシステム輸出戦略（平成29年度改訂版）」に基づく、「海外展開戦略（空港）」（平成30年6月）では、以下のような海外展開の方向性が示されています。

Ⅰ　官民一体となった取組の強化
　(1) 質の高さ、信頼性等の我が国空港の強みである優れた技術やノウハウの売り込み
　(2) 我が国企業・関係省庁等で構成する航空インフラ国際展開協議会による情報共有及び案件発掘の推進
　(3) ODAスキーム等と連携した海外空港案件獲得の推進

(4) 総合的なファイナンスパッケージの提供

Ⅱ　我が国空港オペレーターの本格的参画

(1) 成田国際空港(株)、中部国際空港(株) の業務範囲の拡大（関係法令の見直し）

(2) 我が国空港オペレーターの競争力強化

(3) 国内空港コンセッションを通じた我が国企業による海外空港運営案件への対応能力の強化

## (7) 品質確保等

○　豊かな国民生活の実現やその安全の確保、環境の保全を図るためには、公共工事の品質確保の促進を図ることが必要である。そのためには、公共工事に関係するすべての者がそれぞれの分野において、責任を果たすことが重要である。このような状況を考慮して、港湾及び空港の技術士として以下の問いに答えよ。　　　　　　　　　　　　　　　　　　　　　（H25－1）

(1) 今後の我が国の国土・地域の状況を見据え、公共工事の品質を確保するために、検討しなければならない項目を多様な視点から述べよ。

(2) 上述した検討すべき項目に対して、あなたが携わっている分野で解決すべき課題を抽出するとともに、課題解決のために実現可能な対応策を複数提示せよ。

(3) それぞれの対応策を実施した場合の効果とそれを実施する際の問題点について述べよ。

○　あなたが、次の①又は②の工事の受注者側責任者だと仮定する。①又は②のいずれかを選び、以下の問いに答えよ。　　　　　　　　　　（H30－2）

① 供用中の航路・泊地を増深・拡幅するグラブ浚渫工事。

② 供用中の滑走路又は誘導路の舗装を切削・再舗装する工事。作業は夜間の定められた時間に限定され、日中は供用する。

(1) 不可抗力とは言えない事由により工事の進捗が遅延し、工期を守れない可能性が生じた。遅れを挽回し工期を守るために考えられる方策を4つ立案し、それぞれ内容を説明せよ。なお、解答する4つの方策は、組合せて実行可能なものであるか、組合せ不可であるかは問わない。

(2) (1)で解答した4つの方策のうち、実行可能性が高く効果も大きいと思われるものを2つ選び、それぞれについて実施する上での対外調整課題及び技術的課題を列挙し、その内容、対処方法及び対処上の留意点を説明せよ。

「公共工事の品質確保の促進に関する法律」は、平成17年4月1日から施行されていますが、現在までに2回改正されています。国土交通省の公表資料によると、改正された背景等が次のように示されています。

- □ 平成26年6月4日の改正背景等は、1）ダンピング受注や行き過ぎた価格競争、2）現場の担い手不足や若年入職者の減少、3）発注者のマンパワー不足、4）地域の維持管理体制への懸念、5）受発注者の負担増大など
- □ 令和元年6月14日の改正背景等は、1）災害への対応、2）働き方改革関連法の成立、3）生産性向上の必要性、4）調査・設計の重要性など

## (8) 気候変動影響

○ 近年、世界各地では、強い台風やハリケーン、集中豪雨、干ばつや熱波などの異常気象による災害が発生し、多大な被害が発生している。我が国も異常気象を原因とした集中豪雨により甚大な被害や記録的な猛暑が近年観測されている。このような気候変動の影響に対し、近年、温室効果ガスの排出抑制等を行う「緩和策」と合わせ、顕在化している影響や中長期的に避けられない影響に対して被害を回避・軽減する「適応策」を進めることが必要とされている。このような状況を踏まえ、港湾又は空港のいずれかを選び、以下の問いに答えよ。　　　　　　　　　　　　　　　　　　　　　　（練習）

- (1) 港湾又は空港分野において気候変動影響の適応策を検討・推進するに当たり、技術者としての立場で多面的な観点から課題を抽出し分析せよ。
- (2) (1) で抽出した課題のうち最も重要と考える課題を1つ挙げ、その課題に対する2つ以上の解決策を示せ。
- (3) (2) で示した解決策に共通して新たに生じうるリスクとそれへの対策について述べよ。

　平成30年6月13日に公布された「気候変動適応法」に基づき、新たな「気候変動適応計画」が法定計画として閣議決定され、合わせて平成27年11月に策定された「国土交通省気候変動適応計画」も同様に最新の施策等を反映する改正が行われています。平成30年11月に一部改正された「国土交通省気候変動適応計画」では、気候変動による国土交通分野への影響、適応策の基本的な考え方や「自然災害」、「水資源・水環境」、「国民生活・都市生活」及び「産業・経済活動」の分野ごとの適応に関する施策が明記されています。

## (9) 人材確保及び育成

○　一般社団法人　日本建設業連合会は人材確保・育成に関する取り組みの一つとして、平成26年4月18日に「建設技能労働者の人材確保・育成に関する提言」を策定している。さらに、平成31年4月18日には、「建設分野の特定技能外国人　安全安心受入宣言」を策定している。少子高齢化社会の我が国は、建設産業を含め全産業において人材の確保が急務な課題となっており、外国人材の活用を含めた対応が求められている。このような状況を踏まえ、港湾又は空港のいずれかを選び、以下の問いに答えよ。　　　　　（練習）

(1) 港湾又は空港分野において、外国人材の活用を含めた人材確保・育成に当たり、技術者としての立場で多面的な観点から課題を抽出し分析せよ。

(2) (1)で抽出した課題のうち最も重要と考える課題を1つ挙げ、その課題に対する2つ以上の解決策を示せ。

(3) (2)で示した解決策に共通して新たに生じうるリスクとそれへの対策について述べよ。


　平成31年4月より改正された「出入国管理及び難民認定法」が施行され、建設分野を含む14の分野において、特定技能外国人労働が認められることになりました。人材確保の観点からは、特定技能外国人のスムーズな受入れを進めることが必要ですが、さまざまな問題点を抱えていることも事実です。このような状況の中、一般社団法人日本建設業連合会は、平成26年4月18日に「建設技能労働者の人材確保・育成に関する提言」を策定しました。「建設分野の特定技能外国人　安全安心受入宣言」の要旨によると、特定技能外国人の建設現場への受入に関する方針が、次のように示されています。

①不法就労の排除：□受入計画認定の確認、□CCUSの現場登録、技能者登録・事業者登録の確認、□CCUS登録内容の時点修正の確認、□現場における本人確認

②現場の安全確保：□常時の日本語教育・安全教育、□現場における指示の徹底、□外国人が理解しやすい安全看板の採用

③安心できる処遇：□適正な賃金・社会保険の加入、□相談を受けた際の対応、□違反企業への対応、□差別行為等の排除


　人材確保及び育成に関しては、上記の特定技能外国人の活用を含め、女性の活躍の場の拡大、退職者等の再雇用制度、定年延長など、雇用条件や労働条件の大幅な見直しを図りながら進めていくことが重要です。

# 6. 電 力 土 木

　電力土木で出題されている問題は、維持管理・更新、災害対策、環境保全及び気候変動影響、品質確保、インフラ輸出と国際化、人材確保・育成及び技術伝承、生産性向上及び働き方改革に大別されます。なお、解答する答案用紙枚数は3枚（1,800字以内）です。

## (1) 維持管理・更新

○　電力の安定供給を確保しつつ料金を最大限抑制し、需要家の選択肢や事業者の事業機会を拡大するという目的で進められてきた電力システム改革を背景に、電力土木施設の維持管理、運用については、従来の方法を継続・継承するだけでなく、柔軟な対応が求められるようになってきている。

　　これを踏まえ、電力土木施設の維持管理又は運用に関する担当責任者になったとして、以下の問いに答えよ。　　　　　　　　　　　　　　　（R1－1）

(1) 電力土木施設の名称を1つ明記の上、近年の情勢変化を踏まえつつ施設の機能を確実に発揮し続けるために、技術者としての立場で多面的な観点から課題を3つ以上抽出し分析せよ。

(2) (1)で抽出した課題のうち最も重要と考える課題を1つ挙げ、その課題に対する2つ以上の解決策を示せ。

(3) (2)で挙げたそれぞれの解決策に共通して新たに生じうるリスクとそれへの対策について述べよ。

○　電力土木施設については、将来、施設に損傷を生じる経年劣化事象に着目して、運転開始からその進行状況を把握し、計画的に施設の機能維持を図っていくことが重要である。あなたが、電力土木施設の維持管理の担当責任者になったとして、運用中の発電及び送変電等に係る電力土木施設の名称を1つ明記の上、以下の問いに答えよ。　　　　　　　　　　　　　　　　（H30－1）

(1) 施設の機能を長期的に維持する上で、あなたが課題と考える経年劣化事象の内容、劣化要因について具体的に述べよ。

(2) (1)の経年劣化事象に対応するために、あなたが必要と考える技術的方策（調査・計測及びその結果に基づく対策）を述べよ。

(3) (2)の技術的方策を実施する上で、留意すべき事項を述べよ。

○ 電力土木施設は、その安全性を的確に評価するため、当該施設（基礎や地山を含む。）の特性や、崩壊した場合の第三者への影響等を考慮した合理的な計測管理が必要となる場合がある。あなたが電力土木施設の建設又は維持管理の担当責任者になったとして、ダム、水路（取放水設備、水槽、水圧管路を含む。）、発電所並びに港湾、燃料、送変電等に係る電力土木施設の中から1つを選んで、その名称と対応すべき変状若しくはその徴候等の具体的内容を明記の上、以下の問いに答えよ。　　　　　　　　　　（H29－1）

(1) 変状等に対する初期対応、計測管理及び変状予測の方法を述べよ。

(2) 変状等が進展すると判断された場合の対策について、あなたの考えを具体的に述べよ。

(3) (2)のあなたが考えた対策を実施する上で、留意すべき事項を述べよ。

○ 経年した発電所については、使用燃料の変更、発電力の増強等の要請に対応するために、リプレース（更新）や改造等が計画されることがある。あなたが、これらに関連する土木工事の担当責任者になったとして、以下の問いに答えよ。　　　　　　　　　　　　　　　　　　　　　（H29－2）

(1) 発電所のリプレース（更新）や改造等の内容を1つ明記の上、所要の土木工事を実施する際に想定される課題を2つ挙げ、それぞれについて説明せよ。

(2) (1)で挙げた2つの課題の中から1つを選んで、あなたが考える具体的な方策について述べよ。

(3) (2)のあなたが考えた方策を実施する上で、留意すべき事項を述べよ。

○ 供用期間の長い電力土木施設においては、アルカリシリカ反応（以下 ASR という。）による劣化が確認された場合であっても、適切な保守等を行うことによって、当該施設の健全性を長期にわたって確保する必要がある。このことを踏まえて、以下の問いに答えよ。　　　　　　　　（H28－2）

(1) ダム、水路（取放水設備、水圧管路を含む。）、発電所並びに港湾、燃料、送変電等に係る電力土木施設の中から1つを選択して、施設の名称を明記の上、劣化の程度を把握するための点検・調査方法を述べよ。

(2) ASRが確認された施設に係る維持管理・補修方法について、あなたの考えを述べよ。

(3) あなたが考えた方法を実施する場合に、留意すべき事項を述べよ。

○ 電力土木施設は、適切な維持管理により、長期にわたって施設の健全性を確保することが常に求められている。このことを踏まえ、以下の問いに答えよ。　　　　　　　　　　　　　　　　　　　　　　　　　（H27－1）

(1) 電力土木施設の経年劣化の具体的事例を2つ挙げて説明せよ。

(2) あなたが挙げた2つの経年劣化事例から1つを選び、電力土木施設の健全性確保に係る技術的提案を具体的に示せ。

(3) あなたの提案を実行する際において留意すべき事項を述べよ。

○ 原子力発電所の長期停止等の影響により、コスト削減のための業務効率化と併せて電力の安定供給の重要性が高まっていることから、電力土木施設の維持・管理業務においても一層適切な対応が求められている。このような状況を踏まえ、施設の維持・管理業務の在り方に関する以下の問いに答えよ。

(H25－1)

(1) 電力土木施設を1つ挙げ、その施設を維持・管理するに当たっての基本的な考え方について説明せよ。

(2) その施設の現状の維持・管理上の技術的課題として、コスト削減の観点からあなたが重要と考えるものを2つ挙げよ。

(3) あなたの挙げた課題に対して、施設の安全性を維持しつつ、維持・管理コスト削減を実現するための方策について、あなたの考えを述べよ。

○ 高度成長期以降に整備したインフラが、今後一斉に老朽化を迎えることが見込まれている。また、我が国は少子高齢化が顕著であり、かつ、今後も長期にわたり人口の減少が見込まれているため、限られた財政状況の中で、いかに持続的・実効的なインフラの維持管理・更新を実行していくかが大きな課題となっている。そのため、国土交通省では、予防保全の考え方を導入した「国土交通省インフラ長寿命化計画（行動計画）」を平成26年5月に策定し、インフラの老朽化対策について取り組んでいる。

このような状況を踏まえ、電力土木施設の維持管理・更新又は運用に関する担当責任者になったとして、以下の問いに答えよ。 （練習）

(1) 電力土木施設の名称を1つ選び、老朽化しつつある当該施設に関し、従来の事後保全型から予防保全型に考え方を転換した維持管理・更新又は運用を行うに当たり、技術者としての立場で多面的な観点から課題を抽出し分析せよ。

(2) (1)で抽出した課題のうち最も重要と考える課題を1つ挙げ、その課題に対する2つ以上の解決策を示せ。

(3) (2)で示した解決策に共通して新たに生じうるリスクとそれへの対策について述べよ。


少子高齢化により今後ますます財源は厳しい状況となるため、現在のインフラストックの維持管理・更新は、計画的、効率的かつ効果的な整備が求められています。そのため、政府全体の取り組みとして、平成25年11月に「インフラ

長寿命化基本計画」がとりまとめられ、この計画に基づき、平成26年5月に国土交通省が予防保全の考え方を導入した「国土交通省インフラ長寿命化計画（行動計画）」を策定しました。ダムの個別施設ごとの長寿命化計画（個別施設計画）の策定率は次のとおりとなっています。

図表4.5　ダムの個別施設ごとの長寿命化計画（個別施設計画）の策定率

| 施　設 | 平成26年度 | 平成29年度 | 平成32年度（目標値） |
|---|---|---|---|
| ダム（国、水資源機構） | 21% | 100%（H28年度） | 100%（H28年度） |
| ダム（地方公共団体） | 28% | 79% | 100% |

出典：「国土交通白書2019」（国土交通省）　参考資料編

　予防保全とは、一般に、施設の機能や性能に不具合が発生した後に対応するといった事後保全と対比して、施設の機能や性能に不具合が発生する前に対応するといった考え方です。予防保全の考え方を適用した場合のほうが、従来の事後保全の対応よりも維持管理・更新に掛かる費用が大幅に減少するといった試算結果も示されており、効果的かつ効率的な維持管理・更新が可能ということです。予防保全の考え方を適用した維持管理・更新に関する課題を検討する場合には、人材、対象物（建築構造物、土木構造物、機械・電子機器・設備関連等）、コスト、手法・技術といった観点から整理するとよいと考えられます。
　なお、ダムを含む河川管理施設の建設後50年以上経過する施設の割合は次のとおりです。

図表4.6　ダムを含む河川管理施設の建設後50年以上経過する施設の割合

| 分野／施設 | 建設後50年以上経過する施設の割合[1] | | | 管理者 | 施設数 |
|---|---|---|---|---|---|
| | 平成25年3月現在 | 10年後 | 20年後 | | |
| 河川・ダム／河川管理施設[3] | 6% | 20% | 47% | 国[4] | 10,508施設 |
| | | | | 都道府県・政令市 | 19,223施設 |

※1　建設後50年以上経過する施設の割合については建設年度不明の施設数を除いて算出した。
※3　国：堰、床止め、閘門、水門、揚水機場、排水機場、樋門・樋管、陸閘、管理橋、浄化施設、その他（立坑、遊水池）、ダム。
　　　都道府県・政令市：堰（ゲート有り）、閘門、水門、樋門・樋管、陸閘等ゲートを有する施設及び揚水機場、排水機場、ダム。
※4　独立行政法人水資源機構法に規定する特定施設を含む。

出典：「国土交通省　インフラ長寿命化計画（行動計画）」（平成26年5月21日 国土交通省）

## （2）災害対策

○　電力土木施設は、当該施設の重要度並びに作用する自然事象の種類・強さ等に応じた耐性を確保することが求められている。このことを踏まえて、以

下の問いに答えよ。　　　　　　　　　　　　　　　　　（H28－1）

(1) 電力土木施設に甚大な被害をもたらす恐れのある自然事象に係るリスクについて、ダム、水路（取放水設備、水圧管路を含む。）、発電所並びに港湾、燃料、送変電等に係る電力土木施設の名称を明記の上、2つ挙げて説明せよ。

(2) (1) で挙げた2つのリスクから1つを選択して、あなたが適切と考える具体的な対応策について述べよ。

(3) (2) の対応策を実施する上で、留意すべき事項を述べよ。

○　電力土木施設は、公共の安全及び電力の安定供給等の社会的・経済的な要請から、様々な自然事象の脅威に備えて、リスクを把握し安全性を事前に評価することが重要である。このことを踏まえ、以下の問いに答えよ。

　　　　　　　　　　　　　　　　　　　　　　　　　　　（H26－2）

(1) 電力土木施設において、設計レベルを超える自然事象により引き起こされるリスクを2つ挙げて説明せよ。

(2) あなたが挙げた2つのリスクから1つを選び、施設の安全性評価に係る技術的提案を具体的に示せ。

(3) あなたの提案において留意すべき事項について説明し、その対処方法を述べよ。

○　平成30年12月14日に「防災・減災、国土強靱化のための3か年緊急対策」が閣議決定された。この背景には、近年激甚化している災害により全国で大きな被害が頻発していることを踏まえ、その災害により明らかになった課題に対応することなどが挙げられる。国土交通省では、取り組むべき最優先課題の一つとしてソフト・ハードの両面から、この緊急対策に取り組んでいる。このような状況を踏まえ、電力土木施設の災害対策に関する担当責任者になったとして、以下の問いに答えよ。　　　　　　　　　　（練習）

(1) 近年激甚化する自然災害等に対する電力土木施設の取り組み対策に関してソフト・ハードの両面から、技術者としての立場で多面的な観点から課題を抽出し分析せよ。

(2) (1) で抽出した課題のうち最も重要と考える課題を1つ挙げ、その課題に対する複数の解決策を示せ。

(3) (2) で示した解決策に共通して新たに生じうるリスクとそれへの対策について述べよ。


　平成25年12月11日に「強くしなやかな国民生活の実現を図るための防災・減災等に資する国土強靱化基本法（国土強靱化基本法）」が公布・施行され、

同法第10条に基づき、平成26年6月3日に「国土強靱化基本計画」が閣議決定されました。この計画は、適時変更されていますが、国土強靱化の基本的な考え方、脆弱性評価、国土強靱化の推進方針などがとりまとめられています。また、平成30年12月14日に「防災・減災、国土強靱化のための3か年緊急対策」が閣議決定されました。この対策は、「防災のための重要インフラ等の機能維持」及び「国民経済・生活を支える重要インフラ等の機能維持」の2つの観点から、特に緊急に実施すべきソフト・ハード対策を3年間（2018〜2020年度）で集中的に実施するといったものです。国土交通省が公表しているソフト・ハード対策の概要は次のとおりです。

 □ ソフト対策：災害発生時に命を守る情報発信の充実、利用者の安全確保、迅速な復旧等に資する体制強化

 □ ハード対策：防災のための重要インフラ等の機能維持、国民経済・生活を支える重要インフラ等の機能維持

## (3) 環境保全及び気候変動影響

○ 電力土木施設は、計画段階、建設段階、運用段階の全てにおいて、環境への影響を最小限に抑えつつ、周辺環境との調和、共生等を図ることが重要である。このことを踏まえ、以下の問いに答えよ。   （H27－2）

 (1) 電力土木施設が環境へ大きな影響を及ぼす事象について、それぞれ施設の名称を明記の上、2つ挙げて説明せよ。

 (2) あなたが挙げた2つの事象から1つを選び、環境保全に係る技術的提案を具体的に示せ。

 (3) あなたの提案を実行する際において留意すべき事項を述べよ。

○ 近年、世界各地では、強い台風やハリケーン、集中豪雨、干ばつや熱波などの異常気象による災害が発生し、多大な被害が発生している。我が国も異常気象を原因とした集中豪雨により甚大な被害や記録的な猛暑が近年観測されている。このような気候変動の影響に対しては、近年、温室効果ガスの排出抑制等を行う「緩和策」と合わせ、顕在化している影響や中長期的に避けられない影響に対して被害を回避・軽減する「適応策」を進めることが必要とされている。このような状況を踏まえ、電力土木分野の気候変動の適応に関する担当責任者になったとして、以下の問いに答えよ。  （練習）

 (1) 電力土木分野において気候変動の適応策を検討・推進するに当たり、技術者としての立場で多面的な観点から課題を抽出し分析せよ。

 (2) (1)で抽出した課題のうち最も重要と考える課題を1つ挙げ、その課題に対する2つ以上の解決策を示せ。

(3)（2）で示した解決策に共通して新たに生じうるリスクとそれへの対策について述べよ。

　平成30年6月13日に公布された「気候変動適応法」に基づき、新たな「気候変動適応計画」が法定計画として閣議決定され、合わせて平成27年11月に策定された「国土交通省気候変動適応計画」も同様に最新の施策等を反映する改正が行われています。平成30年11月に一部改正された「国土交通省気候変動適応計画」では、気候変動による国土交通分野への影響、適応策の基本的な考え方や「自然災害」、「水資源・水環境」、「国民生活・都市生活」及び「産業・経済活動」の分野ごとの適応に関する施策が明記されています。

## （4）品質確保

○　電力土木施設の建設や維持管理においては、適切な品質管理やコンプライアンスが求められているが、依然として組織や技術者の社会的信頼を失墜する事象の発生が懸念されている。

　　このことを踏まえて、あなたが、発電及び送変電等の電力土木施設の建設又は維持管理の担当責任者になったとして、以下の問いに答えよ。

　　　　　　　　　　　　　　　　　　　　　　　　　　　　（H30－2）

(1) 不適切な品質管理やコンプライアンス違反になると考えられる具体的事象3つと、それによる影響を概説せよ。

(2)（1）で挙げた事象の中から1つを選んで、それを防止するために、あなたが必要と考える方策を3つ詳しく述べよ。

(3)（2）の方策を実施する上で、留意すべき事項を述べよ。

　我が国における不適切な品質管理やコンプライアンス違反に関する事例は、設計事務所の構造計算書偽装問題、タイヤメーカーの免震ゴムの性能データ改ざん、建設会社等による杭打ちデータ改ざんに始まり、空港地盤改良工事における施工データ改ざん、自動車メーカーによる燃費データ改ざん、自動車メーカーの検査偽装、鉄鋼企業等による品質データ改ざんなどが挙げられます。

## （5）インフラ輸出と国際化

○　近年、発電所の計画・建設・運用に関する技術やノウハウを活かした海外進出が活発化している。しかし、海外で発電事業を展開・推進するに当たっては、国内とは異なる様々なリスクや課題が存在する。この状況を踏まえ、以下の問いに答えよ。　　　　　　　　　　　　　　　　　　（H26－1）

(1) 海外発電事業に関して、電力土木施設の計画、建設又は運用段階における技術的課題を2つ挙げ、それぞれについて説明せよ。

(2) あなたが挙げた2つの課題から1つを選び、その課題を解決するための対策について、効果及び実施上の留意点も含めてあなたの考えを述べよ。

○ 平成27年に「質の高いインフラパートナーシップ」が安倍総理より発表され、また、平成28年5月に開催されたG7伊勢志摩サミットでは、「質の高いインフラ投資の推進のためのG7伊勢志摩原則」が合意された。今後、我が国の質の高いインフラ技術の海外展開がより一層促進されることが求められている。

このような状況を踏まえ、電力土木分野のインフラ技術を海外に展開する担当責任者になったとして、以下の問いに答えよ。　　　　　　　　　　（練習）

(1) 電力土木インフラを海外に展開するに当たり、技術者としての立場で多面的な観点から課題を抽出し分析せよ。

(2) (1)で抽出した課題のうち最も重要と考える課題を1つ挙げ、その課題に対する2つ以上の解決策を示せ。

(3) (2)で示した解決策に共通して新たに生じうるリスクとそれへの対策について述べよ。


日本政府は、平成25年5月に「インフラシステム輸出戦略」を取りまとめ、以後、随時改訂版が策定されています。「質の高いインフラ投資の推進のためのG7伊勢志摩原則」を以下に示します。

原則1：効果的なガバナンス、信頼性のある運行・運転、ライフサイクルコストから見た経済性及び安全性と自然災害、テロ、サイバー攻撃のリスクに対する強じん性の確保

原則2：現地コミュニティでの雇用創出、能力構築及び技術・ノウハウ移転の確保

原則3：社会・環境面での影響への対応

原則4：国家及び地域レベルにおける、気候変動と環境の側面を含んだ経済・開発戦略との整合性の確保

原則5：PPP等を通じた効果的な資金動員の促進

また、「インフラシステム輸出戦略（平成29年度改訂版）」に基づく、「海外展開戦略（電力）」（平成29年10月）では、以下のような課題が示されています。

◇ 「質の高いインフラ」を大前提としつつ、発注側のニーズを踏まえた価格・品質で提供することが重要

◇ 高い技術力・コスト競争力と共に、「マネジメント力・ノウハウの活用」、

「新たなビジネスモデル（一気通貫サービス等）による差別化」が重要

## (6) 人材確保・育成・及び技術伝承

○ 近年、熟練した土木技術者の定年退職の増大に伴い、インフラ施設の計画、建設から維持管理、更新までの業務を適切に実施していく上で、技術継承が円滑に進まないことが問題になっている。

これを踏まえ、電力土木技術者の育成に関する担当責任者になったとして、以下の問いに答えよ。　　　　　　　　　　　　　　　　　　　（R1－2）

(1) 電力土木施設に係る業務の適切な実施に当たって、技術者としての立場で多面的な観点から技術継承に関する課題を3つ以上抽出し分析せよ。

(2) (1) で抽出した課題のうち最も重要と考える課題を1つ挙げ、その課題に対する2つ以上の解決策を示せ。

(3) (2) で挙げたそれぞれの解決策に共通して新たに生じうるリスクとそれへの対策について述べよ。

○ エネルギー安定供給、競争力の強化、地球環境問題への対応といった電力システム改革において示された目標の達成に向けて、組織として蓄積された技術の活用が求められている。この状況を踏まえ、電力施設の計画、建設、維持管理に関する以下の問いに答えよ。　　　　　　　　　　　（H25－2）

(1) 電力土木技術を継承し、さらに発展させていくために検討すべき課題を2つ挙げ、それぞれその理由を述べよ。

(2) (1) で挙げた課題の中から、あなたが重要と考える方の課題について、その解決策を理由とともに述べよ。

(3) あなたの示した解決策がもたらす効果を具体的に示すとともに、実施上の留意点についても述べよ。

○ 一般社団法人日本建設業連合会は人材確保・育成に関する取り組みの一つとして、平成26年4月18日に「建設技能労働者の人材確保・育成に関する提言」を策定している。さらに、平成31年4月18日には、「建設分野の特定技能外国人　安全安心受入宣言」を策定している。少子高齢化社会の我が国は、建設産業を含め全産業において人材の確保が急務な課題となっており、外国人材の活用を含めた対応が求められている。

これを踏まえ、電力土木技術者の人材確保・育成に関する担当責任者になったとして、以下の問いに答えよ。　　　　　　　　　　　　　　（練習）

(1) 電力土木分野における外国人材の活用を含めた人材確保・育成に関して、技術者としての立場で多面的な観点から課題を抽出し分析せよ。

(2) (1) で抽出した課題のうち最も重要と考える課題を1つ挙げ、その課題

に対する2つ以上の解決策を示せ。

(3) (2) で示した解決策に共通して新たに生じうるリスクとそれへの対策について述べよ。


　平成31年4月より改正された「出入国管理及び難民認定法」が施行され、建設分野を含む14の分野において、特定技能外国人労働が認められることになりました。人材確保の観点からは、特定技能外国人のスムーズな受入れを進めることが必要ですが、さまざまな問題点を抱えていることも事実です。このような状況の中、一般社団法人日本建設業連合会は、平成26年4月18日に「建設技能労働者の人材確保・育成に関する提言」を策定しました。「建設分野の特定技能外国人　安全安心受入宣言」の要旨によると、特定技能外国人の建設現場への受入に関する方針が、次のように示されています。

　①不法就労の排除：□受入計画認定の確認、□CCUSの現場登録、技能者登録・事業者登録の確認、□CCUS登録内容の時点修正の確認、□現場における本人確認

　②現場の安全確保：□常時の日本語教育・安全教育、□現場における指示の徹底、□外国人が理解しやすい安全看板の採用

　③安心できる処遇：□適正な賃金・社会保険の加入、□相談を受けた際の対応、□違反企業への対応、□差別行為等の排除


　人材確保及び育成に関しては、上記の特定技能外国人の活用を含め、女性の活躍の場の拡大、退職者等の再雇用制度、定年延長など、雇用条件や労働条件の大幅な見直しを図りながら進めていくことが重要です。


## (7) 生産性向上及び働き方改革

○　「日本の将来推計人口（平成29年推計）」（国立社会保障・人口問題研究所）によると、出生率中位仮定（死亡中位推計）による生産年齢人口割合は、2015年の60.8％から減少を続け、2040年には53.9％、2065年には51.4％となると推計されている。推計値であるものの、我が国の生産年齢人口が、今後減少していくことを示す重要な指標である。このような背景を踏まえると、電力土木分野のより一層の生産性向上及び働き方の改革が求められている。これを踏まえ、電力土木技術者の生産性及び働き方改革に関する担当責任者になったとして、以下の問いに答えよ。　　　　　　　　　　　　　（練習）

(1) 電力土木分野の生産性向上及び働き方の改革に関し、技術者としての立場で多面的な観点から課題を抽出し分析せよ。

(2)（1）で抽出した課題のうち最も重要と考える課題を1つ挙げ、その課題に対する複数の解決策を示せ。

(3)（2）で示した解決策に共通して新たに生じうるリスクとそれへの対策について述べよ。

　平成28年に国土交通省は「国土交通省生産性革命本部」を設置し、生産性革命に関する取り組みを継続的に実施し、令和元年を生産性革命「貫徹の年」と位置づけています。「i-Construction」といった施策を中心に、ICT（情報通信技術）の利活用や幅広い分野の豊富なビッグデータを効果的に活用することにより、インフラ整備・管理の高度化及びインフラの機能の高度化を図るといった取り組みが行われています。生産性向上の取り組み例としては、多能工化の推進、設計・施工環境の高度化、技術革新への対応、BIM／CIMの導入、重層下請構造の改善などが挙げられます。

　労働環境を改善し、働き方の改革を考える際には、まず、電力土木分野における労働環境・条件や業務の特徴を押さえることが重要です。それらを押さえることにより、労働環境の改善点を整理することができると考えられます。働き方の改革ポイントとしては、長時間労働の是正、週休2日の確保、業務効率化・合理化、IoT（Internet of Things）技術やICTの活用などが挙げられます。

# 7. 道　　路

道路で出題されている問題は、災害対策、道路ネットワーク等、維持管理・更新、道路環境及び気候変動影響、生産性向上及び働き方改革、インフラ輸出と国際化、人材確保及び育成に大別されます。なお、解答する答案用紙枚数は3枚（1,800字以内）です。

## （1）災害対策

○　普段雪が少なく雪に慣れていない地域における大雪や、積雪地域であっても数十年に一度の集中的かつ継続的な降雪により、幹線道路における大規模な車両の滞留と長時間にわたる通行止めが毎年のように発生している。道路に携わる技術者として、以下の問いに答えよ。　　　　　　　　（H30-2）

(1) 高架構造が多い都市高速道路では、積雪に伴う通行止めが長時間となる場合があるが、その原因について多面的に述べよ。

(2) 高速道路と並行する幹線道路の山間部では、大雪時、大型車の立ち往生を契機に大規模な車両滞留が発生する場合があるが、その原因を2つ挙げるとともに、具体的な対策を述べよ。

(3) (2)で述べた対策を実施するに当たっての課題と、実効性を高めるための方策について述べよ。

○　我が国は、近年広域的な地震災害に見舞われ、さらに南海トラフを震源とする地震や首都直下地震等の巨大地震の発生が懸念されている。道路に携わる技術者として、以下の問いに答えよ。　　　　　　　　　　　（H29-2）

(1) 地震災害時における緊急輸送道路の役割と指定に当たっての考え方を述べよ。

(2) 巨大地震の発生時に緊急輸送道路がその役割を十分果たせるよう、あらかじめ取り組むべき事項について2つ挙げ、それぞれの具体的な内容を述べよ。

(3) (2)で述べた2つの取組みの実効性を高めるための方策について述べよ。

○　近い将来に、首都直下地震、東海・東南海・南海地震の発生が予想されているが、こうした大規模地震災害に備える上で、道路に関わる技術者の立場から、以下の問いに答えよ。　　　　　　　　　　　　　　（H26-2）

(1) 大規模地震災害が発生した場合における道路の役割について、東日本大震災の経験を踏まえ、多面的に述べよ。

(2) (1)で述べた役割のうち、1つを取り上げて、それを果たすための課題及びその解決策について述べよ。

(3) (2)で述べた解決策について、実効性をより高める上での留意事項を述べよ。

○　平成30年12月14日に「防災・減災、国土強靱化のための3か年緊急対策」が閣議決定された。この背景には、近年激甚化している災害により全国で大きな被害が頻発していることを踏まえ、その災害により明らかになった課題に対応することなどが挙げられる。国土交通省では、取り組むべき最優先課題の一つとしてソフト・ハードの両面から、この緊急対策に取り組んでいる。このような状況を踏まえ、道路インフラの災害対策を担当する技術者として、以下の問いに答えよ。　　　　　　　　　　　　　　　　　　　（練習）

(1) 近年激甚化する自然災害等に対する道路インフラの取り組み対策に関してソフト・ハードの両面から、技術者としての立場で多面的な観点から課題を抽出し分析せよ。

(2) (1)で抽出した課題のうち最も重要と考える課題を1つ挙げ、その課題に対する複数の解決策を示せ。

(3) (2)で示した解決策に共通して新たに生じうるリスクとそれへの対策について述べよ。


　平成25年12月11日に「強くしなやかな国民生活の実現を図るための防災・減災等に資する国土強靱化基本法（国土強靱化基本法）」が公布・施行され、同法第10条に基づき、平成26年6月3日に「国土強靱化基本計画」が閣議決定されました。この計画は、適時変更されていますが、国土強靱化の基本的な考え方、脆弱性評価、国土強靱化の推進方針などがとりまとめられています。また、平成30年12月14日に「防災・減災、国土強靱化のための3か年緊急対策」が閣議決定されました。この対策は、「防災のための重要インフラ等の機能維持」及び「国民経済・生活を支える重要インフラ等の機能維持」の2つの観点から、特に緊急に実施すべきソフト・ハード対策を3年間（2018〜2020年度）で集中的に実施するといったものです。国土交通省が公表しているソフト・ハード対策の概要は次のとおりです。

□　ソフト対策：災害発生時に命を守る情報発信の充実、利用者の安全確保、迅速な復旧等に資する体制強化

□　ハード対策：防災のための重要インフラ等の機能維持、国民経済・生活を支える重要インフラ等の機能維持

## (2) 道路ネットワーク等

○　2020年の東京オリンピック・パラリンピック競技大会の円滑な運営には、大会関係者及び観客の輸送を安全、円滑に行うことが求められるため、高度な交通マネジメントが必要である。このような状況を踏まえ、交通マネジメントの実施計画を策定する道路技術者として、以下の問いに答えよ。

(R1－1)

(1) 平時の交通処理能力を大幅に上回る大会期間中の交通需要に対して、技術者としての立場で多面的な観点から課題を抽出し分析せよ。

(2) (1) で抽出した課題のうち最も重要と考える課題を1つ挙げ、その課題に対する複数の解決策を示せ。

(3) (2) で提示した解決策に共通して新たに生じうるリスクとそれへの対策について述べよ。

○　物流は、我が国の産業競争力の強化、豊かな国民生活の実現や地方創生を支える社会インフラとなっている。強い物流を構築するために、高速道路等がその機能を発揮し、経済活動等を支えていくことは、国家的課題となっている。これに関し、道路に携わる技術者として、以下の問いに答えよ。

(H30－1)

(1) 高速道路が物流に果たす役割と効果について述べよ。

(2) (1) を踏まえた現状の高速道路の課題を多面的に述べよ。

(3) (2) の課題を解決するための施策のうち、道路輸送の機能強化及び機能確保に資する施策をそれぞれ示し、それらを進める上での留意点を述べよ。

○　我が国の高速道路は、整備延長が着実に伸びている一方で、暫定2車線で整備されている区間も多く、ネットワークの脆弱性が指摘されている。この状況を踏まえて、以下の問いに答えよ。　　　　　　　　(H29－1)

(1) 我が国の高速道路における車線数の現状と、暫定2車線による整備が進められてきた背景について述べよ。

(2) 暫定2車線の高速道路において発生している課題について、多面的に述べよ。

(3) (2) の課題を解決するための方策と、それを進める上での留意点を述べよ。

○　社会資本整備については、効率的で効果的な事業実施と、その実施過程において一層の透明性の確保が求められており、道路事業では、これまで評価手法の改善等を行いながら事業評価が実施されている。道路に携わる技術者として、以下の問いに答えよ。　　　　　　　　(H28－2)

(1) 道路事業の各段階で実施される事業評価について述べよ。

(2) 道路事業の効果を評価する手法について、現状の課題を多面的に述べよ。

(3) (2) の課題を解決するための方策と、それを進める上での留意点について述べよ。

○　道路をはじめとする社会インフラについて、その機能を時間的・空間的に最大限に発揮させるよう、「賢く使う」ことが重要となっている。特に、ネットワークの形成が進んでいる高速道路を「賢く使う」ことについて、以下の問いに答えよ。　　　　　　　　　　　　　　　　　　　　　　（H27 － 1）

(1) 高速道路を「賢く使う」ことが重要となっている社会的な背景を述べよ。

(2) 高速道路の使い方の観点から、その機能が十分に発揮されないために発生している課題について、多面的に述べよ。

(3) (2) で掲げた課題のうち1つについて、これを解決するために高速道路を「賢く使う」方策を挙げ説明せよ。また、その方策を進める上での留意点を述べよ。

○　物流は、産業競争力の強化や豊かな国民生活の実現を支える、社会・経済にとって不可欠な構成要素であり、物流の効率化は、物流関係者や企業のみならず、国民全体にとって重要な課題である。これに関し、道路に携わる技術者として、以下の問いに答えよ。　　　　　　　　　　　　　　（H26 － 1）

(1) 道路インフラの整備や適切な管理が我が国の物流に与えるメリットについて、その関係性を多面的に述べよ。

(2) 物流の効率化に向けて、国内・国際各々の観点から、我が国における道路インフラの現状と課題を述べよ。

(3) 上述した現状と課題を踏まえ、物流の効率化に資する様々な解決策のうち、高速道路ネットワークの有効活用に着目したものを2つ示し、各々のねらいと、実効性をより高める上で留意すべき事項を述べよ。

○　現在、我が国は、本格的な人口減少や超高齢化、国際競争の激化等の状況下にあり、持続可能で活力ある国土・地域づくりを進めていくための方策の1つとして、交通結節機能の充実を図る必要がある。これに関し、以下の問いに答えよ。　　　　　　　　　　　　　　　　　　　　　　　（H25 － 2）

(1) 交通結節機能の充実に向けて道路分野で対応すべき課題について、人流、物流それぞれの観点から述べよ。

(2) (1) で述べた人流、物流それぞれの観点での課題に対して、道路分野が主体的に取り組むべき解決策について述べよ。

(3) (2) で述べた解決策のうち1つを取り上げ、その効果を高めるために、合わせて行うべき関連施策について、取り上げた解決策との関係性を踏まえて述べよ。

　「令和2年度　道路関係予算概算要求概要」（令和元年8月　国土交通省道路局　国土交通省都市局）では、基本方針として、「被災地の復旧・復興」、「メンテナンス2巡目」、「『防災機能を強化』した道路空間」、「『生産性を向上』する道路空間」、「『人中心・安全』で地域を豊かにする道路空間」の5分野に重点化するといったことが示されています。そのうちの3分野の内容は次のように示されています。

◇　「防災機能を強化」した道路空間：激甚化する自然災害に対して道路の安全を確保するとともに、災害時の救急救命・復旧活動を支えるため、道路の防災・震災対策や雪害対策、代替性の確保のための道路ネットワークの整備、高速道路における安全性・信頼性の向上に資する取り組みを推進する

◇　「生産性を向上」する道路空間：経済の好循環を拡大し、また、平常時・災害時を問わない安全かつ円滑な物流等を確保するため、三大都市圏環状道路や新東名・新名神等の整備・機能強化や、高速道路のIC、空港・港湾・鉄道駅などの主要拠点へのアクセスの強化等を推進するとともに、バスタプロジェクトの全国展開、今ある道路の運用改善や小規模な改良等のネットワークを賢く使う取組を推進するなど、社会全体の生産性向上につながる政策を計画的に実施する

◇　「人中心・安全」で地域を豊かにする道路空間：社会の変化や地域の多様なニーズに応じて、地域の活性化等を図る「人中心の道路空間」の実現のため、道路空間の再構築、面的な交通安全対策、ユニバーサルデザイン化等を推進する。また、踏切・自転車の安全対策、無電柱化等を推進するとともに、自動運転サービスの普及促進に向け、自動運転に対応した道路空間の整備を推進する

## (3) 維持管理・更新

○　橋梁、トンネル等の道路構造物については、平成25年から平成26年にかけての道路法、同施行令及び同施行規則の改正を経て、平成26年度に策定された定期点検要領等に沿って、各道路管理者において点検が実施されており、平成30年度で一巡目の定期点検が完了したところである。道路構造物のメンテナンスを担当する技術者として、以下の問いに答えよ。　　　　（R1－2）

(1) 地方公共団体が、二巡目となる道路橋の定期点検を実施するに当たって、技術者としての立場で多面的な観点から課題を抽出し分析せよ。

(2) (1) で抽出した課題のうち最も重要と考える課題を1つ挙げ、その課題に対する複数の解決策を示せ。

(3)（2）で提示した解決策に共通して新たに生じうるリスクとそれへの対策について述べよ。

○　我が国における道路構造物の老朽化が深刻な状況となっており、道路構造物を適切に維持・修繕するための取組が進められている。道路管理に携わる技術者として、以下の問いに答えよ。　　　　　　　　　　　　（H28−1）

(1) 道路構造物を適切に維持・修繕するためのメンテナンスサイクルの考え方を述べよ。

(2) メンテナンスサイクルによる維持・修繕を進める上で発生している課題について述べよ。

(3)（2）の課題を解決し、老朽化対策の実効性を高めるための方策について述べよ。

○　道路構造物の老朽化に伴い様々な不具合が発生しており、今後さらに、その状況の深刻化が懸念される。これに関し、道路に係わる技術者としての立場から、以下の問いに答えよ。　　　　　　　　　　　　　　（H25−1）

(1) 老朽化に伴う道路構造物の機能や健全性の低下が社会に与える損失や影響について述べよ。

(2) 道路構造物を適切に維持管理する上での課題及びその解決策について、複数の観点から述べよ。

(3)（2）で述べた解決策の実施に当たり、実効性をより高める上での留意事項を述べよ。

○　高度成長期以降に整備したインフラが、今後一斉に老朽化を迎えることが見込まれている。また、我が国は少子高齢化が顕著であり、かつ、今後も長期にわたり人口の減少が見込まれているため、限られた財政状況の中で、いかに持続的・実効的なインフラの維持管理・更新を実行していくかが大きな課題となっている。そのため、国土交通省では、予防保全の考え方を導入した「国土交通省インフラ長寿命化計画（行動計画）」を平成26年5月に策定し、インフラの老朽化対策について取り組んでいる。

　　このような状況を踏まえ、道路インフラの維持管理・更新又は運用を担当する技術者として、以下の問いに答えよ。　　　　　　　　　　　（練習）

(1) 道路インフラを1つ選び、老朽化しつつある当該施設に関し、従来の事後保全型から予防保全型に考え方を転換した維持管理・更新又は運用を行うに当たり、技術者としての立場で多面的な観点から課題を抽出し分析せよ。

(2)（1）で抽出した課題のうち最も重要と考える課題を1つ挙げ、その課題に対する複数の解決策を示せ。

(3)（2）で示した解決策に共通して新たに生じるリスクとそれへの対策について述べよ。

　少子高齢化により今後ますます財源は厳しい状況となるため、現在のインフラストックの維持管理・更新は、計画的、効率的かつ効果的な整備が求められています。そのため、政府全体の取り組みとして、平成25年11月に「インフラ長寿命化基本計画」がとりまとめられ、この計画に基づき、平成26年5月に国土交通省が予防保全の考え方を導入した「国土交通省インフラ長寿命化計画（行動計画）」を策定しました。道路インフラの個別施設ごとの長寿命化計画（個別施設計画）の策定率は次のとおりとなっています。

図表4.7　道路インフラの個別施設ごとの長寿命化計画（個別施設計画）の策定率

| 施　設 | 平成26年度 | 平成29年度 | 平成32年度（目標値） |
|---|---|---|---|
| 道路（橋梁） | — | 73% | 100% |
| 道路（トンネル） | — | 36% | 100% |
| 自動車道 | 0% | 42% | 100% |

出典：「国土交通白書2019」（国土交通省）　参考資料編

　予防保全とは、一般に、施設の機能や性能に不具合が発生した後に対応するといった事後保全と対比して、施設の機能や性能に不具合が発生する前に対応するといった考え方です。予防保全の考え方を適用した場合のほうが、従来の事後保全の対応よりも維持管理・更新に掛かる費用が大幅に減少するといった試算結果も示されており、効果的かつ効率的な維持管理・更新が可能ということです。予防保全の考え方を適用した維持管理・更新に関する課題を検討する場合には、人材、対象物（建築構造物、土木構造物、機械・電子機器・設備関連等）、コスト、手法・技術といった観点から整理するとよいと考えられます。

　なお、道路及び自動車道分野の建設後50年以上経過する施設の割合は次のとおりです。

図表4.8　道路及び自動車道分野の建設後50年以上経過する施設の割合

| 分野／施設 | 建設後50年以上経過する施設の割合※1 | | | 管理者 | 施設数 |
|---|---|---|---|---|---|
| | 平成25年3月現在 | 10年後 | 20年後 | | |
| 道路／橋梁（橋長2m以上） | 16% | 40% | 65% | 国 | 27,222橋 |
| | | | | 高速道路会社 | 16,438橋 |
| | | | | 都道府県 | 129,916橋 |
| | | | | 政令市 | 47,593橋 |
| | | | | 市区町村 | 478,068橋 |
| 道路／トンネル | 18% | 32% | 48% | 国 | 1,299本 |
| | | | | 高速道路会社 | 1,583本 |
| | | | | 都道府県 | 4,790本 |
| | | | | 政令市 | 335本 |
| | | | | 市区町村 | 2,369本 |
| 自動車道／橋 | 34% | 87% | 87% | 民間企業 | 67橋 |
| | | | | 地方道路公社 | 25橋 |
| 自動車道／トンネル | 67% | 100% | 100% | 民間企業 | 8本 |
| | | | | 地方道路公社 | 1本 |

※1　建設後50年以上経過する施設の割合については建設年度不明の施設数を除いて算出した。

出典：「国土交通省　インフラ長寿命化計画（行動計画）」（平成26年5月21日 国土交通省）

## （4）道路環境及び気候変動影響

○　海外の主要都市に比べ、我が国の都市では電柱が林立しており、課題と指摘されている。道路空間の無電柱化について、道路に携わる技術者として、以下の問いに答えよ。　　　　　　　　　　　　　　　　　　　　　（H27-2）

(1) 無電柱化の目的、効果について多面的に述べよ。

(2) 我が国において、無電柱化を進める上での課題を述べよ。

(3) (2)の課題を解決し、我が国において無電柱化を推進するための方策と、それを進める上での留意点について述べよ。

○　近年、世界各地では、強い台風やハリケーン、集中豪雨、干ばつや熱波などの異常気象による災害が発生し、多大な被害が発生している。我が国も異常気象を原因とした集中豪雨により甚大な被害や記録的な猛暑が近年観測されている。このような気候変動の影響に対しては、近年、温室効果ガスの排出抑制等を行う「緩和策」と合わせ、顕在化している影響や中長期的に避けられない影響に対して被害を回避・軽減する「適応策」を進めることが必要とされている。このような状況を踏まえ、道路分野の気候変動の適応を担当

する技術者として、以下の問いに答えよ。 （練習）

(1) 道路分野において気候変動の適応策を検討・推進するに当たり、技術者としての立場で多面的な観点から課題を抽出し分析せよ。

(2) (1) で抽出した課題のうち最も重要と考える課題を1つ挙げ、その課題に対する2つ以上の解決策を示せ。

(3) (2) で示した解決策に共通して新たに生じうるリスクとそれへの対策について述べよ。

　平成30年6月13日に公布された「気候変動適応法」に基づき、新たな「気候変動適応計画」が法定計画として閣議決定され、合わせて平成27年11月に策定された「国土交通省気候変動適応計画」も同様に最新の施策等を反映する改正が行われています。平成30年11月に一部改正された「国土交通省気候変動適応計画」では、気候変動による国土交通分野への影響、適応策の基本的な考え方や「自然災害」、「水資源・水環境」、「国民生活・都市生活」及び「産業・経済活動」の分野ごとの適応に関する施策が明記されています。

## (5) 生産性向上及び働き方改革

○　「日本の将来推計人口（平成29年推計）」（国立社会保障・人口問題研究所）によると、出生率中位仮定（死亡中位推計）による生産年齢人口割合は、2015年の60.8%から減少を続け、2040年には53.9%、2065年には51.4%となると推計されている。推計値であるものの、我が国の生産年齢人口が、今後減少していくことを示す重要な指標である。このような背景を踏まえると、道路分野のより一層の生産性向上及び働き方の改革が求められている。これを踏まえ、道路分野の生産性及び働き方改革を担当する技術者として、以下の問いに答えよ。 （練習）

(1) 道路分野の生産性向上及び働き方の改革に関し、技術者としての立場で多面的な観点から課題を抽出し分析せよ。

(2) (1) で抽出した課題のうち最も重要と考える課題を1つ挙げ、その課題に対する複数の解決策を示せ。

(3) (2) で示した解決策に共通して新たに生じうるリスクとそれへの対策について述べよ。

　平成28年に国土交通省は「国土交通省生産性革命本部」を設置し、生産性革命に関する取り組みを継続的に実施し、令和元年を生産性革命「貫徹の年」と位置づけています。「i-Construction」といった施策を中心に、ICT（情報

通信技術）の利活用や幅広い分野の豊富なビッグデータを効果的に活用することにより、インフラ整備・管理の高度化及びインフラの機能の高度化を図るといった取り組みが行われています。生産性向上の取り組み例としては、多能工化の推進、設計・施工環境の高度化、技術革新への対応、BIM／CIMの導入、重層下請構造の改善などが挙げられます。

　労働環境を改善し、働き方の改革を考える際には、まず、道路分野における労働環境・条件や業務の特徴を押さえることが重要です。それらを押さえることにより、労働環境の改善点を整理することができると考えられます。働き方の改革ポイントとしては、長時間労働の是正、週休2日の確保、業務効率化・合理化、IoT（Internet of Things）技術やICTの活用などが挙げられます。

### （6）インフラ輸出と国際化

○　平成27年に「質の高いインフラパートナーシップ」が安倍総理より発表され、また、平成28年5月に開催されたG7伊勢志摩サミットでは、「質の高いインフラ投資の推進のためのG7伊勢志摩原則」が合意された。今後、我が国の質の高いインフラ技術の海外展開がより一層促進されることが求められている。このような状況を踏まえ、道路分野のインフラ技術を海外に展開する担当責任者になったとして、以下の問いに答えよ。　　　　　　　　（練習）

（1）道路インフラを海外に展開するに当たり、技術者としての立場で多面的な観点から課題を抽出し分析せよ。

（2）（1）で抽出した課題のうち最も重要と考える課題を1つ挙げ、その課題に対する2つ以上の解決策を示せ。

（3）（2）で示した解決策に共通して新たに生じうるリスクとそれへの対策について述べよ。


　日本政府は、平成25年5月に「インフラシステム輸出戦略」が取りまとめられ、随時改訂版が策定されています。「質の高いインフラ投資の推進のためのG7伊勢志摩原則」を以下に示します。

原則1：効果的なガバナンス、信頼性のある運行・運転、ライフサイクルコストから見た経済性及び安全性と自然災害、テロ、サイバー攻撃のリスクに対する強じん性の確保

原則2：現地コミュニティでの雇用創出、能力構築及び技術・ノウハウ移転の確保

原則3：社会・環境面での影響への対応

原則4：国家及び地域レベルにおける、気候変動と環境の側面を含んだ経

　　　済・開発戦略との整合性の確保

原則5：PPP等を通じた効果的な資金動員の促進

また、「インフラシステム輸出戦略（2018年度改訂版)」に基づく、「海外展開戦略（道路)」（平成31年2月）では、以下のような課題が示されています。

① 　中国・韓国の技術力向上：

　◇ 　これまで日本が得意としてきた長大橋梁整備も、近年急速に中国・韓国の技術力が向上

　◇ 　中国・韓国の技術力向上により、これまで日本が主に受注してきた長大橋梁案件等でも失注

② 　道路PPP事業の実績・経験：

　◇ 　今後の増加が見込まれる海外道路PPP事業は技術に加え、法律やファイナンス等の専門的知識が必要


## （7）人材確保及び育成

○ 　一般社団法人日本建設業連合会は人材確保・育成に関する取り組みの一つとして、平成26年4月18日に「建設技能労働者の人材確保・育成に関する提言」を策定している。さらに、平成31年4月18日には、「建設分野の特定技能外国人　安全安心受入宣言」を策定している。少子高齢化社会の我が国は、建設産業を含め全産業において人材の確保が急務な課題となっており、外国人材の活用を含めた対応が求められている。このような状況を踏まえ、道路分野の人材確保・育成に関する担当責任者になったとして、以下の問いに答えよ。　　　　　　　　　　　　　　　　　　　　　　　　（練習）

（1）道路分野における外国人材の活用を含めた人材確保・育成に関して、技術者としての立場で多面的な観点から課題を抽出し分析せよ。

（2）（1）で抽出した課題のうち最も重要と考える課題を1つ挙げ、その課題に対する2つ以上の解決策を示せ。

（3）（2）で示した解決策に共通して新たに生じうるリスクとそれへの対策について述べよ。


　平成31年4月より改正された「出入国管理及び難民認定法」が施行され、建設分野を含む14の分野において、特定技能外国人労働が認められることになりました。人材確保の観点からは、特定技能外国人のスムーズな受入れを進めることが必要ですが、さまざまな問題点を抱えていることも事実です。このような状況の中、一般社団法人日本建設業連合会は、平成26年4月18日に「建設技能労働者の人材確保・育成に関する提言」を策定しました。「建設分野の特

定技能外国人　安全安心受入宣言」の要旨によると、特定技能外国人の建設現場への受入に関する方針が、次のように示されています。

①不法就労の排除：□受入計画認定の確認、□CCUSの現場登録、技能者登録・事業者登録の確認、□CCUS登録内容の時点修正の確認、□現場における本人確認

②現場の安全確保：□常時の日本語教育・安全教育、□現場における指示の徹底、□外国人が理解しやすい安全看板の採用

③安心できる処遇：□適正な賃金・社会保険の加入、□相談を受けた際の対応、□違反企業への対応、□差別行為等の排除

　人材確保及び育成に関しては、上記の特定技能外国人の活用を含め、女性の活躍の場の拡大、退職者等の再雇用制度、定年延長など、雇用条件や労働条件の大幅な見直しを図りながら進めていくことが重要です。

# 8. 鉄　　道

　鉄道で出題されている問題は、災害対策、鉄道整備、維持管理・更新、安全確保、生産性向上及び働き方改革、インフラ輸出と国際化、気候変動影響、人材確保及び育成に大別されます。なお、解答する答案用紙枚数は3枚（1,800字以内）です。

## （1）災害対策

○　最近の長雨や局所的大雨・集中豪雨など強大化する降雨により鉄道施設の被災や列車の運休・遅延が発生しているが、社会インフラである鉄道はその影響をより小さく留める取組が求められていることを踏まえ、以下の問いに答えよ。　　　　　　　　　　　　　　　　　　　　　　　（H29－1）

　（1）降雨による鉄道施設の直接的な被害を防止するためのハード対策の具体例について述べよ。また、ハード対策全般を推進する上で一般的に課題となることを述べよ。

　（2）降雨に対する旅客の安全を確保するためのソフト対策の必要性とその一般的な方法について述べよ。また、ソフト対策実施による安定輸送への影響を軽減するための取組を述べよ。

　（3）降雨に対するハード及びソフト対策の現状を踏まえ、社会インフラとしての鉄道の責任を果たすために鉄道事業者はどのように降雨対策に取り組むべきか、あなたの考えを述べよ。

○　平成28年（2016年）熊本地震及び平成23年（2011年）東北地方太平洋沖地震の事例と、それに伴う災害の状況を踏まえ、鉄道における地震防災及び減災対策について、以下の問いに答えよ。　　　　　　　　　　　　（H29－2）

　（1）鉄道の地震防災及び減災対策上考慮すべき項目を、新線建設に関するもの、あるいは既存路線又は施設に関するもののいずれかについて、多面的に述べよ。

　（2）上述した項目のうち、あなたが最も重要な技術的課題と考える項目を1つ挙げ、その現状と、課題を解決するための技術的提案を述べよ。

　（3）あなたの技術的提案がもたらす効果を具体的に示すとともに、同提案が持つリスクを考慮した上で提案実行の際の留意点を述べよ。

○　首都直下型地震や南海トラフ地震等の発生確率が高まりつつある中、防災・減災対策は喫緊の課題となっている。鉄道の高速・大量輸送、公共性といった特性を考慮し、以下の問いに答えよ。　　　　　　　　　（H27－1）

(1) 東日本大震災の教訓を踏まえ、鉄道分野において、防災・減災対策上、強化又は検討しなければならない項目を多面的に述べよ。

(2) 上述した項目を実施する場合において、あなたが重要と考える項目を1つ挙げ、その理由と実施上の課題及び解決するための技術的提案を示せ。

(3) あなたが示す技術提案がもたらす具体的な効果と、実効性をより高めるための留意点を述べよ。

○　鉄道における災害対策については、従来より防災施設や観測・検知設備の整備が進められているが、近年は従前の想定を超えた自然現象に伴う巨大な災害や事象による被害も発生しており、ハード対策では防ぎきれない災害に対して、「減災」という発想も重視されるようになって来ている。このような近年の技術的、社会的状況を踏まえ、鉄道施設を守る立場から、大規模災害に関する対応策について、以下の問いに答えよ。　　　　　　　（H26－1）

(1) 想定を超える災害・事象への防災及び減災の考え方について述べよ。

(2) あなたが最も重要な技術的課題を含んでいると考える大規模災害を1つ挙げ、その課題に対する技術的な解決策を述べよ。

(3) あなたの提示した技術的解決策がもたらす効果とともに、潜在する限界やリスク及びそれらに対する具体策を述べよ。

○　平成30年12月14日に「防災・減災、国土強靱化のための3か年緊急対策」が閣議決定された。この背景には、近年激甚化している災害により全国で大きな被害が頻発していることを踏まえ、その災害により明らかになった課題に対応することなどが挙げられる。国土交通省では、取り組むべき最優先課題の一つとしてソフト・ハードの両面から、この緊急対策に取り組んでいる。このような状況を踏まえ、鉄道分野の技術者として、以下の問いに答えよ。

（練習）

(1) 近年激甚化する自然災害等に対する鉄道インフラの取り組み対策に関して、ソフト・ハードの両面から、技術者としての立場で多面的な観点から課題を抽出し分析せよ。

(2) (1)で抽出した課題のうち最も重要と考える課題を1つ挙げ、その課題に対する複数の解決策を示せ。

(3) (2)で示した解決策に共通して新たに生じるリスクとそれへの対策について述べよ。

　平成25年12月11日に「強くしなやかな国民生活の実現を図るための防災・減災等に資する国土強靱化基本法（国土強靱化基本法）」が公布・施行され、同法第10条に基づき、平成26年6月3日に「国土強靱化基本計画」が閣議決定されました。この計画は、適時変更されていますが、国土強靱化の基本的な考え方、脆弱性評価、国土強靱化の推進方針などがとりまとめられています。また、平成30年12月14日に「防災・減災、国土強靱化のための3か年緊急対策」が閣議決定されました。この対策は、「防災のための重要インフラ等の機能維持」及び「国民経済・生活を支える重要インフラ等の機能維持」の2つの観点から、特に緊急に実施すべきソフト・ハード対策を3年間（2018〜2020年度）で集中的に実施するといったものです。国土交通省が公表しているソフト・ハード対策の概要は次のとおりです。

　□　ソフト対策：災害発生時に命を守る情報発信の充実、利用者の安全確保、
　　　　　　　　迅速な復旧等に資する体制強化
　□　ハード対策：防災のための重要インフラ等の機能維持、国民経済・生活
　　　　　　　　を支える重要インフラ等の機能維持


## (2) 鉄道整備

○　日本の人口は減少に転じているが、首都圏を中心とした一部の地域では、再開発等が進み人口集中が進行している。また、日本で働く外国人労働者や訪日外国人旅行者数は増加し、高齢化率も近い将来3割を超えると言われ、今後、鉄道利用者の多様化が加速していくことが予想される。上記のような状況を踏まえ、以下の問いに答えよ。　　　　　　　　　　　（R1−1）

(1) 都市鉄道における施設整備のあり方について、鉄道に従事する技術者としての立場で多面的な観点から課題を抽出し分析せよ。

(2) 抽出した課題のうち最も重要と考える課題を挙げ、その課題に対する複数の解決策を示せ。

(3) 解決策に共通して新たに生じうるリスクとそれへの対策について述べよ。

○　鉄道駅は、交通の結節拠点としての機能を有しているのみならず、周辺の施設と一体になって街のにぎわいを形成し、地域の活性化を図る上で重要な役割を担うことが期待されている。駅及び駅周辺整備について、以下の問いに答えよ。　　　　　　　　　　　　　　　　　　　　　　　（H30−1）

(1) 交通結節拠点である駅及び駅周辺が抱える施設面の課題を多面的に述べよ。

(2) 上記（1）の課題解決のために、駅及び駅周辺整備計画時に都市側と鉄道側が連携して計画すべき施設を2つ挙げ、その計画立案に当たっての留意点を述べよ。

　　(3) まちづくりと連携し、より魅力的な駅をつくるためには、どのような機能整備や空間づくりを行えばよいか、整備していく上での課題及びその解決策も含め、あなたの考えを具体的に述べよ。

○　時代の変遷とともに多様な機能や役割を果たしてきた鉄道駅について、以下の問いに答えよ。　　　　　　　　　　　　　　　　　　　　（H28－1）

　　(1) 今後の我が国の社会経済環境の変化を説明し、それを踏まえた鉄道駅に期待される機能や役割について述べよ。

　　(2) 上記（1）で述べた機能や役割を実現するために鉄道駅を改良する上での課題を挙げ、その内容を簡潔に述べよ。

　　(3) 上記（2）で挙げた課題を解決するための技術的対策を説明し、対策の実施に当たり考慮すべき留意点を述べよ。

○　大規模ターミナル駅において、交差する都市計画道路の新設に併せて配線変更を伴う駅の橋上化と駅ビルの新設を行うプロジェクトを想定し、以下の問いに答えよ。　　　　　　　　　　　　　　　　　　　　　　（H25－2）

　　(1) 想定する事業の全体像を簡潔に述べた上で、鉄道事業上の観点、都市計画事業との調整の観点、駅ビル事業の観点、それぞれについて検討すべき事項を挙げよ。

　　(2) このような複合プロジェクトの実施に当たり、鉄道の技術士として重要であると考える課題を1つ挙げ、具体的な対応策を論述せよ。


「令和2年度　鉄道局関係　予算概算要求概要」（令和元年8月　国土交通省鉄道局）では、主な施策として次の項目等が示されています。

　1. 整備新幹線の整備の推進
　　1) 整備新幹線の着実な整備、2) 整備新幹線の建設推進及び高度化、3) 幹線鉄道ネットワーク等のあり方に関する調査

　2. 都市鉄道ネットワークの充実
　　1) 既存の都市鉄道網を活用した連絡線の整備等、2) 地下高速鉄道ネットワークの充実、3) 東京圏における都市鉄道ネットワーク等の今後のあり方に関する調査

　3. 安全・安心の確保
　　1) 耐震対策の推進、2) 豪雨対策の推進、3) 地下駅等の浸水対策の推進、4) ホームドアの更なる整備促進、5) 地域鉄道の安全性の向上、6) 戦略的なメンテナンス・老朽化対策の推進、7) 事故防止のための踏切保安設備の整備促進、8) 海岸等保全、落石・なだれ等対策の推進、9) 鉄道テロ対策に関する調査

4. 鉄道の災害復旧の促進
5. 鉄道駅のバリアフリー化等、鉄道の利便性の向上
　　1）鉄道駅におけるバリアフリー化の推進、2）駅空間の質的進化（次世
　　代ステーション創造事業）、3）列車遅延対策の推進、4）地域鉄道の利
　　便性の向上（コミュニティ・レール化）
6. 鉄道の技術開発・普及促進
　　1）鉄道技術開発（一般鉄道）、2）鉄道技術開発・普及促進制度
7. 鉄道システム・技術の海外展開


## （3）維持管理・更新

○　地方の鉄道は通勤・通学をはじめとする日常生活を支える輸送機関として
　の役割を担っているが、モータリゼーションの進展や過疎化、少子高齢化等
　により、輸送量が減少傾向にあり維持・存続自体が課題となっている路線も
　少なくない。このような現状を踏まえて、鉄道分野の技術者として、以下の
　問いに答えよ。　　　　　　　　　　　　　　　　　　　　　　（R1－2）
　（1）地方の鉄道の持続的な運営を前提として、鉄道施設の維持管理について
　　　多面的な観点から課題を抽出し分析せよ。
　（2）抽出した課題のうち最も重要と考える課題を挙げ、その課題に対する複
　　　数の解決策を示せ。
　（3）解決策に共通して新たに生じうるリスクとそれへの対策について述べよ。
○　我が国の鉄道施設における今後の維持管理のあり方について、以下の問い
　に答えよ。　　　　　　　　　　　　　　　　　　　　　　　（H30－2）
　（1）維持管理が困難になりつつある背景を多面的に述べ、維持管理の中長期
　　　計画立案に当たっての留意点を述べよ。
　（2）上記（1）で述べた中長期計画を実行する上で、あなたが重要と考える
　　　課題を1つ挙げ、それを解決するための施策を具体的に示せ。
　（3）上記（2）で提示した施策がもたらす効果を示すとともに、実行する際
　　　の想定されるリスクについて論述せよ。
○　我が国の鉄道施設について、安全な線路設備の提供や、構造物の経年劣化
　への対応といった観点より、保守及び維持管理を適切に行っていくことの重
　要性が増大してきている。その一方で、近年の社会環境の変化を見据えて、
　保守及び維持管理業務のさらなる効率化が求められている。このような状況
　を考慮し、以下の問いに答えよ。　　　　　　　　　　　　　（H27－2）
　（1）鉄道施設の保守及び維持管理を行う上での課題について、多面的な視点
　　　から述べよ。

（2）上述の課題を踏まえて、保守及び維持管理の効率化を進めるための方策を2つ挙げ、それぞれについて具体的な内容を述べよ。

（3）それぞれの方策を実施した場合の効果と、それらの実施に当たり考慮すべき留意点について述べよ。

○　日本の鉄道施設の多くは、明治時代から高度経済成長期に建設されたものであり、老朽化した施設への対応が迫られている状況にある。このような状況を踏まえ、鉄道施設の長寿命化を図っていくことが求められているが、これに関し、以下の問いに答えよ。　　　　　　　　　　　（H26－2）

（1）鉄道施設の長寿命化に当たり、直面している課題について幅広い観点から概説せよ。

（2）上述した課題の中から、あなたが重要と考える課題を挙げた上で、対応策を複数提示し、それぞれの対応策の効果を具体的に述べよ。

（3）あなたが提示したそれぞれの対応策にかかる考慮すべき留意点について述べよ。

○　近年、高度経済成長期に建設されたインフラ施設の老朽化対策がクローズアップされている。そのような社会情勢を考慮して、以下の問いに答えよ。
　　　　　　　　　　　　　　　　　　　　　　　　　　　　　（H25－1）

（1）一般構造物と比較して様々な特徴を有する鉄道構造物について、老朽化対策の観点から考慮しなければならない留意点を述べよ。

（2）将来にわたって安全・安定した輸送を確保するために、鉄道の技術士として検討すべき事項を述べよ。

（3）上述の検討すべき事項に対して、あなたが最も大きな技術的課題と考えるものを1つ挙げ、解決するための技術的提案をコスト評価も含めて論述せよ。

○　高度成長期以降に整備したインフラが、今後一斉に老朽化を迎えることが見込まれている。また、我が国は少子高齢化が顕著であり、かつ、今後も長期にわたり人口の減少が見込まれているため、限られた財政状況の中で、いかに持続的・実効的なインフラの維持管理・更新を実行していくかが大きな課題となっている。そのため、国土交通省では、予防保全の考え方を導入した「国土交通省インフラ長寿命化計画（行動計画）」を平成26年5月に策定し、インフラの老朽化対策について取り組んでいる。

　　このような状況を踏まえ、鉄道分野の技術者として、以下の問いに答えよ。
　　　　　　　　　　　　　　　　　　　　　　　　　　　　　　（練習）

（1）鉄道インフラを1つ選び、老朽化しつつある当該施設に関し、従来の事後保全型から予防保全型に考え方を転換した維持管理・更新又は運用を行

うに当たり、技術者としての立場で多面的な観点から課題を抽出し分析せよ。
(2)　(1) で抽出した課題のうち最も重要と考える課題を1つ挙げ、その課題に対する複数の解決策を示せ。
(3)　(2) で示した解決策に共通して新たに生じるリスクとそれへの対策について述べよ。

　少子高齢化により今後ますます財源は厳しい状況となるため、現在のインフラストックの維持管理・更新は、計画的、効率的かつ効果的な整備が求められています。そのため、政府全体の取り組みとして、平成25年11月に「インフラ長寿命化基本計画」がとりまとめられ、この計画に基づき、平成26年5月に国土交通省が予防保全の考え方を導入した「国土交通省インフラ長寿命化計画（行動計画）」を策定しました。鉄道インフラの個別施設ごとの長寿命化計画（個別施設計画）の策定率は次のとおりとなっています。

図表4.9　鉄道インフラの個別施設ごとの長寿命化計画（個別施設計画）の策定率

| 施　　設 | 平成26年度 | 平成30年度 | 平成32年度（目標値） |
|---|---|---|---|
| 鉄道 | 99% | 100% | 100% |

出典：「国土交通白書2019」（国土交通省）　参考資料編

　予防保全とは、一般に、施設の機能や性能に不具合が発生した後に対応するといった事後保全と対比して、施設の機能や性能に不具合が発生する前に対応するといった考え方です。予防保全の考え方を適用した場合のほうが、従来の事後保全の対応よりも維持管理・更新に掛かる費用が大幅に減少するといった試算結果も示されており、効果的かつ効率的な維持管理・更新が可能ということです。予防保全の考え方を適用した維持管理・更新に関する課題を検討する場合には、人材、対象物（建築構造物、土木構造物、機械・電子機器・設備関連等）、コスト、手法・技術といった観点から整理するとよいと考えられます。
　なお、鉄道分野の建設後50年以上経過する施設の割合は次のとおりです。

図表4.10　鉄道分野の建設後50年以上経過する施設の割合

| 分野／施設 | 建設後50年以上経過する施設の割合[*1] | | | 管理者 | 施設数 |
|---|---|---|---|---|---|
| | 平成25年3月現在 | 10年後 | 20年後 | | |
| 鉄道／橋梁 | 51% | 70% | 83% | 鉄道事業者等 | 102,293 橋 |
| 鉄道／トンネル | 60% | 81% | 91% | 鉄道事業者等 | 4,737 本 |

※1　建設後50年以上経過する施設の割合については建設年度不明の施設数を除いて算出した。

出典：「国土交通省　インフラ長寿命化計画（行動計画）」（平成26年5月21日 国土交通省）

## (4) 安全確保

○　鉄道の安全・安定輸送に対する社会的要求が高まる状況を踏まえ、鉄道営業線に近接した工事や保守作業に伴う事故や輸送障害を防止する対策について、以下の問いに答えよ。　　　　　　　　　　　　　　　　　　（H28－2）

(1) 鉄道営業線に近接した工事や保守作業において、事故や輸送障害が発生する要因について、多面的に述べよ。

(2) 上記（1）で述べた要因から、あなたが重要と考えるものを2つ挙げ、それぞれについてその理由を述べよ。また、あなたが重要と考えた要因に起因する事故や輸送障害を防止するための具体的な対策をそれぞれ述べよ。

(3) 上記（2）で述べた対策を実施するに当たり、考慮すべき留意点をそれぞれ述べよ。


　鉄道の安全・安定輸送を阻害する要因は数多くありますが、鉄道営業線に近接した工事や保守作業については、以下のような状況が考えられます。近接した工事においては、架空線や信号ケーブルなどの鉄道設備の破損、損傷及び倒壊等、掘削等に伴う地盤変状による影響などが挙げられます。また、保守作業においては、線路閉鎖やき電停止に関する人為的な連絡ミスを原因とした事故、作業完了後の確認ミスを原因とした事故、建設用の重機により鉄道施設や軌道を破損、損傷などが挙げられます。なお、運輸安全委員会の調査結果によると、2002年から2018年の期間における工事違反を原因とした鉄道重大インシデントの件数は7件となっています。


## (5) 生産性向上及び働き方改革

○　「日本の将来推計人口（平成29年推計）」（国立社会保障・人口問題研究所）によると、出生率中位仮定（死亡中位推計）による生産年齢人口割合は、2015年の60.8％から減少を続け、2040年には53.9％、2065年には51.4％となると推計されている。推計値であるものの、我が国の生産年齢人口が、今後減少していくことを示す重要な指標である。このような背景を踏まえると、鉄道分野のより一層の生産性向上及び働き方の改革が求められている。このような状況を踏まえ、鉄道分野の生産性及び働き方改革を担当する技術者として、以下の問いに答えよ。　　　　　　　　　　　　　　（練習）

(1) 鉄道分野の生産性向上及び働き方の改革に関し、技術者としての立場で多面的な観点から課題を抽出し分析せよ。

(2)（1）で抽出した課題のうち最も重要と考える課題を1つ挙げ、その課題に対する複数の解決策を示せ。

(3) (2) で示した解決策に共通して新たに生じうるリスクとそれへの対策について述べよ。

　平成28年に国土交通省は「国土交通省生産性革命本部」を設置し、生産性革命に関する取り組みを継続的に実施し、令和元年を生産性革命「貫徹の年」と位置づけています。「i-Construction」といった施策を中心に、ICT（情報通信技術）の利活用や幅広い分野の豊富なビッグデータを効果的に活用することにより、インフラ整備・管理の高度化及びインフラの機能の高度化を図るといった取り組みが行われています。生産性向上の取り組み例としては、多能工化の推進、設計・施工環境の高度化、技術革新への対応、BIM／CIMの導入、重層下請構造の改善などが挙げられます。

　労働環境を改善し、働き方の改革を考える際には、まず、鉄道分野における労働環境・条件や業務の特徴を押さえることが重要です。それらを押さえることにより、労働環境の改善点を整理することができると考えられます。働き方の改革ポイントとしては、長時間労働の是正、週休2日の確保、業務効率化・合理化、IoT（Internet of Things）技術やICTの活用などが挙げられます。

## (6) インフラ輸出と国際化

○　平成27年に「質の高いインフラパートナーシップ」が安倍総理より発表され、また、平成28年5月に開催されたG7伊勢志摩サミットでは、「質の高いインフラ投資の推進のためのG7伊勢志摩原則」が合意された。今後、我が国の質の高いインフラ技術の海外展開がより一層促進されることが求められている。

　　このような状況を踏まえ、鉄道分野のインフラ技術を海外に展開する担当責任者になったとして、以下の問いに答えよ。　　　　　　　　　（練習）

(1) 鉄道インフラを海外に展開するに当たり、技術者としての立場で多面的な観点から課題を抽出し分析せよ。

(2) (1) で抽出した課題のうち最も重要と考える課題を1つ挙げ、その課題に対する2つ以上の解決策を示せ。

(3) (2) で示した解決策に共通して新たに生じうるリスクとそれへの対策について述べよ。

　日本政府は、平成25年5月に「インフラシステム輸出戦略」を取りまとめ、以後、随時改訂版が策定されています。「質の高いインフラ投資の推進のためのG7伊勢志摩原則」を以下に示します。

原則1：効果的なガバナンス、信頼性のある運行・運転、ライフサイクルコストから見た経済性及び安全性と自然災害、テロ、サイバー攻撃のリスクに対する強じん性の確保

原則2：現地コミュニティでの雇用創出、能力構築及び技術・ノウハウ移転の確保

原則3：社会・環境面での影響への対応

原則4：国家及び地域レベルにおける、気候変動と環境の側面を含んだ経済・開発戦略との整合性の確保

原則5：PPP等を通じた効果的な資金動員の促進

また、「インフラシステム輸出戦略（平成29年度改訂版）」に基づく、「海外展開戦略（鉄道）」（平成29年10月）では、以下のような課題が示されています。

◇　川上から川下までの各段階における体制強化：我が国鉄道の海外展開を進めていくためには、日本規格の国際標準化等の推進はもとより、個別案件における日本の仕様の採用に向けた川上段階からの官民一体での働きかけ、事業性調査、設計、入札支援、施工監理等の業務を相手国の立場に立って実施する総合コンサル体制の構築が必要不可欠。

## (7) 気候変動影響

○　近年、世界各地では、強い台風やハリケーン、集中豪雨、干ばつや熱波などの異常気象による災害が発生し、多大な被害が発生している。我が国も異常気象を原因とした集中豪雨により甚大な被害や記録的な猛暑が近年観測されている。このような気候変動の影響に対しては、近年、温室効果ガスの排出抑制等を行う「緩和策」と合わせ、顕在化している影響や中長期的に避けられない影響に対して被害を回避・軽減する「適応策」を進めることが必要とされている。このような状況を踏まえ、鉄道分野の気候変動の適応に関する担当責任者になったとして、以下の問いに答えよ。　　　　　　　（練習）

(1) 鉄道分野において気候変動の適応策を検討・推進するに当たり、技術者としての立場で多面的な観点から課題を抽出し分析せよ。

(2)（1）で抽出した課題のうち最も重要と考える課題を1つ挙げ、その課題に対する2つ以上の解決策を示せ。

(3)（2）で示した解決策に共通して新たに生じうるリスクとそれへの対策について述べよ。


平成30年6月13日に公布された「気候変動適応法」に基づき、新たな「気候変動適応計画」が法定計画として閣議決定され、合わせて平成27年11月に

策定された「国土交通省気候変動適応計画」も同様に最新の施策等を反映する改正が行われています。平成30年11月に一部改正された「国土交通省気候変動適応計画」では、気候変動による国土交通分野への影響、適応策の基本的な考え方や「自然災害」、「水資源・水環境」、「国民生活・都市生活」及び「産業・経済活動」の分野ごとの適応に関する施策が明記されています。

## (8) 人材確保及び育成

○　一般社団法人日本建設業連合会は人材確保・育成に関する取り組みの一つとして、平成26年4月18日に「建設技能労働者の人材確保・育成に関する提言」を策定している。さらに、平成31年4月18日には、「建設分野の特定技能外国人　安全安心受入宣言」を策定している。少子高齢化社会の我が国は、建設産業を含め全産業において人材の確保が急務な課題となっており、外国人材の活用を含めた対応が求められている。このような状況を踏まえ、鉄道分野の人材確保・育成に関する担当責任者になったとして、以下の問いに答えよ。　　　　　　　　　　　　　　　　　　　　　　　　　　（練習）

　(1) 鉄道分野における外国人材の活用を含めた人材確保・育成に当たり、技術者としての立場で多面的な観点から課題を抽出し分析せよ。

　(2) (1)で抽出した課題のうち最も重要と考える課題を1つ挙げ、その課題に対する2つ以上の解決策を示せ。

　(3) (2)で示した解決策に共通して新たに生じうるリスクとそれへの対策について述べよ。

　平成31年4月より改正された「出入国管理及び難民認定法」が施行され、建設分野を含む14の分野において、特定技能外国人労働が認められることになりました。人材確保の観点からは、特定技能外国人のスムーズな受入れを進めることが必要ですが、さまざまな問題点を抱えていることも事実です。このような状況の中、一般社団法人日本建設業連合会は、平成26年4月18日に「建設技能労働者の人材確保・育成に関する提言」を策定しました。「建設分野の特定技能外国人　安全安心受入宣言」の要旨によると、特定技能外国人の建設現場への受入に関する方針が、次のように示されています。

　①不法就労の排除：□受入計画認定の確認、□CCUSの現場登録、技能者登録・事業者登録の確認、□CCUS登録内容の時点修正の確認、□現場における本人確認

　②現場の安全確保：□常時の日本語教育・安全教育、□現場における指示の徹底、□外国人が理解しやすい安全看板の採用

③安心できる処遇：□適正な賃金・社会保険の加入、□相談を受けた際の対応、□違反企業への対応、□差別行為等の排除

　人材確保及び育成に関しては、上記の特定技能外国人の活用を含め、女性の活躍の場の拡大、退職者等の再雇用制度、定年延長など、雇用条件や労働条件の大幅な見直しを図りながら進めていくことが重要です。

# 9. トンネル

トンネルで出題されている問題は、維持管理・更新、環境保全及び気候変動影響、生産性向上及び働き方改革、安全管理及び品質確保等、災害対策、人材確保・育成及び技術伝承、インフラ輸出と国際化に大別されます。なお、解答する答案用紙枚数は3枚（1,800字以内）です。

## （1）維持管理・更新

○　我が国の少子高齢化・人口減少が続いていく中で、厳しい財政状況の下においても経済成長や安全・安心の確保、国民生活の質の向上を持続的に実現していくためには、ストック効果を最大限に発揮する社会資本整備が求められている。

　社会資本整備をめぐっては、①切迫する巨大地震や激甚化する気象災害、②人口減少に伴う地方の疲弊、③激化する国際競争、④加速するインフラ老朽化という4つの構造的課題に直面している。

　このような状況を踏まえ、以下の問いに答えよ。　　　　　　　（H30−1）

(1) 社会資本整備をめぐる、上記①〜③の構造的課題に対する解決策を、それぞれ2つ以上述べよ。

(2) 上記④の「加速するインフラ老朽化」に対しては、社会資本がその役割を果たせるよう、適切にメンテナンスを行っていく必要があるが、メンテナンスを実施する上での問題点を2つ挙げ、それぞれについて解決策を多様な観点から述べよ。

(3) トンネルのメンテナンスを行っていくためには、他のインフラと同様に「点検・診断」、「修繕・更新」、「情報の記録・活用」といったメンテナンスサイクルを構築し、これを着実に実施していく必要がある。あなたが専門とするトンネル分野において、適切にメンテナンスサイクルを実施する上での各段階における課題、解決策及びそれによってもたらされる効果について述べよ。

○　我が国の社会資本の多くは高度経済成長期に整備されたものであり、建設後50年以上が経過するインフラの割合はこれから急激に増加することになり、社会資本の長寿命化が求められる状況になってきた。このような状況を考慮

して、以下の問いに答えよ。　　　　　　　　　　　　　　　　（H27－1）

(1) トンネルの長寿命化のために検討すべき課題を多様な観点より述べよ。

(2) (1)で示した課題のうちあなたが特に重要と考える2つの課題について、解決するための具体的な提案を示せ。

(3) あなたの提案のそれぞれについて、実施により予想される効果を述べよ。また、実施の際に留意すべき事項についてトンネルの特徴を踏まえて述べよ。

○　我が国の社会資本は高度経済成長期に集中的に整備され、建設後既に30〜50年の期間を過ぎているものが多いことから、今後急速に老朽化が進行すると考えられる。このような状況を勘案して、以下の問いに答えよ。

　　　　　　　　　　　　　　　　　　　　　　　　　　　　　（H25－1）

(1) 社会資本全般に関する老朽化について課題を挙げ、それに対する対応策をアセットマネジメントの観点から記述せよ。

(2) あなたが専門とする分野のトンネルにおいて、老朽化により問題となっている現象について記述せよ。

(3) 現状のトンネル維持管理技術（点検、補修等）の課題を複数挙げ、その課題解決に向けて今後開発すべき技術についてあなたの意見を述べよ。

○　高度成長期以降に整備したインフラが、今後一斉に老朽化を迎えることが見込まれている。また、我が国は少子高齢化が顕著であり、かつ、今後も長期にわたり人口の減少が見込まれているため、限られた財政状況の中で、いかに持続的・実効的なインフラの維持管理・更新を実行していくかが大きな課題となっている。そのため、国土交通省では、予防保全の考え方を導入した「国土交通省インフラ長寿命化計画（行動計画）」を平成26年5月に策定し、インフラの老朽化対策について取り組んでいる。

　　このような状況を考慮して、トンネル分野の技術者として、以下の問いに答えよ。　　　　　　　　　　　　　　　　　　　　　　　　　　（練習）

(1) トンネル構造物・施設を1つ選び、老朽化しつつある当該施設に関し、従来の事後保全型から予防保全型に考え方を転換した維持管理・更新又は運用を行うに当たり、技術者としての立場で多面的な観点から課題を抽出し分析せよ。

(2) (1)で抽出した課題のうち最も重要と考える課題を1つ挙げ、その課題に対する複数の解決策を示せ。

(3) (2)で示した解決策に共通して新たに生じうるリスクとそれへの対策について述べよ。

少子高齢化により今後ますます財源は厳しい状況となるため、現在のインフラストックの維持管理・更新は、計画的、効率的かつ効果的な整備が求められています。そのため、政府全体の取り組みとして、平成25年11月に「インフラ長寿命化基本計画」がとりまとめられ、この計画に基づき、平成26年5月に国土交通省が予防保全の考え方を導入した「国土交通省インフラ長寿命化計画（行動計画）」を策定しました。道路トンネルの個別施設ごとの長寿命化計画（個別施設計画）の策定率は次のとおりとなっています。

図表4.11　道路のトンネルの個別施設ごとの長寿命化計画（個別施設計画）の策定率

| 施　設 | 平成26年度 | 平成29年度 | 平成32年度（目標値） |
|---|---|---|---|
| 道路（トンネル） | — | 36% | 100% |

出典：「国土交通白書2019」（国土交通省）　参考資料編

予防保全とは、一般に、施設の機能や性能に不具合が発生した後に対応するといった事後保全と対比して、施設の機能や性能に不具合が発生する前に対応するといった考え方です。予防保全の考え方を適用した場合のほうが、従来の事後保全の対応よりも維持管理・更新に掛かる費用が大幅に減少するといった試算結果も示されており、効果的かつ効率的な維持管理・更新が可能ということです。予防保全の考え方を適用した維持管理・更新に関する課題を検討する場合には、人材、対象物（建築構造物、土木構造物、機械・電子機器・設備関連等）、コスト、手法・技術といった観点から整理するとよいと考えられます。

なお、道路、自動車道及び鉄道分野のトンネルの建設後50年以上経過する施設の割合は次のとおりです。

図表4.12　道路、自動車道及び鉄道分野のトンネルの建設後50年以上経過する施設の割合

| 分野／施設 | 建設後50年以上経過する施設の割合[※1] | | | 管理者 | 施設数 |
|---|---|---|---|---|---|
| | 平成25年3月現在 | 10年後 | 20年後 | | |
| 道路／トンネル | 18% | 32% | 48% | 国 | 1,299本 |
| | | | | 高速道路会社 | 1,583本 |
| | | | | 都道府県 | 4,790本 |
| | | | | 政令市 | 335本 |
| | | | | 市区町村 | 2,369本 |
| 自動車道／トンネル | 67% | 100% | 100% | 民間企業 | 8本 |
| | | | | 地方道路公社 | 1本 |
| 鉄道／トンネル | 60% | 81% | 91% | 鉄道事業者等 | 4,737本 |

※1　建設後50年以上経過する施設の割合については建設年度不明の施設数を除いて算出した。

出典：「国土交通省　インフラ長寿命化計画（行動計画）」（平成26年5月21日 国土交通省）

## (2) 環境保全及び気候変動影響

○　近年、建設工事によりもたらされる環境への影響に関しては、工事現場周辺地域はもとより、当該地域以外への波及状況も勘案しながら、環境保全あるいは環境影響低減を図ることが重要視されている。あなたが専門とするトンネル分野の工事計画を行うことを想定して以下の問いに答えよ。

（H30－2）

(1) 工事着手前の環境保全計画の策定に当たり重要な調査項目とされている、騒音・振動、工事による汚濁水、交通障害、有害ガス、動植物の生態系、の5項目の中から3つを選び、それぞれについて調査事項を複数挙げよ。また、それらの調査を実施する上での留意点を述べよ。

(2) (1)で選択した3項目のそれぞれについて、工事着手後に影響をもたらす具体的な要因を複数挙げよ。また、それらの要因に対する解決策を述べよ。

(3) トンネルの掘削工事による発生土について、転用あるいはリサイクルが難しい事象を2つ挙げ、それぞれの事象に対して考えられる措置を多様な観点から述べよ。

○　地球規模の環境問題から脱却し、人間社会の発展と繁栄を確保していくためには、「低炭素社会」、「自然共生社会」、「循環型社会」を構築することが必要である。また、循環型社会を構築する上で、建設副産物対策や建設発生土の有効利用が重要な課題となっている。これらの状況を踏まえ、建設部門の技術者として、以下の問いに答えよ。　　　　　　　　（H29－1）

(1)「低炭素社会」、「自然共生社会」の構築のために、あなたが重要と考える対応策と具体例について、それぞれ多様な観点から述べよ。

(2) 建設副産物対策の課題及びその解決策について、2項目以上述べよ。

(3) トンネル工事において、建設発生土の有効利用を促進する上での課題、解決策及び留意点について、3項目以上述べよ。

○　近年、世界各地では、強い台風やハリケーン、集中豪雨、干ばつや熱波などの異常気象による災害が発生し、多大な被害が発生している。我が国も異常気象を原因とした集中豪雨により甚大な被害や記録的な猛暑が近年観測されている。このような気候変動の影響に対しては、近年、温室効果ガスの排出抑制等を行う「緩和策」と合わせ、顕在化している影響や中長期的に避けられない影響に対して被害を回避・軽減する「適応策」を進めることが必要とされている。上記のようなこれを踏まえ、トンネル分野の気候変動の適応を担当する技術者として、以下の問いに答えよ。　　　　（練習）

(1) トンネル分野において気候変動の適応策を検討・推進するに当たり、技術者としての立場で多面的な観点から課題を抽出し分析せよ。

(2) (1) で抽出した課題のうち最も重要と考える課題を1つ挙げ、その課題に対する2つ以上の解決策を示せ。

(3) (2) で示した解決策に共通して新たに生じうるリスクとそれへの対策について述べよ。

平成30年6月13日に公布された「気候変動適応法」に基づき、新たな「気候変動適応計画」が法定計画として閣議決定され、合わせて平成27年11月に策定された「国土交通省気候変動適応計画」も同様に最新の施策等を反映する改正が行われています。平成30年11月に一部改正された「国土交通省気候変動適応計画」では、気候変動による国土交通分野への影響、適応策の基本的な考え方や「自然災害」、「水資源・水環境」、「国民生活・都市生活」及び「産業・経済活動」の分野ごとの適応に関する施策が明記されています。

## (3) 生産性向上及び働き方改革

○ 近年、政府・行政をはじめとして労働者の「働き方改革」について、様々な議論がなされているところである。一方で、建設業では全国的に技能労働者不足が顕在化している。このような社会情勢下においてトンネル工事は計画から完成までに数年以上の期間を要する場合が多く、労働環境の改善あるいは生産性の向上に関する課題が山積している。

このような状況を勘案して、以下の問いに答えよ。 (H29 - 2)

(1) 建設業において担い手の確保・育成のために検討すべき課題を3項目以上挙げ、それぞれの課題について述べよ。

(2) あなたの専門とするトンネル分野において、生産性向上を実現する上で重要と考える対応策を4項目以上挙げ、それぞれの概要、効果及び留意点について述べよ。

○ 国土交通省公共事業コスト構造改善プログラム（平成20年3月）においては、「工事コストの縮減」に加えて「事業のスピードアップによる効果の早期発現」も評価項目とされており、工事を予定どおり進捗させることが強く求められている。

トンネル建設においても、工程の確保は重要な課題である。しかしながら種々の制約条件から当初計画した工程どおりに工事を進めることが困難となることが多い。このような状況を踏まえ、あなたが専門とする分野のトンネルにおいて、以下の問いに答えよ。 (H25 - 2)

(1) 工程管理上、工事着手前に十分検討する必要がある項目を多面的に述べよ。

(2) 工事着手後の工程管理について、あなたが直面した課題を具体的に挙げ

るとともに、解決のために行った技術的提案を述べよ。

(3) あなたの技術的提案がもたらした効果について述べよ。また、その提案
　に想定されたリスクについて述べよ。

○　「日本の将来推計人口（平成29年推計）」（国立社会保障・人口問題研究所）
　によると、出生率中位仮定（死亡中位推計）による生産年齢人口割合は、
　2015年の60.8％から減少を続け、2040年には53.9％、2065年には51.4％と
　なると推計されている。推計値であるものの、我が国の生産年齢人口が、
　今後減少していくことを示す重要な指標である。このような背景を踏まえる
　と、トンネル分野のより一層の生産性向上及び働き方の改革が求められてい
　る。このような状況を踏まえ、トンネル分野の生産性及び働き方改革を担当
　する技術者として、以下の問いに答えよ。　　　　　　　　　　　**(練習)**

(1) トンネル分野の生産性向上及び働き方の改革に関し、技術者としての立
　場で多面的な観点から課題を抽出し分析せよ。

(2) (1) で抽出した課題のうち最も重要と考える課題を1つ挙げ、その課題
　に対する複数の解決策を示せ。

(3) (2) で示した解決策に共通して新たに生じるリスクとそれへの対策に
　ついて述べよ。


　平成28年に国土交通省は「国土交通省生産性革命本部」を設置し、生産性
革命に関する取り組みを継続的に実施し、令和元年を生産性革命「貫徹の年」
と位置づけています。「i–Construction」といった施策を中心に、ICT（情報
通信技術）の利活用や幅広い分野の豊富なビッグデータを効果的に活用するこ
とにより、インフラ整備・管理の高度化及びインフラの機能の高度化を図ると
いった取り組みが行われています。生産性向上の取り組み例としては、多能工
化の推進、設計・施工環境の高度化、技術革新への対応、BIM／CIMの導入、
重層下請構造の改善などが挙げられます。

　労働環境を改善し、働き方の改革を考える際には、まず、トンネル分野にお
ける労働環境・条件や業務の特徴を押さえることが重要です。それらを押さえ
ることにより、労働環境の改善点を整理することができると考えられます。働
き方の改革ポイントとしては、長時間労働の是正、週休2日の確保、業務効率
化・合理化、IoT（Internet of Things）技術やICTの活用などが挙げられます。


### (4) 安全管理及び品質確保等

○　トンネル工事は自然が相手であり、地質条件等の不確定要素が多いという
　特徴がある。このため、安全に施工を行うには、災害のリスクを最小限に抑

えるよう、適切な計画・設計の実施はもとより、施工時における臨機応変な対応が重要である。このような状況を考慮して、以下の問いに答えよ。

(R1−1)

(1) 地山の崩落等の重大な労働災害や公衆災害を防止するために、技術者としての立場で多面的な観点から課題を抽出し分析せよ。

(2) 抽出した課題のうちあなたが最も重要と考える課題を1つ選択し、その課題に対する複数の解決策を示せ。

(3) 解決策に共通して新たに生じうるリスクとそれへの対策について述べよ。

○ トンネルの計画は、事前調査によって得られた支障物条件、地形・地盤条件、環境保全条件等をもとに行われる。一方、その計画において、トンネルの安全性、公益性、品質を適切に確保するには、これらの条件を踏まえつつ、施工時及び供用時の課題とそれら課題の解決がなされない場合の事象について詳細に分析することが重要である。このような状況を考慮して、あなたが専門としているトンネル工法を1つ選択し、トンネルの計画を策定する技術者として、以下の問いに答えよ。

(R1−2)

(1) トンネルの安全性、公益性、品質を適切に確保するに当たり、技術者としての立場で多面的な観点から課題を抽出し分析せよ。

(2) 抽出した課題のうち最も重要と考える課題を1つ挙げ、その課題に対する複数の解決策を示せ。

(3) 解決策に共通して新たに生じうるリスクとそれへの対策について述べよ。

○ 周辺環境や社会的要請が多様化、複雑化する中で、高品質な社会基盤の整備を進めることが重要である。しかし、近年、建設工事において、社会問題となっている「品質確保上の不具合」が生じてきている現状を踏まえ、以下の問いに答えよ。

(H28−2)

(1) 建設される構造物の品質を確保する上で、調査、設計、施工の各段階における検討すべき課題を多様な観点から述べよ。

(2) 上述した検討すべき課題のうち、あなたが専門とするトンネル分野において、品質を確保するために特に重要と考える課題を2つ挙げ、その解決のための具体的な方策を述べよ。

(3) 提案した方策がもたらす効果を具体的に示すとともに、想定される留意点について、あなたの考えをそれぞれ述べよ。

○ トンネル建設工事においては、これまで事故防止に向けた様々な安全対策が講じられてきたものの、重大な労働災害や公衆損害事故等が依然として発生している。トンネル建設工事中の事故に関する以下の問いに答えよ。

(H26−2)

(1) トンネル建設工事特有の事故のうち、あなたが専門とするトンネル分野において、特に調査・設計段階から予防に留意する必要がある事故を2つ挙げ、その内容を説明せよ。また、それぞれの事故について、①調査・設計段階、②施工段階において、事故を未然に防止するための留意点や技術的対策を概説せよ。

(2) 建設工事を取り巻く近年の社会的背景やトンネル建設工事の特性を踏まえて、事故のリスクを高めるおそれがあると考えられる要因や課題を3つ挙げ、その内容を説明せよ。

(3) (2)で挙げた要因や課題に対して、今後どのような対応が必要となるかあなたの意見を述べよ。


　トンネル工事の安全衛生管理は、一般に、関連法規の遵守、必要な工事計画の届出、安全施工体制の構築、安全衛生教育の実施及び安全点検の実施などが挙げられます。また、作業環境の整備として、換気、照明、排水、安全通路、騒音・振動対策、必要な保護具の着用・使用、現場周辺の環境整備などに留意することが重要です。また、施工に当たっては、災害防止として、公衆災害の防止、揚重・運搬・車両等の災害防止、火災防止、ガス爆発災害防止、酸欠及びガス中毒災害防止、圧気工法に伴う災害防止など、必要な措置を講じる必要があります。公衆災害に関して重要な情報としては、平成5年に策定された「建設工事公衆災害防止対策要綱」が、令和元年9月2日に改正されています。本要綱における改正の背景、改正された内容や新規で追加された内容等を中心に情報を整理しておきましょう。一般に、労働安全衛生マネジメントシステムに関する規格は、厚生労働省の「労働安全衛生マネジメントシステムに関する指針」や国際規格のISO 45001／OHSAS 18001（OHSAS 18001は2021年3月に廃止予定）などがあります。

　品質確保に関して、「公共工事の品質確保の促進に関する法律」が、平成17年4月1日から施行されており、現在までに2回改正されています。国土交通省の公表資料によると、改正された背景等が次のように示されています。

　◇　平成26年6月4日の改正背景等は、1）ダンピング受注や行き過ぎた価格競争、2）現場の担い手不足や若年入職者の減少、3）発注者のマンパワー不足、4）地域の維持管理体制への懸念、5）受発注者の負担増大など

　◇　令和元年6月14日の改正背景等は、1）災害への対応、2）働き方改革関連法の成立、3）生産性向上の必要性、4）調査・設計の重要性など

　トンネル構造物は、竣工後に目視のような方法等で、品質の確認ができない場合があるため、調査、設計、施工といった建設プロジェクトにおける各工程

において、しっかりと品質を作り込むことが重要になります。また、建設プロジェクトの調査や設計段階で生じたミスや不祥事等は、後工程でリカバーすることは難しく、竣工物の品質に多大な影響を及ぼす可能性が極めて高くなります。このようなことを踏まえ、トンネル構造物の品質確保に関して課題を整理していくことが重要です。

## (5) 災害対策

○ 様々な自然災害が頻発する我が国では、いかなる災害が発生しても機能不全に陥らないように既設及び新設の社会基盤に防災、減災対策を講じておくことは非常に重要である。近年発生した自然災害を踏まえ、建設部門の技術者として、以下の問いに答えよ。　　　　　　　　　　　　　　(H28－1)

(1) トンネルなどの地下構造物の防災、減災に関して検討すべき課題を多様な観点から述べよ。

(2) 上述した検討すべき課題のうち、あなたが特に重要と考える課題を2つ挙げ、その解決のための具体的な方策を述べよ。

(3) 提案した方策がもたらす効果を具体的に示すとともに、想定される留意点について、あなたの考えをそれぞれ述べよ。

○ 平成30年12月14日に「防災・減災、国土強靱化のための3か年緊急対策」が閣議決定された。この背景には、近年激甚化している災害により全国で大きな被害が頻発していることを踏まえ、その災害により明らかになった課題に対応することなどが挙げられる。国土交通省では、取り組むべき最優先課題の一つとしてソフト・ハードの両面から、この緊急対策に取り組んでいる。上記のような状況を踏まえ、トンネル分野の災害対策を担当する技術者として、以下の問いに答えよ。　　　　　　　　　　　　　　(練習)

(1) 近年激甚化する自然災害等に対するトンネル構造物の取り組み対策に関して、ソフト・ハードの両面から、技術者としての立場で多面的な観点から課題を抽出し分析せよ。

(2) (1) で抽出した課題のうち最も重要と考える課題を1つ挙げ、その課題に対する複数の解決策を示せ。

(3) (2) で示した解決策に共通して新たに生じうるリスクとそれへの対策について述べよ。

　平成25年12月11日に「強くしなやかな国民生活の実現を図るための防災・減災等に資する国土強靱化基本法（国土強靱化基本法）」が公布・施行され、同法第10条に基づき、平成26年6月3日に「国土強靱化基本計画」が閣議決定

されました。この計画は、適時変更されていますが、国土強靱化の基本的な考え方、脆弱性評価、国土強靱化の推進方針などがとりまとめられています。また、平成30年12月14日に「防災・減災、国土強靱化のための3か年緊急対策」が閣議決定されました。この対策は、「防災のための重要インフラ等の機能維持」及び「国民経済・生活を支える重要インフラ等の機能維持」の2つの観点から、特に緊急に実施すべきソフト・ハード対策を3年間（2018～2020年度）で集中的に実施するといったものです。国土交通省が公表しているソフト・ハード対策の概要は次のとおりです。

　　□　ソフト対策：災害発生時に命を守る情報発信の充実、利用者の安全確保、
　　　　　　　　　　迅速な復旧等に資する体制強化
　　□　ハード対策：防災のための重要インフラ等の機能維持、国民経済・生活
　　　　　　　　　　を支える重要インフラ等の機能維持

## (6) 人材確保・育成及び技術伝承

○　平成4年度以降の建設投資減少に伴い、建設業界の就労者数は年々減少傾向を示していたが、平成22年度以降、建設投資は増加の傾向にあり、建設技術者や建設技能者の不足が社会的な問題となってきた。このような状況を考慮して、以下の問いに答えよ。　　　　　　　　　　　　　（H27－2）

(1) 建設業界における労働力不足の要因と考えられる社会的背景について多様な観点から記述せよ。

(2) (1) の記述を踏まえ、トンネル分野においてあなたが特に重要であると考える課題を2つ挙げ、それぞれの解決策について記述せよ。

(3) (2) であなたの提示した解決策がもたらす効果を具体的に示すとともに、解決策の実行に当たって想定されるリスクについて記述せよ、

○　産業界の多くの分野で若い世代への技術継承に関する取組みが行われている。技術は一度途絶えてしまえば後世に伝えることが困難で、技術がうまく継承されない場合、将来危機的な技術力の低下に陥るおそれもある。技術継承に関する以下の問いに答えよ。　　　　　　　　　　　　　（H26－1）

(1) 建設分野において現在直面している技術継承に関する課題を、多様な観点から述べよ。

(2) 上述した課題を踏まえ、建設分野において技術継承のためにあなたが必要と考える方策を2つ提示し、その内容について説明せよ。

(3) あなたが専門とするトンネル分野の技術継承の面での特性について述べよ。また、これを踏まえた上で、(2) においてあなたが提示した方策がもたらす効果と想定される問題点について述べよ。

○ 一般社団法人日本建設業連合会は人材確保・育成に関する取り組みの一つ
として、平成26年4月18日に「建設技能労働者の人材確保・育成に関する
提言」を策定している。さらに、平成31年4月18日には、「建設分野の特定
技能外国人　安全安心受入宣言」を策定している。少子高齢化社会の我が国
は、建設産業を含め全産業において人材の確保が急務な課題となっており、
外国人材の活用を含めた対応が求められている。上記のような状況を踏まえ、
トンネル分野の人材確保・育成を担当する技術者として、以下の問いに答え
よ。　　　　　　　　　　　　　　　　　　　　　　　　　　　　（練習）

(1) トンネル分野における外国人材の活用を含めた人材確保・育成に当たり、
技術者としての立場で多面的な観点から課題を抽出し分析せよ。

(2) (1) で抽出した課題のうち最も重要と考える課題を1つ挙げ、その課題
に対する2つ以上の解決策を示せ。

(3) (2) で示した解決策に共通して新たに生じうるリスクとそれへの対策に
ついて述べよ。


平成31年4月より改正された「出入国管理及び難民認定法」が施行され、建
設分野を含む14の分野において、特定技能外国人労働が認められることになり
ました。人材確保の観点からは、特定技能外国人のスムーズな受入れを進める
ことが必要ですが、様々な問題点を抱えていることも事実です。このような状
況の中、一般社団法人日本建設業連合会は、平成26年4月18日に「建設技能
労働者の人材確保・育成に関する提言」を策定しました。「建設分野の特定技
能外国人　安全安心受入宣言」の要旨によると、特定技能外国人の建設現場へ
の受入に関する方針が、次のように示されています。

①不法就労の排除：□受入計画認定の確認、□CCUSの現場登録、技能者登
　　　　　　　　　録・事業者登録の確認、□CCUS登録内容の時点修正の
　　　　　　　　　確認、□現場における本人確認

②現場の安全確保：□常時の日本語教育・安全教育、□現場における指示の
　　　　　　　　　徹底、□外国人が理解しやすい安全看板の採用

③安心できる処遇：□適正な賃金・社会保険の加入、□相談を受けた際の対
　　　　　　　　　応、□違反企業への対応、□差別行為等の排除


人材確保及び育成に関しては、上記の特定技能外国人の活用を含め、女性の
活躍の場の拡大、退職者等の再雇用制度、定年延長など、雇用条件や労働条件
の大幅な見直しを図りながら進めていくことが重要です。

## （7）インフラ輸出と国際化

○　平成27年に「質の高いインフラパートナーシップ」が安倍総理より発表され、また、平成28年5月に開催されたG7伊勢志摩サミットでは、「質の高いインフラ投資の推進のためのG7伊勢志摩原則」が合意された。今後、我が国の質の高いインフラ技術の海外展開がより一層促進されることが求められている。このような状況を踏まえ、トンネル分野のインフラ技術を海外に展開する担当責任者になったとして、以下の問いに答えよ。　　　　　（練習）

(1) 我が国のトンネル技術を海外に展開するに当たり、技術者としての立場で多面的な観点から課題を抽出し分析せよ。

(2) (1)で抽出した課題のうち最も重要と考える課題を1つ挙げ、その課題に対する2つ以上の解決策を示せ。

(3) (2)で示した解決策に共通して新たに生じうるリスクとそれへの対策について述べよ。

日本政府は、平成25年5月に「インフラシステム輸出戦略」を取りまとめ、随時改訂版が策定されています。「質の高いインフラ投資の推進のためのG7伊勢志摩原則」を以下に示します。

原則1：効果的なガバナンス、信頼性のある運行・運転、ライフサイクルコストから見た経済性及び安全性と自然災害、テロ、サイバー攻撃のリスクに対する強じん性の確保

原則2：現地コミュニティでの雇用創出、能力構築及び技術・ノウハウ移転の確保

原則3：社会・環境面での影響への対応

原則4：国家及び地域レベルにおける、気候変動と環境の側面を含んだ経済・開発戦略との整合性の確保

原則5：PPP等を通じた効果的な資金動員の促進

トンネルの技術を含めたノウハウを海外展開する場合、国内との環境が大きく変わるため、展開先の法令や先方のニーズ、施工環境、言語、風土、地質・地盤環境、資機材の調達先、現地労務者のスキルレベル等を十分に調査・検討する必要があります。

# 10. 施工計画、施工設備及び積算

　施工計画、施工設備及び積算で出題されている問題は、維持管理・更新、品質確保等、安全管理、生産性向上及び働き方改革、労務管理及び人材確保・育成、環境保全及び循環型社会、契約制度及び建設マネジメントに大別されます。なお、解答する答案用紙枚数は3枚（1,800字以内）です。

## (1) 維持管理・更新

○　建設業は、大規模災害からの復旧や東京オリンピック・パラリンピックの開催準備等の事業を進めているところであるが、今後とも必要な社会資本を提供し、適切な維持更新の役割を担うため、なお一層国民の理解を得つつ、魅力ある産業として持続的に発展していくことが求められている。

　　このような状況を踏まえ、以下の問いに答えよ。　　　　　　（H27－1）

(1) 建設技術者として取り組むべきと考える社会資本整備の分野を2つ挙げ、その意義を記述せよ。

(2) (1)で挙げた社会資本整備の分野のうちの1つについて、取組を進めるに当たっての課題を2つ挙げ、それぞれの技術的対応策を記述せよ。

(3) (2)で記述した対応策の1つについて、それを実行する際、あなたのこれまでの経験やスキルを踏まえ、どのような役割を果たすことができるか具体的に記述せよ。

○　我が国の社会インフラは、高度経済成長期から1980年代にかけて集中的に整備され、今後、一斉に老朽化が進むことが懸念される。このため、社会インフラの長寿命化を目的とした維持管理・更新に当たっては、的確かつ効率的に取り組むことが重要である。

　　このような状況を踏まえ、以下の問いに答えよ。　　　　　　（H27－2）

(1) 社会インフラの維持管理・更新工事を実施する段階において、その実施を阻害する要因を幅広い視点から2つ挙げ、その内容を記述せよ。

(2) (1)で挙げた阻害する要因を排除・低減するために、それぞれについて技術的対応策の内容を記述せよ。

(3) (2)で記述した技術的対応策のうちの1つについて、それを実行する際、あなたのこれまでの経験やスキルを踏まえ、どのような役割を果たすこと

ができるか具体的に記述せよ。

○　高度経済成長期に構築された社会資本が耐用年数を迎えつつあるなど、社会資本の老朽化が急速に進んでいる。一方、我が国を取り巻く社会情勢も近年大きく変化しており、限られた財源の下で老朽化が進む社会資本の維持管理・更新を適切に進めることが求められている。

　　そのような背景を踏まえ、施工計画、施工設備及び積算の技術士として以下の問いに答えよ。　　　　　　　　　　　　　　　　　　　　　　（H25－1）

(1)　あなたが老朽化した施設の維持管理・更新を行うという立場にある場合、取り組むべき事項を3項目挙げ、各項目について実施上の課題を述べよ。

(2)　(1)で挙げた3項目の取り組みを実効性のあるものとするために、各課題に対する解決策を論述せよ。

○　高度成長期以降に整備したインフラが、今後一斉に老朽化を迎えることが見込まれている我が国であるが、老朽化を迎えるインフラをできる限り効率的かつ効果的に維持管理・更新していくことが、建設産業における大きな課題の一つとなっている。そのため、国土交通省では、予防保全の考え方を導入した「国土交通省インフラ長寿命化計画（行動計画）」を平成26年5月に策定し、インフラの老朽化対策について取り組んでいる。

　　このような状況を踏まえ、下記の問いに答えよ。　　　　　　　　（練習）

(1)　インフラの老朽化対策に関し、技術者としての立場で多面的な観点から課題を抽出し分析せよ。

(2)　(1)で抽出した課題のうち最も重要と考える課題を1つ挙げ、その課題に対する複数の解決策を示せ。

(3)　(2)で示した解決策に共通して新たに生じうるリスクとそれへの対策について述べよ。


　　「日本の社会資本2017　～Measuring Infrastructure in Japan 2017～」（平成30年3月一部改訂　内閣府政策統括官（経済社会システム担当））によると、我が国の2014年度における粗資本ストック額は約953兆円となっています。同資料に基づく粗資本ストックとは、現存する固定資産について、評価時点で新品として調達する価格で評価した値を示します。これは、膨大なストック額であることを示しています。少子高齢化により今後ますます財源は厳しい状況となるため、現在のインフラストックの維持管理・更新は、計画的、効率的かつ効果的な整備が求められています。そのため、政府全体の取り組みとして、平成25年11月に「インフラ長寿命化基本計画」がとりまとめられ、この計画に基づき、平成26年5月に国土交通省が予防保全の考え方を導入した「国土交通

省インフラ長寿命化計画（行動計画）」を策定しました。予防保全とは、一般に、施設の機能や性能に不具合が発生した後に対応するといった事後保全と対比して、施設の機能や性能に不具合が発生する前に対応するといった考え方です。予防保全の考え方を適用した場合のほうが、従来の事後保全の対応よりも維持管理・更新に掛かる費用が大幅に減少するといった試算結果も示されており、効果的かつ効率的な維持管理・更新が可能です。予防保全の考え方を適用した維持管理・更新に関する課題を検討する場合には、人材、対象物（建築構造物、土木構造物、機械・電子機器・設備関連等）、コスト、手法・技術といった観点から整理するとよいと考えられます。

## (2) 品質確保等

○　平成27年には、免震ゴム支承の偽装、落橋防止装置の溶接不良、杭施工データの流用といった建設工事と直接関わる不正事案が連続的に発覚した。このことは、マスコミでも大きく取り上げられ、エンドユーザーである国民から、建設構造物全般に対してその安全性が疑われるなど、建設部門に対する信頼が大きく揺らいだ。このため、建設技術者は基本に立ち戻って、建設構造物の安全と安心に対するユーザーの満足と信頼の獲得に努めていかなければならない。

　　　このような考えに立ち、以下の問いに答えよ。　　　　　　（H28－2）

(1) こうした不正事案の背景にあると考えられる要因を2つ記述しなさい。

(2) ユーザーの満足と信頼を獲得するため、(1) に挙げた要因の対策として、あなたが建設工事において具体的に実施できる施策と期待される成果を、発注者、設計者、元請け、下請け等の立場を明らかにした上で記述しなさい。

(3) (2) を踏まえ、建設部門全体で取り組むべきとあなたが考える方策を記述しなさい。

○　「公共工事の品質確保の促進に関する法律」の施行に伴い、総合評価落札方式による工事契約が拡大し、極端なダンピング受注などインフラ整備の品質確保に対する懸念は改善されてきた。

　　　しかしながら現場の周辺環境や社会的要請が多様化・複雑化する中で、施工計画策定段階の検討が十分なされていないこと等により、成果の品質が損なわれた施工例が引き続き報告されており、円滑な工事の推進を図りつつ品質を確実に担保する適切な施工計画の策定が益々重要となっている。このような状況を踏まえ、以下の問いに答えよ。　　　　　　（H26－2）

(1) 工事を施工する上で、品質確保の観点から施工計画策定時において検討すべき基本的事項を3つ挙げ、説明せよ。

(2) (1) で挙げた 3 つの基本的事項に対し、それぞれについて検討する上での課題と技術的解決策を論述せよ。

「公共工事の品質確保の促進に関する法律」は、平成 17 年 4 月 1 日から施行されていますが、現在までに 2 回改正されています。国土交通省の公表資料によると、改正された背景等が次のように示されています。

◇ 平成 26 年 6 月 4 日の改正背景等：1) ダンピング受注や行き過ぎた価格競争、2) 現場の担い手不足や若年入職者の減少、3) 発注者のマンパワー不足、4) 地域の維持管理体制への懸念、5) 受発注者の負担増大など

◇ 令和元年 6 月 14 日の改正背景等は、1) 災害への対応、2) 働き方改革関連法の成立、3) 生産性向上の必要性、4) 調査・設計の重要性など

## (3) 安全管理

○ 建設業の労働災害による死亡者数は、安全設備や安全管理の充実により減少傾向にあるが、今なお、全産業に占める建設業の死亡者数の割合は最も高く、建設業の労働災害の防止に向けて、新技術の活用などにより、なお一層の取組が必要である。

これらを踏まえて、以下の問いに答えよ。 (H30 − 1)

(1) 建設業の労働災害において死傷事故の発生頻度が高い事故の型別（種類）を 2 つ挙げ、それぞれの事故が発生する要因となっている建設現場の作業内容や作業環境の特徴について述べよ。

(2) (1) の事故発生要因を受けて、様々な事故防止対策が行われているが、依然として、類似事故が発生している。このような状況を招いている背景と問題点について述べよ。

(3) (2) の問題点を解決するための方策を挙げ、その効果と、それを普及させるために必要な取組について、あなたの考えを述べよ。

○ 建設業における労働災害の死亡者数は、1990 年代前半には 1,000 人前後で推移していたが、公共事業投資の大幅な抑制や現場の安全設備・安全管理の充実によって、ここ数年は 300 人台まで減少した。しかし、重大災害（一時に 3 人以上の労働者が業務上死傷又はり病した災害事故）は平成 21 年以降増加傾向にあり、社会的に問題となる事故も発生している。このような状況に対し、施工計画、施工設備及び積算の技術士として以下の問いに答えよ。

(H25 − 2)

(1) 建設産業や建設生産システムの現状を踏まえ、重大災害を誘発すると思われる要因を 3 つ挙げ、それぞれについて述べよ。

(2) (1)で挙げた3つの要因に対して、解決するための具体的な実施方策を論述せよ。

○ 昭和47年に制定された労働安全衛生法の第1条では、その目的が次のように明記されている。

「この法律は、労働基準法（昭和二十二年法律第四十九号）と相まって、労働災害の防止のための危害防止基準の確立、責任体制の明確化及び自主的活動の促進の措置を講ずる等その防止に関する総合的計画的な対策を推進することにより職場における労働者の安全と健康を確保するとともに、快適な職場環境の形成を促進することを目的とする。」

この法律は、上記に示されているように、労働者の安全と健康を確保することが大きな目的となっており、この法律により、労働者に対する安全衛生教育の実施が義務付けられている。このような背景を踏まえ、建設工事における労働者の安全衛生教育について下記の問いに答えよ。　　　　　（練習）

(1) 労働安全衛生法において義務付けられている労働者に対する安全衛生教育に関し、技術者としての立場で多面的な観点から課題を抽出し分析せよ。

(2) (1)で抽出した課題のうち最も重要と考える課題を1つ挙げ、その課題に対する複数の解決策を示せ。

(3) (2)で示した解決策に共通して新たに生じうるリスクとそれへの対策について述べよ。

○ 平成5年に策定された「建設工事公衆災害防止対策要綱」が、令和元年9月2日に改正された。この要綱の目的は、次のとおりである。

「この要綱は土木工事（または建築工事等）の施工に当たって、当該工事の関係者以外の第三者（以下「公衆」という。）の生命、身体及び財産に関する危害並びに迷惑（以下「公衆災害」という。）を防止するために必要な計画、設計及び施工の基準を示し、もって土木工事（または建築工事等）の安全な施工の確保に寄与することを目的とする。」

建設工事の施工に当たって、労働者の災害を防止するのはもとより、当該工事の関係者以外の第三者である公衆に対する生命、身体及び財産に関する危害並びに迷惑を防止することは最優先して取り組むべき課題の一つである。このような背景を踏まえ、下記の問いに答えよ。　　　　　（練習）

(1) 建設工事における公衆災害に関し、技術者としての立場で多面的な観点から課題を抽出し分析せよ。

(2) (1)で抽出した課題のうち最も重要と考える課題を1つ挙げ、その課題に対する複数の解決策を示せ。

(3) (2)で示した解決策に共通して新たに生じうるリスクとそれへの対策に

ついて述べよ。

　建設工事における安全衛生管理については、必ず押さえておかなければならないテーマの一つです。特に、労働災害の現状、労働安全衛生法、公衆災害の防止に関する内容は、法改正や動向等を含め確実に習得しておく必要があります。労働災害の現状に関しては、建設工事における死傷者数等の推移、死亡災害の型別・工事種別発生状況、主要災害の発生状況などの情報は、最低限整理しておきましょう。厚生労働省や建設業労働災害防止協会のホームページを有効に活用してください。労働安全衛生法に関しては、範囲が広いですが、建設工事において遵守すべき事項が定められていますので、最近改正された内容等を中心に現状の課題を含めて整理しておくことが重要です。公衆災害に関して重要な情報としては、平成5年に策定された「建設工事公衆災害防止対策要綱」が、令和元年9月2日に改正されています。本要綱における改正の背景、改正された内容や新規で追加された内容等を中心に情報を整理しておきましょう。

　一般に、労働安全衛生マネジメントシステムに関する規格は、厚生労働省の「労働安全衛生マネジメントシステムに関する指針」や国際規格のISO 45001／OHSAS 18001（OHSAS 18001は2021年3月に廃止予定）などがありますが、上記のような情報等も付加して、施工計画、施工設備及び積算分野の技術者として検討すべき内容を整理しておく必要があります。

## （4）生産性向上及び働き方改革

○　社会資本整備の担い手である建設業は中長期的に厳しい人手不足に陥ることが予想されており、これを克服するためには、生産性の飛躍的な向上に積極的に取組む必要がある。

　このような認識を踏まえ、以下の問いに答えよ。　　　　　　（H30－2）

（1）生産性の向上が建設分野に及ぼす効果を3つ以上挙げ、その概要を述べよ。

（2）建設工事の各段階（①調査・測量・設計、②施工・検査、③維持管理・更新）において、ICT等の活用により生産性が向上すると考えられる内容を、従来の方法と比較しつつ具体的に述べよ。

（3）今後、建設分野において、ICT等の活用を広く普及させ、さらに高度化させる上での課題を挙げ、その解決方策について、あなたの考えを述べよ。

○　建設産業には、安全と成長を支える重要な役割が期待されているものの、今後10年間に労働力の大幅な減少が予想されており、建設現場の生産性向上は避けることのできない課題である。そのため、国土交通省においては、産学官が連携して、生産性が高く魅力的な新しい建設現場が創出されるよう、

i-Construction に取り組んでいるところである。

　他方、政府においては、一億総活躍社会の実現に向けた産業・世代間等における横断的な課題を解決するため、働き方改革にチャレンジしている。建設業は他産業と比べて厳しい労働環境にあり、小規模な企業の技能労働者を始めとして、働き方の改善が喫緊の課題となっている。

　これらを踏まえ、以下の問いに答えよ。　　　　　　　　　　(H29－2)

(1) 働き方改革を考える上で、建設業が抱える慢性的な課題を3つ挙げ、その背景も含め説明せよ。

(2) (1) で挙げた課題の解決に向け、あなたが有効と考えるi-Constructionの方策を1つ取り上げ、適用できる場面と具体的な利用方法、及びそれによって得られる改善効果を、事例を挙げながら説明せよ。

(3) 建設部門における働き方改革を効果的に進めるため、雇用や契約制度等に関して改善すべき事項を取り上げ、あなたの考えを述べよ。

○　東日本大震災の復興事業に加え、大規模自然災害に対する防災・減災対策や社会インフラの老朽化対策、更に東京オリンピック・パラリンピック関連の工事など、今後、建設工事の増加が見込まれている。一方、建設業就業者数は近年減少しており、2012年にはピーク時の7割程度となっている。このため建設業では、増大する建設需要に対応し、より一層の生産性向上が求められている。このような状況を踏まえ、以下の問いに答えよ。　(H26－1)

(1) 建設現場において生産性を阻害する要因を3つ挙げ、説明せよ。

(2) (1) で挙げた3つの要因に対し、それぞれについて生産性向上に向けた実現可能な技術的解決策を1つ挙げ、その効果を論述せよ。

○　令和元年6月14日に「公共工事の品質確保の促進に関する法律の一部を改正する法律（令和元年法律第三十五号）」が、公布・施行された。この背景の一つとしては、長時間労働の是正などによる働き方改革の推進、情報通信技術の活用による生産性向上などの課題に対応すべく、インフラの品質確保とその担い手の中長期的な育成・確保を図るといったことが挙げられる。

　このような背景を踏まえ、下記の問いに答えよ。　　　　　(練習)

(1) 建設業における労働環境の改善を目的とした働き方改革に関し、技術者としての立場で多面的な観点から課題を抽出し分析せよ。

(2) (1) で抽出した課題のうち最も重要と考える課題を1つ挙げ、その課題に対する複数の解決策を示せ。

(3) (2) で示した解決策に共通して新たに生じうるリスクとそれへの対策について述べよ。

　平成26年に、公共工事の品質確保とその担い手の中長期的な確保・育成を目的として、「公共工事の品質確保の促進に関する法律」、「建設業法」及び「公共工事の入札及び契約の適正化の促進に関する法律」が改正されました。いわゆる「担い手三法」と呼ばれるものです。この改正から5年後の令和元年6月には、新たに、「公共工事の品質確保の促進に関する法律」、「建設業法」及び「公共工事の入札及び契約の適正化の促進に関する法律」を改正する法案が成立しました。これは、いわゆる「新・担い手三法」と呼ばれるものです。三法のうち、改正された「公共工事の品質確保の促進に関する法律」は令和元年6月14日に施行されました。国土交通省のホームページによれば、この改正に伴う働き方改革の対応として下記の事項が示されています。

　　◇　発注者の責務として以下の内容を規定
　　　・休日、準備期間、天候等を考慮した適正な工期の設定
　　　・公共工事の施工時期の平準化に向けた、債務負担行為・繰越明許費の活用による翌年度にわたる工期設定、中長期的な発注見通しの作成・公表等
　　　・設計図書の変更に伴い工期が翌年度にわたる場合の繰越明許費の活用等
　　◇　公共工事等を実施する者の責務として適正な額の請負代金・工期での下請契約の締結を規定

　働き方改革と関連して、生産性向上への取組として下記の事項も示されています。

　　◇　受注者・発注者の責務として情報通信技術の活用等を通じた生産性の向上を規定

　また、「新・担い手三法」の二法（「建設業法」及び「公共工事の入札及び契約の適正化の促進に関する法律」の改正事項にも、建設業の働き方改革の促進として「長時間労働の是正（工期の適正化等）」や「現場の処遇改善」が、建設現場の生産性の向上として「限りある人材の有効活用と若者の入職促進」や「建設工事の施工の効率化の促進のための環境整備」が含まれています。

## (5) 労務管理及び人材確保・育成

　○　「公共工事の品質確保の促進に関する法律」の基本方針には、公共工事に従事する者の賃金その他の労働条件、労働環境が改善されるように配慮されなければならないと明記され、「発注者の責務」、「受注者の責務」が定められている。

　　国土交通省は、これまで継続的に公共工事設計労務単価を引き上げてきているが、技能労働者の賃金は製造業と比べ未だ低い水準にあり、引き続き建

設業団体に対して適切な賃金の確保等を要請している。

　一方、こうした要請を踏まえ、一般社団法人日本建設業連合会は「労務費見積り尊重宣言」を行い、一次下請企業への見積り依頼に際して、適切な労務費（労務賃金）を内訳明示した見積書の提出要請を徹底することにより、更なる賃金引き上げを実現していくとの考えを示している。

　このような背景を踏まえ、建設工事の直接的な作業を行う技能労働者について下記の問いに答えよ。　　　　　　　　　　　　　　　　　（R1−1）

(1) 技能労働者の労働条件及び労働環境の改善、それに必要な費用の確保のそれぞれに関し、技術者としての立場で多面的な観点から課題を抽出し分析せよ。

(2) (1) で抽出した課題のうち最も重要と考える課題を1つ挙げ、その課題に対する複数の解決策を示せ。

(3) (2) で示した解決策に共通して新たに生じうるリスクとそれへの対策について述べよ。

○　我が国の労働人口が総じて減少する中で、将来にわたる社会資本の品質確保を実現するために、その担い手（建設技術者、建設技能労働者）の中長期的な育成及び確保を促進するために対策を講じる必要があると考えられる。

　このような状況を踏まえ、以下の問いに答えよ。　　　　　　　　（H28−1）

(1) 担い手不足が生じる要因を2つ挙げ、それに伴って発生する施工分野の課題を記述しなさい。

(2) (1) で挙げた課題について、あなたが実施できると考える具体的な対応策と期待される成果を、発注者、受注者等の立場を明確にした上で記述しなさい。

(3) 担い手不足に対応するために、建設部門全体で取り組むべきとあなたが考える方策を記述しなさい。


　人材確保に関し、平成31年4月より改正された「出入国管理及び難民認定法」が施行され、建設分野を含む14の分野において、特定技能外国人労働が認められることになりました。人材確保の観点からは、特定技能外国人のスムーズな受入れを進めることが必要ですが、さまざまな問題点を抱えていることも事実です。一般に、人材確保に関しては、特定技能外国人の活用を含め、女性の活躍の場の拡大、退職者等の再雇用制度、定年延長など、雇用条件や労働条件の大幅な見直しを図りながら進めていくことが重要です。また、品質を確保する観点からは、技術者だけでなく技能者を含めた対応も重要となります。発注者、受注者（官民）といった観点のみならず、大学、専門学校、学術機関などを含めた産官学の連携が大きなポイントになりますので、そういった点な

ども考慮しながら、人材確保・育成における課題検討を行うことが重要です。

## (6) 環境保全及び循環型社会

○　天然資源が極めて少ない我が国が持続可能な発展を続けていくためには、「建設リサイクル」（建設副産物の発生抑制、再資源化、再生利用及び適正処理）の取組を充実させ、廃棄物などの循環資源が有効に利用・適正処分されることで環境への負荷が少ない「循環型社会」を構築していくことが重要である。今後、社会資本の維持管理・更新時代の本格化に伴い建設副産物の質及び量の変化が想定されることなど、更なる「建設リサイクル」の推進を図っていく必要がある。

このような状況を踏まえて、以下の問いに答えよ。　　　　　　　　（R1－2）

(1)「建設リサイクル」の推進の取組に関して、技術者としての立場で多面的な観点から課題を抽出し分析せよ。

(2)（1）で抽出した課題のうち最も重要と考える課題を1つ挙げ、その課題に対する複数の解決策を示せ。

(3)（2）で示した解決策に共通して新たに生じうるリスクとそれへの対策について述べよ。

○　環境基本法の第3条では、環境の保全について次のように明記されている。

「環境の保全は、環境を健全で恵み豊かなものとして維持することが人間の健康で文化的な生活に欠くことのできないものであること及び生態系が微妙な均衡を保つことによって成り立っており人類の存続の基盤である限りある環境が、人間の活動による環境への負荷によって損なわれるおそれが生じてきていることにかんがみ、現在及び将来の世代の人間が健全で恵み豊かな環境の恵沢を享受するとともに人類の存続の基盤である環境が将来にわたって維持されるように適切に行われなければならない。」

建設工事は、少なからず自然環境や生活環境等に影響を与える場合があり、さらには、騒音や振動や産業廃棄物の排出などといった行為を伴うため、環境保全には十分な配慮を行いながら工事を進めなければならない。このような背景を踏まえ、下記の問いに答えよ。　　　　　　　　　　　　（練習）

(1) 建設工事に伴う公害を防止するための環境保全対策に関し、技術者としての立場で多面的な観点から課題を抽出し分析せよ。

(2)（1）で抽出した課題のうち最も重要と考える課題を1つ挙げ、その課題に対する複数の解決策を示せ。

(3)（2）で示した解決策に共通して新たに生じうるリスクとそれへの対策について述べよ。

環境基本法の第2条では、公害について以下のように定義しています。

「この法律において「公害」とは、環境の保全上の支障のうち、事業活動その他の人の活動に伴って生ずる相当範囲にわたる大気の汚染、水質の汚濁（水質以外の水の状態又は水底の底質が悪化することを含む。）、土壌の汚染、騒音、振動、地盤の沈下（鉱物の掘採のための土地の掘削によるものを除く。）及び悪臭によって、人の健康又は生活環境（人の生活に密接な関係のある財産並びに人の生活に密接な関係のある動植物及びその生育環境を含む。）に係る被害が生ずることをいう。」

建設工事においては、上記の公害の防止を図るとともに、自然環境の保全を図り、適切な廃棄物等の処理を行うことが重要となります。公害防止に関する主たる法律は、「騒音規制法」、「振動規制法」、「水質汚濁防止法」、「大気汚染防止法」、「土壌汚染対策法」、「悪臭防止法」などが挙げられます。自然環境の保全に関する主たる法律は、「自然環境保全法」や「自然公園法」などが挙げられます。その他、廃棄物関連では、「廃棄物の処理及び清掃に関する法律（廃棄物処理法）」や「建設工事に係る資材の再資源化等に関する法律（建設リサイクル法）」などが挙げられます。

## (7) 契約制度及び建設マネジメント

○ 最近、社会資本整備がもたらすストック効果が実感される一方で、国、地方自治体の厳しい財政制約の中、効率的、効果的に社会資本整備を進めるため、民間が有する能力を活用することがますます重要となってきている。このため、コスト縮減、品質確保、工程管理等に資する民間が有する能力を取り入れるべく、公共工事の入札において様々な契約方式が提案されてきている。

これらを踏まえ、以下の問いに答えよ。 (H29−1)

(1) 社会資本整備に当たって、コスト縮減、品質確保、工程管理等に関して、民間が有する能力を効果的に発揮できる契約方式について2つ挙げ、それぞれについて概説し、その特徴と効果について述べよ。

(2) (1)で挙げた1つの契約方式に参加するとして、あなたが実施できる提案を挙げ、それによって期待される成果を述べよ。

(3) (1)で挙げた1つの契約方式について、その契約方式が目的とする効果を発揮するための留意点について、あなたの考えを述べよ。

○ 建設工事においては、Q（品質）、C（コスト）、D（工期）、E（環境）、S（安全）の5つを適切に管理していくことが重要である。これらを管理していく一般的な手順・手法の一つとして、PDCA（計画・実施・確認・改善）サイクルを現場管理の中で実行していくことが挙げられる。これらのQCDES

は相互に関連しているため、単独の管理ではなく、総合的な検討を行いなが
ら管理を進めていく必要がある。これらを踏まえ、下記の問いに答えよ。

(練習)

(1) 建設工事における施工管理に関し、技術者としての立場で多面的な観点
から課題を抽出し分析せよ。

(2) (1) で抽出した課題のうち最も重要と考える課題を1つ挙げ、その課題
に対する複数の解決策を示せ。

(3) (2) で示した解決策に共通して新たに生じうるリスクとそれへの対策に
ついて述べよ。


　現在の建設工事における契約制度は、従来の契約制度と比較すると多様化し
ています。主要な契約形式を以下に示します。

　　　◇工事の施工のみを発注する方式、◇設計・施工一括発注方式、◇詳細設
計付工事発注方式、◇ECI方式（設計段階から施工者が関与）、◇維持管
理付工事発注方式、◇包括発注方式、◇複数年契約方式、◇CM方式、
◇事業促進PPP方式

　上記は契約方式ですが、競争参加者の設定方法としては、一般競争入札、指
名競争入札、随意契約があります。一方、落札者の選定方法は、価格競争方式、
総合評価落札方式、技術提案・交渉方式、段階的選抜方式があります。また、
支払い方式としては、総価請負契約方式、総価契約単価合意方式、コストプラ
スフィー契約・オープンブック方式、単価・数量精算契約方式があります。

　建設マネジメントとしては、施工管理が重要となりますが、品質管理、工程
管理、原価管理、安全管理、環境保全といった項目が主たる管理項目になりま
す。練習問題の設問にも記述してありますが、これらは単独で管理するもので
はなく、それぞれ密接に関連しているものであるため、総合的な検討を行いな
がら最適な管理を実施することが重要となります。コストを低減するために、
安全面や品質面が疎かになってしまっては、適切な施工管理ができているとは
いえません。

　マネジメントシステムに関しては、品質マネジメントシステム規格（ISO
9001）、環境マネジメントシステム規格（ISO 14001）、エコアクション21、労働
安全衛生マネジメントシステム規格（ISO 45001／OHSAS 18001*）、建設業労
働安全衛生マネジメントシステム（COHSMS：Construction Occupational
Health and Safety Management System）などがあります。

*OHSAS 18001は2021年3月に廃止予定

# 11. 建 設 環 境

　建設環境で出題されている問題は、再生可能エネルギー・気候変動影響、低炭素型都市・集約型都市等の形成、自然共生社会の形成、グリーンインフラの推進、循環型社会の形成、復旧・復興事業、維持管理・更新、インフラ輸出と国際化、生産性向上と働き方改革、人材確保及び育成に大別されます。なお、解答する答案用紙枚数は3枚（1,800字以内）です。

## (1) 再生可能エネルギー・気候変動影響

○　平成26年3月に国土交通省が策定した「環境行動計画　―環境危機を乗り越え、持続可能な社会を目指す―」において、今後推進すべき柱のひとつに「社会インフラを活用した再生可能エネルギー等の利活用の推進」が掲げられている。持続可能な社会の実現に向けて、建設分野においても対応を充実・強化することが重要である。このような状況を踏まえ、以下の問いに答えよ。

(H29－2)

(1) 再生可能エネルギーの利活用の推進が掲げられていることについて、その意義と社会的背景を述べよ。

(2) 社会インフラを活用した再生可能エネルギーの利活用事例を1つ取り上げ、社会インフラを活用する上での課題を3つ挙げて、その内容をそれぞれ述べよ。

(3) 上記の課題を解決して再生可能エネルギーの利活用をさらに促進させるために、あなたが考える社会インフラの活用に関わる提案を1つ述べるとともに、その提案の効果及びその提案を実現するに当たっての留意点を述べよ。

○　IPCC第5次評価報告書では、気候システムの温暖化は疑いの余地のないことが示されており、今後、気温上昇の程度をかなり低くするための対策をとった場合でも、世界平均地上気温や世界平均海面水位の上昇の可能性が高いとされ、自然及び人間社会に深刻な影響を及ぼすであろうことが同報告書に示されている。

　このため、近年の気候変動枠組条約の締約国会議（COP）においては、「緩和策」とともに気候変動による悪影響へ備える「適応策」を実施することの重要性が指摘されるようになっている。このような状況を踏まえ、以下の

問いに答えよ。　　　　　　　　　　　　　　　　　　　　（H28－1）

(1) 気候変動により想定される環境への悪影響とそれに対する適応策について、複数述べよ。（なお、自然災害に関する悪影響及び適応策は除く。）

(2) その適応策のうち、あなたが重要と考えるもの1つについて、実施するに当たっての技術的課題を述べよ。

(3) 上記の課題を解決するための技術的提案及びその提案に関するリスクや留意点を述べよ。

○　近年、世界各地では、強い台風やハリケーン、集中豪雨、干ばつや熱波などの異常気象による災害が発生し、多大な被害が発生している。我が国も異常気象を原因とした集中豪雨により甚大な被害や記録的な猛暑が近年観測されている。このような気候変動の影響に対しては、近年、温室効果ガスの排出抑制等を行う「緩和策」と合わせ、顕在化している影響や中長期的に避けられない影響に対して被害を回避・軽減する「適応策」を進めることが必要とされている。このような状況を踏まえ、以下の問いに答えよ。　（練習）

(1) 建設環境分野において気候変動の適応策を検討・推進するに当たり、技術者としての立場で多面的な観点から課題を抽出し分析せよ。

(2) (1)で抽出した課題のうち最も重要と考える課題を1つ挙げ、その課題に対する2つ以上の解決策を示せ。

(3) (2)で示した解決策に共通して新たに生じうるリスクとそれへの対策について述べよ。


平成30年6月13日に公布された「気候変動適応法」に基づき、新たな「気候変動適応計画」が法定計画として閣議決定され、合わせて平成27年11月に策定された「国土交通省気候変動適応計画」も同様に最新の施策等を反映する改正が行われています。平成30年11月に一部改正された「国土交通省気候変動適応計画」では、気候変動による国土交通分野への影響、適応策の基本的な考え方や「自然災害」、「水資源・水環境」、「国民生活・都市生活」及び「産業・経済活動」の分野ごとの適応に関する施策が明記されています。


## (2) 低炭素型都市・集約型都市等の形成

○　人口減少、少子高齢化等を踏まえた計画的な土地利用コントロールによる緑地・農地と調和した都市環境・都市景観の形成や、平成28年5月に策定された「都市農業振興基本計画」等を踏まえ、都市農地の保全や都市農業の多様な機能の発揮に関する取組を地域ごとに行うことが求められている。このような状況を踏まえ、以下の問いに答えよ。　　　　　　　　（R1－2）

(1) ある地域で都市と緑・農が共生するまちづくりの検討を実施するに当たって、技術者としての立場で多面的な観点から課題を抽出し分析せよ。

(2) 抽出した課題のうち最も重要と考える課題を1つ挙げ、その課題に対する複数の解決策を示せ。

(3) 解決策に共通して新たに生じうるリスクとそれへの対策について述べよ。

○ 我が国では、経済的発展と地球環境問題などの環境制約要因への対応を両立させることにより、次世代が快適な生活を享受するために活用可能な資源を保全し、次世代に過大な環境汚染等の負荷を残さないようにしながらも現世代の生活を発展させるという、持続可能な発展が都市計画にも求められている。環境負荷の小さな都市は、単に物理的な環境への負荷を削減するだけでなくこのような持続可能な都市を目指していることを踏まえ、以下の問いに答えよ。　　　　　　　　　　　　　　　　　　　　　　　　(H30－2)

(1) 我が国において、環境負荷の小さな都市を実現する上で、環境負荷の小さな都市を目指すこととなった環境面での課題を2つ挙げ、それらの課題が生じた社会的背景をそれぞれ説明せよ。

(2) 上述した2つの課題から1つを選び、それを解決するための都市政策上の技術的提案と、それがもたらす効果を理由とともに具体的に示せ。

(3) あなたの技術的提案により生じうるリスクについて説明し、その対処方法を述べよ。

○ ある都市において、市街地が拡散した都市の構造を見直し、コンパクトシティの実現に向け、都市構造全体の計画の立案が求められている状況にある。同時に、この機会を捉えて、地球環境をはじめとする環境への配慮の取組を連携して推進する必要がある。このような状況を踏まえ、計画を立案する立場として、以下の問いに答えよ。　　　　　　　　　　　　　　　　(H27－1)

(1) 市街地が拡散した都市における環境面の課題を複数挙げ、コンパクトシティの実現に向けた取組を進めながら環境への配慮を図る観点から積極的に取り組むべき項目を多面的視点から説明せよ。

(2) 上述した取り組むべき項目について環境面の改善効果を高めるために、あなたが計画上最も重要視しなければならないと考えることについて、その理由も併せて述べるとともに、それを実現可能とするための対応策を示せ。

(3) あなたの対応策がもたらす効果を具体的に示すとともに、想定される留意点・リスクについても記述せよ。

○ 我が国における総$CO_2$排出量においては、都市における社会経済活動に起因することが大きい家庭部門やオフィスや商業等の業務部門と自動車・鉄道等の運輸部門における排出量が全体の約5割を占めている。このような状況

を踏まえ、建設環境の技術士として以下の問いに答えよ。　　　（H25－1）

(1) 低炭素都市づくりを実現するための方策を3つ具体的に示し、各々の方策が低炭素に寄与する仕組みを述べよ。

(2) その方策のうち、あなたが重要と考えるもの1つについて、その理由を説明するとともに、その方策の実施に当たっての技術的課題を述べよ。

(3) 上記の課題を解決するための技術的提案及びその提案の留意点やリスクについて述べよ。

国土交通省のホームページでは、都市農地を次のように説明しています。

◇　国土交通省では、生産緑地制度により都市における農地の保全を行ってきた一方で、人口増加を背景として、市街化区域内の農地の宅地化を推進してきました。しかし、平成27年4月に都市農業振興基本法が制定されたことを受け、平成28年5月に都市農業振興基本計画を閣議決定し、都市農地を「宅地化すべきもの」から、都市に「あるべきもの」へ、位置づけを大きく転換しました。平成29年5月には生産緑地法、都市計画法等を改正し、都市農地の保全のための様々な制度措置を行いました。

◇　また、これまで生産緑地制度により都市農地の保全に取り組む市町村は、そのほとんどが三大都市圏特定市でしたが、今後は、都市農地の保全により無秩序な市街化の防止を図り、コンパクトシティの実現を図るために、全国的な展開が必要となっています。

◇　都市農地が有する多面的な機能を最大限活用し、環境の保全や無秩序な市街化の防止を図ることで、持続可能な都市経営を実現するための政策を行っています。

## (3) 自然共生社会の形成

○　これまでの急激な都市化等により、水辺や緑地、藻場、干潟等の自然環境が失われつつあるなど、生態系の破壊、分断、劣化等が進行している。そのため人類の存立基盤である環境が、将来にわたって維持されるよう、生物多様性が保たれた良好な自然環境の保全、再生等の取組を加速する必要がある。このような状況を踏まえ、以下の問いに答えよ。　　　　（R1－1）

(1) 社会資本整備事業において、生物多様性の保全、再生等の取組を行うに当たって、技術者としての立場で多面的な観点から課題を抽出し分析せよ。

(2) 抽出した課題のうち最も重要と考える課題を1つ挙げ、その課題に対する複数の解決策を示せ。

(3) 解決策に共通して新たに生じうるリスクとそれへの対策について述べよ。

○　国土全体にわたって自然環境の質を向上させていくためには、国土レベル
で、生態系ネットワーク（エコロジカルネットワーク）を確保することが重
要である。このような状況を踏まえ、以下の問いに答えよ。　　（H29－1）

(1)　生態系ネットワーク形成によりもたらされる効果を複数挙げ、それぞれ
の内容について述べよ。

(2)　生態系ネットワーク形成に当たって特に重要と思われる技術的課題を
2つ挙げ、それぞれについて解決するための技術的提案を複数述べよ。

(3)　生態系ネットワークが形成された場合に生じるリスクについて述べよ。

○　大規模な津波・高潮・洪水等の自然災害に対する備えとして、事前防災・
減災を推進することが必要となってきている。一方、我が国の生物多様性の
損失はすべての生態系に及んでおり、今後は、自然と共生できる事前防災・
減災を進めていくことが重要になると考えられる。このような状況を考慮し、
以下の問いに答えよ。　　　　　　　　　　　　　　　　　　（H26－1）

(1)　事前防災・減災の取り組みを進めながら生物多様性の保全を図るために
検討すべき事項を多面的に記述せよ。

(2)　(1)の検討すべき事項の中から、生物多様性の保全を図る上で、あなた
が最も重要と考えるものを、他の事項との比較を行った上で1つ挙げ、そ
の理由を論述せよ。

(3)　(2)で挙げた事項に対する技術的課題を2つ挙げ、それぞれについて、
解決するための技術的提案を具体的に述べよ。

○　東京湾、伊勢湾、大阪湾等の閉鎖性海域の水質改善に向けて、各海域で再
生行動計画が策定され、関係機関が流入負荷削減対策等に取り組んでいる。
しかしながら、貧酸素水塊の発生が解消されず、生物の斃死を招く等の課題
も残されている。このような状況を考慮して、建設環境の技術士として以下
の問いに答えよ。　　　　　　　　　　　　　　　　　　　（H25－2）

(1)　閉鎖性海域の環境改善を図る上であなたが重要と考える目標について述べよ。

(2)　上述した目標を達成するための対策を1つ挙げ、その対策の技術的課題
を示せ。

(3)　上記の課題を解決するための技術的提案を示すとともに、提案を実施す
る際の問題点、トラブルについて述べよ。

○　生物多様性を確保することは、その地域における貴重な資源になることは
もとより、その地域の価値を高めることにもつながる。その一方、都市部で
は、人口集中による宅地化の進行に伴い、多様な生物が生息・生育できる空
間が減少しつつある。また、都市でのこのような問題は、都市の外側地域の
自然環境にも大きな影響を及ぼすことになり、都市の生物多様性確保は、今

後取り組むべき重要な課題の一つとなっている。このような状況を踏まえ、以下の問いに答えよ。　　　　　　　　　　　　　　　　　　（練習）

(1) 社会資本整備事業において、都市の生物多様性確保の取組を行うに当たって、技術者としての立場で多面的な観点から課題を抽出し分析せよ。

(2) 抽出した課題のうち最も重要と考える課題を1つ挙げ、その課題に対する複数の解決策を示せ。

(3) 解決策に共通して新たに生じうるリスクとそれへの対策について述べよ。

　国土交通省は、「生物多様性に配慮した緑の基本計画策定の手引き」（平成30年4月　国土交通省都市局公園緑地・景観課）を策定しています。本手引きでは、都市の生物多様性の重要性、緑の基本計画における生物多様性への配慮などをはじめとして、生物多様性に配慮した緑の基本計画のつくり方が示されています。

　また、生物多様性に関する国際的な目標としては、2010年に愛知県名古屋市で開催されたCOP10（生物多様性条約第10回締約国会議）にて採択された「生物多様性戦略計画2011-2020及び愛知目標」が挙げられます。

## (4) グリーンインフラの推進

○　平成27年に閣議決定された国土形成計画、第4次社会資本整備重点計画では、グリーンインフラの取組を推進することが盛り込まれている。このような状況を踏まえ、以下の問いに答えよ。　　　　　　　　　　（H30－1）

(1) 人工構造物によるインフラとグリーンインフラを組合せた防災・減災の取組を1つ想定し、その概要を述べよ。また、2つの観点から、その取組における人工構造物によるインフラとグリーンインフラのそれぞれの特徴を述べよ。

(2) 上述の人工構造物によるインフラとグリーンインフラを組合せた防災・減災の取組の実施に当たっての技術的課題を3つ挙げ、それぞれについて述べよ。

(3) 上記の技術的課題のうち1つについて課題を解決するための技術的提案、及びその提案の実施に当たってのリスクを述べよ。

　第4次社会資本整備重点計画の「政策パッケージ3－3：美しい景観・良好な環境の形成と健全な水循環の維持又は回復」における重点施策の一つとして、「「グリーンインフラ」の取組推進による持続可能で魅力ある国土づくりや地域づくり」が明記されています。国土交通省のホームページには、グリーンイン

フラが次のように説明されています。

> 「グリーンインフラは、自然環境が有する機能を社会における様々な課題解決に活用しようとする考え方で、昨今、海外を中心に取組が進められ、我が国でもその概念が導入されつつあるほか、国際的にも関係する様々な議論が見られるところです。」

また、国土交通省から「グリーンインフラストラクチャー　～人と自然環境のより良い関係を目指して～」(国土交通省　総合政策局　環境政策課　平成29年3月作成)といった資料が公開されています。


## (5) 循環型社会の形成

○　天然資源が極めて少ない我が国が持続可能な発展を続けていくためには、廃棄物などの循環資源が有効に利用・適正処分される「循環型社会」を構築していくことが必要である。一方、2020年の東京オリンピック・パラリンピック関連工事等の本格化や社会資本の維持管理・更新時代の到来により、建設副産物の発生量の増加が想定される。この様な状況を踏まえて、建設副産物の3R(リデュース、リユース、リサイクル)に関して、以下の問いに答えよ。　　　　　　　　　　　　　　　　　　　　　　　　(H27－2)

(1) 今後、建設副産物の3Rを推進していく上での課題を、多面的な視点から複数挙げ、その内容についてそれぞれ述べよ。

(2) 上述した課題のうち、あなたが最も重要と考えるものを1つ挙げ、その理由を説明するとともに、その課題を解決するための対策を示せ。

(3) あなたの示した対策を実施する際に生じ得る問題点と、その問題点への対処方法について述べよ。


「国土交通白書2019」(国土交通省)によれば、建設リサイクル等の推進に関して、次のように示されています。

> 「平成24年度の建設廃棄物の排出量は全国で7,269万トンまで減少し、再資源化・縮減率も96.0%と高い水準にあるが、社会資本の維持管理・更新時代の本格化に伴い建設副産物の質及び量の変化が想定されることなど、今後も更なる建設リサイクルの推進を図っていく必要がある。」

また、具体的な取り組みとして、建設副産物物流のモニタリング強化、工事前段階における発生抑制、現場分別及び再資源化施設への搬出の徹底による再資源化・縮減の促進、再生資材の利用促進、建設発生土の有効利用・適正処理の促進強化、電子マニフェスト届出情報の活用検討を実施等が明記されています。

## (6) 復旧・復興事業

○　東日本大震災復興基本法において「環境への負荷及び地球温暖化問題等の
　人類共通の課題の解決に資するための先導的な施策への取組が行われるべき
　こと」とされているように、大規模な津波災害からの復旧・復興に際しても
　自然環境への配慮も含めた中・長期の視点は重要である。

　　このような状況を踏まえ、以下の問いに答えよ。　　　　　　　（H28－2）

(1) 大規模津波災害からの復旧・復興事業において自然環境への配慮を行う
　　意義について、多面的な視点から3つ挙げ、その内容についてそれぞれ述
　　べよ。

(2) 大規模津波災害からの復旧・復興事業を1つ想定し、その概要を説明せ
　　よ。その復旧・復興事業において環境への配慮を図る際に、特に復旧・復
　　興の観点から留意すべき課題を3つ挙げ、おのおのについて、その対応策
　　を示せ。

(3) 上述の対応策から1つを選び、その対応策を実施する際に生じ得る問題
　　点と、その問題点への対処法について述べよ。

　「東日本大震災からの復興に当たっての環境の視点　～持続可能な社会の実
現に向けて～」（平成23年9月28日　社会資本整備審議会環境部会・交通政策
審議会交通体系分科会環境部会）では、「低炭素社会」、「自然共生社会・生物
多様性保全」、「循環型社会」の3つの視点からの提案が示されています。

　◇　「低炭素社会」の項目：1) 環境への負荷の小さい都市構造の実現と交通
　　対策の推進、2) 再生可能エネルギーの導入促進、3) 住宅・建築物の省エ
　　ネ促進が述べられています。

　◇　「自然共生社会・生物多様性保全」の項目：次のような内容が述べられ
　　ています。「復興にあたっても、これらの取組を更に推進することにより
　　豊かな生物多様性を保全して、その恵沢を将来にわたって享受できる自然
　　と共生する社会を実現することが求められる。そのためには、「生物多様性
　　国家戦略」に加え、社会資本の整備等に関する各計画にも生物多様性保全
　　の価値を位置付け、総合的かつ着実に取組を進めていくことが望まれる。
　　（中略）これらの取組は、国のみならず、地方公共団体、企業、NPO、国
　　民などの様々な主体により自主的にかつ連携して取組まれることによって、
　　より地域に根ざした自然との共生社会の実現につながるものである。」

　◇　「循環型社会」の項目：廃棄物の発生抑制、循環型利用、適正処分の推
　　進等はもとより、災害廃棄物の早急な処理が極めて重要であることも示さ
　　れています。

## (7) 維持管理・更新

○ 我が国の社会資本ストックは、高度経済成長期などに集中的に整備され、今後急速に老朽化することが懸念されている。今後、真に必要な社会資本整備とのバランスを取りながら、如何に戦略的に維持管理・更新を行っていくかが問われている。同時に、この様な社会資本の更新の機会を捉えて、自然環境や生活環境などへの配慮の取組を実施する必要がある。このような状況を踏まえ、以下の問いに答えよ。　　　　　　　　　　　　　　(H26－2)

(1) 社会資本の更新事業を1つ想定し、その概要を説明せよ。また、その更新事業を計画、実施する際に環境への配慮を図る観点から検討すべき課題を、多面的な視点から複数挙げ、その内容について述べよ。

(2) 上述した検討すべき課題のうち、あなたが最も重要と考えるものを1つ挙げ、その理由を説明するとともに、解決するための技術的提案を示せ。

(3) あなたの技術的提案がもたらす効果を具体的に示すとともに、想定されるリスクについても記述せよ。

○ 高度成長期以降に整備したインフラが、今後一斉に老朽化を迎えることが見込まれている。また、我が国は少子高齢化が顕著であり、かつ、今後も長期にわたり人口の減少が見込まれているため、限られた財政状況の中で、いかに持続的・実効的なインフラの維持管理・更新を実行していくかが大きな課題となっている。そのため、国土交通省では、予防保全の考え方を導入した「国土交通省インフラ長寿命化計画（行動計画）」を平成26年5月に策定し、インフラの老朽化対策について取り組んでいる。

このような状況を考慮して、以下の問いに答えよ。　　　　　　(練習)

(1) 老朽化しつつあるインフラ施設を一つ想定し、予防保全の考え方を適用した維持管理・更新を実施するに当たり、技術者としての立場で多面的な観点から自然環境及び生活環境の保全上の課題を抽出し分析せよ。

(2) (1)で抽出した課題のうち最も重要と考える課題を1つ挙げ、その課題に対する複数の解決策を示せ。

(3) (2)で示した解決策に共通して新たに生じるリスクとそれへの対策について述べよ。

　少子高齢化により今後ますます財源は厳しい状況となるため、現在のインフラストックの維持管理・更新は、計画的、効率的かつ効果的な整備が求められています。そのため、政府全体の取り組みとして、平成25年11月に「インフラ長寿命化基本計画」がとりまとめられ、この計画に基づき、平成26年5月に国土交通省が予防保全の考え方を導入した「国土交通省インフラ長寿命化計画

（行動計画）」を策定しました。

　予防保全とは、一般に、施設の機能や性能に不具合が発生した後に対応するといった事後保全と対比して、施設の機能や性能に不具合が発生する前に対応するといった考え方です。予防保全の考え方を適用した場合のほうが、従来の事後保全の対応よりも維持管理・更新に掛かる費用が大幅に減少するといった試算結果も示されており、効果的かつ効率的な維持管理・更新が可能ということです。予防保全の考え方を適用した維持管理・更新に関する課題は、想定するインフラ施設により異なりますが、自然環境及び生活環境の両面から従来の事後保全型と比べて何が異なり、それにより具体的に何が変わり、どのような影響があるのかといったフローで課題整理に取り組んでください。

## （8）インフラ輸出と国際化

○　平成27年に「質の高いインフラパートナーシップ」が安倍総理より発表され、また、平成28年5月に開催されたG7伊勢志摩サミットでは、「質の高いインフラ投資の推進のためのG7伊勢志摩原則」が合意された。今後、我が国の質の高いインフラ技術の海外展開がより一層促進されることが求められている。

　　このような状況を踏まえ、以下の問いに答えよ。　　　　　　　（練習）

(1) 我が国の建設リサイクルシステムを海外に展開するに当たり、技術者としての立場で多面的な観点から課題を抽出し分析せよ。

(2) (1) で抽出した課題のうち最も重要と考える課題を1つ挙げ、その課題に対する2つ以上の解決策を示せ。

(3) (2) で示した解決策に共通して新たに生じうるリスクとそれへの対策について述べよ。


　日本政府は、平成25年5月に「インフラシステム輸出戦略」を取りまとめ、以後、随時改訂版が策定されています。「質の高いインフラ投資の推進のためのG7伊勢志摩原則」を以下に示します。

　　原則1：効果的なガバナンス、信頼性のある運行・運転、ライフサイクルコストから見た経済性及び安全性と自然災害、テロ、サイバー攻撃のリスクに対する強じん性の確保

　　原則2：現地コミュニティでの雇用創出、能力構築及び技術・ノウハウ移転の確保

　　原則3：社会・環境面での影響への対応

　　原則4：国家及び地域レベルにおける、気候変動と環境の側面を含んだ経済・開発戦略との整合性の確保

　　原則5：PPP等を通じた効果的な資金動員の促進

　また、「インフラシステム輸出戦略（平成29年度改訂版）」に基づく、「海外展開戦略（リサイクル）」（平成30年6月）では、以下のような課題が示されています。

(1) 制度面での障壁：①許認可の取得が困難、②法制度が未整備

(2) 廃棄物の収集の困難さ：新規参入の困難さ

(3) 適正処理の認識不足：適正処理の必要性への理解不足

(4) リソースの問題：①人材不足、②海外展開投資リスク


## (9) 生産性向上と働き方改革

○　「日本の将来推計人口（平成29年推計）」（国立社会保障・人口問題研究所）によると、出生率中位仮定（死亡中位推計）による生産年齢人口割合は、2015年の60.8％から減少を続け、2040年には53.9％、2065年には51.4％となると推計されている。推計値であるものの、我が国の生産年齢人口が、今後減少していくことを示す重要な指標である。このような背景を踏まえると、建設環境分野のより一層の生産性向上及び働き方の改革が求められている。これを踏まえ、以下の問いに答えよ。　　　　　　　　　　　（練習）

(1) 建設環境分野の生産性向上及び働き方の改革に関し、技術者としての立場で多面的な観点から課題を抽出し分析せよ。

(2) (1) で抽出した課題のうち最も重要と考える課題を1つ挙げ、その課題に対する複数の解決策を示せ。

(3) (2) で示した解決策に共通して新たに生じうるリスクとそれへの対策について述べよ。


　平成28年に国土交通省は「国土交通省生産性革命本部」を設置し、生産性革命に関する取り組みを継続的に実施し、令和元年を生産性革命「貫徹の年」と位置づけています。「i-Construction」といった施策を中心に、ICT（情報通信技術）の利活用や幅広い分野の豊富なビッグデータを効果的に活用することにより、インフラ整備・管理の高度化及びインフラの機能の高度化を図るといった取り組みが行われています。生産性向上の取り組み例としては、多能工化の推進、設計・施工環境の高度化、技術革新への対応、BIM／CIMの導入、重層下請構造の改善などが挙げられます。

　労働環境を改善し、働き方の改革を考える際には、まず、建設環境分野における労働環境・条件や業務の特徴を押さえることが重要です。それらを押さえることにより、労働環境の改善点を整理することができると考えられます。働き方の改革ポイントとしては、長時間労働の是正、週休2日の確保、業務効率化・合理化、IoT（Internet of Things）技術やICTの活用などが挙げられます。

## （10）人材確保及び育成

○　一般社団法人日本建設業連合会は人材確保・育成に関する取り組みの一つ
として、平成26年4月18日に「建設技能労働者の人材確保・育成に関する
提言」を策定している。さらに、平成31年4月18日には、「建設分野の特定
技能外国人　安全安心受入宣言」を策定している。少子高齢化社会の我が国
は、建設産業を含め全産業において人材の確保が急務な課題となっており、
外国人材の活用を含めた対応が求められている。このような状況を踏まえ、
以下の問いに答えよ。　　　　　　　　　　　　　　　　　　　　（練習）

　(1) 建設環境分野における外国人材の活用を含めた人材確保・育成に当たり、
　　技術者としての立場で多面的な観点から課題を抽出し分析せよ。

　(2) (1) で抽出した課題のうち最も重要と考える課題を1つ挙げ、その課題
　　に対する2つ以上の解決策を示せ。

　(3) (2) で示した解決策に共通して新たに生じうるリスクとそれへの対策に
　　ついて述べよ。


　平成31年4月より改正された「出入国管理及び難民認定法」が施行され、建
設分野を含む14の分野において、特定技能外国人労働が認められることになり
ました。人材確保の観点からは、特定技能外国人のスムーズな受入れを進める
ことが必要ですが、様々な問題点を抱えていることも事実です。このような状
況の中、一般社団法人日本建設業連合会は、平成26年4月18日に「建設技能
労働者の人材確保・育成に関する提言」を策定しました。「建設分野の特定技
能外国人　安全安心受入宣言」の要旨によると、特定技能外国人の建設現場へ
の受入に関する方針が、次のように示されています。

　①不法就労の排除：□受入計画認定の確認、□CCUSの現場登録、技能者登
　　　　　　　　　　録・事業者登録の確認、□CCUS登録内容の時点修正の
　　　　　　　　　　確認、□現場における本人確認
　②現場の安全確保：□常時の日本語教育・安全教育、□現場における指示の
　　　　　　　　　　徹底、□外国人が理解しやすい安全看板の採用
　③安心できる処遇：□適正な賃金・社会保険の加入、□相談を受けた際の対
　　　　　　　　　　応、□違反企業への対応、□差別行為等の排除


　人材確保及び育成に関しては、上記の特定技能外国人の活用を含め、女性の
活躍の場の拡大、退職者等の再雇用制度、定年延長など、雇用条件や労働条件
の大幅な見直しを図りながら進めていくことが重要です。

# 第5章

# 必須科目（Ⅰ）の要点と対策

　必須科目（Ⅰ）は、令和元年度試験から記述式の問題が出題されるようになり、『「技術部門」全般にわたる専門知識、応用能力、問題解決能力及び課題遂行能力』を試す問題が出題されています。

　出題内容としては、『現代社会が抱えている様々な問題について、「技術部門」全般に関わる基礎的なエンジニアリング問題としての観点から、多面的に課題を抽出して、その解決方法を提示し遂行していくための提案を問う。』とされています。

　評価項目としては、『技術士に求められる資質能力（コンピテンシー）のうち、専門的学識、問題解決、評価、技術者倫理、コミュニケーションの各項目』となっています。

　必須科目（Ⅰ）で出題された過去問題は、令和元年度試験に出題された2問しかありませんが、最近のトピックスから推察すると、SDGs（持続可能な開発目標）、生産性向上、地球温暖化対策、災害対策、安全・安心への対応、情報化への対応、人材確保及び育成、インフラ老朽化対策、社会資本整備重点計画、官民連携の強化（民間活力の促進）、地域活性化の推進、循環型社会の形成などの内容が今後出題される可能性があると想定しています。なお、解答する答案用紙枚数は3枚（1,800字以内）です。

　なお、本章で示す問題文末尾の（　）内に示した内容は、R1－1が令和元年度試験の問題の1番を示し、（練習）は著者らが作成した練習問題を示します。

# 1．SDGs（持続可能な開発目標）

○　2015年9月の国連持続可能な開発サミットで、世界が2016年から2030年までに達成すべき17の環境や開発に関する国際目標が、世界193か国が合意して採択され、我が国において様々な取組が進められている。このことを踏まえて以下の問いに答えよ。　**（練習）**

(1) あなたの専門分野におけるこれらの目標に関する現状について述べるとともに、目標を達成するために、技術者としての立場で多面的な観点から課題を抽出し分析せよ。

(2) 抽出した課題のうち最も重要と考える課題を1つ挙げ、その課題に対する複数の解決策を示せ。

(3) 解決策に共通して新たに生じるリスクとそれへの対策について述べよ。

(4) 上記事項を業務として遂行するに当たり、技術者としての倫理、社会の持続可能性の観点から必要となる要件・留意点を述べよ。

　SDGsでは、**図表5.1**に示す17の目標が示されていますので、建設部門で関係しそうな目標については、最近の動向を調査しておく必要があります。SDGsは、今後も小設問を変えて出題される可能性がある項目だと考えます。

図表5.1　SDGsの17の目標

| 目　標 | 詳　細 |
|---|---|
| 1. 貧困 | あらゆる場所のあらゆる形態の貧困を終わらせる。 |
| 2. 飢餓 | 飢餓を終わらせ、食料安全保障及び栄養改善を実現し、持続可能な農業を促進する。 |
| 3. 保健 | あらゆる年齢のすべての人々の健康的な生活を確保し、福祉を促進する。 |
| 4. 教育 | すべての人に包摂的かつ公正な質の高い教育を確保し、生涯学習の機会を促進する。 |
| 5. ジェンダー | ジェンダー平等を達成し、すべての女性及び女児の能力強化を行う。 |
| 6. 水・衛生 | すべての人々の水と衛生の利用可能性と持続可能な管理を確保する。 |
| 7. エネルギー | すべての人々の、安価かつ信頼できる持続可能な近代的エネルギーへのアクセスを確保する。 |
| 8. 経済成長と雇用 | 包摂的かつ持続可能な経済成長及びすべての人々の完全かつ生産的な雇用と働きがいのある人間らしい雇用（ディーセント・ワーク）を促進する。 |
| 9. インフラ、産業化、イノベーション | 強靱（レジリエント）なインフラ構築、包摂的かつ持続可能な産業化の促進及びイノベーションの推進を図る。 |
| 10. 不平等 | 各国内及び各国間の不平等を是正する。 |
| 11. 持続可能な都市 | 包摂的で安全かつ強靱（レジリエント）で持続可能な都市及び人間居住を実現する。 |
| 12. 持続可能な生産と消費 | 持続可能な生産消費形態を確保する。 |
| 13. 気候変動 | 気候変動及びその影響を軽減するための緊急対策を講じる。 |
| 14. 海洋資源 | 持続可能な開発のために海洋・海洋資源を保全し、持続可能な形で利用する。 |
| 15. 陸上資源 | 陸域生態系の保護、回復、持続可能な利用の推進、持続可能な森林の経営、砂漠化への対処ならびに土地の劣化の阻止・回復及び生物多様性の損失を阻止する。 |
| 16. 平和 | 持続可能な開発のための平和で包摂的な社会を促進し、すべての人々に司法へのアクセスを提供し、あらゆるレベルにおいて効果的で説明責任のある包摂的な制度を構築する。 |
| 17. 実施手段 | 持続可能な開発のための実施手段を強化し、グローバル・パートナーシップを活性化する。 |

出典：外務省ホームページ

なお、優先課題として図表5.2の内容が示されています。

図表5.2　SDGsの優先課題と具体的施策

| 優先課題 | 具体的施策 |
|---|---|
| ①あらゆる人々の活躍の推進 | 一億総活躍社会の実現、女性活躍の推進、子供の貧困対策、障害者の自立と社会参加支援、教育の充実 |
| ②健康・長寿の達成 | 薬剤耐性対策、途上国の感染症対策や保健システム強化、公衆衛生危機への対応、アジアの高齢化への対応 |
| ③成長市場の創出、地域活性化、科学技術イノベーション | 有望市場の創出、農山漁村の振興、生産性向上、科学技術イノベーション、持続可能な都市 |
| ④持続可能で強靭な国土と質の高いインフラの整備 | 国土強靭化の推進・防災、水資源開発・水循環の取組、質の高いインフラ投資の推進 |
| ⑤省・再生可能エネルギー、気候変動対策、循環型社会 | 省・再生可能エネルギーの導入・国際展開の推進、気候変動対策、循環型社会の構築 |
| ⑥生物多様性、森林、海洋等の環境の保全 | 環境汚染への対応、生物多様性の保全、持続可能な森林・海洋・陸上資源 |
| ⑦平和と安全・安心社会の実現 | 組織犯罪・人身取引・児童虐待等の対策推進、平和構築・復興支援、法の支配の促進 |
| ⑧SDGs 実施推進の体制と手段 | マルチステークホルダーパートナーシップ、国際協力におけるSDGsの主流化、途上国のSDGs実施体制支援 |

出典：外務省ホームページ

# 2. 生産性向上

○　我が国の人口は2010年頃をピークに減少に転じており、今後もその傾向の継続により働き手の減少が続くことが予想される中で、その減少を上回る生産性の向上等により、我が国の成長力を高めるとともに、新たな需要を掘り起こし、経済成長を続けていくことが求められている。

こうした状況下で、社会資本整備における一連のプロセスを担う建設分野においても生産性の向上が必要不可欠となっていることを踏まえて、以下の問いに答えよ。　　　　　　　　　　　　　　　　　　　　　　　　（R1－1）

(1) 建設分野における生産性の向上に関して、技術者としての立場で多面的な観点から課題を抽出し分析せよ。

(2) (1)で抽出した課題のうち最も重要と考える課題を1つ挙げ、その課題に対する複数の解決策を示せ。

(3) (2)で提示した解決策に共通して新たに生じうるリスクとそれへの対策について述べよ。

(4) (1) ～ (3)を業務として遂行するに当たり必要となる要件を、技術者としての倫理、社会の持続可能性の観点から述べよ。

　生産性向上は、建設業のみならず我が国のすべての産業にとって最も重要な課題となっているテーマの一つです。全産業の生産性向上に関するデータをみると、2016年の労働生産性（就業者一人当たり名目付加価値）を世界の主要な国と比較した場合、我が国全体では、OECD（経済協力開発機構）加盟35カ国中21位となっています。生産性の水準からみると大変低い状況であり、特に、G7諸国の中では、最も低い水準となっています。

　このような状況の中で、我が国の建設業の生産性に関しても、国内における建設業の付加価値労働生産性を全産業と比較すると低い水準にあります。建設業は、単品受注生産といった特殊性などを有しているため、他の産業と単純な比較をすることはできませんが、今後さらなる生産性の改善が求められているのは事実です。改善方策を検討するうえでは、人的資源、制度、情報化施工、ICT（情報通信技術）などの視点から課題を整理しながら、今後の解決策を検討していくべきと考えます。また、建設業の生産性向上については、請負者である建設企業のみならず、発注者を含めた建設事業の関係者が一体となって取り組むことが必要です。

# 3．地球温暖化対策

○　地球温暖化を防ぐには、その要因とされる二酸化炭素やメタンなどの温室効果ガスの排出量を低下させる産業構造や生活の仕組みを持つ社会を実現する必要がある。このような状況の中、社会資本の整備及び維持管理の分野においても適切な対応が求められている。以上の基本的な考えに関して以下の問いに答えよ。　　　　　　　　　　　　　　　　　　　　　　　　　（練習）

(1) 低炭素社会を実現するために必要とされる対策について、技術者としての立場で多面的な観点から課題を抽出し分析せよ。

(2) 抽出した課題のうち最も重要と考える課題を1つ挙げ、その課題に対する複数の解決策を示せ。

(3) 解決策に共通して新たに生じうるリスクとそれへの対策についてあなたの専門技術を踏まえて考えを述べよ。

(4) (1) ～ (3) の業務遂行において必要な要件を技術者としての倫理、社会の持続可能性の観点から述べよ。

　地球温暖化に関しては、2015年12月の気候変動枠組条約第21回締約国会議（COP21）で採択されたパリ協定がありますが、パリ協定は地球温暖化対策の国際的な枠組みを定めた協定で、次のような要素が盛り込まれています。

①　世界共通の長期目標として、2℃目標の設定と1.5℃に抑える努力を追求する

②　主要排出国を含むすべての国が削減目標を5年ごとに提出・更新する

③　二国間クレジット制度を含めた市場メカニズムを活用する

④　適応の長期目標を設定し、各国の適応計画プロセスや行動を実施するとともに、適応報告書を提出・定期更新する

⑤　先進国が資金を継続して提供するだけでなく、途上国も自主的に資金を提供する

⑥　すべての国が共通かつ柔軟な方法で実施状況を報告し、レビューを受ける

⑦　5年ごとに世界全体の実施状況を確認する仕組みを設ける

我が国においては、「地球温暖化対策の推進に関する法律」に基づき、平成

28年5月に「地球温暖化対策計画」が閣議決定され、温室効果ガスに関する中期目標として2030年度に2013年度比で26.0%減、長期目標として2050年までに80%の排出削減といったことが定められました。地球温暖化対策の適応策としては、「気候変動適応法」、「気候変動適応計画」（平成30年11月閣議決定）及び「国土交通省気候変動適応計画」（平成27年11月策定、平成30年11月一部改正）などに基づき、様々な取り組みが行われています。

さらに、地球温暖化対策の緩和策の推進の一つとして、低炭素都市づくりの推進が挙げられます。「都市の低炭素化の促進に関する法律」に基づき、市町村単位にて「低炭素まちづくり計画」が作成され、各種の取り組みが実施されています。

この要素を理解して、建設部門において取るべき対策を検討しておく必要があります。

# 4. 災害対策

○　我が国は、暴風、豪雨、豪雪、洪水、高潮、地震、津波、噴火その他の異常な自然現象に起因する自然災害に繰り返しさいなまれてきた。自然災害への対策については、南海トラフ地震、首都直下地震等が遠くない将来に発生する可能性が高まっていることや、気候変動の影響等により水災害、土砂災害が多発していることから、その重要性がますます高まっている。

こうした状況下で、「強さ」と「しなやかさ」を持った安全・安心な国土・地域・経済社会の構築に向けた「国土強靭化」（ナショナル・レジリエンス）を推進していく必要があることを踏まえて、以下の問いに答えよ。

（R1－2）

(1) ハード整備の想定を超える大規模な自然災害に対して安全・安心な国土・地域・経済社会を構築するために、技術者としての立場で多面的な観点から課題を抽出し分析せよ。

(2) (1)で抽出した課題のうち最も重要と考える課題を1つ挙げ、その課題に対する複数の解決策を示せ。

(3) (2)で提示した解決策に共通して新たに生じうるリスクとそれへの対策について述べよ。

(4) (1)～(3)を業務として遂行するに当たり必要となる要件を、技術者としての倫理、社会の持続可能性の観点から述べよ。

　最近では、世界各地で地震や洪水などの自然災害の発生も増えており、災害への対策が強く求められるようになってきています。特に我が国は、災害が起きやすい地質や地形になっていますので、さまざまな視点での検討が必要となります。さらに、東日本大震災の被害を目の当たりにした我が国は、自然の持つ圧倒的な力に対して、社会やシステム、インフラストラクチャの脆弱性を強く認識しました。そのため、平成25年12月に「強くしなやかな国民生活の実現を図るための防災・減災等に資する国土強靭化基本法」が施行されました。また、「国土強靭化基本計画」（平成26年6月3日閣議決定、平成30年12月14日改訂）も策定されています。さらに、"防災のための重要インフラ等の機能維持"及び"国民経済・生活を支える重要インフラ等の機能維持"の観点から、特に

緊急に実施すべきハード・ソフト対策が取りまとめられた「防災・減災、国土強靱化のための3か年緊急対策」が平成30年12月14日に閣議決定されています。この対策には、基本的な考え方をはじめとして、取り組む対策及びその具体的な措置、対策の期間及びフォローアップ、対策の達成目標などが明記されています。

# 5. 安全・安心への対応

○　誰もが安心して暮らせる「人に優しい社会」の実現が求められている。このため、新たな社会インフラを対症療法ではなく、包括的な観点からゼロベースで考えるスマートシティ、スマートコミュニティ、スマートタウンなどの構想が国内外で議論されている。

　　こうした状況下で、社会資本整備における一連のプロセスを担う建設分野においても「人に優しい社会」の構築が必要不可欠となっていることを踏まえて、以下の問いに答えよ。　　　　　　　　　　　　　　　　（練習）

(1) 建設分野における「人に優しい社会」の構築に関して、技術者としての立場で多面的な観点から課題を抽出し分析せよ。

(2) (1) で抽出した課題のうち最も重要と考える課題を1つ挙げ、その課題に対する複数の解決策を示せ。

(3) (2) で提示した解決策に共通して新たに生じうるリスクとそれへの対策について述べよ。

(4) (1) ～ (3) を業務として遂行するに当たり必要となる要件を、技術者としての倫理、社会の持続可能性の観点から述べよ。

　我が国は、少子高齢化によって社会的弱者への対応などが必要となってきています。また、災害の多発により、災害時や災害後の対策を含めた検討を行い、「人に優しい社会」を作っていくことが強く求められるようになってきています。そういった要求に対して、建設部門の技術者として検討していくべき事項は多く存在していますので、これからの社会資本の構築に向けて、自分の意見を醸成しておく必要があります。「国土交通白書2019」（国土交通省）では、「人に優しい社会」をユニバーサル社会の実現として捉えています。具体的な視点としては、バリアフリー化の実現（公共交通機関や居住・生活環境等）、少子化社会の子育て環境づくり（仕事と育児との両立の支援、子供がのびのびと安全に成長できる環境づくり等）、高齢社会への対応（高齢者が安心して暮らせる生活環境の整備、高齢社会に対応した輸送サービスの提供）、歩行者移動支援の推進などが挙げられます。

# 6. 情報化への対応

○　AIやIoT等のデジタル技術の活用は、産業界において新たな付加価値を
　創出するとともに、生産性向上やコスト削減をもたらし、今後の経済成長の
　原動力になると期待されている。建設部門においても、デジタル技術の活用
　に向けた取組が始まっている。　　　　　　　　　　　　　　　（練習）
　(1) 我が国の建設部門におけるデジタル技術の活用に関して、技術者として
　　　の立場で多面的な観点から課題を抽出し分析せよ。
　(2) 抽出した課題のうち最も重要と考える課題を1つ挙げ、その課題に対す
　　　る複数の解決策を示せ。
　(3) 解決策に共通して新たに生じうるリスクとそれへの対策について述べよ。
　(4) 上記事項を業務として遂行するに当たり、技術者としての倫理、社会の
　　　持続可能性の観点から必要となる要件・留意点を述べよ。
　AI：Artificial Intelligence、IoT：Internet of Things

　最近では、多様なIoTサービスを創出するために、膨大な数のIoT機器を迅
速かつ効率的に接続する技術や異なる無線規格の機器や複数のサービスをまと
めて効率的かつ安全にネットワークに接続・収容する技術等の共通基盤技術の
確立および国際標準化への取組を強化しています。
　国全体の取り組みとしては、「世界最先端デジタル国家創造宣言・官民データ
活用推進基本計画」（令和元年6月14日）が挙げられます。国土交通省では、
建設生産プロセスすべてを対象に、ICT（情報通信技術）などの新技術を活用
する「i-Construction」の普及・推進を実施しています。この「i-Construc-
tion」は、調査・測量から設計、施工、検査、維持管理・更新までのあらゆる
建設生産プロセスにおける生産性を向上させる方策の一つとされています。そ
の他、「国土交通白書2019」（国土交通白書）によれば、「ITS（高度道路交通
システム）の推進」、「地理空間情報を高度に活用する社会の実現」、「電子政府
の実現」、「公共施設管理用光ファイバ及びその収容空間等の整備・開放」、
「ICT（情報通信技術）の利活用による高度な水管理・水防災」、「オープンデー
タ化の推進」、「ビッグデータの活用」、「スマートシティの推進」などが情報化
施策として挙げられています。さらに、建設マネジメントの観点では、BIM

（Building Information Modeling）及びCIM（Construction Information Modeling, Management）の取り組みも重要なポイントです。

　また、人工知能技術に関しては、関係各省庁でさまざまな研究・開発が行われています。総務省では、脳活動分析技術を用いて、人の感性を客観的に評価するシステムの開発を実施しており、自然言語処理、データマイニング、辞書・知識ベースの構築等の研究開発・実証を実施しています。このような状況に対して、文部科学省では、次のような研究課題に対する支援を行っています。

① 深層学習の原理解明や汎用的な機械学習の新たな基盤技術の構築
② 再生医療、モノづくりなどの日本が強みを持つ分野をさらに発展させ、高齢者ヘルスケア、防災・減災、インフラの保守・管理技術などの我が国の社会的課題を解決するための人工知能等の基盤技術を実装した解析システムの研究開発
③ 人工知能技術の普及に伴って生じる倫理的・法的・社会的問題に関する研究

　一方、経済産業省では、次のような開発等に取り組んでいます。
ⓐ 脳型人工知能やデータ・知識融合型人工知能の先端研究
ⓑ 研究成果の早期橋渡しを可能とする人工知能フレームワーク・先進中核モジュールのツール開発

　こういった背景を踏まえて、建設部門の技術者として検討すべき内容を整理しておく必要があります。

# 7. 人材確保及び育成

○　我が国の建設分野では、他の産業分野と同様に人材の育成・確保が大きな問題となっている。熟練技術者の退職による技術伝承の問題だけでなく、少子高齢化による労働人口の減少により、技術者の確保も難しい環境になってきている。一方、厳しい財政状況にあることから、社会資本への投資額が抑えられる状況が続いており、かつてのような右肩上がりの投資を期待することは困難な状況である。このような背景の中で我が国の建設産業の人材確保及び育成に関して以下の問いに答えよ。　　　　　　　　　　　（練習）

(1) 我が国の建設産業における人材確保・育成について、技術者としての立場で多面的な観点から課題を抽出して分析せよ。

(2) 抽出した課題のうち最も重要と考える課題を1つ挙げ、その課題に対する複数の解決策を示せ。

(3) 解決策に共通して新たに生じうるリスクとそれに対する対応について述べよ。

(4) 業務遂行において必要な要件を技術者としての倫理、社会の持続可能性の観点から述べよ。

　建設業の技能者の約3分の1は55歳以上で他産業と比較しても高齢化が進行している状況です。そのため、若者や女性の建設業に対する魅力を高めるため、働き方改革の促進やさらなる職場環境の改善を促進する必要があります。また、技術やスキル等を適時・適切に次世代に伝承・継承する必要があるものの、情報化が進む中、技術やスキルの一部がブラックボックス化してしまい、十分な伝承・継承が難しい状況にあるといった課題があります。これらを含め、建設業の人材確保・育成を取り巻く課題を整理し、それぞれの課題に対する解決策を検討することが必要です。国土交通省が取り組んでいる共通施策の一例を示すと次のとおりです。人材確保の観点からは、適正な工期設定・施工時期の平準化等による働き方改革の推進とともに、女性活躍の推進や建設キャリアアップの促進・活用が可能となる、誰もが安心して働き続けられる環境整備を推進しています。人材育成の観点からは、人材確保の取り組みと並行しながら、地域建設産業の生産性向上及び持続性の確保を推進しながら、若年技能者等の育成等の環境整備を推進しています。

# 8.　インフラ老朽化対策

○　我が国では、高度成長期以降に整備されたインフラ施設が、今後、一斉に老朽化することが見込まれている。今後、限られた予算の中で、できる限り長く供用期間を確保できるよう、計画的な老朽化対策に取り組んでいくことが求められている。このような背景を踏まえ、以下の設問に答えよ。

（練習）

(1)　我が国におけるインフラの老朽化について、技術者としての立場で多面的な観点から課題を抽出して分析せよ。

(2)　抽出した課題のうち最も重要と考える課題を1つ挙げ、その課題に対する複数の解決策を示せ。

(3)　解決策に共通して新たに生じうるリスクとそれに対する対応について述べよ。

(4)　業務遂行において必要な要件を技術者としての倫理、社会の持続可能性の観点から述べよ。

　インフラ老朽化に関する我が国全体の取り組みとしては、平成25年6月に閣議決定した「日本再興戦略」に基づき、「インフラ老朽化対策の推進に関する関係省庁連絡会議」が平成25年10月に設置、同年11月には、戦略的な維持管理・更新等の方向性を示す基本的な計画として、「インフラ長寿命化基本計画」が策定されています。この基本計画では、目指すべき姿として、安全で強靱なインフラシステムの構築、総合的・一体的なインフラマネジメントの実現、メンテナンス産業によるインフラビジネスの競争力強化といった項目が示されています。また、同基本計画では、インフラ長寿命化計画等の策定が示されており、国土交通省が平成26年5月に「国土交通省インフラ長寿命化計画（行動計画）」を取りまとめています。記載事項は、1) 対象施設、2) 計画期間、3) 対象施設の現状と課題、4) 中長期的な維持管理・更新等のコストの見通し、5) 必要施策に係る取組の方向性、6) フォローアップ計画となっています。なお、この計画では、各インフラ分野における老朽化の割合が次のように示されています。

図表5.3 建設後50年以上経過する施設の割合

| 分　野 | 施　設 | 建設後 50 年以上経過する施設の割合※1 | | |
|---|---|---|---|---|
| | | 平成 25 年 3 月現在 | 10 年後 | 20 年後 |
| 道路 | 橋梁（橋長 2 m 以上） | 16% | 40% | 65% |
| | トンネル | 18% | 32% | 48% |
| 河川・ダム | 河川管理施設※3 | 6% | 20% | 47% |
| 砂防 | 砂防堰堤、床固工※5 | 3% | 5% | 21% |
| 海岸 | 海岸堤防等※6 | 10% | 31% | 53% |
| 下水道 | 管渠 | 2% | 8% | 22% |
| | 処理場 | — ※7 | — ※7 | — ※7 |
| 港湾 | 港湾施設※8 | 11% | 27% | 51% |
| 空港 | 空港 | 19% | 48% | 63% |
| 鉄道 | 橋梁 | 51% | 70% | 83% |
| | トンネル | 60% | 81% | 91% |
| 自動車道 | 橋 | 34% | 87% | 87% |
| | トンネル | 67% | 100% | 100% |
| 航路標識 | 航路標識※11 | 12% | 25% | 38% |
| 公園 | 都市公園等 | 4% | 11% | 38% |
| 公営住宅 | 公営住宅 | 3% | 30% | 60% |
| 官庁施設 | 官庁施設※12 | 8% | 22% | 36% |

※1　建設後 50 年以上経過する施設の割合については建設年度不明の施設数を除いて算出した。
※3　国：堰、床止め、閘門、水門、揚水機場、排水機場、樋門・樋管、陸閘、管理橋、浄化施設、
　　　その他（立坑、遊水池）、ダム。
　　　都道府県・政令市：堰（ゲート有り）、閘門、水門、樋門・樋管、陸閘等ゲートを有する施設
　　　及び揚水機場、排水機場、ダム。
※5　国が施工管理者として管理する施設を含む。
※6　堤防、護岸、胸壁（いずれも他省庁所管分を含む。国が権限代行で整備した施設は都道府県・
　　　市町村に含む。東日本大震災の被災 3 県（岩手、宮城、福島）は含まず。）。
※7　処理場は、供用開始後、段階的な増設を行っており、供用開始年度のみをもって、一概に当該
　　　施設の経過年数とは言えない。
※8　水域施設、外郭施設、係留施設、臨港交通施設。
※11　灯台、灯標、灯浮標、船舶通航信号所等。
※12　庁舎（合同庁舎、法務局、税務署、公共職業安定所、検察庁、労働基準監督署等）、庁舎以外
　　　（自衛隊、刑務所、宿舎等）。

出典：「国土交通省　インフラ長寿命化計画（行動計画）」（平成 26 年 5 月 21 日 国土交通省）

　こういった背景を踏まえて、建設部門の技術者として検討すべき内容を整理
しておく必要があります。

# 9. 社会資本整備重点計画

○　第4次社会資本整備重点計画では、厳しい財政制約の下、社会資本のストック効果が最大限に発揮されるよう、集約・再編を含めた戦略的メンテナンス、既存施設の有効活用（賢く使う取組）に重点的に取り組むとともに、社会資本整備の目的・役割に応じて、「安全安心インフラ」、「生活インフラ」、「成長インフラ」について、選択と集中の徹底を図ることになっている。この第4次社会資本整備重点計画を踏まえ、以下の設問に答えよ。　　　（練習）

(1) 第4次社会資本整備重点計画に基づき、社会資本整備が直面している課題について、技術者としての立場で多面的な観点から課題を抽出して分析せよ。

(2) 抽出した課題のうち最も重要と考える課題を1つ挙げ、その課題に対する複数の解決策を示せ。

(3) 解決策に共通して新たに生じうるリスクとそれに対する対応について述べよ。

(4) 業務遂行において必要な要件を技術者としての倫理、社会の持続可能性の観点から述べよ。


社会資本整備重点計画は、国土交通省のホームページによると、"社会資本整備重点計画法（平成15年法律第20号）に基づき、社会資本整備事業を重点的、効果的かつ効率的に推進するために策定する計画"と示されています。また、主な計画事項は、○計画期間における社会資本整備事業の実施に関する重点目標、○重点目標の達成のため、計画期間において効果的かつ効率的に実施すべき社会資本整備事業の概要、○社会資本整備事業を効果的かつ効率的に実施するための措置等となっています。第4次社会資本整備重点計画は平成27年9月18日に閣議決定されたもので、平成27年度（2015年度）から平成32年度（2020年度）までを対象期間としています。第4次社会資本整備重点計画では、社会資本整備が直面する4つの構造的課題が次のように示されています。

　　①加速するインフラ老朽化
　　②脆弱国土（切迫する巨大地震、激甚化する気象災害）
　　③人口減少に伴う地方の疲弊

④激化する国際競争

さらに同計画では、"社会資本整備が直面する4つの構造的課題に対応していくためには、中長期的な視点から計画的な社会資本整備を持続可能な形で実施していく必要がある"と明記されています。合わせて、厳しい財政制約の下、社会資本のストック効果の最大化を図るためには、「機能性・生産性を高める戦略的インフラマネジメント」を構築する必要性も示されています。

こういった背景を踏まえて、建設部門の技術者として検討すべき内容を整理しておく必要があります。

# 10．官民連携の強化（民間活力の促進）

○　公共施設等の整備・運営に民間の資金や創意工夫を活用することにより、効率的かつ効果的であって良好な公共サービスを実現するため、多様な官民連携事業（PPP／PFI）を推進することが重要である。官民連携事業（PPP／PFI）の推進は、新たなビジネス機会の拡大、地域経済好循環の実現、公的負担の抑制、国及び地方の基礎的財政収支の黒字化を目指す経済・財政一体改革に貢献することが期待されている。このような背景を踏まえ、以下の設問に答えよ。　　　　　　　　　　　　　　　　　　　　（練習）

(1) 我が国における公共施設等の整備・運営の官民連携事業（PPP／PFI）が直面している課題について、技術者としての立場で多面的な観点から課題を抽出して分析せよ。

(2) 抽出した課題のうち最も重要と考える課題を1つ挙げ、その課題に対する複数の解決策を示せ。

(3) 解決策に共通して新たに生じうるリスクとそれに対する対応について述べよ。

(4) 業務遂行において必要な要件を技術者としての倫理、社会の持続可能性の観点から述べよ。

　官民連携事業（PPP／PFI）は、少子高齢化を背景とした財源不足・投資的経費の伸び悩み、空き公共施設・低未利用地の拡大などや、インフラ施設の老朽化を背景としたインフラ施設に係る更新投資の拡大といった問題を踏まえ、従来の手法では公共施設、公共サービスの維持が困難となるため、民間のノウハウや資金を活用することにより、インフラ整備・維持・更新に要するコストの削減や行政効率を高めることが期待されています。

　「官民連携事業（PPP／PFI）によるまちづくりのすすめ」（令和元年度版　国土交通省　総合政策局　社会資本整備政策課）によると、PPP（Public Private Partnership）とは、"公共施設等の建設、維持管理、運営等を行政と民間が連携して行うことにより、民間の創意工夫等を活用し、財政資金の効率的使用や行政の効率化等を図るもの。"と示されています。一方、PFI（Private Finance Initiative）は、"PFI法に基づき、公共施設等の建設、維持管理、運営等を民

間の資金、経営能力及び技術的能力を活用して行う手法。"とされています。
PFI関連の実施事業は増加傾向にあるものの、官民連携方式の導入に関しては、
地方公共団体側と資金やノウハウを提供する民間事業者側、それぞれが抱えて
いる課題があるため、今後それを解決していく必要があります。なお、「民間
資金等の活用による公共施設等の整備等の促進に関する法律の一部を改正する
法律」が平成30年6月20日に公布され、PFI法が改正されています。

また、「PPP／PFI推進アクションプラン」（平成28年5月18日　民間資金等
活用事業推進会議決定、令和元年6月21日改定）では、平成25年度から令和4
年度までの10年間で21兆円のPPP／PFIの事業規模を達成することが目標と
して示されています。このうち、公共施設等運営権制度を活用したPFI事業は、
7兆円の事業規模を目標として設定されています。

こういった背景を踏まえて、建設部門の技術者として検討すべき内容を整理
しておく必要があります。

# 11. 地域活性化の推進

○　平成26年11月に成立した「まち・ひと・しごと創生法」は、我が国における急速な少子高齢化の進展に的確に対応し、人口の減少に歯止めをかけるとともに、東京圏への人口の過度の集中を是正し、それぞれの地域で住みよい環境を確保して、将来にわたって活力ある日本社会を維持していくためには、国民一人一人が夢や希望を持ち、潤いのある豊かな生活を安心して営むことができる地域社会の形成、地域社会を担う個性豊かで多様な人材の確保及び地域における魅力ある多様な就業の機会の創出を一体的に推進することが重要となっていることに鑑み、まち・ひと・しごと創生について、基本理念、国等の責務、政府が講ずべきまち・ひと・しごと創生に関する施策を総合的かつ計画的に実施するための計画の作成等について定めるとともに、まち・ひと・しごと創生本部を設置することにより、まち・ひと・しごと創生に関する施策を総合的かつ計画的に実施することを目的としている。地方創生・地域活性化は、今後の我が国の持続的な発展に欠かすことのできないものである。これらを踏まえ、以下の設問に答えよ。　　　　　　（練習）

(1)　我が国の地方創生・地域活性化の推進に当たり、建設産業が抱えている課題について、技術者としての立場で多面的な観点から課題を抽出して分析せよ。

(2)　抽出した課題のうち最も重要と考える課題を1つ挙げ、その課題に対する複数の解決策を示せ。

(3)　解決策に共通して新たに生じうるリスクとそれに対する対応について述べよ。

(4)　業務遂行において必要な要件を技術者としての倫理、社会の持続可能性の観点から述べよ。

　平成26年9月に、まち・ひと・しごと創生本部が内閣に設置され、同年12月に「まち・ひと・しごと創生長期ビジョン」（平成26年12月27日閣議決定）が策定されました。また、令和元年6月21日には、「まち・ひと・しごと創生基本方針2019」が閣議決定されています。2015年度から2019年度を対象期間とした第1期に対して、この方針は、2020年度から2024年度を対象期間とした第2期

の基本的な考えが示されています。第1期の4つの基本目標が下記に提示され
ていますが、第2期の基本目標についてもこれを基本的に維持することになっ
ています。

1. 地方にしごとをつくり、安心して働けるようにする
2. 地方への新しいひとの流れをつくる
3. 若い世代の結婚・出産・子育ての希望をかなえる
4. 時代に合った地域をつくり、安心なくらしを守るとともに、地域と地域
   を連携する

さらに、第2期においては4つの基本目標に向けた取組を実施するに当たり、
次に示す新たな視点に重点を置いて施策を進めることになっています。

1. 地方へのひと・資金の流れを強化する
2. 新しい時代の流れを力にする
3. 人材を育て活かす
4. 民間と協働する
5. 誰もが活躍できる地域社会をつくる
6. 地域経営の視点で取り組む

こういった背景を踏まえて、建設部門の技術者として検討すべき内容を整理
しておく必要があります。

# 12.　循環型社会の形成

○　「循環型社会形成推進基本法」では、「循環型社会」を次のように定義している。

　「循環型社会」とは、製品等が廃棄物等となることが抑制され、並びに製品等が循環資源となった場合においてはこれについて適正に循環的な利用が行われることが促進され、及び循環的な利用が行われない循環資源については適正な処分（廃棄物（ごみ、粗大ごみ、燃え殻、汚泥、ふん尿、廃油、廃酸、廃アルカリ、動物の死体その他の汚物又は不要物であって、固形状又は液状のものをいう。）としての処分をいう。）が確保され、もって天然資源の消費を抑制し、環境への負荷ができる限り低減される社会をいう。

　循環型社会の形成に当たり、建設産業が果たすべき役割及び責任は大きいものと考えられるが、それを踏まえ、以下の設問に答えよ。　　　　　**（練習）**

(1) 循環型社会の形成に当たり、建設業が抱えている課題について、技術者としての立場で多面的な観点から課題を抽出して分析せよ。

(2) 抽出した課題のうち最も重要と考える課題を1つ挙げ、その課題に対する複数の解決策を示せ。

(3) 解決策に共通して新たに生じうるリスクとそれに対する対応について述べよ。

(4) 業務遂行において必要な要件を技術者としての倫理、社会の持続可能性の観点から述べよ。

「国土交通白書2019」（国土交通省）によると、建設廃棄物は、全産業廃棄物のうち排出量で約2割を占め、その発生抑制、再利用、再生利用の促進は重要な課題とされています。以下に、建設廃棄物の排出量、再資源化・縮減量及び最終処分量の経年変化を示します。

図表5.4　建設廃棄物の排出量、再資源化・縮減量及び最終処分量の経年変化

（単位：万トン）

| | H7年度 | H12年度 | H14年度 | H17年度 | H20年度 | H24年度 |
|---|---|---|---|---|---|---|
| 建設廃棄物排出量 | 9,914 | 8,476 | 8,273 | 7,700 | 6,381 | 7,269 |
| 再資源化・縮減量 | 5,767 | 7,191 | 7,576 | 7,100 | 5,979 | 6,979 |
| 最終処分量 | 4,148 | 1,285 | 697 | 600 | 402 | 290 |

出典：「国土交通白書2019」（国土交通省）

　建設廃棄物排出量は減少傾向にありますが、「国土交通白書2019」（国土交通省）では、社会資本の維持管理・更新時代の本格化に伴い建設副産物の質及び量の変化が想定されることなど、今後も更なる建設リサイクルの推進を図っていく必要があると示されています。

　建設リサイクルの推進に関しては、「建設工事に係る資材の再資源化等に関する法律（建設リサイクル法）」に基づき、各種取り組みが実施されています。国土交通省では、「建設リサイクル推進計画2014」を策定し、建設副産物物流のモニタリング強化、工事前段階における発生抑制、現場分別及び再資源化施設への搬出の徹底による再資源化・縮減の促進、再生資材の利用促進、建設発生土の有効利用・適正処理の促進強化などに取り組んでいます。また、依然として不法投棄が大きな問題となっており、不法投棄防止対策にも継続的に取り組んでいく必要があります。

　こういった背景を踏まえて、建設部門の技術者として検討すべき内容を整理しておく必要があります。

# 第6章

# 解 答 例

　これまで過去問題と練習問題を100問余見てもらいましたが、ただ問題を見ているだけで解答が書けるようにはなりません。そのために、すべての問題を項目立てして問題の内容を理解してもらったわけですが、やはり実際に解答を書いてみることも大切です。そこで、この章では、いくつかの解答例を示します。紙面の関係上、すべての選択科目の解答例は示せませんが、大事な点は、試験委員に読みやすい解答を作成できるかどうかです。ですから、ここで示す解答例の内容よりも、文章の展開方法や説明方法を参考にしてもらいたいと考えます。そういった点では、自分が受験する選択科目以外の問題の内容を読んでもらうと、より一層理解しやすい文章の書き方が理解できると思います。

　なお、技術士第二次試験では、1行24文字の答案用紙形式を用いています。解答練習する際には、次ページに掲載した答案用紙をA5からA4に拡大して使ってください。

## 技術士第二次試験答案用紙例

| 受験番号 | | 技術部門 | | 部門 | ※ |
|---|---|---|---|---|---|
| 問題番号 | | 選択科目 | | | |
| 答案使用枚数 | | 専門とする事項 | | | |

○受験番号、問題番号、答案使用枚数、技術部門、選択科目及び専門とする事項の欄は必ず記入すること。
○解答欄の記入は、1マスにつき1文字とすること。(英数字及び図表を除く。)

●裏面は使用しないで下さい。　●裏面に記載された解答は無効とします。　　　　24 字 ×25 行

# 1. 選択科目（Ⅱ－1）の解答例

## （1）土質及び基礎

○ 土留め（山留め）工事におけるヒービング、盤ぶくれ、ボイリングについ
て、発生原理を説明せよ。また、ボイリング対策として有効な地盤改良工法
を2つ挙げ、各工法の対策原理及び施工上の留意点を述べよ。　（R1－4）

令和元年度　技術士第二次試験答案用紙

| 受験番号 | 0901B00XX | 技術部門 | 建　設　部門 | ※ |
|---|---|---|---|---|
| 問題番号 | Ⅱ－1－4 | 選択科目 | 土質及び基礎 | |
| 答案使用枚数 | 1 枚目　1 枚中 | 専門とする事項 | 土　質 | |

○受験番号、問題番号、答案使用枚数、技術部門、選択科目及び専門とする事項の欄は必ず記入すること。
○解答欄の記入は、1マスにつき1文字とすること。（英数字及び図表を除く。）

1．土留め工事における現象の発生原理
①ヒービング：掘削底面付近に軟弱粘性土がある場合、
山留め壁背面の土が山留め壁の下を回り込み、山留め
壁が変位し掘削底面が破壊・隆起する現象である。
②盤ぶくれ：難透水層の掘削底面が、その下部にある
被圧帯水層の被圧水により浮き上がり、ボイリング状
の破壊にいたる現象である。
③ボイリング：地下水位が高い砂質地盤で、掘削底面
に水位差による上向きの浸透流が生じ、底面の土のせ
ん断抵抗が失われ、水がふきあげる現象である。
2．ボイリング対策として有効な地盤改良工法
（1）薬液注入工法の対策原理と施工上の留意点
①対策原理：砂質地盤に対して、土粒子の配列を変え
ずに、一般に、水ガラス系等の注入材を土の間隙に浸
透させ、遮水性等を高める工法である。
②施工上留意点：地盤条件、注入材、注入方法、注入
範囲、注入率等を検討し、施工中は薬液の地表面等へ
の漏出や地盤の隆起等に留意する必要がある。
（2）深層混合処理工法の対策原理と施工上の留意点
①対策原理：セメント系等の改良材を地中に供給し、
対象地盤と強制的に攪拌混合し、化学的に反応させ、
強度を高める工法である。
②施工上の留意点：施工位置の精度を高め改良体を確
実にオーバーラップさせる。特に山留め壁付近は未改
良部分が残らない様な配慮が必要である。　以上

●裏面は使用しないで下さい。　●裏面に記載された解答は無効とします。　24字×25行

## (2) 鋼構造及びコンクリート

○ 暑中コンクリートとして施工する場合に、材料・配合、運搬、打込み及び養生の観点のうち2項目について、品質を確保する上での留意すべき事項、並びにその留意すべき理由と対策を述べよ。 (R1-7)

令和元年度 技術士第二次試験答案用紙

| 受験番号 | 0 9 0 2 B 0 0 X X | 技術部門 | 建 設 部門 | ※ |
| 問題番号 | Ⅱ-1-7 | 選択科目 | 鋼構造及びコンクリート | |
| 答案使用枚数 | 1 枚目 1 枚中 | 専門とする事項 | コンクリート構造物 | |

○受験番号、問題番号、答案使用枚数、技術部門、選択科目及び専門とする事項の欄は必ず記入すること。
○解答欄の記入は、1マスにつき1文字とすること。(英数字及び図表を除く。)

1. 暑中コンクリート施工時の材料・配合の留意点等
(1) 材料の留意点及び理由と対策
　水、セメント、骨材の適切な温度管理が必要で、特に骨材の温度管理が最も重要である。理由は、骨材温度1℃が、練り上がりのコンクリート温度を0.5℃上昇させるためである。対策は、骨材等の材料は炎天下にさらさず、高温になった場合は散水し、状況に応じて氷や液体窒素を利用する等、温度低下を図る。
(2) 配合の留意点及び理由と対策
　単位水量の適切な管理が必要となる。理由は、コンクリート温度が高くなるとスランプや空気量の経時変化が大きくなり、通常の温度よりも単位水量が多くなってしまう場合がある。事前に気温上昇に伴う経時変化を把握した上で、単位水量を設定する必要がある。
2. 暑中コンクリート施工時の養生の留意点等
　留意すべき事項は、コンクリート表面の乾燥対策を十分に行う必要が挙げられる。理由は、表面が直射日光等により乾燥すると、打込み後の仕上げが困難になるだけでなく、ひび割れが生じる可能性が高くなり、硬化後の品質に影響が生じるためである。
　対策としては、打込みが完了したコンクリートは露出面が乾燥しないよう湿潤状態で養生する必要がある。打込み日の平均気温によって規定されている期間は湿潤養生状態を保持し、型枠を外した後も表面の急激な乾燥を防ぐための措置が重要である。 以上

●裏面は使用しないで下さい。 ●裏面に記載された解答は無効とします。 24字×25行

## （3）都市及び地方計画

○ 都市における公園緑地の多面的な機能を4つに区分して説明せよ。

(R1－4)

令和元年度　技術士第二次試験答案用紙

| 受験番号 | 0903B00XX | 技術部門 | 建　設 部門 | ※ |
| 問題番号 | Ⅱ－1－4 | 選択科目 | 都市及び地方計画 | |
| 答案使用枚数 | 1枚目　1枚中 | 専門とする事項 | 都市計画 | |

○受験番号、問題番号、答案使用枚数、技術部門、選択科目及び専門とする事項の欄は必ず記入すること。
○解答欄の記入は、1マスにつき1文字とすること。（英数字及び図表を除く。）

1．都市の公園緑地の多面的な機能
　　都市の公園緑地は多数の機能を有しているが、主要な機能として、①環境保全・改善、②防災、③景観形成、④レクリエーションの4機能がある。
2．環境保全・改善に関する機能
　　人と自然が共生する都市環境の形成に貢献する機能で、地域固有の動植物種の保全等を通じて、都市の生物多様性の向上に寄与している。緑の蒸発散効果等によるヒートアイランド現象の緩和機能も有している。
3．防災に関する機能
　　地震災害発生時の避難地等及び自衛隊・警察・消防等の防災活動の拠点機能を有しており、都市の安全性を向上させる効果をもたらす。また、緑とオープンスペースにより、火災延焼遮断効果や荒天時における一時的な雨水貯留等による浸水軽減機能も併せ持つ。
4．景観形成に関する機能
　　都市が有している固有の象徴的な都市景観を形成することで、都市のシンボル的な役割を担うことができる。都市を含めた地域固有の文化や風景を保全し、併せて美しい景観の保全や形成といった機能も有する。
5．レクリエーションに関する機能
　　自然とのふれあい、余暇活動、健康増進活動の場などという住民の心身のリフレッシュや健康増進等をサポートする環境を提供する機能を有している。健康的なライフスタイルの創出環境機能も併せ持つ。以上

●裏面は使用しないで下さい。　●裏面に記載された解答は無効とします。　　　　24字×25行

## (4) 港湾及び空港

○ 港湾や海上空港における鉄筋コンクリート構造物の劣化の主な原因となる塩害について、劣化のメカニズムを説明せよ。また、塩害への基本的な対策工法を複数挙げた上で、そのうちの2つの工法について概要を説明せよ。

(R1－2)

令和元年度　技術士第二次試験答案用紙

| 受験番号 | 0 9 0 5 B 0 0 X X | 技術部門 | 建 設 部門 | ※ |
| 問題番号 | Ⅱ－1－2 | 選択科目 | 港湾及び空港 | |
| 答案使用枚数 | 1 枚目　1 枚中 | 専門とする事項 | 港湾計画 | |

○受験番号、問題番号、答案使用枚数、技術部門、選択科目及び専門とする事項の欄は必ず記入すること。
○解答欄の記入は、1マスにつき1文字とすること。(英数字及び図表を除く。)

1．塩害による劣化のメカニズム
　コンクリート中の塩化物イオンの存在により、コンクリート中の鋼材の腐食が進行し、腐食生成物の体積膨張によるコンクリートのひび割れやはく離、あるいは鋼材の断面減少が生じ、ひいては構造物の性能低下につながる。コンクリート中に塩化物イオンが存在する主たる原因は、内在塩化物イオン（骨材や練り混ぜ水等）や外来塩化物イオン（表面から浸透する場合）などが挙げられる。
2．塩害の基本的な対策工法
　表面被覆工法、表面含浸工法、ひび割れ注入工法、断面修復工法、脱塩工法、電気防食工法等がある。
(1)ひび割れ注入工法の概要
　コンクリートにひび割れがある場合に適用される工法で、塩化物イオン等の劣化因子の侵入を遮断する。スプリング圧やゴム圧等の低圧注入器を使用し、セメント系や有機系材料を低圧、低速にてひび割れ内部に注入し、ひび割れ個所を閉塞させる工法である。
(2)脱塩工法の概要
　鉄筋腐食が生じている場合に適用される工法で、塩化物イオンをコンクリート外部へ排出する。コンクリート表面に仮設の陽極材を設置し、直流電流をコンクリート中の鉄筋・鋼材等へ流してコンクリート中の塩化物イオンを外部に電気泳動させ、内部の塩化物イオン量を低下させる工法である。　　　　　　　　以上

●裏面は使用しないで下さい。　●裏面に記載された解答は無効とします。　　　　24字×25行

## (5) 電力土木

○ 東日本大震災以降、我が国が直面しているエネルギーの課題を踏まえて、電源のエネルギーミックスを検討する際に考慮すべき4つの項目を挙げよ。また、発電方法の名称を2つ挙げ、それぞれの特徴とエネルギーミックスにおける役割を述べよ。 (R1-1)

令和元年度　技術士第二次試験答案用紙

| 受験番号 | 0 9 0 6 B 0 0 X X | 技術部門 | 建設　部門 | ※ |
| 問題番号 | Ⅱ-1-1 | 選択科目 | 電力土木 | |
| 答案使用枚数 | 1枚目　1枚中 | 専門とする事項 | 水路構造物 | |

○受験番号、問題番号、答案使用枚数、技術部門、選択科目及び専門とする事項の欄は必ず記入すること。
○解答欄の記入は、1マスにつき1文字とすること。(英数字及び図表を除く。)

1．電源のエネルギーミックスで考慮すべき項目
　東日本大震災以降、複数の原子力発電所の廃炉が決定され、原子力発電電力の減少が続いている。また、地球温暖化の観点から、再生可能エネルギーの活用が期待されている。そういった状況から、電源のエネルギーミックスでは、次の項目を考慮する必要がある。
　①安全に稼動できる電源
　②地政学リスク等が少ない安定した電源
　③発電コストが廉価な電源
　④二酸化炭素の排出が少ない電源
2．地熱発電の特徴とエネルギーミックスの役割
　我が国は世界で3番目に地熱資源が多い国であるが、電源としての地熱の利用は進んでいない。地熱発電は時間格差や気象格差がなく、発電コストが廉価で地球に優しい電源であるので、ベースロード電力としての活用が期待される。ただし、地中から排出される有害物質の地中への還流などの対策が必要である。
3．風力発電の特徴とエネルギーミックスの役割
　風力発電は、地球大気の水平方向の運動エネルギーを風車で電気に変換するので、環境に優しい電源である。しかし、風力発電は、風速の変化によって発電量が変化する。また、内陸部で風向の安定した地域が少ないため、今後は洋上風力発電設備の技術開発が期待されている。風力発電は、ミドルロード電力やピークロード電力としての活用が期待されている。　以上

●裏面は使用しないで下さい。　●裏面に記載された解答は無効とします。　　　　24字×25行

## (6) トンネル

○ シールドトンネルの覆工の役割について簡潔に述べるとともに、一次覆工
の種類を2つ挙げ、その構造上の特徴と留意点について説明せよ。

(R1−4)

令和元年度 技術士第二次試験答案用紙

| 受験番号 | 0909B00XX | 技術部門 | 建 設 部門 | ※ |
|---|---|---|---|---|
| 問題番号 | Ⅱ−1−4 | 選択科目 | トンネル | |
| 答案使用枚数 | 1枚目 1枚中 | 専門とする事項 | シールドトンネル | |

○受験番号、問題番号、答案使用枚数、技術部門、選択科目及び専門とする事項の欄は必ず記入すること。
○解答欄の記入は、1マスにつき1文字とすること。(英数字及び図表を除く。)

1．シールドトンネルの覆工の役割
　覆工は、周辺地山の土水圧等の荷重に耐え、トンネ
ルの内空を確保し、トンネルの使用目的に適った機能
及び耐久性を有するだけでなく、施工時の掘進用反力
部材としての役割もあわせて有している。
2．一次覆工の種類と構造上の特徴及び留意点
(1) 箱型セグメント
　箱型セグメントの構造上の特徴は、主桁と継手板及
びスキンプレート等によって構成されるセグメントで、
鋼製セグメントやダクタイルセグメントが挙げられる
が、一般には鋼製セグメントが主流である。材質が均
一で優れた溶接性を有しており、重量も比較的軽量で
あることから施工性に富んでいる。留意点としては、
平板形セグメントと比較すると変形しやすいため、座
屈防止としてジャッキ推力や裏込め注入圧が過大とな
らないような配慮が必要である。
(2) 平板形セグメント
　平板形セグメントの構造上の特徴は、充実断面を有
した平板状のセグメントであり、鉄筋コンクリート製
のセグメントが主流である。耐久性と耐圧縮性に優れ
ており、土圧やジャッキ推力等に対する抵抗性も高い。
留意点としては、重量が大きく引張強度が小さいため、
運搬・施工時の取扱いには十分な配慮が必要である。
運搬・施工時に端部を欠損させると組立後の水密性に
影響が及ぶ場合がある。　　　　　　　　　　　以上

●裏面は使用しないで下さい。　●裏面に記載された解答は無効とします。　　24字×25行

## （7）施工計画、施工設備及び積算

○ 建設現場における三大災害を挙げ、それぞれについて、その原因を含めて概説するとともに、具体的な労働災害防止対策を述べよ。 　（R1－3）

令和元年度　技術士第二次試験答案用紙

| 受験番号 | 0910B00XX | 技術部門 | 建　設 部門 | ※ |
|---|---|---|---|---|
| 問題番号 | Ⅱ－1－3 | 選択科目 | 施工計画、施工設備及び積算 | |
| 答案使用枚数 | 1 枚目　1 枚中 | 専門とする事項 | 施工計画 | |

○受験番号、問題番号、答案使用枚数、技術部門、選択科目及び専門とする事項の欄は必ず記入すること。
○解答欄の記入は、1マスにつき1文字とすること。（英数字及び図表を除く。）

1．建設現場における三大災害
　　建設現場の三大災害とは、①墜落・転落災害、②建設機械・クレーン等災害、③倒壊・崩壊災害である。
2．三大災害の発生原因とその具体的な防止対策
（1）墜落・転落災害の原因と防止対策
①原因：主に、不安全な作業設備による作業又は個人用安全具の使用が徹底されず事故が発生している。
②具体的な対策：法令等に基づく安全な作業床等の墜落・転落防止設備を確実に設置した上で作業を行う。足場設置時には、「手すり先行工法に関するガイドライン」を導入する。高所作業時には、フルハーネス型安全帯等の着用・使用を徹底させる。
（2）建設機械・クレーン等災害の原因と防止対策
①原因：災害の型で、はさまれ・巻き込まれ・激突されといったものにより、事故が発生している。
②具体的な対策：建設機械毎に作業計画を作成し、その手順に基づき有資格者による運転・作業の実施を徹底し、さらにセンサー機能による危険感知システムや運転者の防護装置（ROPS）等の導入を促進する。
（3）倒壊・崩壊災害の原因と防止対策
①原因：作業開始前点検の不徹底や必要な仮設・土留め等の倒壊・崩壊対策が不十分なため事故が発生する。
②具体的な対策：定められた作業計画に基づく作業の実施や、小規模でも土留めや斜面崩壊防止対策に関するガイドラインを順守して作業を行う。　　　　　　　以上

●裏面は使用しないで下さい。　●裏面に記載された解答は無効とします。　　　24字×25行

## (8) 建設環境

○ 我が国の建設リサイクルの取組状況について説明し、さらに建設発生土について有効利用及び適正処理の促進の方策について述べよ。　（R1−1）

令和元年度　技術士第二次試験答案用紙

| 受験番号 | 0 9 1 1 B 0 0 X X | 技術部門 | 建　設　部門 | ※ |
|---|---|---|---|---|
| 問題番号 | Ⅱ−1−1 | 選択科目 | 建設環境 | |
| 答案使用枚数 | 1 枚目　1 枚中 | 専門とする事項 | 自然環境保全 | |

○受験番号、問題番号、答案使用枚数、技術部門、選択科目及び専門とする事項の欄は必ず記入すること。
○解答欄の記入は、1マスにつき1文字とすること。（英数字及び図表を除く。）

|1|.||我|が|国|の|建|設|リ|サ|イ|ク|ル|の|取|組|状|況||||||
|---|---|---|---|---|---|---|---|---|---|---|---|---|---|---|---|---|---|---|---|---|---|---|---|
||建|設|廃|棄|物|は|、|全|産|業|廃|棄|物|排|出|量|の|約|2|割|を|占|め|
|て|い|る|が|、|そ|の|排|出|量|は|建|設|リ|サ|イ|ク|ル|法|等|に|基|づ|く|

　1．　我が国の建設リサイクルの取組状況
　建設廃棄物は、全産業廃棄物排出量の約2割を占めているが、その排出量は建設リサイクル法等に基づく取組みにより減少傾向にある。最終処分量も年々減少しており、平成7年度の4148万トンから平成24年度には290万トンまで削減された。また、再資源化・縮減率も平成24年度実績で96％と高い水準にある。一方、建設発生土搬出量は、平成20年度1億4063万m³に対し、平成24年度が1億4079万m³とほぼ横ばい状況にあり、現状の重要な課題の一つとして、更なる有効利用の促進が求められている。
　2．　建設発生土の有効利用及び適正処理の促進方策
　(1)既存制度やシステムの更なる促進を図る
　工事間利用の促進を目的とし、リアルタイムで情報交換を可能とした「建設発生土情報交換システム」や首都圏の建設発生土の効率化・有効利用を目的とした「建設資源広域利用センター（UCR）」の活用を図る。
　(2)新たな取組みの促進及び適正処理の促進を図る
　国土交通省策定の「建設リサイクル推進計画2014」に基づき、建設発生土の更なる有効利用を図るため、官民有効利用のマッチング等の促進を図り、官民連携した新たな方策を通じて有効利用率の向上を図る。適正処理に向け、平成29年8月国土交通省策定の「建設発生土の取扱いに関わる実務担当者のための参考資料」の積極的活用を推進し適正化を促進する。　　　以上

●裏面は使用しないで下さい。　●裏面に記載された解答は無効とします。　　24字×25行

# 2. 選択科目（Ⅱ－2）の解答例

## （1）鋼構造及びコンクリート

○　温暖な海岸地域にある鉄筋コンクリート構造物に錆汁を伴うひび割れが見つかった。耐久性を回復させるために補修計画の策定を行うこととなった。あなたが担当責任者として業務を進めるに当たり、下記の内容について記述せよ。　　　　　　　　　　　　　　　　　　　　　　　　　　　　（R1－3）

（1）調査、検討すべき事項とその内容について説明せよ。

（2）業務を進める手順について、留意すべき点、工夫を要する点を含めて述べよ。

（3）業務を効率的・効果的に進めるための関係者との調整方策について述べよ。

令和元年度　技術士第二次試験答案用紙

| 受験番号 | 0902B00XX | 技術部門 | 建　設　部門 | ※ |
|---|---|---|---|---|
| 問題番号 | Ⅱ－2－3 | 選択科目 | 鋼構造及びコンクリート | |
| 答案使用枚数 | 1 枚目　2 枚中 | 専門とする事項 | コンクリート構造物 | |

○受験番号、問題番号、答案使用枚数、技術部門、選択科目及び専門とする事項の欄は必ず記入すること。
○解答欄の記入は、1マスにつき1文字とすること。（英数字及び図表を除く。）

1．調査、検討すべき事項とその内容
　(1) 調査事項とその内容
　　対象構造物の劣化状況を把握するため標準調査（資料調査及び現況調査）を実施する。資料調査の内容は、対象構造物の設計図書、施工記録、過去の調査や補修工事履歴、設計時・使用時の設計条件、気象・海象条件、立地・地盤条件等が挙げられる。現況調査の内容は、ひび割れの調査、ひび割れ以外の調査、ひび割れに伴う不具合の調査等が挙げられる。
　(2) 劣化要因の推定に関する検討
　　(1)で実施した標準調査をもとに、錆汁を伴うひび割れの発生原因を推定し、標準調査で原因を推定できない場合は、詳細調査を実施して原因を推定する。
　(3) 耐久性回復に関する要求性能の検討
　　対象構造物の耐久性回復についての要求性能を検討する必要がある。対象構造物の機能・性能、重要度、第三者への被害影響度等をもとに、補修により耐久性回復が期待される目標レベルを検討する。
2．業務手順、留意すべき点及び工夫を要する点
①耐久性回復に関する要求性能の確認：対象構造物の機能・性能等や所有者及び運営者等のニーズを把握し、回復の目標レベルを設定する必要がある。
②標準調査の実施：事前に資料調査及び現況調査の調査計画を立案し、目的と調査事項を明確にしていく。
③劣化要因の推定：②の調査結果をもとに、内的要因

●裏面は使用しないで下さい。　●裏面に記載された解答は無効とします。

24 字 ×25 行

令和元年度　技術士第二次試験答案用紙

| 受験番号 | 0902B00XX | 技術部門 | 建設　部門 | ※ |
|---|---|---|---|---|
| 問題番号 | Ⅱ－2－3 | 選択科目 | 鋼構造及びコンクリート | |
| 答案使用枚数 | 2 枚目　2 枚中 | 専門とする事項 | コンクリート構造物 | |

○受験番号、問題番号、答案使用枚数、技術部門、選択科目及び専門とする事項の欄は必ず記入すること。
○解答欄の記入は、1マスにつき1文字とすること。（英数字及び図表を除く。）

及び外的要因の両面から劣化要因を推定する。その際、
劣化進行の程度状況（潜伏期、進展期、加速期、劣化
期等の区分）を明確にしておく必要がある。
④補修方針の設定：①～③の結果等に基づき、対象構
造物の補修方針を設定する。設定にあたっては、補修
に関わるコスト、補修方法や工期等を所有者や運営者
等と協議し、双方合意のもとに検討する。
⑤補修工法の選定：劣化要因及び回復の目標レベルに
適合した補修工法を選定する。補修工法の選定にあた
っては、劣化要因・進行度合に応じて、各種補修工法
の特徴、適用条件、施工条件及びコスト等を十分に考
慮した上で選定することが重要である。
⑥補修設計・施工計画の立案：工法選定後、それぞれ
の工法に即した補修設計を行い、施工環境、施工期間、
工期などを考慮して施工計画を立案する。
3．関係者との調整方策
　効率的・効果的かつ合理的な修復計画の策定業務を
進めるため、施主となる所有者及び運営者への正確な
情報提供及び協議等を目的とした会合・会議を定期的
に開催する必要がある。また、手戻り防止や時間的な
ロスを軽減し、補修工事に必要な届出や手続き等を円
滑に行うため、所轄官庁等への事前協議を忘らず実施
し、必要な場合は、上述した会合・会議への参加を依
頼する。さらに、計画段階から施工業者も参画できる
体制を整備し、工期短縮やコスト改善に努める。以上

●裏面は使用しないで下さい。　●裏面に記載された解答は無効とします。
24字×25行

## (2) トンネル

○ 都市部において、トンネル工事に起因した変状の発生は、社会生活の維持や周辺環境の保全に多大なる影響を及ぼす可能性がある。したがって、工事の実施に当たっては、十分な検討作業と業務手順の策定・遵守が不可欠である。これらの背景を踏まえて、あなたが実施責任者としてトンネル工事を進めるに当たり、次の選択肢AとBのどちらかを選択したうえで、下記の内容について記述せよ。 (R1-2)

(選択肢A) N値が1～2の軟弱な粘性土地盤において実施する掘削床付深さ15 mの開削トンネル工事において、土留め背面の地表面変状の抑制を沿道住民も含む工事関係者から強く求められている。

(選択肢B) N値が1～2の軟弱な粘性土地盤において実施する小土被り施工のシールドトンネル工事において、掘進中の地表面変状の抑制を沿道住民も含む工事関係者から強く求められている。

(1) 検討すべき事項とその内容について説明せよ。

(2) 業務手順について、留意すべき点、工夫を要する点を含めて述べよ。

(3) これらの業務を効率的、効果的に進めるための関係者との調整方策について述べよ。

令和元年度　技術士第二次試験答案用紙

| 受験番号 | 0 9 0 9 B 0 0 X X | 技術部門 | 建　設　部門 | ※ |
|---|---|---|---|---|
| 問題番号 | Ⅱ−2−2 | 選択科目 | トンネル | |
| 答案使用枚数 | 1 枚目　2 枚中 | 専門とする事項 | シールドトンネル | |

○受験番号、問題番号、答案使用枚数、技術部門、選択科目及び専門とする事項の欄は必ず記入すること。
○解答欄の記入は、1マスにつき1文字とすること。（英数字及び図表を除く。）

1．（選択肢B）で検討すべき事項とその内容
（1）シールド施工時の影響度の判定・評価の検討
　　小土被り施工区間を対象として、シールド基線上部
周辺の道路（信号等付帯設備を含む）、架空線、周辺の
住宅や施設構造物、電気・通信・水道等の地下埋設物、
共同溝・地下鉄等の地下構造物等に対して、シールド
施工に伴う影響度を判定・評価を行う必要がある。
（2）対策工法の検討
　　（1）の結果、補助工法等による対策が必要となった
場合は、具体的な対策工法を検討しなければならない。
（3）掘進管理方法及び地盤変状の計測管理方法の検討
　　（2）の対策工法を考慮したシールド掘削の管理基準
を設定し、小土被り区間中の掘進管理方法を検討する。
また、あわせて、地盤の変状の常時監視を目的とした
計測管理方法についても検討する必要がある。
2．業務手順及び留意すべき点・工夫を要する点
①影響度判定・評価の対象施設・構造物等の選定：対
象物等の選定時は、対象もれ等がないように留意する。
②影響度の判定：シールドトンネルと対象施設との位
置関係、離隔、対象地盤の物性、対象構造物の基礎構
造等を考慮し、影響が及ぶか否かを判定する。
③影響度の評価：影響度の判定により影響が及ぶ可能
性がある対象施設や構造物等に対して、どの程度の影
響が及ぶか定量的な評価を行う。
④対策工法の選定：③の結果に応じてシールドの施工

●裏面は使用しないで下さい。　●裏面に記載された解答は無効とします。　　　　24字×25行

令和元年度　技術士第二次試験答案用紙

| 受験番号 | 0909B00XX | 技術部門 | 建 設 部門 | ※ |
|---|---|---|---|---|
| 問題番号 | Ⅱ－2－2 | 選択科目 | トンネル | |
| 答案使用枚数 | 2枚目 2枚中 | 専門とする事項 | シールドトンネル | |

○受験番号、問題番号、答案使用枚数、技術部門、選択科目及び専門とする事項の欄は必ず記入すること。
○解答欄の記入は、1マスにつき1文字とすること。(英数字及び図表を除く。)

方法の改善だけでは対象物への影響が防止できない場合は、対策工法を検討する必要がある。対策工法は、施工性、安全性、経済性、対策効果及び環境条件等を考慮して総合的な評価に基づき選定する。

⑤掘進管理方法の検討：切刃圧力管理、裏込注入に関する管理を最重点事項とし、掘進中の管理基準及び基準に応じた対応方法を具体的に決めておく。

⑥地盤等変状計測管理方法の検討：地盤等の変状の計測管理項目や方法を、シールド通過前、通過時、通過後の3段階に区分して検討し、設定する。

⑦対策工の実施：地盤等変状計測管理方法や必要な計測機器・設備等が設置完了後、対策工法を施工する。

⑧シールド掘進：対策工法が決定した後、予め策定した掘進管理方法及び地盤等変状計測管理方法に従って、シールドを掘進させる。

3．関係者との調整方策

　発注者の協力のもと、道路管理者、警察、地下埋設物・構造物の管理者及び周辺住民等へ、工事開始前の早期段階から工事全体説明会を適時実施し、施工者としての説明責任を果たし、信頼関係の構築に努める。工事全体の説明と並行して、施設管理者、構造物保有者及び居住者等と個別に協議を進める。信頼関係の構築に向け、シールド掘進の管理方法や変状対策に関しては、十分な説明は当然のことながら、地盤等変状計測データはリアルタイムで関係者に公開する。以上

●裏面は使用しないで下さい。　●裏面に記載された解答は無効とします。　　24字×25行

## (3) 施工計画、施工設備及び積算

○ 住居地域にある4車線の幹線道路を横断する老朽化した場所打ち鉄筋コンクリートボックスカルバート（内空幅1.8 m×内空高1.8 m、土被り1.2 m）を撤去し、プレキャストボックスカルバート（内空幅2.5 m×内空高2.0 m）に更新する工事の施工計画を策定することとなった。この業務を担当責任者として進めるに当たり、下記の内容について記述せよ。なお、施工方法は開削工法とし、道路の車線規制は夜間のみ可能、カルバートは農業用排水及び雨水排水を兼ねた行政が管理する施設である。　　　　　　（R1－2）

(1) 調査、検討すべき事項とその内容について説明せよ。

(2) 留意すべき点、工夫を要する点を含めて業務を進める手順について述べよ。

(3) 業務を効率的・効果的に進めるための関係者との調整方策について述べよ。

令和元年度　技術士第二次試験答案用紙

| 受験番号 | 0 9 1 0 B 0 0 X X | 技術部門 | 建　設　部門 | ※ |
|---|---|---|---|---|
| 問題番号 | Ⅱ－2－2 | 選択科目 | 施工計画、施工設備及び積算 | |
| 答案使用枚数 | 1 枚目　2 枚中 | 専門とする事項 | 施工計画 | |

○受験番号、問題番号、答案使用枚数、技術部門、選択科目及び専門とする事項の欄は必ず記入すること。
○解答欄の記入は、1マスにつき1文字とすること。（英数字及び図表を除く。）

```
１．調査、検討すべき事項とその内容
① 道路及び交通状況調査：施工区域となる道路の車道
・車線、歩道、路肩等の道路構成及び線形や縦断勾配
等を調査し、開削工法に支障となる要因を調査する。
② 工事用地の調査：施工箇所付近に確保できる工事用
地の有無やその状況等を確認する。
③ 支障物件調査：道路付帯設備、架空線、地下埋設物、
既存地下構造物等、施工に支障または影響が及ぶ諸物
件の有無とその状況を確認する。
④ 地盤等の調査：地層構成、舗装構成、地下水位等、
設計図書の情報と実際の現地状況に大きな差異がない
か確認し、必要に応じて本施工前に試掘等を行う。
⑤ 周辺住宅地への影響検討：施工に伴い、周辺住宅地
への影響の有無を検討し、変状防止対策等が必要な場
合は補助工法等を適用するほか、施工時における
変状計測計画を立案する。
⑥ 排水量・気象等調査：農業用排水及び雨水排水施設
としての排水量及び施工箇所の年間の雨量等の気象等
調査を行う。
⑦ 排水施設の切回しの検討：⑥の結果に基づき、施工
中の排水施設の切回し経路及び方法等を検討する。
２．業務手順とその留意点及び工夫する点
① 各種事前調査：1項で示した調査項目等を実施する。
調査精度が確保できるように留意する必要がある。
② 測量：施工及び関係機関等の協議に必要となる測量
```

令和元年度　技術士第二次試験答案用紙

| 受験番号 | 0 9 1 0 B 0 0 X X | 技術部門 | 建　設　部門 | ※ |
|---|---|---|---|---|
| 問題番号 | Ⅱ−2−2 | 選択科目 | 施工計画、施工設備及び積算 | |
| 答案使用枚数 | 2枚目　2枚中 | 専門とする事項 | 施工計画 | |

○受験番号、問題番号、答案使用枚数、技術部門、選択科目及び専門とする事項の欄は必ず記入すること。
○解答欄の記入は、1マスにつき1文字とすること。（英数字及び図表を除く。）

を実施し、具体的な支障物件等を明確にする。
③事前協議及び各種許可の申請手続き：①及び②に基
づき警察、道路管理者、架空線・埋設物等管理者との
協議を行い、必要な許可等の申請を行う。
④支障物件の移設・撤去：③の申請許可に基づき、施
工中に支障となる物件を移設・撤去する。
⑤排水施設の切回し：仮排水路等を設置し、既存排水
施設の機能を保持するための措置を実施する。
⑥路面覆工・土留工：事前に周辺住宅及び周辺地盤等
への影響を検討し、必要に応じて対策を講じる。
⑦掘削：掘削期間中は周辺地盤等の計測を常時行い、
幹線道路等への影響を抑止する。
⑧既設構造物撤去及び新設構造物設置：掘削完了後、
既設構造物を撤去し、新設構造物を設置する。
⑨支障物件等の復旧：移設・撤去していた支障物件を
復旧し、不要となった仮排水路は撤去する。
3．関係者との調整方策
　現地の情報を正確に把握し、警察、道路管理者、農
業排水路を利活用している関係者や周辺住民等と施工
前から協議を行い、関係者の承諾を得ながら工事を進
める。関係者の事情やニーズを早期に把握し、施工上
の具体的な課題を整理し、その課題の解決方法を検討
し、関係者との協議を定期的に開催する。正確な情報
公開を含め施工者の説明責任を果たしつつ、関係者の
理解のもとに工事を進める。　　　　　　　　　以上

●裏面は使用しないで下さい。　●裏面に記載された解答は無効とします。　　　24字×25行

# 3. 選択科目（Ⅲ）の解答例

## （1）鋼構造及びコンクリート

○　新興国・開発途上国が経済成長を図る上でインフラの整備は重要な課題であり、大量の需要が見込まれている。我が国は、質の高いインフラ整備を通して関係国の経済や社会的基盤強化に貢献するため、インフラシステムの海外展開に積極的に取り組んでいる。このような状況下で、あなたがコンクリート技術者として海外インフラ整備に従事する機会を得たとして、以下の問いに答えよ。　　　　　　　　　　　　　　　　　　　　　（R1−3）

（1）技術者としての立場で多面的な観点から課題を抽出し分析せよ。

（2）（1）で抽出した課題のうち最も重要と考える課題を1つ挙げ、その課題に対する複数の解決策を示せ。

（3）（2）で提示した解決策に共通して新たに生じるリスクとそれへの対策について述べよ。

令和元年度 技術士第二次試験答案用紙

| 受験番号 | 0902B00XX | 技術部門 | 建 設 部門 | ※ |
|---|---|---|---|---|
| 問題番号 | Ⅲ－3 | 選択科目 | 鋼構造及びコンクリート | |
| 答案使用枚数 | 1枚目 3枚中 | 専門とする事項 | コンクリート構造物 | |

○受験番号、問題番号、答案使用枚数、技術部門、選択科目及び専門とする事項の欄は必ず記入すること。
○解答欄の記入は、1マスにつき1文字とすること。(英数字及び図表を除く。)

1．技術者としての立場から課題の抽出・分析
　インフラ整備を海外で行う場合、日本と全く同じ条件で業務ができるわけではないので、十分に留意しなければならない。一般に、留意しなければならない課題として次のものがある。
(1) 法令等の違いによる課題
　法律が異なるため、建設工事に関する制約条件が国内の場合とは全く違ってくる。そのため、技術的な基準や指針が日本のものを適用できない場合が多々あり、施工管理、安全管理及び品質管理面等での制約を受ける可能性が高い。
(2) 気候・風土等の違いによる課題
　地理的な位置や自然環境が異なるため、温度、湿度、日照時間等が建設工事に影響を及ぼす可能性がある。
(3) 宗教・慣習等の違いによる課題
　異なる宗教が混在する国や地域があるため、建設工事の就業者に対する配慮が必要になる。就業時間、休息時間、休日や休暇期間等の設定には、当該国の慣習や宗教上の決まりに則した対応が求められる。
(4) 契約に対する考え方の違いによる課題
　海外では、契約書等の文書をベースにすべての業務が遂行される。国内における信頼関係のみの約束や商慣習は通用しないので注意する必要がある。また、設計図書を含めた契約書等は膨大な量となっており技術的な面も含め、事前に理解しなければならない。

●裏面は使用しないで下さい。　●裏面に記載された解答は無効とします。　　　　24字×25行

令和元年度　技術士第二次試験答案用紙

| 受験番号 | 0902B00XX | 技術部門 | 建　設　部門 | ※ |
|---|---|---|---|---|
| 問題番号 | Ⅲ—3 | 選択科目 | 鋼構造及びコンクリート | |
| 答案使用枚数 | 2 枚目　3 枚中 | 専門とする事項 | コンクリート構造物 | |

○受験番号、問題番号、答案使用枚数、技術部門、選択科目及び専門とする事項の欄は必ず記入すること。
○解答欄の記入は、1マスにつき1文字とすること。(英数字及び図表を除く。)

（5）建設工事契約約款の違いによる課題
　海外のインフラ事業の場合、FIDIC（国際コンサル
ティング・エンジニア連盟）が発行する建設工事約款
が適用される場合が多い。その契約約款の特徴として、
発注者と請負者の間に、発注者の代理人の役割を担う
エンジニアが存在するため、国内での業務スタイルと
は異なる対応が求められる。
（6）資機材等の調達方法の違いによる課題
　海外では国内と同じ手続きで資機材を調達すること
ができない場合が多い。そのため、資機材別に現地の
状況に応じた調達が求められ、あわせて、それに即し
た形で品質管理を行う必要がある。
（7）言葉の違いによる課題
　業務での共通言語は一般に英語となるが、国や地域
によっては、労務者は現地の言語しか理解できない場
合もあるので、留意する必要がある。
2．最も重要と考える課題とその解決策
　技術者の立場から最も重要と考える課題は、コンク
リート構造物に直接影響が及ぶ事項を資機材の調達と
してとらえ、現地状況に応じた調達及びその調達方法
に即した品質管理を的確に行うことが最重要課題であ
ると考える。当該課題の解決策を以下に示す。
（1）制約条件の把握
　的確な資材調達を実施するためには、設計図書を含
めた契約書や契約約款など、建設工事のベースとなる

●裏面は使用しないで下さい。　●裏面に記載された解答は無効とします。　24字×25行

令和元年度　技術士第二次試験答案用紙

| 受験番号 | 0902B00XX | 技術部門 | 建　設 部門 | ※ |
| 問題番号 | Ⅲ－3 | 選択科目 | 鋼構造及びコンクリート | |
| 答案使用枚数 | 3 枚目　3 枚中 | 専門とする事項 | コンクリート構造物 | |

○受験番号、問題番号、答案使用枚数、技術部門、選択科目及び専門とする事項の欄は必ず記入すること。
○解答欄の記入は、1マスにつき1文字とすること。（英数字及び図表を除く。）

　ものを確認する。あわせて、現地の建設業や労働法等の法令の有無や、その内容及び設計・施工に関する基準・指針等を確認する。
（2）経験豊富なパートナーの選定
　現地の建設事業に精通している業者を選定し、建設工事におけるパートナーとしてアドバイスや協力を得ながら、（1）で把握した制約条件を基に、調達品目を現地、第三国ごとに仕分けし、特に、第三国調達品は、品質、調達時間、コスト等を踏まえ、最適な調達先を決定する。
（3）既存データの活用
　過去に現地で施工したコンクリート構造物の施工データ調査や施工業者等の調査を通じて、調達先や品質管理に関する情報を収集する。
3．解決策に共通して生じうる新たなリスクと対策
　2項に示した解決策すべてに共通するリスクとして、適した人材が不足するといったことが挙げられる。人材がいないことによって、解決策の実現可能性は低くなってしまう。
　また、適した人材がいないという、新たなリスクに対する対策としては、自社内で適した人材が見つからない場合は、他産業も含め外部から採用する。日本人に限らず現地又は第三国スタッフの採用も積極的に行う。また、中長期的視点では、国内人材や現地スタッフ等の計画的な育成が考えられる。　　　　　以上

●裏面は使用しないで下さい。　●裏面に記載された解答は無効とします。　　　24字×25行

## (2) 港湾及び空港

○　我が国の成長戦略、国際戦略の一環として、諸外国の膨大なインフラ需要を取り込むため「インフラシステム輸出戦略」が推進されている。その中にあって、港湾及び空港は主要なインフラ分野として位置づけられている。港湾又は空港のいずれかを選び、以下の問いに答えよ。　　　　　　（R1－1）

(1) 国際インフラである港湾及び空港のインフラシステム輸出には、多様な効果が期待されている。主要な効果を2つ挙げ、それぞれの効果を発揮するための課題を、技術者としての立場で多面的な観点から抽出し分析せよ。

(2) (1) で抽出した課題のうち最も重要と考える課題を1つ挙げ、その課題に対する複数の解決策を示せ。

(3) (2) で示した解決策に共通して新たに生じうるリスクとそれへの対策について述べよ。

令和元年度　技術士第二次試験答案用紙

| 受験番号 | 0 9 0 5 B 0 0 X X | 技術部門 | 建　設 部門 | ※ |
| 問題番号 | Ⅲ－1 | 選択科目 | 港湾及び空港 | |
| 答案使用枚数 | 1 枚目　3 枚中 | 専門とする事項 | 港湾計画 | |

○受験番号、問題番号、答案使用枚数、技術部門、選択科目及び専門とする事項の欄は必ず記入すること。
○解答欄の記入は、1マスにつき1文字とすること。(英数字及び図表を除く。)

1．インフラシステム輸出の主要な効果
（1）インフラ市場のエリア拡大効果
　港湾及び空港のインフラシステム輸出により、我が国の建設産業が対象とするインフラ市場エリアが、従来限定的であった日本市場という考えから、グローバル市場へと転換を図ることができるという効果が考えられる。
（2）我が国建設企業等の国際競争力向上の効果
　インフラシステム整備に携わる我が国の建設企業等が得意とする質の高いインフラ整備事業を通じて、世界に我が国企業の高いプレゼンス力を示す機会を得ることができ、ひいては我が国の建設企業の国際競争力の向上を図れるといった効果が考えられる。
2．効果を発揮するための課題
（1）人的資源の課題
　対象とする市場が、日本限定からグローバル化した全世界を対象となることから、言語を含め海外の状況や動向に精通し、海外業務経験を有する日本人の専門的な人材が必要になる。また、日本人のみならず進出する国や地域において、日本企業の方針に基づき建設事業を遂行できる現地スタッフや第三国スタッフを確保する必要がある。
（2）コスト競争力強化の課題
　海外市場では、我が国の企業のみならず、中国や韓国をはじめとした海外の競合企業が多数存在する。そ

●裏面は使用しないで下さい。　●裏面に記載された解答は無効とします。　　　　24字×25行

令和元年度　技術士第二次試験答案用紙

| 受験番号 | 0905B00XX | 技術部門 | 建設　　部門 | ※ |
| 問題番号 | Ⅲ―1 | 選択科目 | 港湾及び空港 | |
| 答案使用枚数 | 2 枚目　3 枚中 | 専門とする事項 | 港湾計画 | |

○受験番号、問題番号、答案使用枚数、技術部門、選択科目及び専門とする事項の欄は必ず記入すること。
○解答欄の記入は、1 マスにつき 1 文字とすること。（英数字及び図表を除く。）

うぃった中で、建設事業を有利な条件にて受注するた
めには、技術力だけではなく、コスト面や工期面等で
の競争力を高める必要がある。
（3）収益性確保の課題
　コスト競争力強化と併せて、海外インフラ事業では、
為替差損や予想困難な物価上昇等、建設工事本体以外
によるところで損失が発生する場合がある。そのよう
な潜在的リスクへの対応等を含め、事業全体の安定し
た収益を確保する必要がある。
（4）質の高いインフラ整備展開の課題
　国をあげて質の高いインフラの海外展開が進められ
ており、国際競争力向上のためにも、この視点は重要
である。一方で上述した（2）や（3）の課題と相反する
部分もでてくるため、それらの課題をクリアにしなが
ら質の高いインフラ整備を展開していく必要がある。
3．最も重要と考える課題とその解決策
　質の高いインフラ整備展開の課題を最重要課題と設
定し、以下にその解決策を示す。
（1）各企業が独自で対応する方策
　優良なパートナーを国内外から探索し、共同企業体
を構成することによりコストや収益性に関するリスク
を最大限分散する。また、適切な各種工事保険を適用
し、想定外の不測事態に備える体制を構築する。
（2）官民連携して対応する方策
　我が国の企業が海外の企業と公正・公平な立場で競

●裏面は使用しないで下さい。　●裏面に記載された解答は無効とします。　　　　24 字 ×25 行

令和元年度　技術士第二次試験答案用紙

| 受験番号 | 0905B00XX | 技術部門 | 建　設 部門 | ※ |
|---|---|---|---|---|
| 問題番号 | Ⅲ−1 | 選択科目 | 港湾及び空港 | |
| 答案使用枚数 | 3 枚目　3 枚中 | 専門とする事項 | 港湾計画 | |

○受験番号、問題番号、答案使用枚数、技術部門、選択科目及び専門とする事項の欄は必ず記入すること。
○解答欄の記入は、1マスにつき1文字とすること。(英数字及び図表を除く。)

争できる環境を構築する。具体的には、質の高いインフラに関し、海外の発注者等が単純な工事費のみでの評価方式から、維持管理費や運営費等を含めたライフサイクルコスト（LCC）を評価項目に取り入れた評価方式への理解を図り、浸透・定着を実現する取り組みを官民協働で行う。

4．解決策に共通して生じうる新たなリスクと対策

（1）共通して生じうる新たなリスク

　インフラシステムの対象エリアが国内から全世界に拡大していることから、新たな共通リスクとして情報管理に関するリスクが挙げられる。海外の発注者のニーズや事業計画に関する情報、競合企業の動向情報などをはじめとし、事業を遂行する上で各種情報は最も重要な判断材料となる。これらの情報をスピーディに収集し、分析する体制が不十分な場合は、事業が計画通りには進まない。

（2）新たなリスクに対する対策

　各企業は、海外事業に向けた独自の情報管理体制を構築するとともに、海外のJETRO事務所、JICA事務所及び在外日本商工会議所等を有効的に活用することが必要である。また、官民連携した取り組みも重要となる。そのため、外務省本省が中心となり、海外現地の情報を在外日本大使館が集約し、効率的・効果的な情報共有が可能となるよう、積極的に本邦法人に開示する体制を構築する必要がある。　　　　　　　　　以上

●裏面は使用しないで下さい。　●裏面に記載された解答は無効とします。　　　　24字×25行

## (3) 施工計画、施工設備及び積算

○　天然資源が極めて少ない我が国が持続可能な発展を続けていくためには、「建設リサイクル」（建設副産物の発生抑制、再資源化、再生利用及び適正処理）の取組を充実させ、廃棄物などの循環資源が有効に利用・適正処分されることで環境への負荷が少ない「循環型社会」を構築していくことが重要である。今後、社会資本の維持管理・更新時代の本格化に伴い建設副産物の質及び量の変化が想定されることなど、更なる「建設リサイクル」の推進を図っていく必要がある。

　　このような状況を踏まえて、以下の問いに答えよ。　　　　　（R1−2）

(1)「建設リサイクル」の推進の取組に関して、技術者としての立場で多面的な観点から課題を抽出し分析せよ。

(2)（1）で抽出した課題のうち最も重要と考える課題を1つ挙げ、その課題に対する複数の解決策を示せ。

(3)（2）で示した解決策に共通して新たに生じるリスクとそれへの対策について述べよ。

令和元年度　技術士第二次試験答案用紙

| 受験番号 | 0 9 1 0 B 0 0 X X | 技術部門 | 建 設 部門 | ※ |
|---|---|---|---|---|
| 問題番号 | Ⅲ－2 | 選択科目 | 施工計画、施工設備及び積算 | |
| 答案使用枚数 | 1 枚目　3 枚中 | 専門とする事項 | 施工計画 | |

○受験番号、問題番号、答案使用枚数、技術部門、選択科目及び専門とする事項の欄は必ず記入すること。
○解答欄の記入は、1マスにつき1文字とすること。（英数字及び図表を除く。）

1.「建設リサイクル」の推進の現状
　建設廃棄物は、全産業廃棄物排出量の約2割を占めているため、建設産業は、産業廃棄物の発生抑制のみならず、再利用、再生利用の促進を図っているところである。いわゆる建設リサイクル法に基づき、一定規模以上の工事では、特定建設資材として定められた4品目について分別解体等及び再資源化等の実施義務が受注者に課されている。さらに、受注者のみならず、実施プロセスにおいて発注者及び都道府県も関与するシステムとなっている。
2.「建設リサイクル」の推進の取組に関する課題
　国土交通省では、平成26年9月に「建設リサイクル推進計画2014」を策定し、建設リサイクルや建設副産物の適正処理を促進させる方策を展開している。そのデータに基づき、リサイクル品目別の再資源化率等の目標値及び実績値の比較により課題を整理し、具体的課題を抽出・分析したものを以下に示す。
(1)アスファルト・コンクリート塊、コンクリート塊
　平成30年度の再資源化率の目標値99％以上に比し、平成24年度実績値が99％以上であり、早急な改善課題はないが、引き続き現状の再資源化率を保持する。
(2)建設発生木材
　再資源化・縮減率の平成30年度目標値が95％以上に対し、平成24年度の実績値が94.4％となっているため、目標値を見据えた継続的な取り組みが必要である。

●裏面は使用しないで下さい。　●裏面に記載された解答は無効とします。
24字×25行

令和元年度　技術士第二次試験答案用紙

| 受験番号 | 0910B00XX | 技術部門 | 建 設 部門 | ※ |
|---|---|---|---|---|
| 問題番号 | Ⅲ－2 | 選択科目 | 施工計画、施工設備及び積算 | |
| 答案使用枚数 | 2 枚目　3 枚中 | 専門とする事項 | 施工計画 | |

○受験番号、問題番号、答案使用枚数、技術部門、選択科目及び専門とする事項の欄は必ず記入すること。
○解答欄の記入は、1マスにつき1文字とすること。（英数字及び図表を除く。）

（3）建設汚泥
　再資源化・縮減率の平成30年度目標値が90％以上に対し、平成24年度実績値が85.0％となっているため、今後、更なる再資源化・縮減を図る施策を検討し、実施する必要がある。
（4）建設混合廃棄物
　全建設廃棄物排出量に対する当該廃棄物の占める割合である排出率及び再資源化・縮減率の平成30年度の目標値は、それぞれ3.5％以下、60％以上となっている。それに比し、平成24年度実績値は、排出率が3.9％、再資源化・縮減率が58.2％となっており、建設混合廃棄物の排出量自体を低減する方策と再資源化・縮減を図る方策の両面を推進していく必要がある。
（5）建設発生土
　建設発生土有効利用率の平成30年度目標値が80％以上と設定されており、今後、更なる有効利用を図るための取り組みが必要である。
　上記（1）～（5）に関連し、建設副産物の適正処理の観点から、今後も建設廃棄物の不法投棄を防止する取り組みを継続的に進める必要がある。
3．最も重要と考える課題とその解決策
　2項で示したリサイクル品目の中では、建設混合廃棄物が最も再資源化・縮減率が低く、不法投棄等の不適切処理に結び付く可能性も高いと想定される。従って、建設混合廃棄物の排出量抑制及び再資源化・縮減

●裏面は使用しないで下さい。　●裏面に記載された解答は無効とします。　　　24字×25行

令和元年度　技術士第二次試験答案用紙

| 受験番号 | 0 9 1 0 B 0 0 X X | 技術部門 | 建 設 部門 | ※ |
|---|---|---|---|---|
| 問題番号 | Ⅲ－2 | 選択科目 | 施工計画、施工設備及び積算 | |
| 答案使用枚数 | 3 枚目　3 枚中 | 専門とする事項 | 施工計画 | |

○受験番号、問題番号、答案使用枚数、技術部門、選択科目及び専門とする事項の欄は必ず記入すること。
○解答欄の記入は、1マスにつき1文字とすること。（英数字及び図表を除く。）

率の向上を最も重要な課題と設定する。当該課題の解
決策を以下に示す。
（1）排出量の抑制対策
　排出先の工事現場で仕分けできる環境や仕組みを、
発注者及び都道府県を含めた三者が協議して構築する。
中小規模な工事現場向けに、地域別に仕分け業務を受
け入れる役割を有する地域仕分けセンターのような公
的施設等の創設も視野に入れる。
（2）新しい技術の開発
　建設混合廃棄物は様々な種類の廃棄物が混在してお
り、人力で仕分けするとコスト面や時間的な面で不利
となる場合が多い。そのため、仕分けを自動化・機械
化し、最少の人員と仕分けコストを目指し、それに必
要な技術開発を進める。
4．解決策に共通して生じうる新たなリスクと対策
　3項で示した解決策において共通するリスクは、必
要な資金が不足することにより、方策案が頓挫・中断
されることである。また、新たなリスクに対する対策
としては、新設する施設に関しては、フィージビリテ
ィスタディを含めた綿密な事前調査に基づき、事業継
続性を明確にした上で国内外の民間資金等を積極的に
活用する。また、新しい技術開発に関する資金調達も
同様であるが、更に、他産業や海外にて活用または開
発中の関連技術との組み合わせを検討し、コストと時
間の両面の改善を図りながら開発を進める。　　以上

●裏面は使用しないで下さい。　●裏面に記載された解答は無効とします。

24字×25行

# 4. 必須科目（I）の解答例

○　我が国の人口は2010年頃をピークに減少に転じており、今後もその傾向の
継続により働き手の減少が続くことが予想される中で、その減少を上回る生
産性の向上等により、我が国の成長力を高めるとともに、新たな需要を掘り
起こし、経済成長を続けていくことが求められている。

　こうした状況下で、社会資本整備における一連のプロセスを担う建設分野
においても生産性の向上が必要不可欠となっていることを踏まえて、以下の
問いに答えよ。　　　　　　　　　　　　　　　　　　　　　　（R1－1）

(1)　建設分野における生産性の向上に関して、技術者としての立場で多面的
　　な観点から課題を抽出し分析せよ。

(2)　(1) で抽出した課題のうち最も重要と考える課題を1つ挙げ、その課題
　　に対する複数の解決策を示せ。

(3)　(2) で提示した解決策に共通して新たに生じうるリスクとそれへの対策
　　について述べよ。

(4)　(1) ～ (3) を業務として遂行するに当たり必要となる要件を、技術者
　　としての倫理、社会の持続可能性の観点から述べよ。

令和元年度　技術士第二次試験答案用紙

| 受験番号 | 0 9 1 1 B 0 0 X X | 技術部門 | 建　設 部門 | ※ |
|---|---|---|---|---|
| 問題番号 | Ⅰ－1 | 選択科目 | 建設環境 | |
| 答案使用枚数 | 1 枚目　3 枚中 | 専門とする事項 | 自然環境保全 | |

○受験番号、問題番号、答案使用枚数、技術部門、選択科目及び専門とする事項の欄は必ず記入すること。
○解答欄の記入は、1マスにつき1文字とすること。（英数字及び図表を除く。）

|1|.| |建|設|分|野|の|生|産|性|の|向|上|に|関|す|る|課|題| | | | |
|---|---|---|---|---|---|---|---|---|---|---|---|---|---|---|---|---|---|---|---|---|---|---|---|
| |建|設|分|野|に|お|け|る|生|産|性|の|改|善|に|つ|い|て|は|、|設|問|文|
|で|も|示|さ|れ|て|い|る|よ|う|に|、|最|優|先|課|題|の|一|つ|と|し|て|、|
|喫|緊|に|取|り|組|ま|な|け|れ|ば|な|ら|な|い|事|項|で|あ|る|。|当|該|課|
|題|に|つ|い|て|、|①|人|的|資|源|面|、|②|建|設|事|業|制|度|面|、|③|情|
|報|化|施|工|面|、|④|ICT|活|用|面|の|4|視|点|か|ら|整|理|し|、|具|体|
|的|な|課|題|を|抽|出|・|分|析|し|た|も|の|を|以|下|に|示|す|。| | | |
|(|1|)|人|的|資|源|面|の|課|題| | | | | | | | | | | | | |
| |建|設|業|に|お|け|る|若|手|及|び|女|性|の|就|業|率|を|更|に|向|上|さ|
|せ|る|必|要|が|あ|る|。|あ|わ|せ|て|、|受|け|継|が|れ|て|き|た|従|来|の|
|技|術|・|技|能|を|次|世|代|の|人|材|へ|十|分|に|伝|承|・|継|承|し|、|従|
|来|建|設|技|術|・|技|能|を|改|善|し|な|が|ら|、|個|々|の|生|産|性|を|
|高|め|る|必|要|が|あ|る|。| | | | | | | | | | | | | | |
|(|2|)|建|設|事|業|制|度|面|の|課|題| | | | | | | | | | | |
| |建|設|分|野|の|生|産|性|向|上|に|向|け|、|発|注|者|、|設|計|者|、|コ|
|ン|サ|ル|タ|ン|ト|、|施|工|者|な|ど|建|設|事|業|に|関|わ|る|関|係|者|が|
|共|通|認|識|の|も|と|で|向|上|策|に|取|組|む|必|要|が|あ|る|。|そ|の|た|
|め|、|建|設|業|全|体|で|生|産|性|向|上|に|向|け|た|環|境|が|構|築|で|き|
|る|た|め|の|更|な|る|法|令|の|整|備|を|速|や|か|に|行|う|必|要|が|あ|る|。|
|(|3|)|情|報|化|施|工|面|の|課|題| | | | | | | | | | | | |
| |(|2|)|の|制|度|面|の|整|備|と|並|行|し|、|既|存|の|情|報|化|施|工|技|
|術|を|標|準|化|し|、|汎|用|性|を|高|め|る|と|と|も|に|、|開|発|中|や|試|
|行|中|の|技|術|の|実|用|化|を|早|急|に|実|現|す|る|必|要|が|あ|る|。|ま|
|た|、|全|て|の|建|設|現|場|で|、|標|準|化|し|た|情|報|化|施|工|技|術|を|
|展|開|す|る|必|要|が|あ|る|。| | | | | | | | | | | | | |

●裏面は使用しないで下さい。　●裏面に記載された解答は無効とします。　　　　24 字 ×25 行

令和元年度　技術士第二次試験答案用紙

| 受験番号 | 0 9 1 1 B 0 0 X X | 技術部門 | 建　設 部門 | ※ |
| 問題番号 | Ⅰ－1 | 選択科目 | 建設環境 | |
| 答案使用枚数 | 2 枚目　3 枚中 | 専門とする事項 | 自然環境保全 | |

○受験番号、問題番号、答案使用枚数、技術部門、選択科目及び専門とする事項の欄は必ず記入すること。
○解答欄の記入は、1マスにつき1文字とすること。（英数字及び図表を除く。）

　（4）ICT活用面の課題
　　i－Constructionに基づくICT施工を拡大し、建設事業の全プロセスを対象として、ICTの全面的な活用を促進させる必要がある。
2．最も重要と考える課題とその解決策
　　ICT活用面の課題にて提示したICTの全面的な活用が最も重要な課題として考えられる。当該課題の解決策を以下に示す。
　（1）既存ICT技術の標準化・一般化と新技術開発
　　既存の情報化施工技術を標準化・一般化し、工事規模や地域に制約を受けずに技術を活用できる環境を整備する。また、ICTの技術開発や実用化を加速させる。
　（2）公的支援及び関連する法令の整備
　　（1）の解決策を具現化するための資金や制度等に関する公的支援を計画的に実施するとともに、開発や実用段階で制約となる法令等の整備を進める。
　（3）BIM・CIM等の積極的な導入
　　計画、調査、設計、施工、維持管理のすべてのプロセスにおいて共通した三次元モデルを使用するBIMやCIM等のシステムを導入し、従来の建設生産システムを飛躍的に改善させる。
3．解決策に共通して生じうる新たなリスクと対策
　（1）共通して生じうる新たなリスク
　　共通して生じうる新たなリスクとして、次の2点が考えられる。

●裏面は使用しないで下さい。　●裏面に記載された解答は無効とします。　　24字×25行

令和元年度 技術士第二次試験答案用紙

| 受験番号 | 0 9 1 1 B 0 0 X X | 技術部門 | 建 設 部門 | ※ |
| 問題番号 | I－1 | 選択科目 | 建設環境 | |
| 答案使用枚数 | 3 枚目 3 枚中 | 専門とする事項 | 自然環境保全 | |

○受験番号、問題番号、答案使用枚数、技術部門、選択科目及び専門とする事項の欄は必ず記入すること。
○解答欄の記入は、1マスにつき1文字とすること。（英数字及び図表を除く。）

(a) 資金面のリスク
　技術開発や新システムの導入等に係る新たな資金が不足し、速やかな開発やシステム導入の阻害要因となる可能性がある。
(b) 人的資源面のリスク
　ICT系の専門知識を有する人材が不足することにより、ICTの全面的活用が遅延、または、実現困難な状態になる可能性がある。
(2) 新たなリスクに対する対策
(a) ICTに関する開発資金
　資金面に関しては、新システムの導入費用等の初期投資は国が負担し、それ以外は民間資金の有効的な活用を図り、事業全体でのコスト低減を検討する。
(b) 他産業との連携
　人的資源に関しては、人材の横断的活用を全産業で図り、不足する人的資源を確保する。また、国内のみならず先進的な取り組みをしているシンガポール等から積極的に人材を招聘しその経験や知見を活かす。
4．業務遂行上必要な要件
　業務を遂行する上では、いわゆるプロジェクトマネージャーが有すべき要件が必要と考えられる。具体的には、業務調整能力、業務遂行能力、俯瞰的な総合的判断能力、コミュニケーション能力、社会へ及ぼす影響の適切な評価能力及び第三者への説明責任能力等が挙げられる。　　　　　　　　　　　　　　　　以上

●裏面は使用しないで下さい。　●裏面に記載された解答は無効とします。　　　　24字×25行

# おわりに

　令和元年度から技術士第二次試験の制度が大きく改正されました。受験する方にとっては、試験制度の変更は大きな負荷となりますが、逆に、考え方によってはチャンスと捉えることもできます。そのためには、令和元年度の試験問題をもとに、"十分な準備" をして令和2年度以降の試験に臨む必要があります。"十分な準備" とは何かというと、"技術士第二次試験を熟知する" ということです。技術士第二次試験を熟知するとは何かと言えば、"技術士第二次試験の過去問題を知り尽くす"、ということです。試験改正後の試験問題は数が少ないですが、平成の過去問題も参考になりますので、令和の試験問題の出題スタイルと照らし合わせて出題傾向や出題内容を分析するということが "十分な準備" の基礎になると思います。本著では、練習問題だけでなく、平成25年度から平成30年度及び新しい試験制度の問題である令和元年度の試験問題を項目別にとりまとめてあります。さらに、過去問題に付加する形で練習問題を作成してあります。練習問題は予想問題ではありませんが、今後の試験問題の内容を予想する際の視点として参考になると考えられます。"十分な準備" の基礎づくりに本著を有効的に活用してください。

　試験制度のみならず、令和の時代においては、技術士を中心とした技術者に求められる役割や責任も大きく変化していくものと考えられます。何がどのように変化していくかを明確に示すことは現段階ではできませんが、世界の社会経済情勢の変化や地球環境の変化等が直接的または間接的に我々の生活に影響する時代を迎えているということは確かです。このような時代には、待ちの姿勢ではなく、先取りの姿勢が必要となることがあります。特に、社会経済情勢や地球環境の変化に対しては、待ちの姿勢では手遅れになり、対応が後手になってしまう場合が多々あります。先取りの姿勢にて、国内外の情報を常に収集・分析することを心掛けるようにしてください。それらの行動が、直接的または間接的に "十分な準備" の一翼を担うものと思います。一番大事なことは継続することです。「継続は力なり」です。みなさんの健闘を祈念しております。

　最後に、本著の企画を提案していただいた日刊工業新聞社出版局の鈴木徹氏、および本著の監修と共に長年にわたるご指導をいただいた福田遵氏に、この場を借りてお礼を申し上げます。

2019年12月

羽原　啓司

著者紹介——

【監著者】

# 福田　遵 （ふくだ　じゅん）

技術士（総合技術監理部門、電気電子部門）

1979年3月東京工業大学工学部電気・電子工学科卒業

同年4月千代田化工建設(株) 入社

2002年10月アマノ(株) 入社

2013年4月アマノメンテナンスエンジニアリング(株) 副社長

公益社団法人日本技術士会青年技術士懇談会代表幹事、企業内技術士委員会委員、神奈川県支部修習技術者支援委員会委員などを歴任

日本技術士会、電気学会、電気設備学会会員

資格：技術士（総合技術監理部門、電気電子部門）、エネルギー管理士、監理技術者（電気、電気通信）、宅地建物取引主任者、ファシリティマネジャーなど

著書：『技術士第二次試験「口頭試験」受験必修ガイド　第5版』、『例題練習で身につく技術士第二次試験論文の書き方　第5版』、『技術士第二次試験「電気電子部門」要点と〈論文試験〉解答例』、『技術士第二次試験「機械部門」要点と〈論文試験〉解答例』、『技術士第二次試験「総合技術監理部門」標準テキスト』、『技術士第二次試験「総合技術監理部門」択一式問題150選＆論文試験対策』、『トコトンやさしい発電・送電の本』、『トコトンやさしい熱利用の本』、『トコトンやさしい電気設備の本』（日刊工業新聞社）等


【著者】

# 羽原　啓司 （はばら　けいじ）

技術士（総合技術監理部門、資源工学部門、建設部門、上下水道部門）

1990年3月防衛大学校理工学部土木工学科卒（在学中フランス陸軍士官学校へ海外留学）

同年9月陸上自衛隊幹部候補生学校（久留米市）卒

飛島建設(株)、(株)日本能率協会マネジメントセンターに勤務後、2010年9月より（一社)海外建設協会に勤務

日本技術士会会員

資格：技術士（総合技術監理部門、資源工学部門、建設部門、上下水道部門）、1級土木施工管理技士など

著書：『技術士第二次試験「建設部門」対策〈解答例＆練習問題〉』、『技術士第二次試験「建設部門」過去問題解答例集』、『技術士第二次試験「建設部門」択一式問題150選』、『技術士第二次試験「建設部門」必須科目（択一式問題）の必須テキスト』、『技術士第二次試験「建設部門」対策と問題予想』（日刊工業新聞社）、『技術士第二次試験［建設部門］徹底対策』（日本能率協会マネジメントセンター）等

技術士第二次試験「建設部門」過去問題
〈論文試験たっぷり100問〉の要点と万全対策　　NDC 507.3

2020 年 2 月 27 日　初版 1 刷発行
（定価は、カバーに表示してあります）

　　　　　監 著 者　福　　田　　　　遵
　ⓒ　著　者　羽　原　啓　司
　　　　　発 行 者　井　水　治　博
　　　　　発 行 所　日 刊 工 業 新 聞 社
　　　　　東京都中央区日本橋小網町 14-1
　　　　　（郵便番号 103-8548）
　　　電話　書籍編集部　03-5644-7490
　　　　　　　販売・管理部　03-5644-7410
　　　　　　　FAX　03-5644-7400
　　　　　　　振替口座　00190-2-186076
　　　URL　http://pub.nikkan.co.jp/
　　　e-mail　info@media.nikkan.co.jp

　　　　　印刷・製本　美研プリンティング
　　　　　組　版　メディアクロス